Govert Schilling
Einsteins Ahnung

GOVERT
SCHILLING

EINSTEINS AHNUNG

Das Rennen um den
Nachweis der
Gravitations-
wellen

Übersetzung aus dem Englischen
von Karsten Petersen

Mit 25 Schwarzweißabbildungen

PIPER

Mehr über unsere Autoren und Bücher:
www.piper.de

MIX
Papier aus verantwor-
tungsvollen Quellen
FSC® C014496

ISBN 978-3-492-05742-4
Deutsche Erstausgabe
November 2017
© Govert Schilling 2017
Titel der englischen Originalausgabe: »Ripples in Spacetime«
bei Harvard University Press, 2017
© Piper Verlag GmbH, München, 2017
Satz: psb, Berlin
Gesetzt aus der Minion Pro und ITC Officina
Litho: Lorenz & Zeller, Inning am Ammersee
Druck und Bindung: GGP Media GmbH, Pößneck
Printed in Germany

Inhalt

Vorwort von Martin Rees

Einstein nimmt einen ganz besonderen Platz in der Ruhmeshalle der Wissenschaft ein, und das völlig zu Recht. Seine Erkenntnisse über Raum und Zeit haben unser Wissen über Schwerkraft und Kosmos auf ein neues Fundament gestellt. Heute kennen wir alle von zahllosen Postern und T-Shirts das Porträt des freundlichen und ungekämmten weisen Mannes. Seine beste Arbeit hat er freilich schon geleistet, als er noch jung war – er war noch keine 40 Jahre alt, als er schlagartig zu Weltruhm gelangte. Am 29. Mai 1919 beobachtete eine Gruppe von Forschern unter der Leitung des Astronomen Arthur Eddington während einer Sonnenfinsternis die Sterne rings um die verdunkelte Sonne. Ihre Messungen zeigten, dass diese Sterne von ihren normalen Positionen versetzt zu sein schienen, da die von ihnen ausgesandten Lichtstrahlen von der Schwerkraft der Sonne gebeugt wurden. Diese Beobachtung bestätigte eine der wichtigsten von Einsteins Vorhersagen. Nachdem die Wissenschaftler ihre Ergebnisse der Royal Society in London präsentiert hatten, verbreitete sich die Nachricht schnell über die ganze Welt. »Lights All Askew in the Heavens; Einstein Theory Triumphs« (»Lichtstrahlen am Himmelsgewölbe krumm und schief; Triumph für Einsteins Theorie«) lautete die reichlich übertriebene Schlagzeile der *New York Times*.

Im Jahr 1915 hatte Einstein seine Allgemeine Relativitätstheorie vorgelegt, einen Triumph des abstrakten Denkens und Erkennens. Ihre Folgen für uns auf der Erde sind marginal; sie machen geringfügige Korrekturen der in modernen Navigationssystemen eingesetzten Uhren notwendig, aber die

Newton'schen Gesetze sind nach wie vor gut genug, um Raumsonden zu starten und ihre jeweilige Bahn zu berechnen.

Dagegen ist Einsteins Erkenntnis, dass Raum und Zeit verknüpft sind – dass »die Materie dem Raum sagt, wie er sich krümmen soll, und der Raum der Materie sagt, wie sie sich bewegen soll« –, von entscheidender Bedeutung für zahlreiche kosmische Phänomene. Aber es ist natürlich schwierig, eine Theorie zu prüfen, deren Folgen sich in so weiter Ferne manifestieren. Nach ihrer Veröffentlichung wurde die Allgemeine Relativitätstheorie beinahe ein halbes Jahrhundert lang vom Mainstream der Physik nicht ernst genommen. Doch seit den 1960er-Jahren mehren sich die Belege für einen »Urknall«, der die Expansion des Universums in Gang setzte, und für die Existenz von Schwarzen Löchern – zwei von Einsteins wichtigsten Vorhersagen.

Und im Februar 2016, also beinahe 100 Jahre nach der berühmten Sitzung, auf der die Royal Society sich von der Sonnenfinsternis-Expedition berichten ließ, erhärtete noch eine Bekanntmachung – dieses Mal allerdings im Press Club in Washington, D.C. – Einsteins Theorie erneut: Das Laser Interferometer Gravitational-Wave Observatory (LIGO) hatte Gravitationswellen nachgewiesen. Das ist das Thema von Govert Schillings Buch: Er hat eine wunderbare Geschichte zu erzählen, die sich über einen Zeitraum von über 100 Jahren erstreckt.

Einstein stellte sich die Wirkung der Schwerkraft als eine Art »Krümmung« des Raums vor. Wenn gravitierende Objekte ihre Form verändern, führt das dazu, dass der Raum selbst sich kräuselt. Wenn eine solche Kräuselung die Erde durchdringt, »vibriert« der Raum in unserer Umgebung: Er wird abwechselnd gedehnt und gestaucht, wenn die Gravitationswellen ihn durchlaufen. Aber dieser Effekt ist minimal, da die Schwerkraft eine so schwache Kraft ist. Die Gravitationskraft zwischen alltäglichen Gegenständen ist winzig. Wenn Sie zwei Hanteln schwingen, erzeugen Sie Gravitationswellen – aber mit verschwindend geringer Kraft. Selbst Planeten, die Sterne umkreisen, oder Zwillingssterne, die einander umkreisen, erzeugen Gravitationswellen, die so schwach sind, dass sie nicht gemessen werden können.

Die Astronomen sind sich darüber einig, dass die Quellen, die LIGO möglicherweise aufspüren kann, wesentlich mehr Schwerkraft erzeugen müssen als gewöhnliche Sterne oder Planeten. Bei einem solchen Ereignis werden sehr wahrscheinlich Schwarze Löcher eine Rolle spielen. Wir wissen seit beinahe 50 Jahren, dass es Schwarze Löcher gibt; die meisten von ihnen sind Überreste von Sternen mit 20 oder mehr Sonnenmassen. Wenn ein solcher Stern sich in seinem explosiven Todeskampf (der von einer Supernova angezeigt wird) in gleißender Glut verzehrt, kollabiert sein Inneres zu einem Schwarzen Loch. Das Material, aus dem der Stern bestanden hat, wird vom Rest des Universums abgeschnitten und hinterlässt eine Gravitationsspur in dem Raum, den es verlassen hat.

Wenn zwei Schwarze Löcher ein binäres System bilden, kommen sie sich allmählich auf einer spiralförmigen Bahn näher. Und je näher sie sich kommen, desto stärker wird der Raum in ihrer Umgebung gekrümmt, bis sie zu einem einzigen rotierenden Schwarzen Loch verschmelzen.

Dieses Loch schwappt hin und her und »klingelt«, wodurch es weitere Wellen erzeugt, bis es sich schließlich zu einem einzigen bewegungslosen Schwarzen Loch beruhigt. Es ist dieses »Zirpen« – eine Erschütterung des Raums, die sich bis zum Verschmelzen beschleunigt und verstärkt und dann wieder abebbt –, das LIGO erfassen kann. Solche Kataklysmen ereignen sich in unserer Galaxie seltener als einmal in einer Million Jahre, aber ein solches Ereignis würde selbst dann ein für LIGO messbares Signal erzeugen, wenn es sich in einer Milliarde Lichtjahre Entfernung ereignen würde – und es gibt etliche Millionen Galaxien, die uns näher sind. Um selbst die günstigsten Ereignisse aufzuspüren, werden äußerst empfindliche – und sehr teure – Messinstrumente benötigt. In den LIGO-Detektoren werden hochkonzentrierte Laserstrahlen durch vier Kilometer lange Vakuumrohre projiziert und an den beiden Enden von einem Spiegel reflektiert. Durch Analysieren dieser Laserstrahlen kann jede Änderung des Abstands zwischen den Spiegeln, der abwechselnd zunimmt und abnimmt, wenn der Raum expandiert und dann wieder kontrahiert, festgestellt werden. Die Amplitude solcher Vibrationen ist extrem klein, ungefähr 0,0000000000001 Zentimeter – millionenfach winziger als selbst der Durchmesser eines einzigen Atoms. Das LIGO-Projekt besteht aus zwei Detektoren, die etwa 3000 Kilometer voneinander entfernt aufgestellt sind – der eine im US-Bundesstaat Washington, der andere in Louisiana. Ein einziger Detektor würde auch mikroseismische Ereignisse registrieren, etwa vorbeifahrende Fahrzeuge und Ähnliches mehr; um solche Fehlalarme auszuschließen, beschäftigen sich die Experimentatoren nur mit solchen Ereignissen, die an beiden Standorten gemessen wurden.

Jahrelang hatte LIGO nichts registriert. Aber dann wurden die Systeme auf den neuesten Stand der Technik gebracht, und im September 2015 waren sie wieder voll und ganz in Betrieb. Nach buchstäblich jahrzehntelangen Frustrationen hatte die Mission endlich Erfolg: Ein Zirpen wurde registriert, das die Kollision von zwei Schwarzen Löchern in einer Entfernung von über einer Milliarde Lichtjahre signalisierte und damit ein neues wissenschaftliches Forschungsgebiet eröffnete – die Erforschung der Dynamiken des Raums selbst.

Leider ist es schon vorgekommen, dass hochgehypte wissenschaftliche Behauptungen sich als falsch oder übertrieben herausstellten, und in diesem Buch wird auch von solchen Behauptungen auf diesem Gebiet berichtet. Ich selbst halte mich für einen schwer zu überzeugenden Skeptiker, aber was die LIGO-Forscher behaupten – die Kulmination von buchstäblich jahrzehntelangen Anstrengungen von Wissenschaftlern und Ingenieuren mit erstklassigem Ruf –, ist bestechend, und dieses Mal erwarte ich, voll und ganz überzeugt zu werden.

Diese Messung ist in der Tat eine große Sache, eine der ganz großen Entdeckungen dieses Jahrzehnts, ebenso wichtig wie der Nachweis des Higgs-Teilchens, der 2012 einen Riesenrummel auslöste. Das Higgs-Teilchen war eine Bestätigung für das Standardmodell der Teilchenphysik, das über einen Zeitraum von mehreren Jahrzehnten entwickelt wurde. Entsprechend sind Gravitationswellen – Vibrationen im Gewebe des Raums selbst – eine entscheidende und unverkennbare Konsequenz der Allgemeinen Relativitätstheorie von Albert Einstein.

Peter Higgs sagte das nach ihm benannte Teilchen schon vor 50 Jahren voraus, aber dessen Nachweis – und das Erforschen seiner Eigenschaften – musste den technologischen Fortschritt abwarten. Dafür wurde eine riesige Maschine benötigt, der Large Hadron Collider in Genf. Gravitationswellen waren noch früher vorhergesagt worden, doch es hat noch länger gedauert, bis sie tatsächlich gemessen werden konnten – auch hier musste ein außerordentlich schwer auszumachender Effekt erfasst werden, und auch dafür wurden riesige und ultrapräzise Geräte gebraucht.

Ganz abgesehen davon, dass diese Ergebnisse Einsteins Theorie auf eine ganz neue Art bestätigen, vertiefen sie auch unser Wissen über Sterne und Galaxien ganz erheblich. Die astronomischen Belege für Schwarze Löcher und massereiche Sterne sind nach wie vor dünn gesät – es war daher schwierig abzuschätzen, wie viele davon sich innerhalb der Reichweite von LIGO befinden. Pessimisten vermuteten, dass solche Ereignisse so selten sein könnten, dass selbst das neue und verbesserte LIGO nichts registrieren würde, zumindest nicht für ein oder zwei Jahre. Aber falls die Experimentatoren nicht gerade ein ganz außergewöhnliches »Anfängerglück« gehabt haben, sieht es so aus, als hätten sie eine neue Art von Astronomie gefunden, die es ermöglicht, die Dynamiken des Raums selbst zu erforschen statt nur die Materie, die darin existiert. Inzwischen sind andere Detektoren in Europa, Indien und Japan in die Suche mit eingebunden, und es gibt Pläne, ähnliche Detektoren in den Weltraum zu bringen.

Aber nur allzu viele Wissenschaftler scheuen davor zurück, ihre Ideen und Entdeckungen zu erklären, weil sie sie für undurchschaubar und unverständlich halten. Es stimmt, dass professionelle Wissenschaftler ihre Ideen in der Sprache der Mathematik ausdrücken, die für viele Menschen eine Fremdsprache ist. Aber die ihnen zugrunde liegenden Schlüsselkonzepte können durchaus von einem entsprechend qualifizierten Autor in einfacher Sprache vermittelt werden. Govert Schilling ist einer der besten von ihnen, und mit diesem Buch hat er sich selbst übertroffen. Seine Erzählung erstreckt sich über einen Zeitraum von mehr als einem Jahrhundert. In diesem Buch erklärt er diese Schlüsselkonzepte in klaren und unterhaltsamen Begriffen und stellt sie dabei in einen historischen Kontext. Er porträtiert auch die sehr unterschiedlichen beteiligten Persönlichkeiten, von denen einige »besessen« waren – was freilich kein Wunder ist, da eine gewisse Besessenheit eine der Voraussetzungen dafür ist, dass jemand viele Jahre oder gar Jahrzehnte seines Lebens einer experimentellen Herausforderung widmet, für die es keinerlei Erfolgsgarantie gibt. Aber das Projekt ist von Hunderten von Experten unterstützt worden, die in Teams zusammenarbeiteten. Schilling erzählt von aufwühlenden Kontroversen, bitteren Rückschlägen und ganz erstaunlichen technischen Leistungen von Wissenschaftlern und Ingenieuren, die jahrzehntelang darum gekämpft haben, eine ganz fantastische Präzision zu erzielen. Er berichtet von ihren Triumphen, die auf Erkenntnissen über das fundamentale Wesen von Raum und Zeit beruhen. Es ist eine wunderbare Geschichte, die in diesem Buch spannend und mitreißend erzählt wird.

Einführung

Auf einer Umlaufbahn rings um einen gelben Zwergstern in den Ausläufern einer Spiralgalaxie kreist ein winziger Planet, der etwa 3,3 Milliarden Jahre zuvor aus einer Ansammlung von Staub und Felsbrocken entstanden war. Organische Verbindungen, die aus dem Weltraum in die lauwarmen Ozeane des blauen Planeten hinabgeregnet waren, hatten sich zu Molekülen zusammengefunden, die sich selbst reproduzieren können. Inzwischen wimmelt es in diesen Gewässern von einzelligen Lebensformen. Es wird nicht mehr lange dauern, bis das Leben seinen Weg auch auf die öden Kontinente des Planeten findet.

In einem anderen Winkel dieses unermesslichen Universums haben zwei extrem massereiche Sterne ihr kurzes Leben in katastrophalen Supernova-Explosionen beendet. Übrig geblieben ist ein eng verbundenes binäres System zweier unersättlicher Schwarzer Löcher, von denen ein jedes zehnmal mehr Masse in sich vereint als der weit entfernte gelbe Zwerg. Ihre Schwerkraft zieht Materie an, die ihnen zu nahe kommt, etwa Gas und Staub, und beugt die Lichtstrahlen in ihrer Umgebung. Nichts kann jemals dem eisernen Griff der Schwerkraft dieser kosmischen Abgründe entkommen.

Während die Schwarzen Löcher einander umkreisen, erzeugen sie Wellen: winzige Kräusel der Raumzeit, die sich mit Lichtgeschwindigkeit ausbreiten. Diese Wellen tragen Energie fort, wodurch die zwei Schwarzen Löcher einander immer näher kommen. Schließlich umkreisen sie sich Hunderte Male pro Sekunde, mit halber Lichtgeschwindigkeit. Die Raumzeit wird gedehnt und gestaucht, die winzigen Perturbationen wachsen sich zu massiven Wellen aus. Und dann, in einem letzten Ausbruch reiner Energie, kollidieren die zwei Schwarzen Löcher und verschmelzen zu einem einzigen. Am Ort des Geschehens kehrt wieder Ruhe ein, aber die letzten machtvollen Wellen breiten sich wie ein Tsunami in den Weltraum aus.

Die Todeszuckungen der zwei Schwarzen Löcher brauchen 1,3 Milliarden Jahre, um die Ausläufer unserer Spiralgalaxie zu erreichen; bis es so weit ist, hat ihre Amplitude enorm abgenommen. Nach wie vor stauchen und dehnen sie alles, was ihnen in die Quere kommt, aber inzwischen würde das niemand mehr bemerken. Die Oberfläche des blauen Planeten ist inzwischen mit Farnen und Bäumen bewachsen; ein Asteroideneinschlag hat eine Population von Riesenreptilien ausgelöscht, und eine der zahlreichen auf dieser Welt lebenden Säugetierentwicklungslinien hat sich zu einer Spezies von neugierigen zweibeinigen Kreaturen entwickelt.

Wenn sie die Ausläufer dieser Spiralgalaxie, der Milchstraße, passiert haben, brauchen die von der fernen Verschmelzung der beiden Schwarzen Löcher erzeugten Gravitationswellen nur noch etwa 100 000 Jahre, um die Umgebung von Sonne und Erde zu erreichen. Während sie noch mit 300 000 Kilometern pro Sekunde auf den blauen Planeten zurasen, beginnen die Menschen, das Universum zu erkunden, dessen Bestandteil sie sind. Sie schleifen Teleskoplinsen, entdecken neue Planeten und Monde und kartieren die Milchstraße.

100 Jahre, bevor die Wellen ankommen – inzwischen haben sie 99,99999 Prozent ihrer 1,3 Milliarden Lichtjahre langen Reise hinter sich gebracht –, sagt ein 26 Jahre alter Wissenschaftler namens Albert Einstein ihre mögliche Existenz voraus. Weitere 50 Jahre gehen ins Land, bevor die Menschen beginnen, ernsthaft zu versuchen, diese Wellen aufzuspüren. Und dann schließlich, im 21. Jahrhundert, sind ihre Detektoren endlich gut genug, damit das gelingen kann. Schon ein paar Tage, nachdem sie angeschaltet wurden, registrieren sie winzige Vibrationen, deren Amplitude viel kleiner ist als der Durchmesser eines Atomkerns.

Als ein Team von Astronomen am Montag, dem 14. September 2015, um 09:50:45 Universal Time eine aus Gravitationswellen bestehende Botschaft von der Kollision zweier Schwarzer Löcher in einer weit entfernten Galaxie registriert, bewahrheitet sich eine 100 Jahre alte Vorhersage von Albert Einstein.

Die erste direkte Messung einer Gravitationswelle wird zu Recht als eine der bedeutendsten wissenschaftlichen Entdeckungen des neuen Jahrhunderts gefeiert. Weitere Messungen mit immer empfindlicheren Messgeräten werden den Astronomen völlig neue Wege eröffnen, die gewalttätigen Ausbrüche des Universums zu erforschen, und den Physikern die Gelegenheit bieten, endlich die Rätsel um Raum und Zeit zu lösen.

Einige Jahre, bevor die neueste Version des Laser Interferometer Gravitational-Wave Observatory (LIGO) online ging, kam mir zum ersten Mal der Gedanke, dieses Buch zu schreiben. Wäre es nicht großartig, so überlegte ich, wenn die erste Messung einer Gravitationswelle ungefähr zur gleichen Zeit stattfände, da ich gerade dabei sein würde, mein Manuskript fertigzustellen? Dann würde das Buch kurz nach der Pressekonferenz erscheinen können, mit einem zusätzlichen Nachwort über das neue Forschungsergebnis.

Aber der wissenschaftliche Fortschritt vollzog sich schneller als erwartet. Kaum jemand hätte sich vorstellen können, dass der neue Detektor schon in den ersten Tagen nach seiner Inbetriebnahme den Hauptpreis gewinnen würde. Daher mussten der größte Teil meiner Recherchen und die gesamte Niederschrift des Manuskripts *nach* dem epochalen Fund stattfinden. Aber jetzt, da das Buch fertig ist, bin ich froh über diesen zeitlichen Ablauf – so ist die Entdeckung zu einem integralen Bestandteil der Geschichte geworden statt zu einer nachträglichen Ergänzung.

Die Historie der Gravitationswellenastronomie ist auch früher schon erzählt worden. In diesem Buch ist sie allerdings nur die Hälfte der Geschichte. In *Einsteins Ahnung* geht es hauptsächlich um den Fortschritt der Wissenschaft, um die Art und Weise, wie Entdeckungen gemacht werden, und um heute stattfindende Entwicklungen. Und es geht um Erwartungen für die Zukunft, wenn die Erforschung der Gravitationswellen sich zu einem ausgereiften Gebiet der Astronomie entwickelt haben wird. Die Entdeckung von GW150914 – also dem Signal, das an jenem denkwürdigen Montag registriert wurde – ist sowohl die Kulmination einer Suche, die sich über 100 Jahre erstreckt hat, als auch der Anfang eines völlig neuen Kapitels der Erforschung des Universums.

1 Ein Raumzeit-Appetitmacher

Joe Cooper legt seinen NASA-Raumanzug an und setzt seinen Helm auf. Er braucht eine Sauerstoffreserve für den Fall, dass beim Start etwas schiefgeht. Zwei Techniker helfen ihm, in die Raumkapsel zu klettern, die sich ganz oben auf der Spitze der turmhoch aufragenden Rakete befindet. Über seine Sprechfunkverbindung hört er den Countdown, und er fühlt, wie das Adrenalin durch seine Venen strömt. Cooper ist kein Feigling, aber es würde auch jeden anderen ein bisschen nervös machen, ganz oben auf einer Flammensäule reitend in den Weltraum geschossen zu werden.

Bald ist er mit seinen Crewkameraden, drei weiteren Astronauten, auf dem Weg ins All. Alles läuft nach Plan. Durch das kleine Fenster der Raumkapsel sehen sie, wie der blaue Himmel hinter der schwarzen Leere des Weltraums zurückweicht. Die Triebwerke verstummen; Schwerelosigkeit setzt ein. Jetzt müssen sie nur noch den Weg zu dem riesigen Raumschiff hinter sich bringen, das mit über acht Kilometern pro Sekunde die Erde umkreist, und daran andocken – ganz einfach.

Das alles mag sich anhören wie ein Routinetrip zur Internationalen Raumstation (ISS) an Bord eines russischen Sojus-Raumschiffs. *Business as usual ...* oder etwa nicht? Sie haben noch nie von einem NASA-Astronauten namens Joe Cooper gehört. Und Cooper kann keine drei Crewkameraden haben; jeder Astronaut kann Ihnen sagen, dass die Sojus-Raumkapsel viel zu klein ist für vier Personen – schon zu dritt ist es darin sehr eng.

Dann hören Sie den nächsten Teil der Geschichte: Das Raumschiff, an dem sie andocken, heißt Endurance, und es sieht ganz anders aus als die ISS. Und dann steuern die Astronauten die Endurance zum Saturn, verschwinden durch ein Wurmloch, kommen in einer anderen Galaxie wieder heraus, umkreisen ein riesiges Schwarzes Loch, das sie Gargantua nennen, und landen auf mehreren fremden Planeten. Cooper macht sogar einen Ausflug in den Hyperraum. Irgendetwas stimmt nicht an dieser Geschichte.

Nun, dieses Szenario stammt aus dem Hollywood-Kassenknüller *Interstellar*, der 2014 in die Kinos kam. Regie führte Christopher Nolan, der Astronaut Cooper wurde von dem Schauspieler Matthew McConaughey gespielt. Wenn Sie ein echter Weltraum-Freak sind, werden Sie vielleicht den Namen Joe Cooper erkannt haben. Vielleicht haben Sie *Interstellar* sogar öfter gesehen als ich – ein toller Film.[1]

Ein Aspekt, der *Interstellar* von anderen Science-Fiction-Thrillern unterscheidet, ist seine Produzentenriege: Jordan Goldberg (*Batman: Gotham Knight, Inception*), Jake Myers (*The Revenant – Der Rückkehrer*) und Thomas Tull (*Jurassic World*). Und dann ist da noch Kip S. Thorne, emeritierter Feynman-Professor der theoretischen Physik am California Institute of Technology in Pasadena; es gibt nicht viele theoretische Physiker, die nebenbei als Filmproduzent in Erscheinung treten.

Was passiert, wenn bei der Produktion eines Science-Fiction-Films ein Wissenschaftler hinzugezogen wird? Nun, dann darf man hoffen, dass die wissenschaftlichen Zusammenhänge im Film richtig dargestellt werden. Und das ist auch erstaunlich gut gelungen. Thorne war daran beteiligt, die Handlung des Films zu entwickeln. Er beriet den Drehbuchautor, den Regisseur, das Visual-Effects-Team und die Schauspieler zu Themen der Astronomie und der Allgemeinen Relativitätstheorie. Er hat sogar für Filmprofessor John Brand (der von Michael Caine gespielt wird) die Gleichungen an die Tafel geschrieben. Leider hat Thorne keinen Cameo-Auftritt in dem Film, aber immerhin wurde KIPP, einer der Roboter, anscheinend nach ihm benannt.

Kaum jemand wäre besser befähigt als Kip Thorne, als wissenschaftlicher Berater eines Films über Schwarze Löcher zu fungieren. Wenn überhaupt jemand die bizarren Eigenschaften der Raumzeit versteht, dann er. Im Jahr 1990 gewann er sogar eine 15 Jahre alte Wette gegen seinen britischen Kollegen und Freund Stephen Hawking, bei der es um das wahre Wesen einer astronomischen Quelle von Röntgenstrahlen ging, die unter dem Namen Cygnus X-1 bekannt ist. (Der Wetteinsatz: ein Jahresabo des Männermagazins *Penthouse*.) Thornes 1994 erschienenes Buch *Black Holes and Time Warps* (dt.: *Gekrümmter Raum und verbogene Zeit*) wurde zu einem US-Bestseller.

Anfang 2016 war Thornes Name wieder in aller Munde. Am 11. Februar gab eine Gruppe von Wissenschaftlern die erste erfolgreiche direkte Messung von Gravitationswellen bekannt. In einer weit entfernten Region des Universums waren zwei Schwarze Löcher zusammengestoßen und miteinander verschmolzen. Der Crash hatte bewirkt, dass die Raumzeit sich kräuselt. Nach einer über eine Milliarde Lichtjahre langen Reise erreichten diese Wellen am 14. September 2015 die Erde. Die beiden riesigen Detektoren des Laser Interferometer Gravitational-Wave Observatory (LIGO) in den Vereinigten Staaten zeichneten dieses verschwindend winzige Zittern auf. Und das LIGO ist das geistige Produkt von Thorne und zwei seiner Kollegen, der Physiker Rainer Weiss und Ronald Drever.

Noch nie hat jemand ein Schwarzes Loch aus der Nähe gesehen. Niemand weiß, ob Wurmlöcher wirklich existieren. Gravitationswellen sind so schwach, dass unglaublich empfindliche Messinstrumente benötigt werden, um sie zu registrieren. Dass der Raum gekrümmt, die Zeit verlangsamt wird – das alles ist viel zu kompliziert und weit jenseits unserer alltäglichen Erfahrungen. Um diese Dinge wirklich verstehen zu können, müssen Sie Albert Einsteins Allgemeine Relativitätstheorie meistern.

Es gibt eine bekannte Anekdote über den englischen Astronomen Arthur Stanley Eddington. Zu Beginn des 20. Jahrhunderts war Eddington einer der glühendsten Verfechter von Einsteins neuer Theorie der Raumzeit – in Kapitel 3 werden wir ihn wiedertreffen. Nach einer öffentlichen Vorlesung fragte ihn eine Person aus dem Publikum: »Professor Eddington, ist es wahr, dass es nur drei Menschen auf der Welt gibt, die die Allgemeine Relativitätstheorie wirklich verstehen?« Eddington überlegte einen Moment und antwortete dann: »Wer könnte denn wohl der dritte sein?«

Na ja, *so* schwierig ist die Sache nun auch wieder nicht. Zigtausende von theoretischen Physikern überall auf der Welt haben die Grundlagen der Allgemeinen Relativitätstheorie verstanden. Aber andererseits tauchen ständig neue theoretische Erkenntnisse auf, vor allem im Bereich Schwarze Löcher, wo Quantumeffekte wichtig werden. Es gibt Stephen Hawkings Theorie der verdampfenden Schwarzen Löcher, Kip Thornes Wurmlochverbindungen, Gerardus 't Hoofts Holografisches Prinzip und Leonard Susskinds Firewall.

Ich will hier nicht in die Details gehen, aber wenn die klügsten Köpfe unserer Zeit zu immer neuen und erstaunlichen Erkenntnissen kommen (und untereinander darüber streiten), ist klar, dass sie die Gesamtheit der allgemeinen Relativität noch nicht erfasst haben. Die hier erwähnten Beispiele sind nur einige der weniger weit hergeholten Ideen. In der Fachzeitschrift *Physical Review Letters* werden auch Arbeiten über elfdimensionale Raumzeit veröffentlicht, über Zeitreisen und das Multiversum – und Sie dachten, *Interstellar* sei zu spekulativ?

Vielleicht ist das der Grund dafür, dass so viele Menschen sich für diese Dinge interessieren, obwohl es wie ziemlich nutzloses Wissen aussehen mag. Man muss sich nicht mit Schwarzen Löchern auskennen, um als Präsidentschaftskandidat anzutreten, und das Problem der Klimaerwärmung wird nicht durch Gravitationswellen gelöst werden. Wir können bequem unser gesamtes Leben verbringen, ohne uns jemals um allgemeine Relativität kümmern zu müssen. (Abgesehen von einer wichtigen Ausnahme, die ich mir jedoch für Kapitel 3 aufheben werde.) Aber trotzdem ist das Thema spannend und faszinierend, und mit Sicherheit regt es die Fantasie an; vielleicht ist das ja Grund genug.

Darüber hinaus sagt uns die Allgemeine Relativitätstheorie, wie die Welt auf der fundamentalsten Ebene funktioniert. Und ist nicht das Streben danach, die Welt wirklich zu verstehen, eine der Qualitäten, die uns von anderen Tieren unterscheidet?

Wenn wir ehrlich sein wollen, müssen wir zugeben, dass wir über viele Jahrtausende nicht besonders gut darin waren, unsere Welt zu verstehen. Die ersten Agrargesellschaften entstanden vor etwa 12 000 Jahren im Nahen Osten. Schon damals waren sich die Menschen der zyklischen Bewegungen von Sonne und Mond durchaus bewusst. Sie erkannten Muster in den Sternen, die sie als Bilder deuteten. Ihnen fiel sogar auf, dass einige helle »Sterne« langsam ihre Bahnen über die stationären Sternbilder hinweg ziehen. Aber das war dann auch schon so ziemlich alles. Sie hatten keine Ahnung vom wahren Wesen dieser Himmelskörper, ja, nicht einmal den Drang, mehr über sie herauszufinden. Sonne, Mond und Planeten wurden als Götter angesehen – oberhalb und jenseits unserer Alltagswelt.

Daran änderte sich nicht viel, bis vor etwa 2500 Jahren die Zeit der großen griechischen Philosophen anbrach. Das sind immerhin 9500 Jahre – also viele Hunderte Generationen – ohne nennenswerte Fortschritte. Wenn wir 12 000 Jahre menschlicher Geschichte auf einen einzigen Tag mit 24 Stunden komprimieren, der um Mitternacht beginnt, ist es schon nach 19:00 Uhr, als Aristoteles das erste, aus ineinandergeschachtelten Kristallkugeln bestehende Modell des Universums vorstellt. Unsere frühen Vorfahren hatten durchaus die nötige Intelligenz – immerhin waren sie Homo sapiens, genau wie wir; es war ihnen nur nicht wichtig genug.[2]

Den Griechen dagegen *war* es wichtig. Sie folgerten ganz

richtig, dass die Erde eine Kugel ist. Sie bestimmten sogar ihren Umfang, und zwar mit ganz erstaunlicher Genauigkeit. (Manche Schulbücher wollen uns heute immer noch weismachen, dass Christoph Kolumbus der erste Mensch gewesen sei, der die wirkliche Gestalt der Erde entdeckt hat. Das ist schlichtweg falsch.) Und obwohl die Griechen nicht wussten, was Sonne, Mond und Sterne eigentlich *sind*, versuchten sie zumindest, ihre komplizierten Bewegungen zu verstehen.

Diese Entwicklung kulminierte in dem geozentrischen Weltbild von Claudius Ptolemäus, der vor etwa 1900 Jahren im heutigen Nordägypten lebte. (Auf unserer 24-Stunden-Zeitachse seit Aufkommen des Ackerbaus entspricht das ungefähr 20:10 Uhr.) Wie der Name schon sagt, war in Ptolemäus' Modell die Erde im Mittelpunkt; Sonne, Mond und Planeten umkreisten sie in einer komplizierten Konstruktion aus primären und sekundären Umlaufbahnen. Das ptolemäische Modell kann sogar erklären, wieso die Planeten sich hin und wieder rückwärts zu bewegen scheinen.

Ein hübscher Versuch, aber falsch. Es dauerte Jahrhunderte, bis den Menschen klar wurde, dass damit etwas nicht stimmte – nämlich erst, als der polnische Astronom Nikolaus Kopernikus sein heliozentrisches Weltbild präsentierte, bei dem statt der Erde die Sonne im Mittelpunkt steht. Das war 1543, also kurz nach 23:00 Uhr auf unserer komprimierten Zeitachse. Das Verstehen unserer Welt war für den größten Teil der vergangenen 12 000 Jahre ein frustrierend langsamer Prozess.

Aber schon bald nach Kopernikus beschleunigte sich die Entwicklung. Verschiedene Wissenschaftler entdeckten, dass das Buch der Natur in der Sprache der Mathematik geschrieben ist, wie es der italienische Gelehrte Galileo Galilei so schön ausgedrückt hat. Galileo erforschte, wie Objekte sich bewegen: Er widerlegte eine Reihe von Aristoteles' Annahmen und beschrieb seine Erkenntnisse in Form von mathematischen Gleichungen. Kurz darauf formulierte Johannes Kepler in Deutschland seine berühmten Gesetze der Planeten-bewegungen.

Was haben diese historischen Entwicklungen mit Schwarzen Löchern, Gravitationswellen und den Geheimnissen der Raumzeit zu tun? Alles. Kopernikus, Galileo und Kepler legten die Fundamente für Isaac Newtons Theorie der universellen Gravitation, die 1687 zum ersten Mal veröffentlicht wurde. Und Albert Einsteins Allgemeine Relativitätstheorie – die Theorie hinter dem Film *Interstellar* – ersetzte Newtons alte Ideen. Unser Wissen über die Welt wird nur dadurch möglich, dass wir auf der Arbeit von anderen aufbauen. Aristoteles' Kristallkugeln und Kip Thornes Wurmlöcher sind von einem weiten Bogen kluger Gedanken und Erkenntnisse eingefasst.

Anfang des 17. Jahrhunderts vollzog sich eine weitere Revolution, dieses Mal eine der Werkzeuge. Der holländische Brillenmacher Hans Lipperhey erfand das Teleskop, aber der Pionier, der das neue Instrument dann einsetzte, war Galileo. Er entdeckte damit Krater und Berge auf dem Mond, dunkle Sonnenflecken, den Jupiter umkreisende Satelliten sowie unzählige Sterne in der Milchstraße. Und schließlich rückten immer größere Teleskope Zwillingssterne, Asteroiden, Nebel und Galaxien in unser Blickfeld – und natürlich Schwarze Löcher. Ohne das Teleskop würde die Astronomie nach wie vor in den Kinderschuhen stecken.

Lassen Sie uns eine kurze virtuelle Tour durch den Kosmos machen, damit wir sicher sein können, im Großen und Ganzen richtig im Bild zu sein.[3]

Die Erde ist ein Planet, und wie sieben andere Planeten umkreist sie unsere Sonne. Die vier inneren Planeten (Merkur, Venus, Erde und Mars) sind sehr klein; sie bestehen aus Metallen und Gestein. Die äußeren vier Planeten sind wesentlich größer und bestehen hauptsächlich aus Gas und Eis. Zwischen den Umlaufbahnen von Mars und Jupiter gibt es einen Asteroidengürtel – Gesteinsbrocken, die bei der Geburt des

Sonnensystems übrig geblieben sind. Jenseits von Neptun gibt es einen weiteren Trümmergürtel aus Eiskugeln und gefrorenen Zwergplaneten, deren größter Pluto ist.

Wenn Sie tagsüber in den Himmel schauen, sehen Sie dort eine große Kugel aus glühendem Gas, nämlich die Sonne. Die Planeten im Sonnensystem werden von der Sonne mit Licht und Wärme versorgt. Wenn Sie nachts nach oben schauen, werden Sie Tausende andere Sonnen sehen – die Sterne. Sie sehen klein, matt und kalt aus, aber das liegt nur daran, dass sie ungeheuer weit entfernt sind. Würde man die Sonne aus einer ähnlichen Entfernung betrachten, wäre auch sie nur als winziger Lichtpunkt zu sehen.

In Kapitel 5 werde ich Ihnen viel mehr über die Sterne erzählen. Einstweilen sollten Sie sich nur merken, dass jeder Stern eine Sonne ist und die meisten von ihnen von ihrer eigenen Planetenfamilie begleitet werden. Bis jetzt wurden deutlich mehr als 3000 Exoplaneten entdeckt.

Leider können wir nicht selbst dorthin reisen, um uns vor Ort umzusehen, zumindest nicht in absehbarer Zukunft. Selbst das Licht, das mit 300 000 Kilometer pro Sekunde reist, braucht 4,3 Jahre, um von der Sonne zum nächsten Stern zu reisen, dem Proxima Centauri. Darum sagen Astronomen, Proxima Centauri sei 4,3 Lichtjahre entfernt. (Ein Lichtjahr sind 300 000 × 60 × 60 × 24 × 365,25 Kilometer, also fast 9,5 Billionen Kilometer.)

Haben Sie jemals versucht, die Sterne am Nachthimmel zu zählen? Mit bloßem Auge können Sie ein paar Tausend davon erkennen, je nachdem, wie dunkel der Himmel über Ihrem Standort ist. Die meisten von ihnen sind einige Dutzend oder ein paar Hundert Lichtjahre entfernt, was für die meisten Menschen eine unglaubliche Entfernung ist, aber für einen Astronomen relativ nah – unser kosmischer Hinterhof.

Die allermeisten Sterne in unserer Galaxie, der Milchstraße, sind wesentlich weiter entfernt. Um sie zu sehen, müssen Sie ein Teleskop benutzen. Sie treten in diversen Farben und Größen auf, und ihre Namen – Rote Zwerge, Weiße

Zwerge, Gelbe Unterriesen, Blaue Überriesen – beschwören Vorstellungen von Bewohnern eines verzauberten Waldes herauf. Und es gibt so viele von ihnen. Heute schätzen Astronomen, dass es mehrere Hundert Milliarden Sterne in der Milchstraße gibt. Einer von ihnen ist unsere Sonne.

Aber unsere Reise ist noch lange nicht zu Ende. Unsere Milchstraße ist keineswegs allein – das Universum ist voller Galaxien. Großen, majestätischen Spiralgalaxien wie Milchstraße und Andromedanebel, riesigen elliptischen Ansammlungen uralter Sterne, kleinen, unregelmäßig geformten Zwerggalaxien – es gibt eine überwältigende Vielfalt und auch eine überwältigende Zahl von ihnen, verteilt über einen Weltraum, der sich über viele Milliarden Lichtjahre erstreckt.

Im Dezember 1995 richteten Astronomen zum ersten Mal das Hubble-Weltraumteleskop auf einen winzigen, scheinbar leeren Fleck am Himmel. Sie ließen den Verschluss der Kamera ganze zehn Tage lang geöffnet. Das Ergebnis: ein atemberaubendes Foto von mehr als 1000 matt schimmernden, weit entfernten Galaxien auf einer Fläche, die hinter einem auf Armeslänge hochgehaltenen Stecknadelkopf verschwinden würde. Und würde man den Bildausschnitt um eine Nadelkopfbreite nach links oder rechts verrücken, würden sich abermals Tausende von entfernten Galaxien zeigen.

Und wie empfinden wir heute das beobachtbare Universum? Es ist unermesslich, dunkel, kalt und leer. Aber über diese leere Weite sind etwa zwei Billionen Galaxien verstreut, gruppiert in Klumpen und Haufen. Sind Sie weit draußen im Weltall und wollen den Weg nach Haus finden? Dann sollten Sie sich ein unglaublich genaues Navigationssystem zulegen – es gibt keine Wegweiser an den kosmischen Autobahnen. Im Vergleich dazu ist es ein Kinderspiel, die sprichwörtliche Nadel im Heuhaufen zu finden.

Falls es Ihnen gelingt, die Milchstraße zu finden, halten Sie einen Moment inne, um diesen Anblick zu bewundern. Einige Hundert Milliarden Sonnen sind zu wunderschönen Spiralarmen arrangiert, inmitten von Sternhaufen, hell leuchtenden

Nebeln und dunklen Staubwolken. Und nur eine davon – ein eher unauffälliger, ziemlich durchschnittlicher Stern – ist unsere Sonne. Sie verbringt ihr Leben in einem der ruhigen Randbezirke der Milchstraße, am inneren Rand eines Spiralarms, wo meist nicht viel passiert.

Dieses kleine Leuchtfeuer wird von acht winzigen Planeten umkreist. Einer der vier kleineren davon ist die Erde. Und auf diesem Staubkorn hat der Mensch seit ein paar Jahrhunderten damit begonnen, die Geheimnisse des Universums zu enträtseln.

Nun, zumindest versuchen wir das.

Es ist ein Gedanke, der Demut erzeugt, ist es doch so gut wie unmöglich, Homo sapiens in der unermesslichen Weite des Weltraums zu finden. Und dazu sind wir Newcomer auf der kosmischen Bühne.

Hier ist eine aufschlussreiche Metapher. Nehmen wir an, die gesamte Geschichte des Universums wäre in einer 14-bändigen Enzyklopädie aufgeschrieben. 14 dicke Bände, jeder mit 1000 Seiten, in kleiner Schrift. Der Urknall würde auf der ersten Zeile der ersten Seite des ersten Bandes stehen; aber die Geburt von Sonne und Planeten würde erst in Band 10 auftauchen. Die Dinosaurier sterben auf Seite 935 in Band 14 aus. Homo sapiens taucht erst im unteren Fünftel der Seite 1000 auf. Und unsere gesamte geschriebene Geschichte wäre in der zweiten Hälfte der allerletzten Zeile komprimiert.

Die astronomische Perspektive ist eine Art, unsere Welt aufzufassen. Aber viele Physiker würden einen anderen Ansatz vorziehen: Anstatt einfach nur alles zu beschreiben, was man sieht (Galaxien, Sterne, Planeten), möchten sie herausfinden, woraus alles besteht und wie alles funktioniert.

Nehmen wir an, ein Astronom und ein Physiker vertieften sich beide in J. R. R. Tolkiens *Herr der Ringe*. Wenn der Astronom seine Erkenntnisse aus dieser Lektüre präsentiert, würde er die Handlung der Trilogie beschreiben, die Protagonisten, die metaphorische Bedeutung, den Schreibstil und so weiter.

Der Physiker würde dagegen das Alphabet beschreiben, die Buchstabenhäufigkeiten, die Grammatik- und die Interpunktionsregeln.

Aber gleichen die sich nicht für eine Menge völlig unterschiedlicher Bücher? »Jawohl!«, würde der Physiker begeistert ausrufen, das sei das Großartige an diesem Ansatz. Man könne aufhören, sich auf die Eigenarten zu konzentrieren, und anfangen, Gemeinsamkeiten zu finden, um den Text auf der fundamentalen Ebene zu verstehen. Natürlich haben beide Ansätze ihre Vor- und Nachteile – eigentlich ergänzen sie sich sogar.

Ebenso, wie jedes nur denkbare Buch aus einer kleinen Zahl verschiedener Buchstaben besteht und die Regeln der Grammatik befolgen muss, bestehen sämtliche Objekte im Universum aus einer kleinen Zahl von Elementarteilchen, die über die fundamentalen Kräfte der Natur miteinander interagieren.

Das Erstaunliche daran ist, dass die Welt um Sie herum – Stecknadelköpfe, Menschen, Planeten und Proto-Galaxienhaufen – aus nur drei Arten von Elementarteilchen besteht: dem Up-Quark, dem Down-Quark und dem Elektron. Und genauso, wie Buchstaben zu Worten, Sätzen, Absätzen und Büchern kombiniert werden können, bilden diese drei Teilchen Atome, Moleküle, chemische Verbindungen und buchstäblich jedes Objekt, das Ihnen einfallen mag.

Was die Grundkräfte der Natur angeht, kennen die Physiker nur vier davon. Zwei von ihnen wirken auf sehr kurze Distanz – sie spielen nur in den Dimensionen eines Atomkerns eine Rolle. Darum werden sie als die starke und die schwache Wechselwirkung bezeichnet. Die anderen beiden – Elektromagnetismus und Schwerkraft – sind auch im Alltagsleben zu beobachten, was jeder weiß, der schon einmal eine elektrische Glühbirne eingeschaltet oder ein Weinglas hat fallen lassen.

Ich gebe zu, dass ich an dieser Stelle zahllose Details unter den Tisch fallen lasse. Neutrinos, instabile Elementarteilchen,

Antimaterie, Kraftteilchen, das berühmte Higgs-Boson, Dunkle Materie, supersymmetrische Teilchen, Tetraquarks, eine mögliche fünfte Kraft – die Liste ist endlos. Falls Sie sich dafür interessieren, können Sie sich ein populärwissenschaftliches Buch über Teilchenphysik zulegen, und deswegen werde ich das Thema hier nicht vertiefen, obwohl ich später in diesem Buch auf Neutrinos und Dunkle Materie zurückkommen werde.

Ein bestimmtes Detail ist allerdings wichtig für unsere Geschichte über Raumzeit und Gravitationswellen: die seltsamen Eigenschaften der Schwerkraft. Wir alle sind ziemlich vertraut mit ihren offensichtlichen Auswirkungen, aber aus irgendeinem Grunde verhält sich die Schwerkraft ganz anders als die anderen Grundkräfte der Natur. Laut Albert Einstein liegt das daran, dass die Schwerkraft eng mit Raum und Zeit verknüpft ist.

Jetzt versuchen Sie mal, das Isaac Newton zu erklären. Newton hat natürlich nie das wahre Wesen der Schwerkraft gekannt; er entwickelte lediglich eine universelle Formel, welche die Anziehungskraft zwischen zwei Massen in einer bestimmten Entfernung zueinander in nützlicher Weise beschreibt. Aber wie die meisten seiner Zeitgenossen hielt Newton Raum und Zeit für voneinander unabhängige, absolute Konzepte.

Tatsächlich entsprechen Newtons Vorstellungen von Raum und Zeit weitgehend unseren eigenen intuitiven Auffassungen. Der Raum ist einfach da – ein dreidimensionales Nichts, das ewig besteht. Ein Objekt (etwa ein Elementarteilchen oder ein Planet) kann sich an einem bestimmten Ort im Raum befinden oder sich von einem Ort an einen anderen bewegen. Wenn wir einen bestimmten Referenzpunkt festlegen, können wir alle anderen Orte mit nur drei Koordinaten spezifizieren. Ausgehend von diesem Referenzpunkt geben die drei Koordinaten an, wie weit wir vor- oder zurückgehen müssen, nach links oder rechts und nach oben oder unten, um den anderen Ort zu erreichen. Der Raum ist so ähnlich wie dreidimensionales Millimeterpapier. Er ist der leere, unveränderliche Hintergrund, vor dem sich alle Ereignisse im Universum abspielen.

Und die Zeit? Die imaginäre Uhr der Natur zählt sowohl die Momente, die einen langweiligen Tag ausmachen, als auch all die Sekunden seit der Geburt des Universums. Die Zeit ist das absolute, unfehlbare Metronom des Kosmos, das jedes einzelne Ereignis mit einem eindeutigen Zeitstempel kennzeichnet. Und außerdem ist sie eindimensional: Wenn Sie einen Referenzpunkt festlegen, brauchen Sie nur eine einzige Zahl, um zu wissen, zu welcher Zeit ein beliebiges anderes Ereignis stattfindet.

Ich bin sicher, dass Sie keine Probleme haben, sich Raum und Zeit so vorzustellen, wie Newton es tat. Es ist die natürliche Art, sie zu sehen. Unser Gehirn ist für diese praktische Sicht der Dinge verdrahtet.

Aber leider ist sie falsch.

Was Einstein gezeigt hat, ist, dass Raum und Zeit miteinander verknüpft sind. Der dreidimensionale Raum und die eindimensionale Zeit sind tatsächlich zur vierdimensionalen Raumzeit miteinander verwoben.

Einstein hat auch gezeigt, dass Raum und Zeit nicht absolut sind, sondern relativ. Das ist natürlich der Grund, warum seine revolutionäre Theorie als Relativitätstheorie bezeichnet wird. Wie groß ist die Entfernung zwischen zwei Punkten im Raum? Das kommt darauf an, wen Sie fragen. Für jemanden, der mit halber Lichtgeschwindigkeit reist, ist die Entfernung zwischen zwei Punkten im Raum viel kleiner als für jemanden, der sich nicht bewegt (in Bezug auf diese zwei Punkte). Das Gleiche gilt für das Zeitintervall zwischen zwei Ereignissen: Je schneller Sie sich bewegen, desto langsamer geht Ihre Uhr. Das Einzige, was absolut ist – also für alle Beobachter gleich, ganz unabhängig davon, ob sie sich bewegen –, ist der vierdimensionale Abstand zwischen zwei Ereignissen (an zwei Orten) in der Raumzeit.

Und schließlich hat Einstein auch gezeigt, dass Masse (und

auch Energie) einen Einfluss auf die vierdimensionale Raumzeit ausübt. Unter dem Einfluss von massereichen Objekten wie Sternen oder Schwarzen Löchern wird eine gerade Linie ein wenig gebeugt. (Für kleinere und leichtere Objekte – wie Asteroiden oder Äpfel – ist dieser Effekt völlig vernachlässigbar.) Das führt dazu, dass alles, was einer geraden Linie folgt, zum Beispiel ein Lichtstrahl oder ein Planet, in Gegenwart eines massereichen Körpers beginnt, sich entlang einer gekrümmten Bahn zu bewegen. Was wir als Schwerkraft wahrnehmen, ist eigentlich der Effekt der Krümmung der Raumzeit auf die Bewegungen anderer Körper. Und da wir hier über die Krümmung der Raum*zeit* sprechen, wird auch die Zeit durch die Gegenwart massereicher Körper beeinflusst – in der Nähe eines Schwarzen Lochs beginnt Ihre Uhr immer langsamer zu ticken.

Falls Sie jetzt finden, dass sich das alles ziemlich verrückt anhört, können Sie den fiktiven Astronauten Joe Cooper von der *Interstellar* fragen. Zusammen mit seinen Crewkollegen Amelia Brand und Doyle verbringt er nur ein paar Stunden auf einer Welt, die als Millers Planet bekannt ist und das gigantische Schwarze Loch Gargantua umkreist. Da die Umlaufbahn des Planeten so nahe an dem Schwarzen Loch liegt, wird die Raumzeit dramatisch gekrümmt, und die Zeit verstreicht auf dem Planeten im Schneckentempo. Als Cooper, Brand und Doyle auf die Endurance zurückkehren, ist Nikolai Romilly, das vierte Crewmitglied, um 23 Jahre gealtert.

Die starke Krümmung der Raumzeit zeigt sich auch im Erscheinungsbild von Gargantua selbst. Das Schwarze Loch ist rings um seinen Äquator von einer flachen Scheibe aus überhitztem Gas umgeben, aus der Materie in das Loch fällt. Normalerweise würde man erwarten, nur die nahe Seite der Scheibe zu sehen, denn schließlich befindet sich ja die ferne Seite hinter dem Schwarzen Loch. Da jedoch die Raumzeit gekrümmt ist, wird das Licht von der entfernten Seite den ganzen Weg um Gargantua herumgebeugt. Dadurch wirkt es so, als sei das Schwarze Loch von einem hellen Ring umgeben.

Hin und wieder, so könnte ich mir vorstellen, dürfte Kip Thornes Beteiligung den Visual-Effects-Spezialisten und Computeranimatoren von Double Negative – der Firma in London, die aus seinen trockenen Raumzeit-Gleichungen atemberaubende Filmsequenzen machen sollte – lästig gewesen sein. Manchmal wurde dem Physiker vom California Institute of Technology (Caltech) nicht das letzte Wort überlassen, was bedeutet, dass die wissenschaftliche Genauigkeit hintangestellt werden musste; in seinem 2014 erschienenen Buch *The Science of Interstellar* erklärt Thorne, dass Regisseur Christopher Nolan sein Publikum nicht *allzu* sehr verwirren wollte. Aber letzten Endes war Thorne sehr zufrieden: »Wie habe ich mich gefreut, als ich den Film zum ersten Mal sah! Zum ersten Mal überhaupt wurden in einem Hollywoodfilm ein Schwarzes Loch und seine Gasscheibe so dargestellt, wie wir Menschen sie tatsächlich sehen werden, wenn wir eines Tages in der Lage sind, zu den Sternen zu reisen.«

Also können wir beschreiben und visualisieren, wie die Krümmung der Raumzeit dazu führt, dass Lichtstrahlen gebeugt werden und die Zeit schneller oder langsamer fließt. Aber wie können wir uns dieses vierdimensionale Konstrukt vorstellen, und erst recht seine Krümmung?

Im Jahr 1916 schrieb Albert Einstein ein kurzes Büchlein mit dem schlichten Titel *Über die spezielle und die allgemeine Relativitätstheorie.*[4] Später schrieben auch andere Autoren über Relativität. Eines der lustigsten dieser Bücher ist *Mr. Tompkins in Wonderland* (1940; dt.: *Mr. Tompkins im Wunderland oder Träumereien von c, g und h*), verfasst von dem Kosmologen George Gamow.[5] Es wird nach wie vor aufgelegt, aus gutem Grund. Als Teenager habe ich noch ein anderes Buch verschlungen, nämlich *A Guided Tour through Space and Time* (1959) von der ungarischen Physikerin Eva Fenyo.[6] Und wenn Sie wirklich in dieses Thema einsteigen wollen, sollten Sie Kip Thornes beeindruckendes, 1994 erschienenes Buch *Black Holes and Time Warps: Einstein's Outrageous Legacy* (dt.: *Gekrümmter Raum und verbogene Zeit: Einsteins Vermächtnis*) lesen.[7] Es ist über 600 Seiten lang, aber allgemeinverständlich geschrieben.

Der Trick, den praktisch jeder anwendet, um vier Dimensionen zu visualisieren, ist ganz einfach: eine davon weglassen.[8] Natürlich wollen wir die Zeitdimension nicht ignorieren, aber es ist okay, eine Raumdimension über Bord zu werfen. Dann bleiben noch zwei räumliche und eine zeitliche Dimension übrig. Im Ergebnis ist die Raumzeit dreidimensional geworden – und damit sind wir vertraut.

Im zweidimensionalen Raum können Objekte sich nur vor und zurück, nach rechts oder links bewegen; auf und ab gibt es nicht. Konzentrieren wir uns also für einen Moment auf Bewegungen, die in zwei Dimensionen stattfinden, also auf einer waagerechten Ebene.

Stellen Sie sich einmal zwei Dinge vor, die sich in einer geraden Linie auf dieser Ebene bewegen. Das eine ist ein Lichtstrahl von einem Stern, der sich mit 300 000 Kilometern pro Sekunde fortbewegt. Das andere ist ein Planet, der sich in der gleichen Richtung bewegt, aber 10 000-mal langsamer, also mit nur 30 Kilometern pro Sekunde. Wenn weder der Lichtstrahl noch der Planet von außen beeinflusst werden, folgen beide der gleichen geraden Bahn, wenn auch mit sehr unterschiedlichen Geschwindigkeiten.

Jetzt wollen wir die Sonne auf die gleiche Ebene setzen, ungefähr 150 Millionen Kilometer von dieser geraden Bahn entfernt. Wir wissen, dass die Masse der Sonne eine Krümmung der Raumzeit bewirkt. Das führt dazu, dass sowohl die Bahn des Lichtstrahls als auch die Bahn des Planeten gekrümmt werden. Aber dabei geschieht etwas Seltsames: Die Bahn des Lichtstrahls wird nur ganz wenig gekrümmt (wir werden in Kapitel 3 noch darauf zurückkommen, dass die Sonne das Licht beugt). Aber die Bahn des Planeten (nennen wir ihn »Erde«) wird wesentlich stärker gekrümmt – bis hin zu einer kreisförmigen Umlaufbahn. Was geht da vor sich? Wenn beide von derselben Krümmung beeinflusst werden, wäre dann nicht zu erwarten, dass beide derselben gekrümmten Bahn folgen?

Nein, das ist es nicht, und zwar aus folgendem Grund: Wir reden hier über gekrümmte Bahnen nicht im Raum, sondern in der Raum*zeit*. Wenn wir wirklich verstehen wollen, was sich hier abspielt, müssen wir die Zeitdimension zu unserem zweidimensionalen Raum hinzunehmen und die Bewegung in der dreidimensionalen Raumzeit betrachten. Hier ist die Zeit an die Stelle der dritten räumlichen Dimension (auf/ab) getreten. Tatsächlich haben wir ein neues dreidimensionales Koordinatensystem geschaffen. Die x-Achse und die y-Achse – in der horizontalen Ebene – haben alle 300 000 Kilometer (der Entfernung, die Licht in einer Sekunde zurücklegt) einen Skalenstrich. Auch die senkrechte z-Achse hat einen Skalenstrich pro Sekunde.

Sehen wir uns noch einmal den Lichtstrahl an. Zum Zeitpunkt null befindet er sich an einem bestimmten Punkt im Raum. Eine Sekunde später hat er 300 000 Kilometer zurückgelegt – einen Skalenstrich auf der waagerechten Ebene. Aber in der dreidimensionalen Raumzeit hat er sich auch einen Skalenstrich nach oben bewegt. Das heißt, dass der Lichtstrahl in der Raumzeit einer Bahn folgt, die um 45 Grad angewinkelt ist.

Sehen wir uns jetzt die Erde an. In einer Sekunde kommt sie nur 30 Kilometer voran. Unser Planet braucht also 10 000 Sekunden, um 300 000 Raumkilometer zurückzulegen (das sind beinahe zwei Stunden und 47 Minuten). Das heißt, dass die Bahn der Erde in der dreidimensionalen Raumzeit (ihre *Weltlinie*) deutlich weniger angewinkelt ist als die Bahn des Lichtstrahls, nämlich um nur etwa 20 Bogensekunden (eine Bogensekunde ist 1/3600 eines Winkelgrades). Auf den ersten Blick sieht es so aus, als ob sich der Lichtstrahl diagonal fortbewegt, der Planet dagegen beinahe senkrecht nach oben – *fast* vertikal.

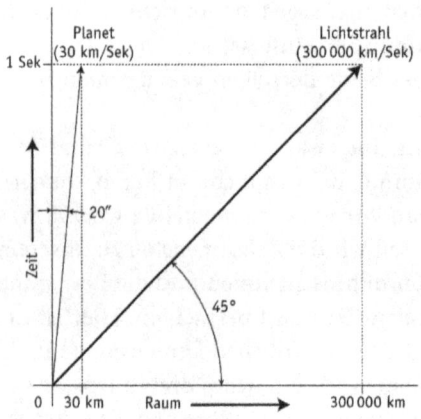

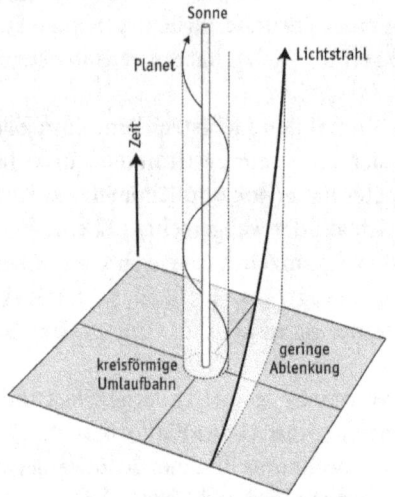

In der Raumzeit ist die »Weltlinie« eines Lichtstrahls, der sich mit 300 000 Kilometern pro Sekunde fortbewegt, um 45 Grad angewinkelt, während die Weltlinie eines Planeten, der sich mit nur 30 Kilometern pro Sekunde fortbewegt, beinahe senkrecht ist (obere Grafik, Winkel nicht maßstabsgetreu). Beide Weltlinien werden durch die von der Sonne erzeugte Raumzeitkrümmung nur ein wenig gekrümmt (Grafik unten), aber wenn sie auf Raumkoordinaten projiziert werden (horizontale Ebene), scheint der Planet weit stärker abgelenkt zu werden als der Lichtstrahl.

So weit, so gut. Aber was passiert, wenn wir die Sonne mit ins Bild aufnehmen? In unserem vereinfachten Szenario bewegt die Sonne sich nicht im Raum – ihre Geschwindigkeit ist null Kilometer pro Sekunde. Folglich bewegt sie sich in der dreidimensionalen Raumzeit genau senkrecht. Das führt dazu, dass die Weltlinie des Lichtstrahls und die Weltlinie des Planeten beide minimal gekrümmt werden, und zwar wie folgt.

Die diagonale Weltlinie des Lichtstrahls wird ein wenig gekrümmt, aber wegen ihrer hohen Geschwindigkeit nur für kurze Zeit. Sehr schnell hat der Lichtstrahl die Region verlassen, wo die Raumzeit durch die Masse der Sonne gekrümmt wird. Und dann folgt er wie zuvor einer in der Raumzeit geraden Bahn, mit dem gleichen Winkel von 45 Grad zur Senkrechten, obwohl der Winkel jetzt in eine etwas andere Richtung zeigt. Wenn wir die Bahn des Lichtstrahls auf die Ebene des zweidimensionalen Raums zurückprojizieren, sehen wir, dass sie jetzt in eine etwas andere Richtung zeigt.

Die Erde bleibt dagegen in der gekrümmten Region. Sie bewegt sich weiterhin entlang einer fast senkrechten Bahn durch die Raumzeit, im selben Winkel von 20 Bogensekunden. Aber die Richtung dieses kleinen Winkels ändert sich ständig ein wenig aufgrund der von der Masse der Sonne erzeugten Krümmung. Nach beinahe acht Millionen Sekunden (also ungefähr drei Monaten) hat sich die Richtung des Winkels um volle 90 Grad geändert. Wenn wir das auf die Ebene des zweidimensionalen Raumes projizieren, sehen wir, dass der Planet ein Viertel seiner Umlaufbahn um die Sonne hinter sich gebracht hat.

Aber das ist keineswegs eine starke Krümmung! In acht Millionen Sekunden hat sich der Planet um acht Millionen Skalenstriche durch die Raumzeit nach »oben« bewegt. In dieser Zeit hat er lediglich 236 Millionen Raumkilometer zurückgelegt. In der horizontalen Ebene sind das kaum 800 Skalenstriche. Die Krümmung der Bahn des Planeten in der Raumzeit wäre mit bloßem Auge kaum zu erkennen – er bewegt sich immer noch entlang einer fast perfekten senkrechten Linie.

Nach einem Jahr hat die Erde eine volle Umlaufbahn um die Sonne hinter sich gebracht, was gerade einmal gut 940 Millionen Raumkilometern entspricht. Aber dafür hat sie 31,5 Millionen Sekunden gebraucht. Die spiralförmige Weltlinie der Erde in der Raumzeit ist von einer geraden Linie kaum zu unterscheiden. Das liegt daran, dass die Sonne nicht besonders massereich ist und daher nur eine geringe Krümmung der Raumzeit erzeugt. Wenn wir allerdings die zeitliche Dimension außer Acht lassen und nur die Ebene des zweidimensionalen Raums betrachten, stellen wir fest, dass die Bahn der Erde stark gekrümmt ist, bis hin zu ihrer vertrauten kreisförmigen Umlaufbahn. Unser rasender Lichtstrahl hat dagegen in der gleichen Zeit beinahe ein Viertel der Entfernung zum nächsten Stern zurückgelegt.

Das alles ist ziemlich schwierig zu verstehen, wenn Sie zum ersten Mal davon hören – und ich habe Ihnen ja noch nicht einmal zugemutet, sich die *vier*dimensionale Raumzeit bildlich vorzustellen. (Falls Sie den Überblick verloren haben, können Sie natürlich die vorigen Seiten morgen oder auch nächste Woche noch einmal nachlesen.) Auf jeden Fall wissen Sie jetzt, warum unsere alltägliche Intuition uns im Stich lässt, wenn wir die Eigenarten von Raumzeit und allgemeiner Relativität verstehen wollen.

Und das ist in der Tat eine wichtige Lektion. Wenn wir es mit kollidierenden Schwarzen Löchern zu tun haben, mit extremer Raumzeitkrümmung und mit Gravitationswellen, können wir uns nicht auf unser Bauchgefühl verlassen. Stattdessen müssen wir den Berechnungen von Supercomputern trauen, die auf Albert Einsteins Allgemeiner Relativitätstheorie basieren. Wenn wir Einstein vertrauen, müssen wir auch die Ergebnisse solcher Berechnungen akzeptieren.

Das ist einer der Gründe, warum Kip Thorne sich so über das *Interstellar*-Projekt gefreut hat. Eine Visual-Effects-Firma wie Double Negative hat wesentlich leistungsstärkere Computer zur Verfügung als ein theoretischer Physiker am Caltech. Die so entstandenen Filmsequenzen liefern Wissenschaftlern wie Thorne neue und wertvolle Erkenntnisse. In seinem Buch *The Science of Interstellar* schreibt er: »Für mich sind solche Filmsequenzen wie experimentelle Daten: Sie enthüllen Dinge, die ich ohne diese Simulationen niemals selbst hätte herausfinden können.«[9]

Was tun Wissenschaftler, wenn sie neue Erkenntnisse gewonnen haben? Sie veröffentlichen sie natürlich. Und genau das hat auch Thorne getan. Genau genommen hat er zwei Artikel geschrieben – einen über das *Interstellar*-Wurmloch und den anderen über Gargantua, das gigantische Schwarze Loch in dem Film. Sie können Sie im Internet finden – der erste erschien unter dem Titel »Visualizing *Interstellar's* Wormhole« in der renommierten Fachzeitschrift *American Journal of Physics*.[10] Der andere Artikel erschien unter der Überschrift »Gravitational Lensing by Spinning Black Holes in Astrophysics, and in the Movie *Interstellar*« in *Classical and Quantum Gravity*, einer anderen Fachzeitschrift.[11] Beide Artikel hat Thorne gemeinsam mit Oliver James, Eugénie von Tunzelmann und Paul Franklin verfasst. James ist der Chefwissenschaftler bei Double Negative, von Tunzelmann ist die Leiterin der Abteilung Computergrafik bei der Firma, und Franklin ist einer der Gründer der Firma und Chef der Abteilung Visual Effects. Es ist schön, wenn ein theoretischer Physiker als Filmproduzent in der Internet Movie Database (IMDb) auftaucht, aber genauso schön ist es auch, wenn Special-Effects-Experten bei arXiv.org landen, der größten elektronischen Sammlung von Physik-Fachartikeln der Welt.

Es gab dabei nur eine kleine Enttäuschung für Thorne. Ursprünglich hatte er gehofft, dass auch Gravitationswellen in *Interstellar* eine Rolle spielen würden – immerhin ist er einer der Gründer des LIGO-Projekts, und er hielt es für möglich, dass der erste direkte Nachweis dieser flüchtigen Raumzeitkräusel im selben Jahr gelingen könnte, in dem der Film in die Kinos kam. Leider war Regisseur Christopher Nolan der Meinung, dass dadurch die Handlung des Films viel zu kompliziert würde. Jedenfalls gelang der erste Nachweis von Gravitationswellen – GW150914 – erst 323 Tage nach dem offiziellen Erscheinungsdatum des Films.

Aber soviel ich weiß, kann es gut sein, dass Kip Thorne an einem zweiten Teil des Films arbeitet.

2 Relativ gesprochen

Leiden ist eine poetische Stadt.

Auf einer Seite des Hauses in der Nieuwe Rijn 36 ist ein Gedicht von E. E. Cummings in großen Lettern an die Wand gemalt; das ganze Gedicht ist ungefähr sieben Meter hoch. Es beginnt so:

the hours rise up putting off stars and it is
dawn
into the street of the sky light walks scattering poems

(die stunden steigen herauf sterne ablegend und es ist
morgendämmerung
in die straßen des luftraums kommt das licht lieder streuend)

Ich bin nicht ganz sicher, was das bedeutet, aber es klingt wunderbar.

Cummings' Gedicht steht nicht allein da: Es ist Nummer 23 in einer ganzen Serie. Es gibt etwa 100 andere Wandgedichte im historischen Zentrum der Stadt Leiden, die etwas über 40 Kilometer südlich von Amsterdam liegt, der Hauptstadt der Niederlande.[1]

Eines dieser Gedichte hebt sich von den anderen ab. Es ist auf die Ostwand des Museums Boerhaave gemalt, dem Holländischen Museum für die Geschichte von Wissenschaft und Medizin.[2] Aber es ist nicht einfach vorzulesen, da es in einer Sprache verfasst ist, mit der nur wenige Menschen vertraut sind, und es hat nur eine Zeile:

$$R_{\mu\nu} - \frac{1}{2} R\, g_{\mu\nu} + \Delta\, g_{\mu\nu} = \frac{8\pi G}{c^4}\, g T_{\mu\nu}$$

Vielleicht sieht das für Sie gar nicht wie ein Gedicht aus. Es ist die Feldgleichung aus Albert Einsteins Allgemeiner Relativitätstheorie. Sie sehen, dass die Gleichung aus zwei Teilen besteht, die durch ein Gleichheitszeichen verbunden sind, was bedeutet, dass der Ausdruck auf der linken Seite dem Ausdruck auf der rechten Seite gleicht. Die linke Seite beschreibt die Raumzeitkrümmung; die rechte Seite beschreibt die Verteilung von Masse (und Energie). Wenn sich die Verteilung der Masse ändert, dann ändert sich auch die Raumzeitkrümmung. Wenn sich die Raumzeitkrümmung ändert, wird die Masse anfangen, sich zu bewegen, wie wir es in Kapitel 1 gesehen haben.

Einsteins Feldgleichung ist in der Sprache der Mathematik geschrieben. Aber die beste Übersetzung ins Englische stammt von John Archibald Wheeler, einem brillanten amerikanischen Physiker (der übrigens auch Kip Thornes Mentor war): »Spacetime tells matter how to move; matter tells spacetime how to curve« (»Die Raumzeit sagt der Materie, wie sie sich bewegen soll; die Materie sagt der Raumzeit, wie sie sich krümmen soll«) – letztlich also doch Poesie.

Die Gleichung wurde an die Wand des Museums Boerhaave gemalt, um des 100-jährigen Jubiläums von Einsteins Theorie zu gedenken. Sie wurde im Rahmen einer feierlichen Zeremonie im November 2015 von dem holländischen Physiker Robbert Dijkgraaf enthüllt, dem Direktor des Institute for Advanced Study in Princeton, New Jersey, wo Einstein in den letzten 21 Jahren seines Lebens arbeitete. Sehr passend.

Vom Museum Boerhaave gehe ich 15 Minuten zu Fuß zum Lagerhaus des Museums im Raamsteeg 2. Paul Steenhorst, der Chefrestaurator des Museums, möchte mir etwas zeigen.[3] Er begleitet mich in den Raum N1.01 im ersten Stock, einen vollklimatisierten Raum, in dem sich in mehreren Schränken aus Kiefernholz die Physiksammlung des Museums befindet. Paul öffnet Schublade J410 und nimmt Objekt V34180 heraus, einen kleinen, marineblauen Pappkarton. Auf dem Deckel steht »Waterman's Ideal Fountain Pen« (Watermans idealer Füllfederhalter).

Und dann halte ich Albert Einsteins Füllfederhalter in der Hand, den er für *alles* verwendete, was er zwischen 1912 und 1921 geschrieben hat, einschließlich der Originalmanuskripte seiner 1915 veröffentlichten Arbeiten über allgemeine Relativität. Die Raumzeitkrümmung, die Feldgleichungen, die Gravitationswellen – all das strömte aus dieser zierlichen *Füllfeder*, wie Einstein sie genannt hätte.

Haben Sie den Ausdruck »six degrees of separation« (sechs Grade der Trennung) schon einmal gehört? Damit ist die Idee gemeint, dass Sie höchstens sechs Beziehungen entfernt seien von einer beliebigen anderen Person auf der Erde. Nun ist ein Füllfederhalter zwar keine Person, aber in gewisser Hinsicht bin ich nur zwei Beziehungen entfernt vom größten Physiker aller Zeiten.

Übrigens habe ich mir diesen Ehrentitel keineswegs ausgedacht – Einstein gilt tatsächlich als der größte Physiker aller Zeiten. Zumindest ergab das eine 1999 von der Fachzeitschrift *Physics World* durchgeführte Umfrage unter 100 prominenten Wissenschaftlern. Im selben Jahr erkor die Zeitschrift *Time* Albert Einstein zur Person des Jahrhunderts – nicht nur »Physiker«, wohlgemerkt, sondern »Person«.

Wir alle wissen, wer Albert Einstein ist: großer Schnurrbart, Zottelhaar, schlabberiger Pullover, Sandalen – er ist zum Paradebeispiel eines Wissenschaftlers geworden. Es gibt nicht viele andere Physiker, deren Antlitz auf Postkarten, Kaffeebechern und T-Shirts verewigt wurde. Klar hat es auch geholfen, dass er an seinem 72. Geburtstag dem UPI-Fotografen Arthur Sasse die Zunge rausgestreckt hat; aber eigentlich war es seine Genialität, die ihn zu einem Star der Wissenschaft gemacht hat.

Vielleicht werden Sie erstaunt sein zu hören, dass Sie weit mehr über das Universum wissen als Einstein zu der Zeit, als er seine Allgemeine Relativitätstheorie zu Papier brachte. Damals hatte noch niemand die Rückseite des Mondes gesehen, und Pluto sollte erst noch entdeckt werden. Die Astronomen wussten nicht, woher die Sonne ihre Energie bezieht. Das wahre Wesen von Spiralnebeln – von Galaxien wie zum Beispiel unserer Milchstraße – war nicht bekannt. Die meisten Wissenschaftler glaubten, das Universum habe schon immer existiert. Es sollte noch Jahrzehnte dauern, bis Pulsare, Quasare und Exoplaneten entdeckt wurden. Antimaterie, Neutrinos, Quarks – im Jahr 1915 hätten diese Worte für Einstein nichts bedeutet, ebenso wie Galaxienhaufen, Gammastrahlenausbruch und Dunkle Materie.

Was jedoch die Wissenschaftler schon 1915 *durchaus* wussten, war der Umstand, dass das Universum von der Schwerkraft beherrscht wird, ungeachtet der Tatsache, dass sie eine außerordentlich schwache Kraft ist. So ist zum Beispiel die elektromagnetische Kraft wesentlich stärker. Aber eine elektromagnetische Kraft kann entweder positiv oder negativ sein, kann anziehen oder abstoßen. Im Universum insgesamt heben sich diese gegensätzlichen Kräfte auf. Die Schwerkraft ist dagegen immer eine Anziehungskraft (die Antischwerkraft ist nach wie vor auf das Reich von Science-Fiction beschränkt). Das führt dazu, dass die Bewegungen von Sternen und Planeten – und natürlich auch von stolpernden Menschen und fallenden Äpfeln – von dieser einen schwächlichen Kraft beherrscht werden.

Falls Sie bezweifeln, was ich über die Schwerkraft gesagt habe – dass sie nämlich eine außerordentlich schwache Kraft ist –, können Sie ein einfaches Experiment machen, das Ihnen beweisen wird, dass ich recht habe. Reißen Sie ein Stück Papier in kleine Stücke und lassen Sie diese auf Ihren Schreibtisch fallen. Sie flattern nach unten, und zwar aufgrund der Schwerkraft der Erde – derselben Kraft, die verhindert, dass Sie sanft an die Decke schweben. Nehmen Sie jetzt einen kleinen Kamm aus Kunststoff zur Hand und reiben Sie ihn an Ihrem Haar oder einem Wollpullover. Halten Sie dann den

Albert Einstein in Princeton, New Jersey, im Jahr 1947.

Kamm ein paar Zentimeter über die Papierschnipsel auf dem Schreibtisch. Sehen Sie, was passiert? Die Schnipsel werden sofort von der statischen Ladung des Kamms angezogen. Da haben wir's: Die elektromagnetische Ladung eines statisch aufgeladenen Kamms ist wesentlich stärker als die Schwerkraft eines ganzen Planeten! Was bedeutet, dass die Schwerkraft eine wirklich sehr schwache Kraft der Natur ist.

Die alten Griechen wussten nicht viel über elektromagnetische Kräfte (und im Übrigen wussten sie gar nichts über die starke und die schwache Wechselwirkung im Atomkern). Sie wussten auch nicht viel über die Schwerkraft. Aristoteles glaubte, dass alle Objekte die natürliche Tendenz hätten, sich in Richtung Mittelpunkt des Universums zu bewegen. Außerdem glaubte er, der Mittelpunkt des Universums werde von der Erde eingenommen, und deswegen würden alle Dinge nach unten fallen – so einfach war das. Darüber hinaus war Aristoteles davon überzeugt, dass schwere Dinge schneller fallen als leichte. Wer weiß – vielleicht hat er mit Pergamentschnipseln und griechischen Amphoren experimentiert.

Schade, dass Aristoteles nie die Filmsequenz gesehen hat, die zeigt, wie der Apollo-15-Kommandant David Scott auf dem Mond eine Feder und einen Hammer fallen lässt (dieses Video können Sie leicht auf YouTube finden).[4] Der Mond hat keine Atmosphäre, und daher gibt es dort keinen Luftwiderstand. Und ohne Luftwiderstand fällt die Feder genauso schnell wie der Hammer – es sieht seltsam aus. (Und beide fallen sechsmal langsamer, als der Hammer auf der Erde fallen würde, da der Mond nur ein Sechstel der Schwerkraft hat, die wir gewohnt sind.)

Es wird erzählt, dass Galileo Galilei im Jahr 1589 auf dem Schiefen Turm von Pisa ein ähnliches Experiment in Szene setzte. Es ist ganz einfach: Nehmen Sie zwei Kugeln mit unterschiedlichem Gewicht – vielleicht eine aus Blei und die andere aus Holz. Die Kugeln sollten groß und schwer genug sein, um nicht allzu sehr vom Luftwiderstand aufgehalten zu werden. Steigen Sie mit den Kugeln auf den Turm und lassen Sie beide genau gleichzeitig fallen. Welche kommt zuerst unten an? Wenn beide Kugeln gleichzeitig auf dem Boden aufschlagen, haben Sie Aristoteles widerlegt.

Allerdings gibt es keinen zuverlässigen Bericht, der besagt, dass Galileo dieses Experiment tatsächlich durchgeführt hätte. Ja, er hat es beschrieben, aber wahrscheinlich als Gedankenexperiment. Und falls er *tatsächlich* Kugeln von einem Turm hat fallen lassen, war er mit Sicherheit nicht der Erste. Im Jahr 1585 führte der flämische Wissenschaftler und Mathematiker

Simon Stevin zusammen mit seinem Freund Jan Cornets de Groot (der später Bürgermeister der holländischen Stadt Delft wurde) dieses Experiment auf dem Turm der Neuen Kirche in Delft durch. Es ist detailliert in einem Buch dokumentiert, das Stevin 1586 veröffentlicht hat. Ich mag die Geschichte von Stevin – die Neue Kirche ist ganz in der Nähe des Orts, wo mein Vater das Licht der Welt erblickte.

Jedenfalls wurde Aristoteles gegen Ende des 16. Jahrhunderts widerlegt – zu guter Letzt. (Wie Sie schon in Kapitel 1 gelesen haben, war Aristoteles' Vorstellung, die Erde befinde sich im Mittelpunkt des Universums, schon 42 Jahre früher von Kopernikus abgelehnt worden.) Aber sowohl Stevin als auch Galileo wussten kaum mehr über das Wesen der Schwerkraft als die alten Griechen. So kamen sie zum Beispiel – wie Aristoteles – nie auf die Idee, dass die Bewegungen der Sterne und Planeten im Universum von derselben Kraft bewirkt werden könnten wie die Bewegungen von Bleikugeln und Äpfeln hier unten auf der Erde. Es sollten noch 102 Jahre ins Land gehen, bevor Isaac Newton das erkannte. (Übrigens gehört die Geschichte, dass Newton ein vom Baum fallender Apfel auf den Kopf gefallen sein soll, ebenfalls ins Reich der Legende.)

Newton veröffentlichte seine Erkenntnisse über die Schwerkraft im Sommer 1687, und zwar nicht in einem wissenschaftlichen Artikel, sondern in einem umfassenden, dreibändigen, auf Latein verfassten Buch mit dem Titel *Philosophiae Naturalis Principia Mathematica* (dt.: *Sir Isaac Newton's Mathematische Principien der Naturlehre*). Die erste englische Ausgabe dieses Werks erschien erst 1728, über ein Jahr nach dem Tod des Verfassers. Kaum 200 Jahre nach der Erstveröffentlichung der *Principia* gebar Pauline Einstein-Koch am 14. März 1879 in Ulm ihr erstes Kind Albert. Später würde Albert Einstein Newton widerlegen.

Sie haben eine Legende über Galileo Galilei gehört. Ich habe eine Legende über Isaac Newton erwähnt. Es gibt genug Legenden über Albert Einstein, um dieses ganze Buch zu füllen. Zum Glück ist die wahre Geschichte seines Lebens mindestens ebenso spannend wie die Mythen über ihn – man könnte auch sagen, ebenso legendär.

Albert war erst ein Jahr alt, als seine jüdischen Eltern von Ulm nach München umzogen. Sein Vater Hermann betrieb zusammen mit seinem Bruder Jacob eine mittelständische Fabrik, die elektrische Geräte produzierte. Seine Mutter kümmerte sich um Haushalt und Familie, und im November 1881 wurde Alberts kleine Schwester Maja geboren. Der junge Albert wuchs unter Frauen auf; er mochte seine Schwester sehr, und liebend gern spielte er mit seiner Kusine Elsa.

War er ein außergewöhnliches Kind? Das kann man eigentlich nicht sagen. Ja, er war still und introvertiert; schon in jungen Jahren lernte er, Geige zu spielen, und das sogar ziemlich gut. Und er war fasziniert von Dingen, für die andere Kinder sich nicht sonderlich interessierten, zum Beispiel von dem Kompass, den sein Vater ihm schenkte, als er fünf Jahre alt war. Ganz gleich, wie herum man den Kompass dreht – die Nadel zeigt immer in die gleiche Richtung. Anscheinend wurde sie durch irgendetwas im Raum selbst beeinflusst – wie erstaunlich! Aber Herrmann hätte sich nie vorstellen können, dass sein Sohn zum größten Wissenschaftler aller Zeiten heranwachsen würde.

Alberts Vater hatte andere Sorgen. Im Jahr 1894 ging sein Unternehmen pleite. Die Familie zog nach Mailand um; vielleicht würden sie in Italien mehr Glück haben. Zu dieser Zeit besuchte der 15-jährige Albert das Luitpold-Gymnasium in München, und deswegen blieb er dort. Inzwischen hatte er sein starkes Interesse für Physik entdeckt, und nahm sich vor, an der renommierten Schweizer Eidgenössischen Polytechnischen Schule Zürich (der späteren Eidgenössischen Technischen Hochschule, kurz: ETH Zürich) zu studieren.

Außerdem interessierte Albert sich ganz ungemein für das weibliche Geschlecht. (Wie ich schon sagte, war er nicht *so* außergewöhnlich – die meisten Jungen im Teenageralter interessieren sich sehr für Mädchen.) Und auch die Mädchen waren sehr an Albert interessiert – er war ein gut aussehender Bursche mit schwarzen Locken und schönen dunklen Augen. Marie Winteler war eines der Mädchen, die ihn anbeteten. Sie war die Tochter des Vogelkundlers Jost Winteler, der in der schweizerischen Kleinstadt Aarau an der Kantonschule Aargau unterrichtete. Während der zwei Jahre, die Albert in Aarau zur Schule ging, war er zu Gast im Hause der Familie Winteler, und schon bald verliebten sich Albert und Marie ineinander.

Im September 1896 schloss Albert die Abschlussprüfung der Kantonschule mit beeindruckenden Noten ab, zumindest in den naturwissenschaftlichen Fächern. »Don't know much about history … don't know much about the French I took« – die eine oder andere Zeile des Textes von Sam Cookes Hit-Single »Wonderful World« aus dem Jahr 1960 hätte durchaus von Einstein stammen können. Aber in den Fächern Physik, Algebra und Geometrie erzielte er die bestmöglichen Noten. Im Alter von 17 Jahren wurde er am Polytechnikum Zürich aufgenommen.

Konnte sich ein 17-jähriger Teenager vorstellen, dass er derjenige sein würde, der eine Reihe nagender Probleme der Physik lösen würde? Ich glaube kaum. Aber zweifellos *kannte* Albert Einstein diese Probleme. Vor allem ein spezielles Rätsel hatte die Physiker seit Jahrzehnten gequält, und seine Lösung würde möglicherweise nichts Gutes für Newtons Gravitationstheorie bedeuten.

Das Schöne an Newtons Theorie ist, dass sie einen Astronomen in die Lage versetzt, endlich die Bewegungen der Planeten im Sonnensystem zu verstehen. Mithilfe von Newtons Gleichungen ist es relativ einfach vorherzusagen, wo sich ein Planet zu einem bestimmten Zeitpunkt in der Zukunft befinden wird, zum Beispiel in 20 Jahren. Oder zu berechnen, wo sich ein Planet vor einem halben Jahrhundert befunden hat – das ist im Grunde genommen die gleiche Art von Berechnung.

Ich sage »relativ einfach«, weil das Sonnensystem von

vornherein eine ziemlich komplizierte Angelegenheit ist. Wenn es sich dabei nur um die Sonne und einen einzigen Planeten handeln würde, wäre es ein Kinderspiel, Newtons Gleichungen anzuwenden. Aber tatsächlich wird die Bewegung eines Planeten auch ein wenig von der Schwerkraft der anderen Planeten im System beeinflusst. Um zum Beispiel die Bahn des Saturn vorherzusagen, müssen wir auch die vom Jupiter ausgeübte Schwerkraft berücksichtigen. Manchmal wird der Saturn von Jupiters Schwerkraft ein wenig gebremst; zu anderen Zeiten wird er davon ein bisschen beschleunigt. All diese Störungen zu berechnen ist keineswegs ein Kinderspiel, hier wuselt ein kompletter Kindergarten.

Eine entscheidende Nagelprobe für Newtons Theorie ergab sich 1781. Damals entdeckte der englische Astronom William Herschel einen neuen Planeten jenseits der Umlaufbahn des Saturn, nämlich den Uranus. Sofort wendeten die Astronomen Newtons Gleichungen an, um die zukünftige Bahn des Planeten vorauszuberechnen. Natürlich berücksichtigten sie dabei auch den Einfluss der Schwerkräfte der anderen großen Planeten. Aber bald zeigte sich, dass der Uranus langsam, aber sicher von seiner vorhergesagten Bahn abwich. Konnte es sein, dass Newtons universelle Gravitationstheorie letztlich doch falsch war? Oder gab es vielleicht *noch einen* anderen Planeten, der Uranus von seiner Bahn wegzog?

In den 1840er-Jahren drehten einige Mathematiker Newtons Gleichungen um. Normalerweise würde man alle Positionen sämtlicher Planeten kennen, woraus man ihre jeweiligen Bahnen präzise berechnen könnte. Aber konnte man diese Berechnungen auch umkehren? Dann würde man von der abweichenden Bahn des Uranus ausgehen und errechnen, wo man den unbekannten Planeten suchen muss, der für dessen Bahnabweichung verantwortlich war. Der französische Mathematiker Urbain Le Verrier stellte sich dieser Herausforderung.

Heute wäre es einfach, ein Computerprogramm zu schreiben, mit dem sich dieses Rätsel schnell lösen ließe – eine Aufgabe, die jeder Astronomiestudent in einem oder zwei Tagen bewältigen können sollte. Aber damals waren wir noch im Zeitalter von Schreibpulten, Papier und Bleistift sowie Logarithmentafeln. Le Verrier brauchte mehrere Monate, um zu einer verlässlichen Antwort zu kommen.

Aber seine Anstrengungen zahlten sich aus. Im September 1846 wurde noch ein neuer Planet entdeckt, und zwar gar nicht weit von der Position entfernt, die Le Verrier errechnet hatte. Er hatte einen Brief mit seinen Vorhersagen an seinen Kollegen Johann Galle vom Berliner Observatorium geschrieben, und daraufhin hatten Galle und sein Assistent Heinrich d'Arrest den neuen Planeten innerhalb von Stunden gefunden. Er wurde »Neptun« genannt.

Jetzt wissen Sie, warum der Neptun manchmal als der »Schreibtisch-Planet« bezeichnet wird: Er wurde aufgrund von mathematischen Berechnungen gefunden. Diese Berechnungen basieren auf Newtons Gleichungen. Darum wurde die Entdeckung des Neptun, des achten Planeten im Sonnensystem, als Triumph der Newton'schen Gravitationstheorie angesehen.[5]

Dies ist ein schönes Beispiel für die Methode, wie Wissenschaft normalerweise funktioniert. Es fängt immer mit einer Beobachtung an – in diesem Fall der Bewegungen von Planeten und fallenden Äpfeln. Irgendein Genie denkt sich dann eine Theorie aus, die diese Beobachtungen elegant erklären kann – hier war es Isaac Newton mit seiner Gravitationstheorie. Je mehr Vorhersagen der Theorie tatsächlich eintreten, desto fester sind die Wissenschaftler von ihrer Validität überzeugt – so hat Neptun eine Bestätigung der Theorie Newtons geliefert.

Etwa zehn Jahre, nachdem Neptun entdeckt wurde, begann Le Verrier, nach einem neunten Planeten zu suchen, und zwar nicht außerhalb der Umlaufbahn des Uranus, sondern innerhalb der Umlaufbahn von Merkur, dem innersten Planeten des Sonnensystems.[6] Der Grund: Merkur benahm sich seltsam, wie schon zuvor der Uranus.

Merkurs Bahn um die Sonne ist kein perfekter Kreis, sondern definitiv exzentrisch: Seine Entfernung zur Sonne ändert sich bei jedem Umlaufzyklus. Darüber hinaus dreht sich auch die Umlaufbahn selbst ganz langsam – der sonnennächste Punkt auf Merkurs Umlaufbahn (sein Perihel) verändert sich im Lauf der Zeit. Mitte des 19. Jahrhunderts war diese sogenannte Perihel-Präzession ziemlich präzise gemessen worden: Sie beträgt etwa ein Sechstel Grad pro Jahrhundert, was größer ist, als die Newton'schen Theorien erwarten lassen. Le Verrier hat errechnet, dass 92,5 Prozent von Merkurs Perihel-Präzession auf die schwerkraftbedingten Störungen der anderen Planeten zurückgeführt werden können. Aber 7,5 Prozent (43 Bogensekunden pro Jahrhundert) können damit nicht erklärt werden. Auch die Entdeckung von Neptun half nichts – Neptun ist viel zu weit entfernt und bewegt sich zu langsam, um einen merklichen Einfluss auf Merkurs Umlaufbahn auszuüben.

Also schlug Le Verrier vor, dass es noch einen anderen, bislang unentdeckten Planeten innerhalb der Umlaufbahn Merkurs geben müsse. War es denkbar, dass ein so naher Planet noch nicht entdeckt worden war? Ja, durchaus. Ein so sonnennaher Planet würde von der Erde aus gesehen beinahe gleichzeitig mit der Sonne auf- und untergehen, was dazu führen würde, dass er nur am helllichten Tag am Himmel stünde, sodass man ihn nicht sehen könnte. Es gibt nur zwei seltene Gelegenheiten, bei denen er vielleicht sichtbar sein könnte: Die erste ist eine totale Sonnenfinsternis, bei der das helle Licht der Sonne vom Mond verdeckt wird. Und die zweite ist ein Transit, wenn der Planet von der Erde aus gesehen vor der Sonne vorbeiwandern würde.

Da Le Verrier aufgrund des ungebührlichen Verhaltens von Uranus die Existenz von Neptun erfolgreich vorhergesagt hatte, war er davon überzeugt, dass auch die Präzession der Umlaufbahn Merkurs durch einen bislang unbekannten »intramerkurialen« Planeten erklärt werden könne. Le Verrier dachte sich sogar einen Namen für seinen hypothetischen sonnennahen Planeten aus: Er wollte ihn »Vulkan« nennen, nach dem Feuergott der alten Römer.

Das Problem war allerdings, dass niemand den Vulkan finden konnte – weder bei Sonnenfinsternissen noch während seiner zu erwartenden Transite. (Inzwischen wissen wir sicher, dass es ihn nicht gibt.) Als Albert Einstein gegen Ende des 19. Jahrhunderts begann, in Zürich Physik und Mathematik zu studieren, wurde ihm daher klar, dass Newtons Gravitationstheorie in Schwierigkeiten war: Sie konnte die langsame Präzession der Umlaufbahn Merkurs nicht vollständig erklären. Was konnte also schiefgegangen sein?

Der junge Albert störte sich außerdem an einem anderen kleinen Problem; es hatte mit der Lichtgeschwindigkeit zu tun.

Licht breitet sich unglaublich schnell aus – sogar so schnell, dass die Wissenschaft Schwierigkeiten hatte, die Lichtgeschwindigkeit zu messen. Um Ihnen eine Vorstellung davon zu geben: Wenn jemand in New York einen Laserpointer einschaltet, würde sein Licht nur 0,013 Sekunden für die rund 4000 Kilometer Luftlinie brauchen, um Los Angeles zu erreichen (wenn die Krümmung der Erde nicht im Weg wäre). Erst in der zweiten Hälfte des 17. Jahrhunderts gelang es dem dänischen Astronomen Ole Rømer, die Lichtgeschwindigkeit realistisch einzuschätzen. Heute wissen wir, dass sie etwa 300 000 Kilometer pro Sekunde beträgt. (Tatsächlich sind es im Vakuum des leeren Weltraums 299 792,458 Kilometer pro Sekunde. Wir haben großes Glück gehabt, dass wir unsere metrischen Maßeinheiten so definiert haben, dass die Lichtgeschwindigkeit so dicht bei einer schönen runden Zahl liegt. In einer anderen Einheit wäre es schwieriger, sich die Lichtgeschwindigkeit zu merken; zum Beispiel würde sie 670 616 629 Meilen pro Stunde betragen oder – für meine älteren englischen Leser – 1,803 Billionen Furlongs pro Fortnight.)

Im Jahr 1690, nur 15 Jahre nach Rømers Experimenten, veröffentlichte der holländische Physiker Christiaan Huygens sein berühmtes Buch *Traité de la lumière (Abhandlung über das Licht)*. Huygens war einer der größten Wissenschaftler seiner Zeit. Er entdeckte die tatsächliche Beschaffenheit der Ringe des Saturns, und er fand den Titan, den größten Mond des Saturns. Er war der Erste, dem dunkle Markierungen auf der Marsoberfläche auffielen. Er leistete wertvolle Arbeit auf den Gebieten von Mechanik und Optik, und er erfand die Pendeluhr.

In seiner *Abhandlung über das Licht* vertrat Huygens die Auffassung, dass Licht ein Wellenphänomen sei. Man kann sich das vorstellen wie eine Welle, die sich auf der Oberfläche eines Teichs ausbreitet. Ganz ähnlich wie Wasser- oder Schallwellen (und, wie wir noch sehen werden, Gravitationswellen) haben Lichtwellen einige typische Eigenschaften. Daher ist es eine gute Idee, sich zunächst einmal die generellen Eigenschaften einer beliebigen Art von Welle anzusehen.

Erstens ist da die *Amplitude* der Welle. Bei Wasserwellen ist die Amplitude ganz einfach die Hälfte des Höhenunterschieds zwischen Kamm und Tal der Welle. Bei Schall- oder Lichtwellen ist die Amplitude ein Maß der Energie der Welle – der Lautstärke des Schalls oder der Helligkeit des Lichts. Bei Gravitationswellen ist die Amplitude die Stärke der Welle: Stärkere Wellen krümmen die Raumzeit in höherem Maße.

Als Nächstes hat eine Welle eine *Geschwindigkeit*. Eine Kräuselung auf einem Teich breitet sich mit ungefähr einem Meter pro Sekunde aus. Schallwellen breiten sich in Luft mit etwa 330 Metern pro Sekunde aus. Lichtwellen – und auch Gravitationswellen – reisen mit Lichtgeschwindigkeit, also etwa 300 000 Kilometern pro Sekunde.

Und schließlich ist da noch die *Frequenz* einer Welle. Sie ist ganz einfach die Zahl der Wellenkämme, die Sie von einer stationären Position aus an sich vorbeiziehen sehen. Wenn Sie eine Gummiente in einen Teich setzen, sagt Ihnen die Frequenz einer Wasserwelle, wie schnell die Ente sich auf und ab bewegt. Wenn die Wellenkämme nahe beieinander liegen – wenn also die Wellenlänge kurz ist –, dann ist die Frequenz der Welle relativ hoch, und die Ente wird sich schneller auf und ab bewegen. Größere Wellenlängen bei sehr lang gezogenen Wellen entsprechen niedrigeren Frequenzen und einer langsameren Auf-und-ab-Bewegung.

Wenn wir uns in unserer Welt umsehen, scheint es auf der Hand zu liegen, dass eine sich ausbreitende Welle ein Medium braucht, über das sie sich ausbreiten kann: Kleine Wellen auf einem Teich breiten sich übers Wasser aus, Schallwellen durch die Luft. Und so ist es kein Wunder, dass die damaligen Wissenschaftler sich den »Äther« ausdachten – eine mysteriöse Substanz, die vermeintlich den gesamten leeren Raum füllt. Dieser Äther sollte das Medium sein, durch das Lichtwellen sich ausbreiten.

Aber das Problem für die Physiker am Ende des 19. Jahrhunderts war, dass sie keine Belege für die Existenz eines solchen Äthers finden konnten. Falls es eine solche Substanz gäbe, würde sich unser Planet auf seiner Bahn um die Sonne durch sie hindurchbewegen, und zwar in unterschiedlichen Richtungen, was bedeutet, dass die Erde in Bezug auf den Äther ihre eigene Geschwindigkeit hätte. Und diese Geschwindigkeit würde sich in Messungen der Lichtgeschwindigkeit niederschlagen.

Und zwar aus folgendem Grund: Stellen Sie sich vor, das Licht von einem fernen Stern würde sich mit 300 000 Kilometern pro Sekunde durch den Äther ausbreiten. Die Geschwindigkeit der Erde auf ihrer Bahn um die Sonne beträgt knapp 30 Kilometer pro Sekunde. Wenn also die Erde sich sozusagen »flussaufwärts« bewegt, auf den Stern zu, wäre zu erwarten, dass die Lichtwellen mit einer Geschwindigkeit von 300 030 Kilometern pro Sekunde hier ankommen. Falls wir uns dagegen »flussabwärts« bewegen, in derselben Richtung wie die Lichtwellen, wäre zu erwarten, dass man ihre Geschwindigkeit mit 299 970 Kilometern pro Sekunde messen würde. (Es wird ein bisschen komplizierter, wenn das Sonnensystem sich auch durch den Äther bewegt, aber Sie verstehen schon.)

Hier treten die US-amerikanischen Physiker Albert Michelson und Edward Morley auf den Plan. Im Frühjahr 1887 – Albert Einstein hatte gerade seinen achten Geburtstag gefeiert – führten sie in Cleveland, Ohio, ein Experiment mit einem hochempfindlichen Messinstrument durch. Es ist hier nicht nötig, auf die Einzelheiten des Versuchsaufbaus einzugehen, aber es ist schön zu wissen, dass sie schon damals ein Interferometer verwendeten, also die gleiche Art von Messinstrument, mit dem im September 2015 zum ersten Mal Gravitationswellen direkt nachgewiesen wurden.

Ihr Gerät war empfindlich genug, um kleine Unterschiede der Lichtgeschwindigkeit in verschiedenen Richtungen messen zu können. Aber sie fanden keine solchen Unterschiede. Ganz gleich, in welche Richtung sie maßen – die Lichtwellen bewegten sich immer mit der gleichen Geschwindigkeit fort, nämlich 300 000 Kilometern pro Sekunde. Es war, als würde die Erde den hypothetischen Äther mit sich ziehen, während sie sich durch den Raum bewegte. Damals hatte niemand eine befriedigende Erklärung für diese Beobachtung.

Also wusste Einstein, dass es zwei Beobachtungen gab, die von keiner der damals aktuellen Theorien erklärt werden konnten: die zu große Perihel-Präzession der Umlaufbahn von Merkur und die Konstanz der Lichtgeschwindigkeit.

Des Rätsels Lösung: seine Relativitätstheorie.

Im Herbst 1896 immatrikulierte sich Albert Einstein im Alter von 17 Jahren am Polytechnikum Zürich für ein vierjähriges Studium der Mathematik und Physik. Zunächst hielt er Kontakt zu seiner Freundin Marie, aber dann lernte er Mileva Marić kennen, und alles änderte sich. Die Serbin Mileva war die einzige weibliche Studentin in Alberts Studienjahrgang. Wie Marie war sie ein paar Jahre älter als Albert, aber im Gegensatz zu Marie verstand sie die vielen Komplikationen der Physik. Sie und Albert verliebten sich ineinander.

Vier Jahre später schloss Albert sein Studium ab und erwarb ein Diplom als Fachlehrer für Mathematik und Physik an weiterführenden Schulen. Anstatt jedoch zu unterrichten, zog er es vor, mit der Arbeit an seiner Dissertation zu beginnen, und zwar am liebsten in der niederländischen Stadt Leiden. An der Universität Leiden lehrte damals Hendrik Lorentz, einer der größten Physiker seiner Zeit, den Einstein sehr bewunderte. Die Arbeit von Lorentz bildete später die Grundlage für Einsteins Konzepte über Relativität.

In der Hoffnung, Lorentz näherzukommen, bewarb Einstein sich 1901 schriftlich um eine Position am Labor für Tieftemperaturphysik an der Universität Leiden, das von Heike Kamerlingh Onnes geleitet wurde, einem weiteren Giganten der Wissenschaft. Aber Kamerlingh Onnes machte sich nicht einmal die Mühe, ihm zu antworten – ein Verlust nicht nur für Einstein, sondern auch für die holländische Physik. Stattdessen landete Einstein schließlich als Patentsachbearbeiter beim Schweizer Patentamt in Bern. Der Vater seines Freundes und Kommilitonen Michele Besso hatte ihn für diese Position empfohlen. Es war kein besonders spannender Job, aber die ruhigen Tage im Patentamt ließen ihm mehr als genug Zeit, über seine Physiktheorien nachzudenken.

Unterdessen war das Schicksal nicht allzu freundlich mit Albert umgesprungen. Im Frühjahr 1901 war Mileva ungewollt von ihm schwanger geworden. Ihre Tochter Lieserl wurde im darauffolgenden Januar geboren, aber Einzelheiten über das kleine Mädchen sind nach wie vor nicht bekannt. Selbst Einsteins Biografen wussten bis 1986 nicht, dass Lieserl überhaupt existiert hatte. Es kann gut sein, dass sie geistig behindert war, und wahrscheinlich starb sie im Herbst 1903 an Scharlach, ein Jahr nach dem Tod von Alberts Vater Hermann (obwohl manche Menschen glauben, dass Lieserl von einer Freundin Milevas adoptiert wurde und bis in die 1990er-Jahre hinein gelebt hat). Jedoch scheint es so, das Einstein seine Tochter nie zu Gesicht bekommen hat.

Albert und Mileva heirateten im Januar 1903 in Bern; ihr erster Sohn Hans Albert kam im Mai 1904 zur Welt. Albert hielt sich weitgehend aus der Kindererziehung und der Arbeit im Haushalt heraus; damals wurden solche Dinge für Frauenarbeit gehalten, und so musste Mileva ihre Physikambitionen aufgeben. Unterdessen machte Albert sich daran, die Rätsel der Umlaufbahn des Merkurs und der konstanten Lichtgeschwindigkeit zu lösen.

Das war ein zweistufiger Prozess. Im Jahr 1905 formulierte er die Spezielle Relativitätstheorie. Auf der Grundlage der Arbeit seines früheren Professors Hermann Minkowski, der das Konzept der vierdimensionalen Raumzeit entwickelt hatte, zeigte Einstein, dass sowohl Raum als auch Zeit relative Konzepte sind. Was ist die Entfernung zwischen zwei Punkten? Das kommt darauf an, wen Sie fragen. Das Gleiche gilt für den zeitlichen Ablauf von Ereignissen. Zwei Beobachter, die sich in Bezug zueinander bewegen, werden zu unterschiedlichen Antworten kommen – und sie hätten beide recht. Adieu, Newton – es gibt keinen absoluten Raum und keine absolute Zeit.

Die Spezielle Relativitätstheorie ist nicht ganz einfach. Um ihr volles Potenzial verstehen zu können, müssen Sie ziemlich komplizierte Gleichungen meistern, die sogenannten Transformationsgleichungen. Aber ihre Wirkung ist leicht zu begreifen: Wenn Sie mit einer Geschwindigkeit reisen, die der Lichtgeschwindigkeit nahekommt, wird ein Beobachter Ihr Raumschiff schrumpfen sehen – entlang seiner Bewegungsrichtung wird es kürzer. Dieses Phänomen wird als Lorentzkontraktion bezeichnet. Und wenn Sie schnell reisen, würde Ihre Uhr im Vergleich zu der von Menschen, die Sie zu Hause zurückgelassen haben, langsamer laufen. Das nennt man Zeitdilatation. Der einzige Grund, warum wir diese Effekte nicht im Alltag bemerken, ist, dass Licht so schnell reist. Selbst ein Formel-1-Rennfahrer fährt nicht schnell genug, um spürbar von der Lorentzkontraktion oder Zeitdilatation betroffen zu sein.

Eine der grundlegenden Annahmen der Speziellen Relativitätstheorie ist, dass die Lichtgeschwindigkeit selbst für jeden Beobachter gleich ist, unabhängig von seiner eigenen Bewegung oder Geschwindigkeit. Genau das hatten Michelson und Morley beobachtet, und Einstein hielt ihr Ergebnis für richtig. Aus Einsteins Gleichungen ergibt sich dann, dass nichts sich schneller bewegen kann als das Licht – die Lichtgeschwindigkeit ist die ultimative und fundamentale Geschwindigkeitsbegrenzung der Natur.

In einer zweiten, ebenfalls 1905 veröffentlichten Arbeit leitete Einstein seine wohlbekannte Gleichung $E = mc^2$ ab, zweifellos die berühmteste Gleichung aller Zeiten. Sie besagt, dass Energie *(E)* in Masse *(m)* umgewandelt werden kann und umgekehrt. Sie ist eine unausweichliche Konsequenz der Speziellen Relativitätstheorie, und sie ist eng verknüpft mit der Lichtgeschwindigkeit *(c)*. Übrigens basiert unser aller Leben darauf, dass diese Gleichung stimmt. Wie wir in Kapitel 5 noch sehen werden, scheint die Sonne, weil ihre Masse allmählich in Energie umgewandelt wird – was Einstein damals noch nicht wusste. Ohne die Energie der Sonne wäre auf der Erde kein Leben möglich, auch kein menschliches.

In zwei weiteren Arbeiten, die er 1905 veröffentlichte, ging es um andere Themen, in der ersten um die Bewegung von Molekülen und in der zweiten um die Existenz von Lichtteilchen, sogenannten Photonen. Die letztere Arbeit trug Einstein 1921 den Physik-Nobelpreis ein. Alles zusammengenommen war 1905 Einsteins »annus mirabilis« (Wunderjahr) – obendrein wurde er an der Universität Zürich promoviert. Er war gerade mal 26 Jahre alt.

Die zweite Stufe der Mission Einsteins bestand darin, dass er die Allgemeine Relativitätstheorie entwickelte. Mit *allgemein* meinte er, dass diese Theorie unter allen Bedingungen funktioniert, nicht nur in dem einen speziellen Fall von gleichförmiger, linearer Bewegung. In der Allgemeinen Relativitätstheorie geht es um beschleunigte Bewegung – sie tritt auf, wenn eine wie auch immer geartete Kraft (etwa die Schwerkraft oder der Rückstoß eines Raketentriebwerks) eine Geschwindigkeits- oder Richtungsänderung bewirkt. Einstein brauchte zehn Jahre, um diese Theorie vollständig auszuarbeiten. In diesen Jahren zog er diverse Male um, von Bern nach Zürich, von Zürich nach Prag, von Prag wieder zurück nach Zürich und dann schließlich nach Berlin. In dieser Zeit wurde sein zweiter Sohn geboren (Eduard, *1910), er schrieb einen herzzerreißenden Liebesbrief an seine erste Freundin Marie (während Mileva mit Eduard schwanger war), und er ließ sich von den Reizen seiner Kusine Elsa verführen. Als Einstein 1914 – dem Jahr, in dem der Erste Weltkrieg ausbrach – nach Berlin zog, blieb Mileva mit den Söhnen in Zürich, und Albert lebte mit Elsa und deren zwei Töchtern Ilse und Margot zusammen.

Mittlerweile war Einstein zu einem angesehenen Physiker geworden. Im Jahr 1911 hatte er während seines ersten Besuchs in Leiden endlich Hendrik Lorentz getroffen.

Einstein war eine Stellung an der niederländischen Universität Utrecht angeboten worden. Stattdessen ging er nach Prag, wo er 1912 den aus Österreich stammenden Physiker Paul Ehrenfest kennenlernte und sich mit ihm anfreundete. Etwa um diese Zeit begann er, den Waterman-Füllfederhalter zu verwenden, den ich im Lagerhaus des Museum Boerhaave kurz in Händen gehalten habe. Und in Berlin wurde er als Professor der theoretischen Physik an der Humboldt-Universität bestallt, als Leiter des neu eingerichteten Kaiser-Wilhelm-Instituts für theoretische Physik. Im Jahr 1916 wurde er Präsident der Deutschen Physikalischen Gesellschaft.

Die Allgemeine Relativitätstheorie ist eine neue Theorie der Gravitation. Das mag seltsam klingen, ist es aber nicht. Es läuft alles auf Einsteins sogenanntes Äquivalenzprinzip hinaus, das er zuerst im Jahr 1907 formulierte. Nach diesem Prinzip gibt es eigentlich keinen Unterschied zwischen Schwerkraft und beschleunigter Bewegung.

Nehmen wir an, Sie hätten gerade einen fensterlosen Raum betreten. Sie werden durch die Schwerkraft der Erde auf den Fußboden des Raums nach unten gezogen. Nehmen wir weiterhin an, ein Freund von Ihnen betritt einen ähnlichen fensterlosen Raum in einem Raumschiff, das nach oben in den leeren Weltraum beschleunigt wird. Es gibt keinen Planeten in der Nähe, der Schwerkraft ausüben könnte, aber auch Ihr Freund wird auf den Boden gezogen. Das liegt daran, dass der ganze Raum nach oben beschleunigt wird, als Teil des Raumschiffs.

Einsteins Äquivalenzprinzip besagt, dass es keinen grundlegenden Unterschied zwischen diesen beiden Situationen gibt. Mit anderen Worten: Sämtliche möglichen Experimente sollten für Sie und Ihren Freund, den Astronauten, die gleichen Ergebnisse liefern. Wenn sich also die Zeit in einem Raumschiff, das beschleunigt wird, verlangsamt, sollte sie sich auch in einer Umgebung mit starker Schwerkraft verlangsamen. Als Einstein im Jahr 1911 Lorentz besuchte, erklärte er ihm, dass eine Uhr im zweiten Stockwerk eines Gebäudes um ein winziges bisschen schneller geht als im Keller, weil das Gravitationsfeld der Erde im zweiten Stock ein winziges bisschen schwächer ist.

Dieses Problem machte Einstein in den folgenden Jahren ziemlich zu schaffen. Über kurz oder lang kam ihm Marcel Grossmann zu Hilfe, sein Freund und früherer Kommilitone in Zürich, um die komplexen mathematischen Gleichungen zu entwickeln, die Albert brauchte, um in dieser Angelegenheit voranzukommen. Im Herbst 1915 stürzte er sich in einen Anfall fieberhafter intellektueller Aktivität, verließ kaum noch die Dachbodenkammer in Elsas Haus in der Haberlandstrasse 5 – ein altmodisches Telefon (und einen Füllfederhalter!) auf dem Schreibtisch, ein abgenutzter Teppich auf dem Fußboden und ein Porträt Isaac Newtons an der Wand. Ich könnte mir vorstellen, dass er sogar vorübergehend darauf verzichtete, mit seiner hübschen Kusine zu flirten.

Im Monat November stellte Einstein vier zukunftsweisende Arbeiten über verschiedene Aspekte der allgemeinen Relativität fertig, nämlich über vierdimensionale Geometrie; Masse, Energie und Raumzeitkrümmung; die berühmte Feldgleichung, die heute die Wand des Museums Boerhaave in Leiden ziert; und schließlich die zutreffende Vorhersage über die unerwartet starke Perihel-Präzession der Umlaufbahn des Merkurs. Das alles konnte mit der Raumzeitkrümmung in so großer Nähe zur massereichen Sonne erklärt werden.

Mission erfüllt.

Einstein präsentierte seine Arbeiten jeweils donnerstags auf vier aufeinanderfolgenden Sitzungen der Königlich-Preußischen Akademie der Wissenschaften, und zwar am 4., 11., 18. und 25. November 1915. Die dritte Arbeit, in der es um die Perihel-Präzession der Merkur-Umlaufbahn ging, präsentierte er am 34. Geburtstag seiner geliebten Schwester Maja – ein doppelter Anlass zum Feiern. Hin und wieder unterbrach er seinen Vortrag, um Formeln an die Tafel zu schreiben. Waren alle renommierten Physiker, die sich versammelt hatten, in der Lage, seine Ausführungen sofort zu verstehen? Wahrscheinlich nicht. Erkannten sie, dass die Allgemeine Relativitätstheorie die Physik revolutionieren würde? Vielleicht, zumindest einige von ihnen. Waren sie beeindruckt von der Genialität ihres jungen Kollegen? Mit ziemlicher Sicherheit.

Albert Einstein war 36 Jahre alt.

Es sollte noch vier Jahre dauern, bis Einstein zu einer Kultfigur wurde – in Kapitel 3 wird erzählt, wie es dazu kam. Bis es so weit war, hatte er sich von Mileva scheiden lassen (am 14. Februar 1919). Kaum 16 Wochen später heiratete er Elsa. Im Jahr 1920 wurde er als Gastprofessor an die Universität Leiden berufen, und in den folgenden Jahren verbrachte er jeweils mindestens einen Monat bei Paul Ehrenfest, der Lorentz 1912 abgelöst hatte. Einstein wurde zu einem auswärtigen Mitglied der Niederländischen Akademie der Wissenschaften und der Königlichen Gesellschaft ernannt. Ihm wurde der Physik-Nobelpreis verliehen, er besuchte New York, reiste durch Asien und freundete sich mit Charlie Chaplin an.

Als Albert und Elsa Anfang 1933 von ihrer dritten Reise in die Vereinigten Staaten zurückkehrten, beschlossen sie, nicht nach Deutschland zurückzugehen, wo Adolf Hitler inzwischen Reichskanzler geworden war. Immerhin war Einstein jüdischer Abstammung, und er wurde als Feind des Deutschen Reichs geführt. Von ihm verfasste Bücher waren verbrannt worden; sein Sommerlandhaus in Caputh unweit Berlin wurde beschlagnahmt und später zu einem Landheim der Hitlerjugend umfunktioniert. Nachdem das Paar sich neun Monate in Belgien aufgehalten hatte, zog es nach England und von dort aus wieder in die Vereinigten Staaten. Im Herbst 1933 nahm Einstein eine Stellung am Institute for Advanced Study an, das in Princeton, New Jersey, neu eingerichtet worden war. Einige Wochen zuvor hatte sein guter Freund Paul Ehrenfest, der unter Depressionen gelitten hatte, sich das Leben genommen.

Am 18. April 1955 schied Albert Einstein aus dem Leben. Er starb im Alter von 76 Jahren in einem Krankenhaus in Princeton an einem Bauchaortenaneurysma. Einen seiner letzten Briefe hatte er an die Familie seines Freundes Michele Besso geschrieben, der im März desselben Jahres gestorben war. Darin schrieb er: »Menschen wie wir, die an die Physik glauben, wissen, dass die Unterscheidung zwischen Vergangenheit, Gegenwart und Zukunft nur eine hartnäckig andauernde Illusion ist.«[7] Denn schließlich ist Zeit relativ.

Einsteins Handschrift ist nach wie vor in Ehrenfests Haus in der Witte Rozenstraat 57 in Leiden zu sehen. Wenn Kollegen von ihm aus allen Teilen der Welt zu Besuch kamen, bat Ehrenfest sie, ihre Unterschrift auf einer Wand im Flur im zweiten Stock zu hinterlassen, direkt neben dem Eingang zum Gästezimmer. Die Namen dort lesen sich wie ein Who's who der Physik: Niels Bohr, Paul Dirac, Wolfgang Pauli, Erwin Schrödinger, Albert Einstein.

In der Groenhovenstraat 18, nicht weit vom Ehrenfest-Haus, ist noch ein Wandgedicht zu sehen, das von dem argentinischen Schriftsteller Jorge Luis Borges verfasst wurde. Es endet mit diesen Worten:

Tu materia es el tiempo, el incesante
Tiempo. Eres cada solitario instante.

(Du bist aus Zeit gemacht, der unaufhörlichen
Zeit. Du bist jeder einzelne Moment.)

3 Einsteins Theorie auf dem Prüfstand

Sind 750 Millionen Dollar zu viel Geld, um die Richtigkeit einer Theorie nachzuweisen, von der ohnehin schon alle überzeugt sind? Diese Summe gab die NASA für ihr Projekt »Gravity Probe B« aus, mit dem sie 2005 die Richtigkeit einiger der Vorhersagen von Einstein nachwies, indem sie zwei schwache relativistische Effekte maß, die als »geodätische Präzession« und »Frame-Dragging-Effekt« bekannt sind.

Als das Projekt jedoch 1963 initiiert wurde, vertraten manche Beobachter die Auffassung, es gebe da draußen im Weltraum so viel zu entdecken, dass es eine Verschwendung sei, derart enorme Summen dafür auszugeben, lediglich etwas nachzuweisen, was offensichtlich zu sein schien.

Francis Everitt seufzt, er hat dieses Argument schon zu oft gehört. Everitt war der Forschungsleiter des Experiments Gravity Probe B. In seinem Büro an der Stanford University erzählt er mir von der verwickelten Geschichte des Projekts und auch von dem Neid einiger seiner Kollegen.[1] Wenn ein Wissenschaftler Forschungsmittel bewilligt bekommt, wird er angefeindet werden, so viel steht fest.

Mit seinen 82 Jahren hat Everitt einen etwas langfristigeren Blick auf die finanzielle Seite des Projekts. Von der ersten Konzeption über den offiziellen Start bis hin zu wissenschaftlichen Ergebnissen brauchte das Projekt Gravity Probe B beinahe ein halbes Jahrhundert, was selbst für ein Raumforschungsprojekt unglaublich lang ist.[2] Wenn man die Gesamtkosten über diesen ganzen Zeitraum verteilt, kommt man auf nur 14 Millionen Dollar pro Jahr. Das ist weniger als 0,001 Prozent des NASA-Budgets für 2016. Darüber hinaus wurden Einsteins Ideen kaum einmal quantitativ überprüft. Mit anderen Worten: Laut Everitt war Gravity Probe B jeden Penny wert, der dafür ausgegeben wurde.

Dennoch klingt es so, als ob da eine berechtigte Frage drinsteckt: Warum sollte man Einsteins Theorien überhaupt nachprüfen? Er ist der größte Physiker aller Zeiten – können wir nicht alle ganz sicher sein, dass er mit der Allgemeinen Relativitätstheorie ins Schwarze getroffen hat?

Nein, das kann man nicht sagen.

Das heißt, dass Wissenschaftler sich über *gar nichts* sicher sind. Schon morgen könnten neue Messungen auftauchen, die einer Lieblingstheorie auf die Füße fallen, gerade so, wie es war, als Messungen der Merkur-Umlaufbahn gemacht wurden, die nicht ganz zu den Vorhersagen aufgrund des Newton'schen Gravitationsgesetzes passten. Wissenschaft funktioniert nun mal üblicherweise so, dass Beobachtungen durch eine Theorie erklärt werden. Die Theorie führt zu Vorhersagen. Durch Experimente werden diese Vorhersagen überprüft. Falls sie eintreten, wächst das Vertrauen in die Theorie; falls nicht, kann daran etwas nicht stimmen. Dann muss entweder die Theorie geändert oder eine neue entwickelt werden. Und daraufhin müssen wieder Experimente gemacht werden. Das ist das Grundprinzip der wissenschaftlichen Methode.

Das heißt, dass es wissenschaftlicher Alltag ist, Vorhersagen zu überprüfen. Francis Everitt zitiert gern Leonard Schiff, den Physiker von der Stanford University, der die ursprüngliche Idee für Gravity Probe B hatte: »Welchen Sinn hat eine Theorie ohne Experimente?«

Am Ende dieses Kapitels werde ich wesentlich ausführlicher auf die Gravity Probe B, geodätische Präzession und den Frame-Dragging-Effekt zurückkommen. Aber zunächst wollen wir ungefähr ein Jahrhundert zurückblicken. Albert Einstein hat gerade seine Allgemeine Relativitätstheorie formuliert. Sehr schön erklärt sie alles, was wir in der Welt um uns herum beobachten können: fallende Äpfel, die Umlaufbahn von Planeten und selbst die unerwartet hohe Perihel-Präzession der Merkur-Umlaufbahn. Prima. Aber war die Allgemeine Relativitätstheorie wirklich das letzte Wort zu Schwerkraft und Raumzeit? Hatte Einstein recht?

Einstein selbst fielen drei Methoden ein, um seine neue Theorie zu überprüfen. Die erste war die Frage, ob sie erfolgreich eine der Beobachtungen erklären konnte, die ihn überhaupt erst motivierten, diese Theorie zu entwickeln: das seltsame Verhalten von Merkur, also den Umstand, dass dessen lang gezogene Umlaufbahn sich etwas schneller dreht, als das Newton'sche Gravitationsgesetz es erwarten ließe. Und in der Tat: Die Theorie konnte die Präzession der Merkur-Umlaufbahn vollständig erklären.

Die anderen beiden Tests beruhten allerdings auf bestimmten Vorhersagen, die aus der Allgemeinen Relativitätstheorie folgen. Die eine ist, dass Sternenlicht abgelenkt wird; die andere ist die Gravitations-Rotverschiebung. Eigentlich sagte Einstein damit: Überprüft meine Theorie. Wenn ich recht habe, sollte Sternenlicht von massereichen Körpern abgelenkt werden, und die Wellenlänge von Licht sollte sich in einem starken Gravitationsfeld verschieben. Falls diese Effekte nicht festgestellt werden können, habe ich unrecht, und dann müssen wir von vorn anfangen.

Fangen wir mit der Ablenkung des Sternenlichts an. Stellen Sie sich die Sonne vor, wie sie von der Erde aus zu sehen ist. Sie steht vor einem Hintergrund von Sternen, die Sie natürlich nicht sehen können, weil die Sonne zu hell ist, aber sie sind da. Wir wissen genau, an welcher Stelle des Himmels die Sonne sich an jedem beliebigen Tag des Jahres befindet.

Stellen Sie sich jetzt einen Lichtstrahl von einem Stern vor, der dicht am Rand der Sonne beobachtet wird. Das Licht von diesem Stern reist Dutzende oder Hunderte von Jahren entlang einer geraden Linie durch das Universum, genau in die Richtung unseres Teleskops. Aber dann passiert der Lichtstrahl die Sonne in einem geringen Abstand. Da die Sonne ein massereicher Körper ist, erzeugt sie eine lokale Krümmung der Raumzeit, wie in Kapitel 1 beschrieben. Dadurch wird die Bahn des Lichtstrahls gekrümmt. Der Lichtstrahl bewegt sich in leicht veränderter Richtung fort und wird nicht auf unser Teleskop treffen.

Aber können wir den Stern überhaupt sehen, wenn der Lichtstrahl nie in unserem Teleskop ankommt? Ja, natürlich können wir das. Es gibt andere Lichtstrahlen von demselben Stern, die in etwas andere Richtungen in den Raum abgestrahlt werden und sich ebenfalls entlang gerader Linien fortbewegen. Unter anderen Umständen würden diese Lichtstrahlen auf der einen oder anderen Seite unseres Teleskops vorbeireisen. Da sie jedoch die Sonne in so geringem Abstand passieren, werden auch ihre Bahnen gekrümmt, und so landen sie in unserem Teleskop.

Das ist die Vorhersage, die sich aus Einsteins Allgemeiner Relativitätstheorie ergibt: Wir können Sternenlicht beobachten, dessen Bahn durch die Krümmung der Raumzeit gebeugt worden ist. Wäre die Raumzeit nicht gekrümmt, würde Sternenlicht, das die Sonne sehr nah an ihrem Rand passiert, nur direkt am Sonnenrand ein Abbild des Sterns erzeugen. Da jedoch in geringem Abstand an der Sonne vorbeireisendes Licht auf eine etwas andere Bahn abgelenkt wird, sehen wir diesen Stern etwas weiter entfernt vom Sonnenrand, als er tatsächlich ist – das heißt, wir sehen den Stern an einer »falschen« Stelle.

In gewissem Sinne verhält sich die Sonne wie eine Linse: Sie »vergrößert« gewissermaßen das Sternenfeld in ihrer unmittelbaren Umgebung. In immer größeren Abständen von der Sonne wird der Effekt zu klein, um beobachtet werden zu können. Aber in geringem Abstand vom Sonnenrand scheinen alle Sterne ein winziges bisschen nach außen verschoben zu sein. Da haben wir es: Das Sternenlicht wird durch die Raumzeitkrümmung abgelenkt.

Es gibt eine seltsame Ergänzung zu dieser Geschichte. Kaum jemand weiß es, aber das Newton'sche Gravitationsgesetz sagt *ebenfalls* voraus, dass Sternenlicht abgelenkt wird. Das klingt merkwürdig – Licht hat doch keine Masse, oder? Wie kann etwas, das keine Masse hat, von einem massereichen Körper wie der Sonne angezogen und abgelenkt werden? Um diese Frage zu beantworten, stellen Sie sich zwei Dinge vor, die die Sonne im gleichen Abstand umkreisen: die Erde und ein Apfel. Die Erde hat wesentlich mehr Masse als der Apfel, was dazu führt, dass die auf den Apfel einwirkende Schwerkraft wesentlich schwächer ist als jene, die auf die Erde einwirkt. Aber für weniger massereiche Körper reichen geringere Kräfte aus, um die gleiche Beschleunigung zu erzeugen. Tatsächlich war es ja genau dieser Umstand, den Simon Stevin und Jan Cornets de Groot demonstrierten, als sie Kugeln verschiedener Massen vom Kirchturm der Neuen Kirche in Delft fallen ließen. Was für Kugeln verschiedener Massen gilt, trifft auch auf die Erde und den Apfel zu – sie werden im gleichen Maße beschleunigt. Das führt dazu, dass sie der gleichen Bahn rings um die Sonne folgen.

Also ist auch nach der Newton'schen Theorie die Gravitationsbeschleunigung unabhängig von der Masse des beschleunigten Körpers. Selbst ein Elementarteilchen mit extrem geringer Masse – zum Beispiel ein Elektron – erfährt das gleiche Maß an Gravitationsbeschleunigung. Die Masse des Planeten, des Apfels oder des Elektrons taucht in der sich ergebenden Formel überhaupt nicht auf. Das heißt, dass Newtons Theorie eine Gravitationsbeschleunigung vorhersagt, selbst wenn die Masse – wie beim Licht – gleich null ist. (Die sich ergebende Ablenkung ist natürlich aufgrund der hohen Geschwindigkeit des Lichts sehr gering.)

Im Jahr 1911 sagte Einstein zum ersten Mal die Ablenkung von Sternenlicht durch die Schwerkraft der Sonne voraus. Zu seiner Frustration errechnete er dafür den gleichen Wert wie seinerzeit Newton – knapp eine Bogensekunde. Wenn beide Theorien den gleichen Wert vorhersagen, kann kein Experiment der einen oder anderen Theorie den Vorzug geben. Aber 1916 erkannte Einstein, dass er einen mathematischen Fehler gemacht hatte und dass seine Allgemeine Relativitätstheorie tatsächlich eine Ablenkung erwarten lässt, die etwa doppelt so hoch ist wie der Newton'sche Wert, nämlich ganze 1,75 Bogensekunden.

Im Alltagsleben ist eine Ablenkung von 1,75 Bogensekunden nicht allzu viel. Stellen Sie sich vor, ein Freund von Ihnen würde in einer Entfernung von 120 Metern mit einer Taschenlampe in Ihre Richtung leuchten. Sie messen sorgfältig die Richtung, aus der das Licht kommt. Dann verschwenkt Ihr Freund die Taschenlampe um nur einen Millimeter – das ist eine Richtungsänderung von 1,75 Bogensekunden. Ich wette, dass Sie Schwierigkeiten hätten, das so genau zu messen.

Allerdings gibt es noch ein Problem: Dieser Effekt tritt nur in der Nähe des sichtbaren Randes der Sonne auf. Haben Sie schon einmal versucht, am helllichten Tag die Sterne zu beobachten – oder gar ihre Positionen zu messen? Das ist ungefähr so, als wollten Sie Glühwürmchen beobachten, die weit entfernt hinter einem Flutlichtstrahler schweben, der im Vordergrund steht. Dann würden Sie sich wünschen, dass jemand das Flutlicht ausschaltet oder es zumindest irgendwie abdecken würde.

Und so etwas Ähnliches war dann auch die Lösung des Problems, die Ablenkung von Sternenlicht zu messen. Hin und wieder wird die Sonne vorübergehend verdeckt, wenn der Mond sich vor sie schiebt. Bei einer totalen Sonnenfinsternis wird die helle Oberfläche der Sonne vom Mond vollständig »okkultiert« (verfinstert), wodurch die Sterne im Hintergrund sichtbar werden.

Also wurde ein Plan geschmiedet: Während einer totalen Sonnenfinsternis sollten die rings um die Sonne sichtbaren Sterne fotografiert werden. Dieselben Sterne würden dann ein paar Monate früher oder später noch einmal fotografiert werden, wenn keine die Raumzeit krümmende, das Licht beugende Sonne im Wege steht. Dann würde man die Positionen der Sterne auf den beiden Fotografien vergleichen und messen können, wie stark ihr Licht während der Sonnenfinsternis abgelenkt wurde.

Bei der Verwirklichung dieses Plans spielte der englische Astronom Arthur Stanley Eddington eine entscheidende Rolle. Die Nachricht von Einsteins Allgemeiner Relativitätstheorie erreicht England erst spät, zu Beginn des Jahres 1916, da auf dem Kontinent der Erste Weltkrieg tobte. Aber die Physiker in Leiden waren über die neue Theorie durchaus im Bilde. Willem de Sitter, ein brillanter Astronom und Mathematiker in Leiden, schrieb darüber einen Beitrag in der britischen Fachzeitschrift *Monthly Notices of the Royal Astronomical Society*. Zufälligerweise war Eddington damals Präsident der *Royal Astronomical Society*, und so war er der erste englische Wissenschaftler, der von Einsteins neuester Arbeit erfuhr. Schnell wurde er zu einem der größten Fans und Fürsprecher Einsteins.

Frühere Expeditionen, die während der totalen Sonnenfinsternis am 21. August 1914 von deutschen Wissenschaftlern unternommen worden waren, hatten nicht zum Erfolg geführt, hauptsächlich wegen des Kriegs. Aber Eddington war davon überzeugt, dass er erfolgreich sein konnte, und gewann die Mithilfe von Frank Dyson, dem Direktor des unweit im Osten von London gelegenen Observatoriums von Greenwich. Darüber hinaus war Dyson der Königliche Astronom von England (ein Ehrenamt, das John Flamsteed im Jahr 1675 als Erster bekleidet hatte).

Ich kann mir gut vorstellen, wie die beiden Astronomen sich darüber unterhielten, den Nachweis für die Richtigkeit von Einsteins Theorie zu führen. (Nur damit kein Missverständnis aufkommt: Diese gesamte Unterhaltung habe ich mir ausgedacht.)

»Die beste Gelegenheit wäre wohl während der totalen Sonnenfinsternis am 29. Mai 1919«, sagt Dyson.

»Was ist an dieser Sonnenfinsternis so ungewöhnlich?«, fragt Eddington.

»Na ja, sie wird extrem lang sein im Verhältnis zu anderen Sonnenfinsternissen. Fast sieben Minuten. Mehr als genug Zeit, um Fotos zu machen. Und sie wird noch mehr Vorteile haben – während der Finsternis wird die Sonne sich in der Konstellation Taurus befinden, dem Sternbild Stier. Sie wird von den hellen Sternen der Hyaden umgeben sein, dem bekannten Sternenhaufen. Reichlich Gelegenheit, um die Positionen von Sternen zu messen.«

»Also nur Vorteile? Was ist der Haken an der Sache?«

»Ähmm … na ja«, erwidert Tyson, »der größte Teil der Totalitätszone wird im Gebiet des Amazonas-Regenwalds und im afrikanischen Urwald liegen. Es wird nur zwei Stellen im Bereich der Sonnenfinsternis geben, die leicht zu erreichen sind: das Städtchen Sobral im Nordosten Brasiliens und die Insel Principe im Golf von Guinea.«

»Großartig«, sagt Eddington. »Lassen Sie uns also zwei Expeditionen organisieren. Falls es während der Sonnenfinsternis an einer dieser Stellen bewölkt sein sollte, können wir immer noch an der anderen Erfolg haben. Falls an beiden Stellen gutes Wetter sein wird und wir das gleiche Ergebnis erzielen, wird unser Nachweis sogar noch überzeugender sein.«

Das war natürlich leichter gesagt als getan. In der damaligen Zeit gab es noch kaum Linienflüge, und daher mussten alle Menschen, Teleskope und Kameras per Schiff anreisen, was mehrere Wochen dauerte. In Brasilien fiel dann das Hauptteleskop wegen der dort vorherrschenden Hitze aus, und die Astronomen Charles Davidson und Andrew Crommelin vom Greenwich-Observatorium mussten sich mit einem wesentlich kleineren Reserveinstrument behelfen. Unterdessen wurden Eddington und der Uhrmacher Edwin Cottingham auf der Insel Principe durch Wolken behindert; die einzigen brauchbaren fotografischen Platten, die sie nach Hause zurückbrachten, hatten sie erst in der letzten Minute der Sonnenfinsternis belichten können.[3]

Wahrscheinlich haben Sie noch nie eine totale Sonnenfinsternis mit eigenen Augen gesehen. Dann sind Sie in guter Gesellschaft: Den meisten Menschen geht es ebenso. Doch viele von ihnen haben schon einmal eine partielle Sonnenfinsternis erlebt, bei der nur ein gewisser Teil der Sonnenoberfläche vom Mond verfinstert wird. Partielle und totale Sonnenfinsternisse sind jedoch Ereignisse, die sich nicht wirklich miteinander vergleichen lassen. Falls Sie jemals eine totale Sonnenfinsternis miterlebt haben (zum Beispiel jene, die am 21. August 2017 in einem Korridor quer über die Vereinigten Staaten zu sehen war), werden Sie mir sicher zustimmen. Bei einer totalen Sonnenfinsternis wird der Himmel stahlblau; tagaktive Tiere verstummen; es wird dunkel, Planeten und Sterne werden sichtbar, und der gleißende Strahlenkranz der Sonne entfaltet sich rings um die dunkle Silhouette des Mondes wie ein kostbares Geschenk der Natur. Es ist die reinste Magie.

Ich habe etwa ein Dutzend totale Sonnenfinsternisse miterlebt (sie machen regelrecht süchtig – wenn Sie eine erlebt haben, wollen Sie immer mehr davon sehen), und daher weiß ich, wie Eddington und Cottingham sich gefühlt haben müssen. Am 26. Februar 1998 war der Himmel über der Karibikinsel Aruba beinahe den ganzen Tag lang bedeckt, fast bis zum Beginn des Ereignisses, und wir alle, die wir uns dort versammelt hatten, waren furchtbar nervös – was wäre, wenn die Wolkendecke nicht rechtzeitig aufbrach? (Zu unserer großen Erleichterung tat sie das aber.) Anderthalb Jahre später nahm ich meine Familie zu der Sonnenfinsternis am 11. August 1999 mit in die Türkei, weil dort ein wolkenloser Himmel wesentlich wahrscheinlicher ist als in Frankreich oder Deutschland. Aber ich kann mich noch gut daran erinnern, dass ich trotzdem extrem nervös wurde, als am Tag vor dem großen Ereignis ein einzelnes kleines Wölkchen am Horizont auftauchte. Und das, obwohl ich nicht einmal dort war, um Einsteins Theorie zu beweisen.

Jedenfalls wurden während der totalen Sonnenfinsternis von 1919 Fotos gemacht und die Positionen von Sternen vermessen. Am Donnerstag, dem 6. November jenes Jahres, gab Eddington auf einer gemeinsamen Sitzung der Royal Astronomical Society und der Royal Society of London die Ergebnisse bekannt. Ja, die Lichtpunkte der Hyaden-Sterne hatten sich allesamt verschoben, fort vom Rand der verfinsterten Sonne. Und ja, der Betrag der Ablenkung stimmte mit Einsteins Vorhersagen gut überein. (Ilse Schneider, eine von Einsteins Doktorandinnen, fragte ihn später einmal, wie er sich denn wohl gefühlt hätte, wenn das Experiment von 1919 seine Vorhersage nicht bestätigt hätte. Einstein erwiderte selbstbewusst: »Dann täte es mir leid für den Herrgott. Die Theorie stimmt trotzdem.«)

Am nächsten Tag druckte die *London Times* eine Geschichte über die Ergebnisse unter der Überschrift: »Wissenschaftliche Revolution: Neue Theorie des Universums.« Zwei Tage später, am 9. November, brachte die *New York Times* die Nachricht auf der ersten Seite, und zwar unter vier der denkwürdigsten Überschriften, die ich jemals gesehen habe:

»Lichtstrahlen am Himmelsgewölbe schief und krumm«

»Männer der Wissenschaft warten mehr oder weniger gespannt auf Ergebnisse von Beobachtungen während Sonnenfinsternis«

»Triumph für Einsteins Theorie«

»Sterne nicht dort, wo sie zu sein schienen oder berechnet wurden, aber niemand braucht sich Sorgen zu machen«

(Am besten gefällt mir der Hinweis, »niemand braucht sich Sorgen zu machen«: Ja, das Universum ist ein Saustall, aber lassen Sie sich davon doch bitte nicht um Ihren wohlverdienten Schlaf bringen.)

Vier Jahre, nachdem Albert Einstein seine Allgemeine Relativitätstheorie formuliert hatte, rückte sie endlich ins Bewusstsein der Weltöffentlichkeit. Und die Menschen fanden sie toll. Nach den Gräueln des Ersten Weltkriegs, der gerade ein Jahr vorher zu Ende gegangen war, sehnten sie sich nach guten Nachrichten. Und welche Nachricht könnte besser sein, als dass die Menschheit dabei war, die Geheimnisse des Universums zu enträtseln? Und war es jetzt, da Deutschland und England nicht mehr im Krieg miteinander lagen, nicht toll, dass die Theorie eines Deutschen von englischen Astronomen bestätigt worden war? Sowohl Einstein als auch Eddington waren überzeugte Pazifisten, und viele Menschen hofften mit ihnen, dass die internationale wissenschaftliche Zusammenarbeit sich als Gegengift gegen Kriegsgelüste erweisen würde. Beinahe über Nacht wurde Einstein weltberühmt.

Viel später zogen manche Wissenschaftler die Richtigkeit von Eddingtons Ergebnissen in Zweifel, und vielleicht sogar seine wissenschaftliche Honorigkeit. Immerhin war er von Anfang an von der Macht der Allgemeinen Relativitätstheorie fest überzeugt gewesen und hatte darauf gebrannt, Einsteins Erkenntnisse zu bestätigen. War er in dieser Hinsicht vielleicht ein bisschen *zu* eifrig gewesen? Konnte es sein, dass er Daten verworfen hatte, die nicht zu Einsteins Vorhersagen passten? Hatte er die Messfehler unterschätzt? Hatte er ein Ergebnis gefunden, das er finden *wollte*?

Ich glaube es nicht. Es stimmt, dass die Fotoplatten von 1919 von schlechter Qualität waren, was zu erheblichen Positionsungenauigkeiten führte – sie lagen in der Größenordnung des Fünftels einer Bogensekunde. Ein heutiger Astronom würde von seinen Ergebnissen eine höhere statistische Signifikanz verlangen, bevor er sich gestatten würde, von irgendetwas überzeugt zu sein. Aber eine 1979 neu durchgeführte Analyse der Belichtungen aus Sobral und Principe führte zu den gleichen Ergebnissen, zu denen Eddington schon 1919 gekommen war: Die Daten standen im Einklang mit Einsteins Theorie.

Bei späteren Sonnenfinsternismessungen kam man bei immer höheren Konfidenzniveaus zu der gleichen Schlussfolgerung. Darüber hinaus brauchen wir heute dank der extrem empfindlichen Raumobservatorien keine Sonnenfinsternis mehr, um die Ablenkung von Sternenlicht zu messen. Die im Dezember 2013 gestartete Gaia-Mission kann die Position von Sternen mit einer Genauigkeit von 1/40 000 Bogensekunde messen.[4] Das ist die Richtungsänderung, die Sie feststellen würden, wenn Ihr Freund seine Taschenlampe in einer Entfernung von beinahe 8500 Kilometern (statt 120 Metern) um einen Millimeter verschwenkt. Gaia ist so empfindlich, dass sie den Lichtbeugungseffekt der Sonne über den gesamten Himmel messen kann; sie kann sogar den wesentlich schwächeren Einfluss von Riesenplaneten wie Jupiter und Saturn registrieren.

Und schließlich werden heute die Gravitationslinseneffekte von großen Galaxien und Galaxienhaufen routinemäßig von zahlreichen Astronomen beobachtet. Wie die Sonne krümmen auch diese Effekte die Raumzeit und beugen die Bahn von Lichtstrahlen aus Quellen im Hintergrund – in diesem Fall von extrem fernen Galaxien. Die Ablenkung von Sternenlicht wird uns erhalten bleiben. Letzten Endes *hatte* Einstein recht – zumindest in dieser Hinsicht.

Die zweite nachprüfbare Vorhersage der Allgemeinen Relativitätstheorie war die Gravitations-Rotverschiebung. Erinnern Sie sich noch, dass Einstein zu Lorentz sagte, seine Uhr würde im zweiten Stock ein winziges bisschen schneller gehen als im Keller? Und zwar, weil die Allgemeine Relativitätstheorie vorhersagt, dass Uhren in einem starken Gravitationsfeld langsamer laufen. Nehmen wir an, Sie sind in Lower Manhattan, zu ebener Erde. Ihre Schwester steht oben auf dem Freedom Tower, in 540 Metern Höhe. Nehmen Sie jetzt Ihren Laserpointer aus der Tasche. Er erzeugt Licht einer bestimmten Wellenlänge. Bei einem grünen Laserpointer beträgt diese Wellenlänge in der Regel 532 Nanometer (ein Nanometer ist ein Milliardstel eines Meters, also sind 532 Nanometer gleich 0,000532 Millimeter). Richten Sie den Laserpointer auf Ihre Schwester. (Ich möchte Sie darauf hinweisen, dass dies nur ein Gedankenexperiment ist – Sie sollten niemals wirklich mit einem Laserpointer auf das Gesicht eines Menschen zielen, da Sie dadurch seine Augen verletzen können.) Welche Wellenlänge wird sie sehen? Nicht etwa 532 Nanometer, sondern eine etwas höhere Wellenlänge, die einer etwas ins Rot verschobenen Farbe entspricht. Der Grund: Für sie läuft die Zeit schneller.

Das funktioniert folgendermaßen. Wie wir in Kapitel 2 gesehen haben, besteht zwischen Wellenlänge und Frequenz eine Beziehung. Zu ebener Erde erzeugt Ihr Laserpointer Licht mit einer Wellenlänge von 532 Nanometern. Das entspricht einer Frequenz von 563,5 Billionen Hertz – das ist die Anzahl der Wellenkämme, die in einer einzigen Sekunde vorbeizieht. (Wollen Sie es nachrechnen? Das ist ganz einfach: Teilen Sie die Lichtgeschwindigkeit durch die Wellenlänge, dann haben Sie die entsprechende Frequenz.)

Oben auf dem Freedom Tower hat das Laserlicht immer noch die gleiche Geschwindigkeit, denn schließlich bleibt die Lichtgeschwindigkeit laut Einstein immer gleich. Aber die Schwerkraft ist dort oben ein bisschen schwächer als zu ebener Erde, was bedeutet, dass die Zeit ein bisschen schneller verstreicht. Unmittelbar *bevor* 563,5 Billionen Wellenkämme vorbeigezogen sind, ist bereits eine Sekunde verstrichen. Mit anderen Worten: Ihre Schwester beobachtet eine etwas niedrigere Frequenz, die einer etwas höheren Wellenlänge entspricht, einer etwas geringeren Energie und einer etwas ins Rot verschobenen Farbe. Das ist eine Gravitations-Rotverschiebung.

Es versteht sich von selbst, dass dieser Effekt unglaublich gering ist. Es ist ja keineswegs so, dass die Welt zu Ihren Füßen ein bisschen rötlicher erscheinen würde, wenn Sie von einem hohen Turm hinuntersehen. Um Ihnen eine Vorstellung von der Winzigkeit dieses Effekts zu geben: Auf dem Gipfel des Mount Everest verstreicht die Zeit um etwa 1/30 000 Sekunde schneller als auf Meereshöhe. Ihre Schwester würde ein extrem empfindliches Messgerät brauchen, um die extrem geringe Erhöhung der Wellenlänge des Lichts von Ihrem Laserpointer festzustellen – sie würde weniger als 0,00000000001 Prozent ausmachen.

Robert Pound und Glen Rebka von der Harvard University haben tatsächlich so ein Messgerät gebaut. Im Jahr 1959, also vier Jahre nach Einsteins Tod, führten sie das erste kontrollierte Experiment zur Messung der Gravitations-Rotverschiebung durch. Damals war das Empire State Building das höchste Gebäude der Welt. Aber Pound und Rebka brauchten ihre Ausrüstung nicht nach New York City zu bringen; ihr Messgerät war so unglaublich empfindlich, dass die Höhe des Gebäudes, in dem das Jefferson Laboratory der Harvard University untergebracht ist – gerade einmal 22,5 Meter –, ausreichte, um den Effekt auf einem Niveau von 1 zu 400 Billionen zu messen.

Ich will das Pound-Rebka-Experiment hier nicht ausführlich beschreiben; es war ziemlich kompliziert, unter Verwendung von radioaktivem Eisen, mit Helium gefüllten Beuteln aus Mylar, Lautsprechermembranen, Gammastrahlenabsorbern, Szintillationszählern und so weiter. Aber unterm Strich kam dabei heraus, dass das Experiment erfolgreich war und seine Ergebnisse hervorragend zu Einsteins Allgemeiner Relativitätstheorie passten.

Das bedeutet, dass Pound und Rebka Einsteins Vorhersage, dass die Zeit bei zunehmender Schwerkraft immer langsamer verstreicht, bestätigt haben. Nach der Relativitätstheorie ist nichts mehr absolut – nicht einmal der Fluss der Zeit. Und das liegt nicht nur daran, dass die Stifte und Zahnräder in Ihrem Uhrwerk aufgrund irgendeines Gravitationseffekts etwas länger brauchen, um ihre Bewegungen zu vollziehen – nein, es ist wirklich die Zeit *selbst*, die langsamer verstreicht. Ausnahmslos jeder physikalische Vorgang braucht länger, um sich in einem stärkeren Gravitationsfeld zu vollziehen.

Als ich noch ein Teenager war, konnte ich das nicht richtig begreifen. Ich konnte mir zwar vorstellen, dass die Zeiger meiner Armbanduhr sich aus irgendeinem Grunde etwas langsamer bewegen könnten, aber ich fand es schwer vorstellbar, dass sich auch mein Herzschlag verlangsamen, jede Zelle in meinem Körper langsamer altern und ich tatsächlich länger leben würde. Das klang für mich wie Zauberei oder eine Fantasie, nicht wie Wissenschaft. Aber trotzdem ist es genau das, was tatsächlich passiert.

Aber andererseits waren meine Zweifel in gewisser Hinsicht durchaus gerechtfertigt. Wenn die Zeit selbst in einem starken Gravitationsfeld (zum Beispiel in der Nähe eines Schwarzen Lochs) langsamer verstreicht, dauert jede Sekunde länger, als es normalerweise der Fall wäre. Eine Person draußen im Weltraum, die einen anderen Bezugsrahmen hat als ich, würde in der Tat feststellen, dass mein Herz langsamer schlägt und dass ich länger leben werde. Aber *ich selbst* wäre mir keinerlei Veränderung bewusst. Ich hätte keine Möglichkeit festzustellen, dass meine Sekunden länger dauern. Mein Puls läge nach wie vor bei gesunden 80 Schlägen pro Minute. Meine Lebenserwartung würde immer noch bei etwas über 80 Jahren liegen. Die verlangsamte Zeit würde mir keinerlei Vorteil bringen. Selbst mein Gehirn würde langsamer arbeiten, sodass ich die zusätzliche Zeit nicht etwa nutzen könnte, um mehr zu lesen oder Chinesisch zu lernen.

Jedenfalls hatte ich im Alter von 15 Jahren konzeptionelle Schwierigkeiten mit der ganzen Sache, vermutlich nicht anders als die meisten Menschen. Deswegen hat es mich völlig umgehauen, als ich von einem äußerst spannenden Experiment las, das im Herbst 1971 durchgeführt wurde. Dabei flogen der Physiker Joseph Hafele und der Astronom Richard Keating mit normalen Linienflügen um die Welt, allerdings begleitet von sehr ungewöhnlichen Reisegefährten – nämlich Atomuhren –, um den Zeitdilatations-Effekt zu messen. Gesamtkosten der Flugtickets: etwa 8000 Dollar, einschließlich Speisen und Getränken für die Experimentatoren. Nicht nur spannend, sondern auch noch billig.

Zuerst nahmen Hafele und Keating zwei Atomuhren auf eine Flugreise rings um die Welt in östlicher Richtung mit, also in Richtung der Erdumdrehung. Dann nahmen sie die Uhren (die in den Passagierlisten offiziell unter dem Namen »Mr. Clock« geführt wurden) auf eine Flugreise um den Globus in westlicher Richtung mit, also entgegengesetzt der Drehungsrichtung des Planeten. Es gibt ein denkwürdiges Foto von den beiden Wissenschaftlern und ihren Geräten, wie sie eine ganze Sitzreihe in Anspruch nehmen, während eine junge Stewardess prüfend auf ihre Armbanduhr blickt, als wolle sie davon irgendein Zeichen der Zeitdilatation ablesen. Hafele und Keating sind leider nicht mehr unter uns, doch die Stewardess könnte noch am Leben sein und tolle Geschichten zu erzählen haben; leider ist es mir nicht gelungen, sie ausfindig zu machen.

Oben in der Luft, wo die Schwerkraft ein kleines bisschen schwächer ist als auf dem Boden, sollte eine Atomuhr ein kleines bisschen schneller gehen. Diese *gravitationsbedingte* Zeitdilatation war bereits von Pound und Rebka überzeugend demonstriert worden, nämlich in Form der Gravitations-Rotverschiebung. Aber außerdem gibt es auch eine *kinematische* Zeitdilatation – einen Effekt, den Einstein in seiner 1905 veröffentlichten Speziellen Relativitätstheorie vorhersagte. Vereinfacht ausgedrückt besagt sie: Je schneller Sie sich bewegen, desto langsamer läuft Ihre Uhr.

Die Gravitations-Zeitdilatation sollte auf den Flugreisen nach Osten und nach Westen vergleichbar sein, denn schließlich fanden beide Reisen auf sehr ähnlichen Flughöhen statt; also sollte der Einfluss der Schwerkraft gleich groß sein. Aber die kinematische Zeitdilatation wäre unterschiedlich. Während das Flugzeug zwar sowohl in östlicher als auch in westlicher Richtung mehr oder weniger gleich schnell reisen würde, gilt das nur in Bezug auf den Boden darunter. In diesem Fall müssen wir allerdings die Geschwindigkeiten in Bezug auf den Mittelpunkt der Erde betrachten. Stellen Sie sich ein dreidimensionales Koordinatensystem vor, mit dem Mittelpunkt der Erde als Ursprung. Die Erdoberfläche hat auf jeder geografischen Breite eine bestimmte Drehgeschwindigkeit. Wenn Sie ostwärts fliegen, in Richtung der Erddrehung, ist Ihre Geschwindigkeit in Bezug auf das Koordinatensystem höher; auf einem Flug nach Westen ist sie dagegen niedriger. Und verschiedene Geschwindigkeiten führen dazu, dass Uhren unterschiedlich schnell laufen.

Nachdem sie wieder in Washington, D.C., gelandet waren, verglichen Hafele und Keating ihre Atomuhren mit derjenigen im United States Naval Observatory. Und tatsächlich hatten sie während ihrer Flüge mit hoher Geschwindigkeit etliche Dutzend Nanosekunden gewonnen und verloren – in völliger Übereinstimmung mit Einsteins Vorhersagen.

Eine Atomuhr macht sich die fundamentalen Prozesse auf der Ebene von Atomen und Elektronen zunutze, um die Zeit zu messen. Das Experiment von Hafele und Keating lieferte einen eleganten Beweis für die Tatsache, dass ausnahmslos jeder Prozess der Natur durch Zeitdilatation verlangsamt wird. Vielleicht sind viele Physiker sich des wahren Wesens der Zeit immer noch nicht bewusst, aber sie wissen sehr wohl, dass sie sich für Beobachter verlangsamt, die sich mit hoher Geschwindigkeit bewegen oder in einem starken Gravitationsfeld befinden.

Das ist eine gute Nachricht für Astronauten. Die Internationale Raumstation umkreist die Erde in einer Höhe von einigen Hundert Kilometern. Die geringere Schwerkraft in dieser Höhe führt dazu, dass die Uhr eines Astronauten dank der Gravitations-Zeitdilatation schneller läuft. Aber die ISS bewegt sich mit ungefähr acht Kilometern pro Sekunde vorwärts, und durch diese hohe Geschwindigkeit läuft die Uhr aufgrund der *kinematischen* Zeitdilatation langsamer. Für ein Raumschiff in einer Umlaufbahn ist der zweite Effekt größer als der erste. Der Nettoeffekt ist, dass Sie nicht mehr so schnell altern wie auf der Erde, sobald Sie an Bord sind. Ein Astronaut, der sechs Monate auf der ISS verbringt, gewinnt dadurch sieben Millisekunden an zusätzlicher Lebenszeit.

Aber warum soll das wichtig sein? Es bewegt sich alles im Bereich von Milli- und Nanosekunden, Billionsteln, Bruchteilen von Bogensekunden – wie kann sich das auf unser alltägliches Leben auswirken? Ist es nicht einfach nur Unterhaltungsstoff für einen kleinen Kreis von Eingeweihten, für

Nerds und Geeks, die auf multiple Dimensionen, Schwarze Löcher und irre Zahlen abfahren?

In gewissem Sinne geht die Bedeutung von Einsteins Allgemeiner Relativitätstheorie über alles hinaus, was wir jemals in unserem Alltag beobachten könnten, da sie etwas aussagt über die fundamentalen Eigenschaften der Welt, in der wir leben. Die menschliche Wissbegierde, der Drang, die Dinge zu verstehen, ist ein wichtiger Aspekt dessen, was uns zu Menschen macht.

Tatsächlich *gibt* es jedoch messbare Effekte in unserem alltäglichen Leben – zwar nicht viele, aber immerhin. Zum Beispiel würde das GPS-Navigationsgerät in Ihrem Auto nicht ordentlich funktionieren, wenn seine Entwickler die Auswirkungen der allgemeinen Relativität nicht berücksichtigt hätten – dann könnten Sie im Straßengraben oder in einem Fluss landen statt vor dem Restaurant, wo Sie einen Tisch reserviert haben. (Dies ist die wichtige Ausnahme, die ich in Kapitel 1 erwähnt habe, wo ich schrieb, dass wir unser gesamtes Leben verbringen können, ohne uns um allgemeine Relativität kümmern zu müssen.)

Ihr Navigationssystem weiß, wo Sie sind, und deswegen kann es Sie von New York nach San Francisco lotsen oder durch das Straßenlabyrinth einer Stadt, die Sie nicht kennen. Um Ihre Position zu berechnen, empfängt das Gerät Signale von einer Handvoll Satelliten des Global Positioning System (GPS). Etwa 30 dieser Satelliten rasen in einer Höhe von ungefähr 20 000 Kilometern um die Erde. Jeder von ihnen ist mit einer Atomuhr ausgestattet. Indem es die Zeitsignale von mindestens drei GPS-Satelliten auswertet, errechnet Ihr Navigationssystem Ihre jeweilige Entfernung zu jedem von ihnen. Mit trigonometrischen Verfahren errechnet es dann Ihren Standort – Länge, Breite sowie Höhe über dem Meeresspiegel.

Aber genau aus dem Grunde, dass diese Satelliten hoch über der Erdoberfläche in Bewegung sind, unterliegen die Uhren der GPS-Satelliten den Effekten der Zeitdilatation, sowohl gravitationsbedingt als auch kinematisch. Wenn die

Software an Bord der Satelliten diese Effekte nicht korrigieren würde, wäre Ihre Position schon nach einer Stunde um viele Meter verfälscht. Hier haben wir also eine alltägliche Situation, in der die Einstein'schen Zeitverschiebungen von wenigen Nanosekunden *tatsächlich* wichtig sind. Denken Sie daran, wenn Sie nächstes Mal Ihr Navi benutzen.

Die Experimente von Pound und Rebka sowie Hafele und Keating sind zwei der bekannteren Tests der Allgemeinen Relativitätstheorie, aber darüber hinaus hat es zahlreiche andere gegeben: die Experimente von Ives und Stilwell, Kennedy und Thorndike, Rossi und Hall, Frisch und Smith und viele weitere. (Die meisten dieser Experimente wurden nach zwei männlichen weißen Experimentatoren benannt, aber es gibt auch Ausnahmen: Das Eöt-Wash-Experiment zum Beispiel wurde nicht nach den Physikern Eöt und Wash benannt, sondern nach Baron Loránd Eötvös de Vásárosnamény und der University of Washington.) Ich will hier nicht jedes einzelne dieser Experimente beschreiben, aber ihre Ergebnisse – sei es die Lebensdauer von schnellen Myonen oder die orbitale Beschleunigung des Mondes – haben ein ums andere Mal sowohl die Spezielle als auch die Allgemeine Relativitätstheorie bestätigt, und das mit immer höherer Genauigkeit.

Insofern könnte man noch einen Test, der 750 Millionen Dollar kostet, durchaus infrage stellen; vor allem wenn man diesen Betrag vergleicht mit den 8000 Dollar, die Joseph Hafele und Richard Keating ausgaben, um sich selbst und ihre Atomuhren auf Düsenflugzeugen rund um die Welt zu transportieren.

Aber andererseits wurde die Gravity Probe B konzipiert und darauf ausgelegt, um etwas nachzuweisen, was bis dahin noch niemand getestet hatte: nicht die Zeitdilatation, nicht die Gravitations-Rotverschiebung, nicht die Ablenkung von Sternenlicht, sondern die geodätische Präzession und den Frame-Dragging-Effekt. (Falls Sie sich fragen, wo das »B« im Namen herkommt: Ja, es hat auch eine Gravity Probe A gegeben, ein

Gravity Probe B war das erste Experiment im All, um die Vorhersagen der Allgemeinen Relativitätstheorie von Einstein nachzuweisen. Das Teleskop der Raumsonde ist oben rechts im Bild zu sehen; die flache, konische Struktur direkt oberhalb der vier Sonnenkollektoren ist das Dewargefäß, eine verspiegelte doppelwandige Konstruktion, in der die Gyroskope (Kreisel) untergebracht sind.

1976 durchgeführtes Experiment, mit dem die Gravitations-Rotverschiebung wesentlich präziser gemessen wurde, als Pound und Rebka es seinerzeit konnten.)

Die geodätische Präzession ist auch als De-Sitter-Präzession bekannt, nach dem holländischen Mathematiker Willem de Sitter, der an der Universität Leiden lehrte und diesen Effekt 1916 als Erster beschrieb. (Vielleicht erinnern Sie sich, dass de Sitter auch der Verfasser des Artikels war, durch den Einsteins Allgemeine Relativitätstheorie in England bekannt wurde.) Im Grunde genommen ist dieser Effekt ein direktes Ergebnis des

Umstands, dass die Raumzeit in der Nähe eines massereichen Körpers gekrümmt wird.

Stellen Sie sich vor, dass eine isolierte Kugel im leeren Raum rotiert. Wenn keine externen Kräfte auf sie einwirken, wird ihre Rotationsachse immer in dieselbe Richtung zeigen. Versetzen wir jetzt die rotierende Kugel in eine Umlaufbahn um die Erde. Newton würde auch dann noch erwarten, dass deren Rotationsachse ihre ursprüngliche Orientierung beibehält: Wenn sie auf einen fernen Stern zeigt, wird sie das auch weiterhin tun, bei jeder Umkreisung. Aber Einstein sagt etwas anderes voraus. Durch die Anwesenheit der Erde ist die Raumzeit in der Umgebung unseres Planeten gekrümmt. In dieser gekrümmten Raumzeit bewahrt die Rotationsachse der Kugel in der Tat ihre Orientierung. Wenn man sie jedoch aus der Ferne beobachtet, wo die Raumzeit wieder flach ist, wird man eine sehr langsame kreisförmige Verlagerung der Rotationsachse feststellen. Wenn sie zuerst in die Richtung eines fernen Sterns gezeigt hat, wird diese Ausrichtung viele Umdrehungen später verloren gegangen sein. Das nennt man geodätische Präzession.

Auch der Frame-Dragging-Effekt lässt sich leicht visualisieren. Wahrscheinlich haben Sie schon einmal Illustrationen der Raumzeitkrümmung gesehen, die sich das Bild einer Bowlingkugel auf einem Trampolin zunutze machen. Die flache Oberfläche des Trampolins entspricht der Raumzeit, und die Bowlingkugel stellt einen massereichen Körper dar, etwa die Sonne oder ein Schwarzes Loch. Genau so, wie die Bowlingkugel die Oberfläche des Trampolins verformt, erzeugen massereiche Körper in ihrer Umgebung eine lokale Raumzeitkrümmung.

Die Trampolin-Metapher ist nicht perfekt; keine einzelne Analogie kann das sein. Aber um den Frame-Dragging-Effekt zu erklären, ist sie nützlich. Stellen Sie sich vor, Sie würden neben dem Trampolin stehen. Die Vertiefung, die die Bowlingkugel erzeugt, ist wunderbar symmetrisch. Drücken Sie jetzt mit der Hand oben auf die Kugel und versetzen Sie sie in

Drehung. Die Oberfläche des Trampolins wird sich zunächst mit ihr drehen, doch sie kann mit der Bowlingkugel nicht mithalten, und dann wird die Vertiefung nicht mehr symmetrisch sein – alle Koordinatenlinien werden zu einem spiralförmigen Muster verdreht werden. Das ist der Frame-Dragging-Effekt.

Der »frame« im Frame-Dragging-Effekt ist der sogenannte »rest frame« oder Ruherahmen – das Raumzeit-Koordinatensystem, auf das wir uns beziehen (nämlich die Oberfläche des Trampolins). Wenn wir einen Planeten (die Bowlingkugel) in unser Koordinatensystem setzen, wird die Raumzeit gekrümmt. Diese Krümmung erzeugt die oben beschriebene geodätische Präzession. Wenn wir den Planeten rotieren lassen (die Bowlingkugel in Drehung versetzen), wird die gekrümmte Raumzeit mitgezogen, zumindest ein winziges bisschen. Dieser Effekt erzeugt eine zusätzliche – und viel geringere – Präzession der Rotationsachse eines Körpers in einer Umlaufbahn. (Diese spezielle Art von Frame-Dragging, die als Rotations-Frame-Dragging bezeichnet wird, wurde zuerst 1918 von zwei österreichischen Wissenschaftlern vorhergesagt, nämlich dem Mathematiker Josef Lense und dem Physiker Hans Thirring, und ist daher auch als Lense-Thirring-Effekt bekannt.)

An der Stanford University hatten die Physiker Leonard Schiff und William Fairbank schon seit 1960 mit dem Gedanken gespielt, diese beiden Effekte zu messen. Zwei Jahre später stieß der damals 28-jährige Francis Everitt zu ihnen. In London hatte er sich als Geologe ausbilden lassen, aber nachdem er sich fünf Jahre lang mit Paläomagnetismus beschäftigt hatte, kam er zu dem Schluss, dass er die Physik vermutlich interessanter finden würde. So studierte er weitere zwei Jahre, und zwar an der University of Pennsylvania, wo er sich auf Tieftemperaturphysik spezialisierte.

Nachdem er eine Stellung an der Stanford University angenommen hatte, ergaben sich die Dinge wie von selbst. In dem Experiment, das Schiff und Fairbank vorschlugen, wollten sie ultrapräzise Gyroskope – perfekte Kugeln in der Größe eines Tischtennisballs – nutzen, sie magnetisieren und bis fast an den absoluten Nullpunkt herunterkühlen, um die bestmöglichen Messungen zu erzielen.

Es dauerte ewig, dieses Projekt auf den Weg zu bringen. Zuerst gab es kaum Geld – Everitt fragt sich heute noch, wovon Schiff und Fairbank damals sein Gehalt zahlten. Und es wurden ebenso wenig Fortschritte gemacht. Dann beteiligte sich die NASA, was Vor- und Nachteile mit sich brachte: Das Projekt kam endlich in Gang, aber mehrmals stellte die Raumfahrtbehörde es beinahe wieder ein. In den später 1970er-Jahren wurde mit dem Space-Shuttle-Programm begonnen, und die NASA beschloss, die Gravity Probe B mit dem Shuttle in ihre Umlaufbahn zu bringen – das teure Programm bemannter Raumflüge konnte jegliche wissenschaftliche Rechtfertigung gebrauchen, die es bekommen konnte. Dann explodierte 1986 die Challenger, wobei sieben Astronauten ums Leben kamen. Daraufhin wollte bei der NASA plötzlich niemand mehr Ressourcen für ein potenziell riskantes Physikexperiment einsetzen; selbst eine geplante Vorführung während eines Flugs an Bord des Shuttle wurde abgeblasen.

In den darauffolgenden Jahren kamen und gingen etliche NASA-Verwaltungschefs, das Budget wurde erhöht und dann wieder gekürzt, und es wurden immer wieder Abgesandte zu Anhörungen vor dem Kongress geschickt. Schließlich wurde die Mission Anfang der 1990er-Jahre bewilligt, hauptsächlich dank des Einsatzes von Projektmanager Brad Parkinson. Everitt ist nach wie vor davon überzeugt, dass es der entscheidende Schritt in der verschlungenen Geschichte der Gravity Probe B war, Parkinson an Bord zu bringen. Parkinson war kein Wissenschaftler, sondern Colonel der Air Force, ein Erfinder und Ingenieur. Ihm wird zugeschrieben, das Global Positioning System möglich gemacht zu haben, und er wusste, welche Strippen man ziehen muss. Darüber hinaus sicherte sich das Stanford-Team die ausschlaggebende Unterstützung von Daniel Goldin, dem NASA-Verwaltungschef von 1992 bis 2001.

Zu guter Letzt wurde die Gravity Probe B am 20. April 2004 von der Vandenberg Air Force Base in Kalifornien in ihre Umlaufbahn geschossen. Weder Schiff noch Fairbank waren noch am Leben, um das miterleben zu können, und Everitt war gerade 70 geworden. Doch für ihn hatte sich die lange Wartezeit gelohnt.

Ungefähr ein Jahr lang umkreisten die vier Gyroskope an Bord der Gravity Probe B die Erde in einem nahezu ungestörten freien Fall, abgeschirmt von Sonnenstrahlung, Mikrometeoriten und Temperaturveränderungen der sie umgebenden Raumkapsel. Über 2400 Liter supraflüssiges Helium hielten die empfindlichen wissenschaftlichen Instrumente auf einer Temperatur von nur 1,8 Grad über dem absoluten Nullpunkt.

Aufgrund ihrer perfekten Kugelform behielten die Kreisel der Gyroskope ihre Orientierung in Bezug auf ihren lokalen Bezugsrahmen, die leicht gekrümmte Raumzeit in der Umgebung der Erde, bei. Unterdessen war das unverstellbare Teleskop der Gravity Probe B auf einen fernen Stern in der Konstellation Pegasus fixiert. Die geodätische Präzession und der Frame-Dragging-Effekt führten dazu, dass die Orientierung der Gyroskope sich in Bezug auf die Raumsonde sehr langsam veränderte. Sogenannte »sensitive superconducting quantum interference devices« (SQUIDs) konnten eine Veränderung der Ausrichtung der magnetisierten Kreisel von unter 0,0005 Bogensekunden messen.

Das ist ohne Frage etwas ganz anderes, als ein Schiff nach Principe zu besteigen und dort Fotografien von einer Sonnenfinsternis zu machen. Auch wesentlich komplizierter, als Gammastrahlen aus dem Keller des Jefferson Laboratory der Harvard University ins oberste Stockwerk zu schicken und dort die winzige Veränderung der Wellenlänge zu messen. Und extrem viel teurer, als Atomuhren auf Linienflügen rund um die Welt zu transportieren. Aber dieses Experiment bot die einmalige Gelegenheit, Einsteins Allgemeine Relativitätstheorie zu testen. Falls irgendwelche kleinen Abweichungen von deren Vorhersagen gemessen werden sollten, würde das enorme Konsequenzen haben.

Es dauerte viele Jahre, bis die Daten der Gravity Probe B vollständig ausgewertet worden waren. Die relativistischen Effekte waren winzig, und die Messdaten waren von starken Störsignalen beeinträchtigt. Aber zu guter Letzt wurden die endgültigen Ergebnisse im Frühjahr 2011 präsentiert, und es zeigte sich, dass sie mit Einsteins Vorhersagen gut übereinstimmten. Wäre es anders gewesen, hätte das Projekt es mit Sicherheit auf die erste Seite Ihrer Lokalzeitung geschafft: »Einstein hat sich geirrt!« wäre zweifellos eine zugkräftige Schlagzeile gewesen. Aber nein, Einstein hatte recht behalten – wieder einmal. Geodätische Präzession: 6,6 Bogensekunden pro Jahr. Frame-Dragging-Effekt: 0,037 Bogensekunden pro Jahr. Unglaublich winzige Effekte, aber fast genau die vorhergesagten Werte. Noch nie war die Allgemeine Relativitätstheorie mit so enormer Präzision überprüft und bestätigt worden. Also versuchen Sie bitte nicht, Francis Everitt zu erzählen, die Projektkosten von 750 Millionen Dollar hätten sich nicht gelohnt.

Sind wir jetzt also endlich fertig mit unseren Versuchen, Einsteins Theorien zu bestätigen oder zu widerlegen?

Keineswegs.

Es kann sehr gut sein, dass die Allgemeine Relativitätstheorie in ihrer jetzigen Form noch nicht das letzte Wort zum Wesen von Raum, Zeit und Schwerkraft ist. Warum? Weil diese Theorie völlig unvereinbar ist mit der Quantenmechanik, dem anderen folgenschweren Stützpfeiler der Physik aus dem 20. Jahrhundert. Auf dieses Problem werde ich in Kapitel 12 zurückkommen. Über kurz oder lang werden andere Forscher zu experimentellen Ergebnissen kommen, die sich mit der einen oder anderen dieser beiden Theorien nicht völlig in Einklang bringen lassen – ganz ähnlich, wie das seltsame Verhalten der Umlaufbahn Merkurs nicht zu Newtons Theorie passt. Eine solche Entwicklung wäre das wissenschaftliche

Äquivalent von kleinen Wölkchen, die am Horizont aufziehen – zunächst sehen sie ganz unschuldig aus, aber sie haben das Potenzial, sich zu einem gewaltigen Gewitter zusammenzubrauen. Das Ergebnis wären Hinweise, die den Weg zu neuen und besseren Theorien aufzeigen.

Und so ist es kein Wunder, dass die erste direkte Messung von Gravitationswellen im September 2015 als einer der wichtigsten wissenschaftlichen Durchbrüche seit Jahrzehnten gefeiert wurde. Hier ging es um eine über 100 Jahre alte Vorhersage von Albert Einstein, die noch *nie* direkt bestätigt worden war. Dieses Experiment war außerdem eine völlig neuartige Methode, die rätselhaftesten Objekte im Universum zu erforschen – nämlich Schwarze Löcher.

Kann uns dieses neue Werkzeug den Schlüssel liefern, mit dem sich die Rätsel der Raumzeit lösen lassen?

4 Diskussionen über Gravitationswellen und Stabantennen

Philip Morrison hatte nur seinen Gehstock, um die Streithähne zu trennen.

Es war der 10. Juni 1974, ein Montag. Dutzende von Physikern hatten sich zur Fifth Cambridge Conference on Relativity am Massachusetts Institute of Technology (MIT) versammelt. Gastrednern hielten Vorträge, es fanden Podiumsdiskussionen und Frage-Antwort-Sitzungen statt, Poster wurden präsentiert – nichts Besonderes, ein Wissenschaftskongress wie jeder andere auch.

Bis das Thema Gravitationswellen zur Sprache kam. Zwei prominente Kongressteilnehmer, Joseph Weber und Richard Garwin, begannen eine Diskussion, die in einen Streit ausartete. Sie fingen an, sich anzuschreien und gegenseitig zu beleidigen. Plötzlich sprangen sie auf und gingen vor dem entgeisterten Publikum wutschnaubend aufeinander los, mit zusammengebissenen Zähnen und geballten Fäusten. *Hatten sie den Verstand verloren?*

Morrison, ein an Polio erkrankter Physikprofessor am MIT, war der Moderator der Sitzung. Er rief »Gentlemen, gentlemen«, um die Gemüter zu beruhigen, aber es half nichts. Es sah so aus, als würden sich Weber und Garwin jeden Moment in eine regelrechte Kneipenschlägerei stürzen. Was sollte Morrison tun? Wie ein Magier, der seinen Zauberstab schwingt, hob er seinen Stock, um die beiden Streithähne zu trennen.

Und es funktionierte – Morrison konnte gerade noch verhindern, dass Blut floss.

Worum ging es eigentlich bei dem Streit? Nun, Joe Weber hatte behauptet, er habe Gravitationswellen gemessen. Dick Garwin wollte ihm das nicht glauben, und er hatte sehr gute Gründe, um skeptisch zu sein. Eigentlich konnte kaum jemand aus dem Publikum Webers Behauptung ernst nehmen. Damals waren manche Physiker nicht einmal restlos davon überzeugt, dass Gravitationswellen überhaupt existieren. Und so war es kein Wunder, dass die Emotionen so hohe Wellen schlugen.

Die Verwirrung über Gravitationswellen begann schon 1916 bei Albert Einstein selbst. Der Grund? Nicht jede Vorhersage der Allgemeinen Relativitätstheorie ist so klar, wie man sich das wünschen würde. Sicher, das Perihel der Umlaufbahn von Merkur sollte schneller präzedieren, als das Newton'sche Gravitationsgesetz es erwarten lassen würde. Sternenlicht sollte durch die Raumzeitkrümmung gebeugt werden. In einem starken Gravitationsfeld sollte die Zeit langsamer verstreichen. Dies waren die einfachen Vorhersagen, aber andere waren nicht so offensichtlich, und die Existenz von Gravitationswellen war eine davon – aber zumindest für Einstein lag sie auf der Hand.

In mathematischen Begriffen sehen die Feldgleichungen der Allgemeinen Relativitätstheorie ganz ähnlich aus wie die Gleichungen zur Elektrodynamik von Maxwell. In den 1860er-Jahren hatte der schottische Physiker James Clerk Maxwell als Erster vorgeschlagen, dass Elektrizität und Magnetismus lediglich zwei Seiten der gleichen Medaille seien. Außerdem vermutete er, dass Licht ein Phänomen sei, das auf elektromagnetischen Wellen beruhe. Anderthalb Jahrhunderte später sind seine Gleichungen immer noch berühmt genug, um auf T-Shirts gedruckt zu werden (die allerdings wahrscheinlich nur von Physikstudenten getragen werden). Das Gleiche gilt auch für die Einstein'schen Feldgleichungen.

Aber wie ähnlich ist »ähnlich«?

Maxwells Theorie der Elektrodynamik ist nicht sonderlich kompliziert: Man nehme eine elektrische Ladung, beschleunige sie, und sie wird eine elektromagnetische Welle erzeugen. Dieses Phänomen erleben wir ständig in unserer Alltagsumgebung in Form von Licht, Radiowellen und so weiter. Also könnte man ganz naiv erwarten, dass das Gleiche auch für die allgemeine Relativität gilt: Man nehme eine »Gravitationsladung« (ein massereiches Objekt), beschleunige sie, und sie wird eine Gravitationswelle erzeugen. Klingt logisch. Das war mit Sicherheit eine Möglichkeit, die Einstein gegen Ende 1915 in Betracht gezogen hat, nachdem er die endgültige Form seiner Feldgleichungen ausgearbeitet hatte.

Aber es gibt einen großen Unterschied zwischen Elektromagnetismus und Gravitation: Elektrische und magnetische Ladungen können positiv oder negativ sein, sie können sich anziehen oder abstoßen. Masse ist dagegen immer positiv – es gibt keine negative Masse. Das bedeutet, dass die Schwerkraft eines Objekts andere Gegenstände stets anzieht und nie abstößt.

Anfang 1916 führte dieser Umstand Einstein zu der Schlussfolgerung, dass »es keine Gravitationswellen analog zu Lichtwellen gibt«. Das schrieb er in einem Brief an den deutschen Mathematiker Karl Schwarzschild. Seine komplizierte Erklärung hatte etwas mit Skalaren, Tensordichten, Dipolen und unimodularen Koordinatensystemen zu tun (diese Begriffe müssen Sie nicht kennen; ich erwähne sie nur, um deutlich zu machen, dass die Allgemeine Relativitätstheorie kein Kinderspiel ist).

Später in jenem Jahr vollzog Einstein eine komplette Kehrtwende, nachdem Willem de Sitter von der Universität Leiden ihm empfohlen hatte, ein anderes Koordinatensystem für die Berechnungen zu verwenden. Das machte einen riesigen Unterschied. Ja, Einstein kam durchaus zu dem Ergebnis, dass Gravitationswellen *tatsächlich* existieren. Und dass sie sich mit Lichtgeschwindigkeit ausbreiten – ebenso wie

Maxwells elektromagnetische Wellen. Im Juni präsentierte Einstein der Königlich-Preußischen Akademie der Wissenschaften in Berlin seine neuesten Ergebnisse. Der Titel »Näherungsweise Integration der Feldgleichungen der Gravitation« mag sich vielleicht nicht allzu spannend anhören, aber seine Arbeit war ein Meilenstein der Wissenschaft – die erste Veröffentlichung über Gravitationswellen überhaupt.

Und sie kam zu falschen Ergebnissen.

Im Herbst 1917 wies der finnische Physiker Gunnar Nordström auf einen eindeutigen Fehler in Einsteins Arbeit hin. (Falls es Sie interessiert: Dabei ging es um die Ableitung eines Pseudotensors.) Aufgrund dieses Fehlers führten die Formeln für Gravitationswellen, die Einstein 1916 entwickelt hatte, zu falschen Ergebnissen, und daher sollte vielleicht eher seine im Januar 1918 vorgelegte Arbeit mit dem schlichten Titel »Über Gravitationswellen« als Meilenstein bezeichnet werden. Schon im ersten Absatz schrieb Einstein darin: »Da aber meine damalige Darstellung des Gegenstandes nicht genügend durchsichtig und außerdem durch einen bedauerlichen Rechenfehler verunstaltet ist, muß ich hier nochmals auf die Angelegenheit zurückkommen.« Es ist immer gut, ehrlich zu seinen Fehlern zu stehen, vor allem in der Wissenschaft.

Aber auch die Arbeit von 1918 konnte nicht alle seine Kollegen überzeugen. Mit besonders lautstarker Kritik tat sich ausgerechnet Arthur Stanley Eddington hervor – einer der größten Fans von Einstein, einer der ersten Befürworter der Allgemeinen Relativitätstheorie und selbst ein überragender Astrophysiker.

Eddington glaubte, Gravitationswellen seien ein mathematischer Schnörkel der Theorie, der keinerlei physikalische Bedeutung habe. Außerdem nahm er Anstoß an Einsteins Schlussfolgerung, Gravitationswellen würden sich mit Lichtgeschwindigkeit ausbreiten. Im Jahr 1922 tat er den bekannten Ausspruch, »Gravitationswellen breiten sich mit der Geschwindigkeit des Denkens aus« – nur eine pfiffige Art zu sagen, sie seien ein Fantasiegebilde.

91

In den 1920er- und frühen 1930er-Jahren fand die Idee von Gravitationswellen kaum Beachtung, denn schließlich würden sie, falls sie denn überhaupt existierten, viel zu schwach sein, um gemessen werden zu können. Man hielt es für unmöglich, dass die Wissenschaft jemals in der Lage sein würde, diese Vorhersage zu bestätigen oder zu widerlegen. Die meisten Physiker vergaßen sie einfach wieder.

Erst 1936 kehrte Einstein zu diesem Thema zurück. Inzwischen lebte er in den Vereinigten Staaten und hatte eine Professur am Institute for Advanced Study an der Princeton University inne – eine großartige Universität, wunderbare Menschen, außerordentlich kluge Köpfe. Vor allem freute er sich über die Möglichkeit, mit Nathan Rosen zusammenzuarbeiten, der so jung war, dass er Einsteins Sohn hätte sein können. Gemeinsam arbeiteten sie an allgemeiner Relativität, Quantenmechanik, Wurmlöchern – und an Gravitationswellen. Und Einstein und Rosen kamen zu dem erstaunlichen Schluss, dass Gravitationswellen doch nicht existieren; anscheinend hatte Eddington also durchaus recht gehabt. Bald darauf schickten sie einen Artikel an die damals führende Fachzeitschrift für Physik zur Veröffentlichung, die *Physical Review*. Der Titel: »Gibt es Gravitationswellen überhaupt?« Die Botschaft: Nein, es gibt sie nicht, und zwar aus folgenden Gründen.

Natürlich lagen Einstein und Rosen falsch – dazu muss man nur die über 1000 Wissenschaftler befragen, die im Rahmen der LIGO Scientific Collaboration und der Virgo Collaboration zusammenarbeiten und im Februar 2016 die erste Messung von Gravitationswellen bekannt gaben. John Tate, der damalige Herausgeber der *Physical Review*, hatte das Manuskript an einen Sachverständigen geschickt, der davon abriet, den Artikel zu veröffentlichen. Er schrieb: »Aus meiner Sicht existieren die … Einwände von Einstein und Rosen [gegen die Existenz von Gravitationswellen] nicht.«

Heute ist es allgemein üblich, das Peer-Review-Verfahren anzuwenden, also wissenschaftliche Fachartikel durch anonyme Sachverständige begutachten zu lassen, vor allem im Bereich Physik. Aber damals war das eine ziemlich ungewöhnliche Methode, über eine solche Veröffentlichung zu entscheiden, selbst für die *Physical Review*. Einstein kannte dieses Procedere überhaupt noch nicht, er war empört über die Ablehnung und beschloss, nie wieder etwas in dieser Zeitschrift zu veröffentlichen. Stattdessen schickte er den Artikel an das wesentlich kleinere *Journal of the Franklin Institute* in Philadelphia, welches das Peer-Review-Verfahren nicht einsetzte und gern bereit war, den Artikel zu drucken.

Aber im Herbst 1936 änderte sich die Situation. Nathan Rosen verließ die Princeton University, um eine Stellung in der Sowjetunion anzunehmen, und der polnische Physiker Leopold Infeld wurde Einsteins neuer Assistent. Der Kosmologe Howard Robertson erklärte Infeld, wo Einstein und Rosen sich geirrt hatten. (Robertson war der Sachverständige, der den Artikel für die *Physical Review* begutachtet hatte.) Als Infeld seinem Chef von dem Problem erzählen wollte, hatte Einstein den Fehler inzwischen selbst entdeckt. Auch Nathan Rosen im fernen Kiew war mittlerweile auf das Problem gestoßen, bei dem es sich um einen ziemlich esoterischen mathematischen Fehler handelte.

Letztlich war der Artikel, der dann im Januar 1937 im *Journal of the Franklin Institute* erschien, eine erheblich revidierte Fassung. Einstein hatte auch seinen Titel geändert; wie bei seinem 1918 veröffentlichten Artikel (der ja auch eine korrigierte Fassung einer früheren Arbeit gewesen war) lautete er jetzt ganz einfach: »Über Gravitationswellen.« Seine wichtigste Botschaft: Wir können zwar nicht beweisen, dass Gravitationswellen nicht existieren, aber wir können auch nicht sicher sein, *dass* sie existieren.

Zu diesem Zeitpunkt war die Allgemeine Relativitätstheorie beinahe 25 Jahre alt, aber die Wissenschaftler waren sich immer noch uneins über etwas, das diese Theorie erwarten ließ. Für die folgenden 20 Jahre blieb das der Stand der Dinge. Als Einstein 1955 starb, war die physikalische Realität von

Gravitationswellen nach wie vor heftig umstritten, und ihre Eigenschaften waren weitgehend unbekannt. So vertrat zum Beispiel Rosen kaum drei Monate nach Einsteins Tod die Auffassung, dass Gravitationswellen keine Energie transportieren können – lediglich eine andere Art zu sagen, dass sie eigentlich physikalisch nicht existieren können. Aber anderthalb Jahre später begann sich diese Sicht der Dinge zu ändern, und zwar vor allem nachdem die theoretischen Physiker Felix Pirani und Richard Feynman sowie der Kosmologe Hermann Bondi bewiesen hatten, dass Gravitationswellen *durchaus* Energie transportieren können. Und damit gingen sie in den Bereich der realen physikalischen Phänomene über.

Bevor wir weitermachen, müssen wir eine sehr gute Vorstellung davon bekommen, was Gravitationswellen eigentlich sind. Ich vermute, dass Sie den Ausdruck »Kräusel im Gewebe der Raumzeit« schon einmal gehört haben. Vielleicht haben Sie auch schon einmal eine Animation von Schwarzen Löchern gesehen, die miteinander verschmelzen und dabei spiralförmige Wellenbewegungen in einer zweidimensionalen Ebene aussenden. Lassen Sie mich versuchen, diese faszinierenden Einstein-Wellen auf eine andere Art zu erklären. (»Einstein-Wellen« ist kein offizieller Begriff, aber ich mag den Klang dieser Wortschöpfung und werde mir die Freiheit nehmen, sie hin und wieder als Synonym für »Gravitationswellen« zu verwenden.)

Der wichtigste Aspekt, den wir uns klarmachen müssen, ist, dass es sich dabei keineswegs um etwas handelt, das sich *im* Raum »wellt« oder »kräuselt«, wie zum Beispiel Wasserwellen, Schallwellen oder sogar Lichtwellen. Nein, hier geht es um die Raumzeit *selbst*. Damit wir uns das besser vorstellen können, lassen Sie uns zuerst ein Beispiel aus dem eindimensionalen »Raum« betrachten – eine gerade Linie. Denken Sie an ein gespanntes Springseil. Dieses Seil kann in wellenförmige Schwingungen versetzt werden, indem man ein Ende regelmäßig auf und ab bewegt. Aber wenn wir Einstein-Wellen verstehen wollen, ist dieses Beispiel völlig falsch. Denken Sie daran, dass wir es mit Wellen des Raums (und im Raum) selbst zu tun haben. Wenn der Raum eindimensional ist, müssen wir uns Kräusel *in* dieser einen Dimension vorstellen.

Ein Springseil aus Kunststoff ist mehr oder weniger elastisch – es kann an einer Stelle ein bisschen gedehnt werden und an einer anderen etwas gestaucht, sodass die Gesamtlänge des Seils sich nicht ändert. Und es bleibt dabei eine eindimensionale, gerade Linie, wobei sich jedoch diese longitudinalen (längsgerichteten) Wellen trotzdem durch das Seil fortbewegen können. Nehmen wir an, das Seil sei im Millimeterabstand mit Strichen markiert. Wenn sich eine longitudinale Welle durch das Seil fortbewegt, würden Sie zuerst beobachten, dass die Striche sich voneinander fortbewegen und dann wieder aufeinander zu. Das ist eine sehr gute Art, eine eindimensionale Gravitationswelle zu visualisieren: Der Raum wird abwechselnd gedehnt und gestaucht.

Übertragen wir das jetzt auf einen zweidimensionalen Raum, zum Beispiel ein Blatt Millimeterpapier. Das ist genau das Gleiche. Eine Gravitationswelle im zweidimensionalen Raum sollte nicht als ein sich wellendes Blatt Millimeterpapier dargestellt werden, wie es häufig zu sehen ist. Vielmehr sollten wir versuchen, uns eine sich ausbreitende Kräuselung *in* der zweidimensionalen Ebene vorzustellen. Das Ergebnis: An einigen Stellen werden die Quadrate des Millimeterpapiers gedehnt, an anderen Stellen werden sie gestaucht. (Oder etwas genauer: Zu einem bestimmten Zeitpunkt wächst ein Quadrat in einer bestimmten Richtung, und im nächsten Moment schrumpft es wieder.) Senkrecht zur Richtung der Welle wird der Raum abwechselnd gedehnt und gestaucht. Es ist, als ob Areale von höherer beziehungsweise niedrigerer »Raumdichte« sich innerhalb der Ebene ausbreiten.

Und wie verhalten sich Gravitationswellen im dreidimensionalen Raum? Nun, wir müssen nicht plötzlich versuchen, uns komische Kräusel in einer hypothetischen vierten Dimension vorzustellen, sondern hier haben wir es einfach mit der

Ausbreitung von »Raumdichte«-Kräuseln zu tun. Stellen Sie sich dreidimensionales, aus Würfeln bestehendes Millimeterpapier vor, bei dem die Würfelkanten länger und wieder kürzer werden, senkrecht zur Richtung der sie durchdringenden Welle.

Wellen im dreidimensionalen Raum sind natürlich ebenfalls dreidimensional. Die Bilder und Filmsequenzen, die man häufig zu sehen bekommt und die solche Wellen zweidimensional darstellen, erzeugen den falschen Eindruck, dass zwei einander umkreisende Schwarze Löcher nur in der horizontalen Ebene Gravitationswellen emittieren. Das ist nicht richtig, vielmehr breiten sich diese Wellen in alle Richtungen aus. Vielleicht sind sie in die eine Richtung stärker als in die andere, aber Sie sollten sich nicht zu der Vorstellung verleiten lassen, dass sie nur in die Umlaufebene ausgesandt werden.

Das ist also die richtige Art, sich Einstein-Wellen vorzustellen. Eigentlich unterscheidet sich der Vorgang nicht allzu sehr von Dichtewellen, die sich durch eine Schüssel mit Wackelpudding ausbreiten, wenn Sie dagegenklopfen, wobei der Pudding den leeren Raum darstellt.

Je nach Quelle der Gravitationswellen können sie sehr unterschiedliche Frequenzen und Amplituden aufweisen. (Falls Sie vergessen haben, was es mit Frequenz, Wellenlänge, Amplitude und Geschwindigkeit von Wellenphänomenen auf sich hat, können Sie das einfach in Kapitel 2 noch einmal nachlesen.) Stellen Sie sich zwei Schwarze Löcher vor, die einander umkreisen, in einem sehr geringen Abstand zueinander. Nehmen wir an, sie vollführen 100 Umläufe pro Sekunde (ja, das ist ein sehr realistischer Wert). Aus Einsteins Theorie folgt dann, dass sie Gravitationswellen mit einer Frequenz von 200 Hertz erzeugen – für einen Beobachter in einiger Entfernung bedeutet das, dass jede Sekunde 200 »Wellenkämme« vorbeiziehen. Da Gravitationswellen sich mit Lichtgeschwindigkeit ausbreiten (300 000 Kilometern pro Sekunde), ergibt sich daraus eine Wellenlänge von 1500 Kilometern.

Und wie steht es mit der Amplitude? Die Amplitude einer

Gravitationswelle ist ein Maß ihrer Stärke. Sie sagt uns, wie stark die Raumzeit gestreckt und gestaucht wird. An dieser Stelle müssen wir uns zwei wichtige Umstände klarmachen. Erstens nimmt die Amplitude mit zunehmender Entfernung ab. In der Umgebung der sich umkreisenden Schwarzen Löcher sind die Raumzeit-Kräuselungen stärker als in größerer Entfernung. Genau genommen verhält sich die Amplitude invers proportional zur Entfernung. Um es etwas einfacher zu sagen: Wenn eine Welle sich fünfmal so weit entfernt hat, ist sie fünfmal schwächer geworden.

(Das mag sich seltsam anhören, denn immerhin nehmen die Stärke der Schwerkraft und die Helligkeit einer Lichtquelle mit dem *Quadrat* der Entfernung ab. Wenn ein Planetenpaar sich fünfmal so weit voneinander entfernt, wird ihre gegenseitige schwerkraftbedingte Anziehung 25-mal schwächer. Wenn wir einen Stern an eine zehnmal weiter entfernte Position versetzen, wird sein Licht 100-mal schwächer. Aber in diesen Fällen geht es um die *Energie* eines Gravitationsfelds oder einer Lichtwelle; bei Gravitationswellen geht es um deren *Amplitude*, die tatsächlich invers proportional zur Entfernung abnimmt.)

Der andere Umstand, den wir bedenken müssen, ist die unglaublich geringe Amplitude von Gravitationswellen. Ich habe den leeren Raum mit einer Schüssel Wackelpudding verglichen, aber eigentlich wäre es besser, ihn mit einem Block aus Beton zu vergleichen. Wenn ich sanft gegen eine Schüssel mit Wackelpudding klopfe, fängt der gesamte Pudding an zu zittern. Aber selbst wenn ich mit einem Vorschlaghammer gegen einen Betonblock schlage, werden Sie kaum Kräusel feststellen, die sich durch den Beton hindurch ausbreiten. Das liegt daran, dass Beton viel steifer ist als Wackelpudding, und entsprechend ist die Raumzeit unglaublich steif – sie lässt sich nicht so leicht beugen, biegen, strecken oder stauchen. Es erfordert *sehr* viel Energie, um selbst die winzigsten Kräusel zu erzeugen.

So sieht also das Gravitationswellensignal unserer zwei einander umkreisenden Schwarzen Löcher aus. Geschwindigkeit: Lichtgeschwindigkeit. Frequenz: 200 Hertz. Die dieser Frequenz entsprechende Wellenlänge: 1500 Kilometer. Amplitude: invers proportional der Entfernung zwischen Beobachter und den Schwarzen Löchern, aber auf jeden Fall unglaublich gering.

Was würde passieren, wenn die Schwarzen Löcher massereicher wären? Nun, wenn sie sich immer noch 100-mal pro Sekunde umkreisen würden, wäre die Frequenz (und natürlich die Wellenlänge) genau die gleiche. Die Amplitude wäre dagegen größer, wegen der größeren Massen.

Die Amplitude hängt allerdings auch von der Beschleunigung der sich umkreisenden Schwarzen Löcher ab. Wenn die Entfernung zwischen ihnen abnimmt, werden sie mit immer höherer Geschwindigkeit umeinander herumwirbeln, wodurch die Amplitude noch stärker zunimmt. Und dann nimmt auch die Frequenz zu: Je geringer der Abstand zwischen ihnen ist, desto kürzer wird die Umlaufperiode der Schwarzen Löcher. Wenn also zwei Schwarze Löcher sich auf einer spiralförmigen Bahn immer näher kommen, werden sowohl die Amplitude als auch die Frequenz des Gravitationswellensignals zunehmen. Und genau das ist es, was die LIGO-Detektoren im September 2015 maßen, als sie zum ersten Mal Gravitationswellen registrierten.

Darüber gibt es noch viel mehr zu erzählen, aber das werde ich mir für spätere Kapitel aufheben. Jetzt wird es Zeit, mit spannenderen Geschichten weiterzumachen – zum Beispiel wie es dazu kam, dass zwei Wissenschaftler auf einem Kongress vor Publikum aufeinander losgingen.

Joseph Weber wusste, wie man kämpft. Im Zweiten Weltkrieg hatte er als Korvettenkapitän bei der US Navy gedient. Im Mai 1942 kam er nur knapp mit dem Leben davon, nachdem die Japaner die USS Lexington in ein Inferno aus glühendem Stahl verwandelt und das Schiff versenkt hatten. Kurz darauf wurde Joe 33 Jahre alt – zwölf Tage, bevor Arthur Eddington die Wolken auf der Insel Principe verfluchte, war er geboren worden.

Nach dem Krieg arbeitete Weber als Elektroingenieur an der University of Maryland in College Park, unweit von Washington, D.C., in nordöstlicher Richtung gelegen. Er promovierte über Mikrowellen-Spektroskopie und arbeitete in der Grundlagenforschung zu Laser und Maser (»microwave amplification by stimulated emission of radiation«) – die ersten Arbeiten zu Entwicklungen, die anderen Forschern im Jahr 1964 den Nobelpreis einbringen würden.

Webers Interesse an Relativität und Gravitation war Mitte der 1950er-Jahre entstanden, als er ein Sabbatjahr bei dem Physik-Guru John Archibald Wheeler verbrachte, der an der Princeton University und in Leiden lehrte. Raumzeitkrümmung, Schwarze Löcher, Zeitdilatation, Gravitationswellen – spannendes Zeug! Er brannte darauf, möglichst viel darüber zu lernen, und 1961 veröffentlichte er ein kleines Buch mit dem Titel *General Relativity and Gravitational Waves* (Allgemeine Relativität und Gravitationswellen).

Vorher hatte er allerdings schon die Idee veröffentlicht, die ihn berühmt machen sollte – oder berüchtigt, wie manche Leute sagen würden. Weber beschloss, die Jagd auf Gravitationswellen zu eröffnen. Im Lauf der Jahre hatte es so viel theoretisches Gerede darüber gegeben – jetzt war die Zeit gekommen, die Ärmel hochzukrempeln, Messinstrumente zu bauen und Experimente zu machen, um zu versuchen, diese Dinger einzufangen.

Sein Plan war ganz einfach: Er wollte die winzigen, periodischen Größenänderungen eines Gegenstands hier auf der Erde messen. Denn immerhin dehnt und staucht eine vorbeiziehende Gravitationswelle nicht nur den leeren Raum, sondern auch *alles, was sich darin befindet*. Ein Betonblock dehnt sich aus und schrumpft dann wieder ein winziges bisschen, wenn eine Gravitationswelle ihn passiert. Freilich wäre diese Größenänderung so minimal, dass sie nur schwer zu messen sein würde. Und mit einem wie auch immer gearteten Lineal würde man sie nicht messen können, weil auch dieses Lineal wachsen und schrumpfen würde.

Aber Weber hatte eine Lösung: Eigenfrequenzen.

Die meisten Objekte haben eine bestimmte Eigenfrequenz, bei der Vibrationen Resonanzen erzeugen und sich verstärken. Fragen Sie einfach mal die älteren Einwohner von Tacoma im Bundesstaat Washington, etwas südlich von Seattle: Sie werden sich lebhaft an den Einsturz einer riesigen, nagelneuen Hängebrücke im November 1940 erinnern, die die Stadt mit der Halbinsel Kitsap verbinden sollte. Anscheinend entsprach die Eigenfrequenz der Brücke den vorherrschenden Frequenzen von starken Windböen, die über der Meerenge von Tacoma häufig auftreten. Eines Tages fing das ganze Bauwerk an zu schwingen, zu vibrieren und sich zu verdrehen, bis die Brücke auseinanderbrach. Eine Filmsequenz vom Einsturz der Brücke ist atemberaubend – sehen Sie sich das Video auf YouTube an.

Weber hatte folgenden Plan geschmiedet: Er wollte einen großen Aluminiumzylinder als Detektor verwenden. Dieser musste sehr präzise gefertigt werden, sodass er eine ganz bestimmte Eigenfrequenz hatte. Diesen Zylinder wollte er an einem Stahldraht aufhängen, um ihn von Erschütterungen aus der Umgebung zu isolieren. Die ganze Apparatur wollte er in einen Vakuumtank setzen – aus demselben Grund. Jetzt musste er nur noch piezoelektrische Sensoren an dem Zylinder anbringen – und dann hieß es: warten.

Falls Gravitationswellen existieren, würden sie ein breites Frequenzspektrum aufweisen. Supernova-Explosionen, kollidierende Sterne, einander umkreisende Schwarze Löcher – jedes astrophysikalische Ereignis hat seine eigene unverwechselbare Frequenz, sozusagen seine eigene Handschrift. Auf der Erde angekommen, würden solche Wellen den Aluminiumzylinder in minimale Schwingungen versetzen. Weber hatte die Hoffnung, dass einige Gravitationswellen die gleiche Frequenz haben würden wie die Eigenfrequenz des Aluminiumzylinders, wodurch er zu vibrieren anfangen würde. In diesem Fall würden seine Vibrationen stärker werden, vielleicht sogar bis in den messbaren Bereich. Darüber hinaus würde der Zylinder sekundenlang weitervibrieren, nachdem eine Welle ihn passiert hatte, wie eine Stimmgabel, die man angeschlagen hat. Die piezoelektrischen Sensoren würden das rapide Dehnen und Stauchen des Zylinders registrieren und das minimale Zittern in ein elektrisches Signal umwandeln.

Anfang der 1960er-Jahre machten sich Weber und sein Postdoc Bob Forward daran, die ersten sogenannten »resonant gravitational-wave detectors« zu bauen und einzusetzen. Solche Detektoren sind auch als »resonant bar antennas« bekannt oder einfach als »Weber bars«. Und tatsächlich registrierten sie hin und wieder winzige Signale – etwas, das sich von dem ständig vorhandenen Vibrations-Hintergrundrauschen abzuheben schien. Eine Supernova in einer fernen Galaxie? Kollidierende Neutronensterne in unserem kosmischen Hinterhof? Irgendein unbekannter energetischer Prozess im Herzen der Milchstraße? Wer weiß.

(Als ich zum ersten Mal von Webers Zusammenarbeit mit Robert L. Forward las, dachte ich: »Komisch, der Mann heißt genauso wie der Autor von *Das Drachenei*« – einem Science-Fiction-Roman über Leben auf der Oberfläche eines Neutronensterns, der 1980 erschienen war. Und dann stellte sich heraus, dass es sich um dieselbe Person handelte. Forward hatte die University of Maryland 1962 verlassen.)

Webers Experimente zogen immer mehr Aufmerksamkeit auf sich, als er 1968 begann, zwei identische Detektoren einzusetzen, und zwar einen auf dem Campus der University of Maryland in College Park und einen zweiten etwa 1000 Kilometer weiter westlich im Argonne National Laboratory in der Nähe von Chicago. Dahinter steckte die Absicht, »falsche Treffer« auszuschließen: Ein auf der Baltimore Avenue vorbeifahrender Lkw konnte vielleicht Vibrationen im College Park auslösen, aber nicht im weit entfernten Chicago. Gravitationswellen von einer explodierenden Supernova oder einer Sternenkollision sollten dagegen gleichzeitig an beiden Standorten registriert werden – oder zumindest innerhalb von wenigen Sekundenbruchteilen, angesichts der Geschwindigkeit der Wellen und abhängig von der Richtung ihres Ursprungs.

Die beiden Aluminium-Stabantennen waren jeweils anderthalb Meter lang, hatten einen Durchmesser von etwa 65 Zentimetern und wogen etwa 1400 Kilogramm. Ihre Eigenfrequenz lag bei 1660 Hertz – ungefähr in dem Bereich von Gravitationswellen, wie sie von zwei kollidierenden Neutronensternen erzeugt werden. (Wir werden in Kapitel 5 auf Neutronensterne zurückkommen.) Also musste Weber jetzt nur noch zwei gleichzeitig registrierte Signale abwarten, eine sogenannte Koinzidenz.

Er musste nicht lange warten. Zwischen dem 30. Dezember 1968 und dem 21. März 1969 wurden nicht weniger als 17 Koinzidenzen registriert. Sicherlich konnte das nicht auf zufällig zusammenfallende »falsche Treffer« zurückzuführen sein. Anfang Juni präsentierte er diese Ergebnisse zum ersten Mal öffentlich, und zwar auf einem Kongress über Relativität in Cincinnati, Ohio, und erntete Applaus. Kurz darauf, am 16. Juni, veröffentlichten die *Physical Review Letters* seinen Artikel »Evidence for Discovery of Gravitational Radiation« (Belege für die Entdeckung von Gravitationswellen; der Begriff »gravitational radiation« ist lediglich ein inzwischen veraltetes Synonym für »Gravitationswellen«).

Aus der Aufregung wurden bald immer lauter werdende Zweifel. Erstens wunderten sich etliche Astrophysiker über die große Zahl von Ereignissen. Angesichts der Empfindlichkeit von Webers Stabantennen mussten durch kollidierende Neutronensterne erzeugte Gravitationswellen innerhalb weniger Hundert Lichtjahre von der Erde entstanden sein, um auf diese Weise gemessen werden zu können. In einem so kleinen Weltraumvolumen waren jedoch 17 Sternenkollisionen innerhalb von drei Monaten schlichtweg unmöglich. Falls jedoch die Wellen aus weit größerer Entfernung gekommen sein sollten – vielleicht aufgrund eines unbekannten energetischen Prozesses im Herzen der Milchstraße –, hätten die zugrunde liegenden Energien ungeheuer groß sein müssen.

Auch Experimentalforscher zeigten sich zunehmend skeptisch. Um von der wissenschaftlichen Gemeinschaft anerkannt

Joseph Weber prüft den Bildschirm seines Gravitationswellenexperiments. Im Hintergrund ist ein Vakuumtank zu sehen, in dem sich eine der Aluminium-Stabantennen befindet.

zu werden, müssen experimentelle Ergebnisse reproduzierbar sein. Doch an der Moscow State University konnte Vladimir Braginsky Webers Ergebnisse nicht wiederholen. Auch Anthony Tyson an den Bell Telephone Laboratories in Holmdel, New Jersey, fand nichts. David Douglass an der University of Rochester: negativ. Ron Drever in Glasgow: null Komma nichts. Unterdessen berichtete Weber mehrfach, er habe in seinem »Gravitationswellenobservatorium« in Maryland immer neue Ereignisse registriert.

Tony Tyson kann sich noch gut an ein Gespräch mit Al Clogston erinnern, dem damaligen Direktor des Physik-Forschungslabors an den Bell Labs.[1] Als Tyson ihm erzählte, er plane ein Experiment, um Webers Ergebnisse zu überprüfen, war Clogston nicht gerade begeistert, und zwar hauptsächlich, weil Tyson und sein Labor dadurch anscheinend nur verlieren konnten: Falls Weber widerlegt werden sollte, wäre nichts gewonnen, aber falls er bestätigt werden sollte, würde Weber den Nobelpreis bekommen, nicht Tyson – wozu also der Aufwand? Dennoch begann Tyson damit, mehr oder weniger heimlich hochempfindliche Resonanzdetektoren zu entwickeln. Er tat sich mit Dave Douglass zusammen, und 1971 leiteten sie sogar eine Zusammenarbeit mit Weber in die Wege: Sie verglichen die Messergebnisse aus Holmdel mit jenen aus Rochester, tauschten Daten mit Maryland aus, verbesserten die Empfindlichkeit der Geräte, entwickelten bessere Analysesoftware.

Bis Ende 1972 war Tyson zu der Überzeugung gelangt, dass Weber Dinge sah, die es nicht gab. Weber war ein brillanter Denker und cleverer Ingenieur, aber nicht sorgfältig genug, wenn es um Datenanalyse und Statistik ging. Die Algorithmen, die er einsetzte, um Koinzidenzen in den Messdaten seiner diversen Stabantennen zu definieren und zu erkennen, hat er nie veröffentlicht. Wenn man immer wieder die verwendeten Kriterien ändert, wird man beliebig viele »Koinzidenzen« finden können.

Außerdem machte Weber lächerliche Fehler. Er behauptete,

die von ihm gemessenen Signale würden aus dem Herzen der Milchstraße kommen, weil sie hauptsächlich dann aufzutreten schienen, wenn das Zentrum der Milchstraße hoch am Himmel stand, und Gravitationswellen, die von oben kamen, stärkere Signale in seinen Stabantennen erzeugen würden als solche mit einem flachen Einfallswinkel. Das stimmt zwar, aber Tyson musste ihn daran erinnern, dass die Erde für Gravitationswellen durchlässig ist. Daher sollten solche Signale ebenso stark sein, wenn die Milchstraße ihren tiefsten Punkt *unterhalb* des Horizonts erreicht – aber über solche Ereignisse berichtete Weber nicht, kein einziges Mal.

Später behauptete Weber, Koinzidenzen zwischen seinen eigenen Messungen und den Daten aus Holmdel und Rochester gefunden zu haben – Signale, die sich zugegebenermaßen kaum vom Hintergrundrauschen abhoben, aber anscheinend genau zur gleichen Zeit aufgetreten waren. Allerdings entdeckten Tyson und Douglass dann, dass Weber mit dem Zeitstandard Eastern Daylight Time arbeitete, während sie selbst die Greenwich Mean Time (heute: Universal Time) verwendeten – ein Unterschied von vier Stunden. Äußerst peinlich.

Diese Zeit war für Joseph Weber eine emotionale Achterbahnfahrt. Er verbrachte lange Arbeitstage allein in seinem Labor und musste sich mit der ständig wachsenden Kritik an seiner Arbeit herumschlagen. Im Sommer 1971 erlag seine Frau einem Herzanfall. Aber Weber war stur und wollte nicht aufgeben. Im März 1972 heiratete er im Alter von 52 Jahren erneut, und zwar Virginia Trimble, eine 28-jährige Astronomin aus Kalifornien, und begann, Tanzstunden zu nehmen.

Aber die Streitigkeiten über Webers Stabantennen gingen weiter. Bis 1974 hatten diverse Forscherteams auf der ganzen Welt begonnen, Experimente mit den von Weber entwickelten Stabantennen durchzuführen. Tyson und Douglass arbeiteten inzwischen mit vier Tonnen schweren Detektoren mit Tieftemperaturelektronik, um das ständig vorhandene Hintergrundrauschen in den Griff zu bekommen – aber trotzdem registrierten sie nichts. Heinz Billing, Albrecht Rüdiger und

Ronald Schilling bauten am Max-Planck-Institut für Physik und Astrophysik in München einen großen Stabdetektor, ebenso wie Guido Pizzella und Karl Maischberger im italienischen Frascati. Ergebnisse: null. Und dann gab es auch noch das kleine, von Richard Garwin am Thomas J. Watson Research Center von IBM in Yorktown Heights, New York, entwickelte Gerät. Es wog nur 120 Kilogramm und würde daher nur sehr starke Gravitationswellen registrieren können – aber auch Garwin fand nichts.

Richard Garwin war jemand, mit dem man sich besser nicht anlegte. Als 24-Jähriger hatte er 1952 unter der Leitung von Edward Teller an der Entwicklung der Wasserstoffbombe mitgearbeitet. Er war ein brillanter Physiker und hochgeschätzter Berater der Regierung in Fragen der nationalen Sicherheit. Unter den Präsidenten Kennedy, Johnson und Nixon war er Mitglied des President's Science Advisory Committee (Wissenschaftsbeirat des Präsidenten). Außerdem verstand Garwin es besser als Weber, Daten zu managen.

Tony Tyson war schon einmal mit Joe Weber wegen Gravitationswellen aneinandergeraten, und zwar auf einem großen Kongress im Dezember 1972 in New York City. (Es war das sechste Texas Symposium on Relativistic Astrophysics; New York City liegt natürlich nicht in Texas, aber der erste Kongress dieser Serie hatte in Texas stattgefunden, und so war der Name hängen geblieben.) Aber damals war es bei einer einigermaßen höflichen wissenschaftlichen Diskussion geblieben; trotz ihrer Meinungsunterschiede über die Daten respektierten sich Tyson und Weber. Viele Jahre später freundeten sie sich sogar an – jedenfalls mehr oder weniger.

Aber mit Garwin liefen die Dinge im Juni 1974 auf dem Kongress in Cambridge ein bisschen anders. Vielleicht lag es daran, dass Weber es einfach leid war, sich verteidigen zu müssen, oder vielleicht spürte er unterschwellig, dass etwas nicht stimmte; wir werden es nie erfahren. Jedenfalls empfand er Garwins Kritik als persönlichen Angriff, und er war bereit, sich dagegen zu wehren – bis Phil Morrison intervenierte.

Wenn Virginia Trimble über 40 Jahre später an diese Episode zurückdenkt, tut ihr verstorbener Mann ihr immer noch leid. »Sie warfen ihn aus dem Kral«, erzählte sie mir. »Sie wissen nicht, was das Wort *kontrovers* bedeutet, wenn Sie nicht 28 Jahre mit Joe Weber verheiratet waren. [Die Gemeinschaft der Physiker] war wie ein Eingeborenenstamm. Und am Ende war Garwin der sturste von ihnen allen. Für Joe war er das fleischgewordene Böse.«

Trimble, die selbst zu einer herausragenden Astrophysikerin und Astronomie-Historikerin geworden war, hatte sich stets aus der Debatte über den Nachweis von Gravitationswellen mit Stabantennen herausgehalten. Und ihre Karriere wurde durch ihre Beziehung zu Weber nicht beeinträchtigt. Nach seinem Tod verkaufte sie das gemeinsame Haus in Chevy Chase, Maryland, und stiftete mit dem Erlös den Joseph Weber Award for Astronomical Instrumentation der American Astronomical Society. Seit 2002 wird er jährlich an Personen verliehen, die eine ähnliche Einstellung wie Weber haben: Baue das bestmögliche Messinstrument, so gut du kannst, und nutze es, bis du verstehst, was es registriert.

Nach der Konfrontation in Cambridge ging der Streit zwischen Weber und Garwin weiter – nicht auf Kongressen, sondern in Form von Leserbriefen an die Fachzeitschrift *Physics Today*. Im Juni 1975 schickte der Physiker Freeman Dyson von der Princeton University Weber einen Brief, in dem er ihm nahelegte aufzugeben: »Ein großer Mann scheut sich nicht, öffentlich einzuräumen, dass er einen Fehler gemacht und seine Meinung geändert hat. Sie sind stark genug, um zuzugeben, dass Sie falsch liegen. Falls Sie das tun, werden Ihre Feinde jubeln, aber Ihre Freunde werden noch lauter jubeln.« Aber Weber wollte nicht nachgeben.

Inzwischen waren die meisten Wissenschaftler davon überzeugt, dass Webers Behauptungen nicht zu halten seien – und zwar nicht etwa, weil es mit der Technik der Stabdetektoren ein grundsätzliches Problem gegeben hätte, sondern weil Gravitationswellen anscheinend generell zu schwach sind, um mit dieser Technik gemessen werden zu können. Seit Mitte der 1970er-Jahre waren an vielen verschiedenen Standorten Resonanzdetektoren gebaut und in Betrieb genommen worden, in verschiedenen Größen und Konstruktionen, unter Einsatz verschiedener Materialien und Massen. Die leistungsfähigsten dieser Geräte waren extrem empfindlich, hervorragend gegen Störvibrationen (etwa von vorbeifahrenden Lkws) isoliert, kryogen (das heißt, bis nahe an den absoluten Nullpunkt von $-273°C$ heruntergekühlt) und mit SQUIDs ausgestattet, um auch noch das kleinste Signal erfassen zu können. Und obwohl es manchmal so aussah, als habe einer dieser Detektoren etwas gefunden, erschienen den Kritikern die Daten nie überzeugend genug, und so wurden die meisten dieser Geräte über kurz oder lang wieder stillgelegt. Gegen Ende der 1980er-Jahre wurden Weber die Forschungsmittel von der National Science Foundation gestrichen, woraufhin er zum Teil eigenes Geld einsetzte, um seine Stabantennen bis zu seinem Tod im September 2000 weiter betreiben zu können. Ein Teil der von ihm gebauten Hardware befindet sich heute in kleinen, garagenartigen Schuppen auf dem Campus der University of Maryland, wo sie nur noch Staub fangen.[2]

Es ist eine traurige Geschichte, und Weber kann einem bis heute leidtun – aber das ist häufig das Schicksal von Pionieren. Es ist ein denkbar schwieriges Unterfangen, ein neues Forschungsgebiet zu eröffnen. Wenn das, was Sie herausfinden wollen, einfach zu verstehen wäre, hätte ein anderer es schon längst geschafft. Wenn Sie der Erste sind, kann es gut sein, dass Sie keinen Erfolg haben werden, aus welchen Gründen auch immer.

Ein Astronom, dem später für seine Arbeit über Gravitationswellen gemeinsam mit anderen der Nobelpreis zugesprochen wurde, nahm an der Fifth Cambridge Conference on Relativity im Juni 1974 nicht teil; er wusste nicht einmal etwas von der Kontroverse um Webers Stabdetektoren. Russell Hulse war 23 Jahre alt, als er für seine Doktorarbeit am

Radioobservatorium in Arecibo auf der Insel Puerto Rico Pulsare beobachtete. Im Sommer jenes Jahres machte er die Entdeckung, die zu dem ersten (indirekten) Beweis für die Existenz von Gravitationswellen führen sollte.

Aber bevor wir uns mit dieser Geschichte beschäftigen, müssen Sie zuerst wissen, was Neutronensterne sind – schnallen Sie sich also an für einen Astrophysik-Crashkurs.

5 Das Leben eines Sterns

Erinnern Sie sich noch an Carl Sagan, den Planetenwissenschaftler, der die Astronomie in der breiten Öffentlichkeit bekannt und beliebt machte? Er hat in den 1980er-Jahren die Fernsehserie *Unser Kosmos* produziert.[1] Falls diese Serie gesendet wurde, bevor Sie zur Welt gekommen sind, googeln Sie danach – es lohnt sich sehr, sie anzusehen.

Zu Beginn der neunten Folge wird in Nahaufnahme und in Zeitlupe gezeigt, wie eine Apfeltorte gebacken wird, untermalt von klassischer Musik.[2] Dann trägt ein formal gekleideter Kellner den Kuchen auf einem silbernen Tablett durch die Mensa der Cambridge University und serviert ihn Sagan, der an einem festlich gedeckten Tisch im Vordergrund des großen Raums sitzt. Nachdem ihm der Kuchen serviert wurde, sieht Sagan direkt in die Kamera und sagt: »Wenn Sie eine Apfeltorte von Anfang an backen wollen, müssen Sie erst das Universum erfinden.«

Das stimmt natürlich. Ohne den Urknall gäbe es keine Galaxien, Sterne oder Planeten – und erst recht keine Apfeltorten. Jeder Gegenstand in Ihrer Umgebung hat seine ganz eigene Geschichte – jeder Stuhl, die Katze, Ihr Autoschlüssel. Um sie wirklich verstehen zu können, müssen Sie wissen, woher sie kamen.

Das Gleiche gilt auch für Neutronensterne. Um es mit Sagan zu sagen: Wenn Sie wissen wollen, was ein Neutronenstern ist, müssen Sie zuerst verstehen, wie ein Stern sich entwickelt. Denn immerhin ist ein Neutronenstern die Leiche eines Sterns. Für unsere Geschichte über Gravitationswellen müssen wir uns ziemlich gut mit Neutronensternen auskennen, und darum möchte ich Ihnen einen Einführungskurs über das Leben von Sternen präsentieren. Und am Ende werde ich auf Sagans Apfeltorte zurückkommen.

Sterne sind wichtig. Erstens liefern sie die Energie für lebende Organismen. So hängt zum Beispiel das Leben auf der Erde voll und ganz von der Energie ab, die von der Sonne kommt. Ohne Sonnenenergie wäre die Erde ein finsterer, kalter Gesteinsbrocken, auf dem nichts überleben könnte.

Wenn wir also schon so abhängig von der Sonne sind, dann sollten wir zumindest wissen, wie sie funktioniert und woraus sie besteht. Wo kommt ihre Energie her? Wie lange wird es sie noch geben? Was wird passieren, wenn die Sonne stirbt? Bis vor kaum 100 Jahren konnten auch Astronomen diese Fragen nicht beantworten, denn schließlich ist es ja unmöglich, die Sonne im Labor zu studieren oder eine Materialprobe von der Sonne unter dem Mikroskop zu untersuchen.

Und so ist es kein Wunder, dass zu Beginn der industriellen Revolution manche Menschen glaubten, die Sonne bestünde aus Kohle, der neuen wunderbaren Energiequelle. Würde man nur genug von dem schwarzen Zeug anhäufen, so glaubten sie, würde es vielleicht anfangen zu scheinen. Doch die Wissenschaftler des 19. Jahrhunderts waren etwas realistischer und vermuteten, die Sonne würde langsam schrumpfen oder vielleicht ständig von Meteoriten bombardiert. Beide Prozesse würden Energie freisetzen.

Sie irrten sich. Die Sonne schrumpft nicht; tatsächlich wird sie sogar ständig größer, allerdings unmerklich langsam. Ja, Meteoriten und sogar Kometen fallen ständig auf die Sonne, aber viel zu wenige, um das Licht und die Hitze der Sonne erklären zu können. Kohle? Wenn die Sonne ein Kohlekraftwerk wäre, wäre sie schon nach ungefähr 6000 Jahren ausgebrannt gewesen. Das mag vielleicht zur Weltanschauung von Kreationisten passen, ist aber tatsächlich kürzer als zwei Millionstel der Zeitspanne, seit es Leben auf der Erde gibt.

Vorhang auf für Cecilia Payne. Im Alter von 19 Jahren begann Payne sich für Astronomie zu interessieren, als sie von Arthur Eddingtons Expedition zu der Sonnenfinsternis im Mai 1919 hörte, mit der er Einsteins Allgemeine Relativitätstheorie bestätigt hatte – Sie haben in Kapitel 3 darüber gelesen. Vier Jahre später verließ sie England, um im Rahmen eines Forschungsstipendiums am Harvard College Observatory als erste Studentin des Radcliffe College in Astronomie zu promovieren. In ihrer 1925 vorgelegten Doktorarbeit zeigte sie, dass die Sonne hauptsächlich aus Wasserstoff besteht, dem leichtesten chemischen Element. Und da das auch für andere Sterne gelten muss, hatte Payne im Grunde genommen die Zusammensetzung des Universums entdeckt. Insofern ist es schon ein bisschen blamabel, dass so gut wie niemand jemals etwas von ihr gehört hat.

Heute wissen wir, dass die Sonne zu 71 Prozent aus Wasserstoff, zu 27 Prozent aus Helium (dem zweitleichtesten chemischen Element) und nur zu 2 Prozent aus schwereren Elementen besteht. Eigentlich ist die Sonne kaum mehr als eine große Kugel aus heißem Gas. Vielleicht ist *groß* nicht das richtige Wort; *riesenhaft* würde besser passen. Immerhin hat sie einen Durchmesser von 1,4 Millionen Kilometern – mehr als das Hundertfache des Durchmessers der Erde. Wenn die Sonne die Größe eines Strandballs hätte, wäre die Erde im Vergleich dazu so klein wie eine Glasmurmel – versuchen Sie einmal, sich das vorzustellen. Und wenn die Sonne auch so *hohl* wäre wie ein Strandball, würden über 1,3 Millionen solcher blauen erdgroßen Murmeln hineinpassen. Ziemlich beeindruckend.

Wie kann also eine riesenhafte Kugel aus Wasserstoff und Helium einen unaufhörlichen Energiestrom erzeugen? Ganz einfach: durch Kernfusion. Na ja, vielleicht ist es nicht *ganz* so einfach – immerhin dauerte es bis in die späten 1930er-Jahre, bis der US-amerikanische Physiker Hans Bethe diesen Vorgang detailliert ausgearbeitet hatte. Aber wenn wir einmal die Details außer Acht lassen, ist es eigentlich ganz einfach. Im Kern der Sonne wird das Gas durch das Gewicht der darüberliegenden Schichten so stark komprimiert, dass das Material dort die 13-fache Dichte von Blei hat. Unter diesen extremen Bedingungen beginnen die Atomkerne miteinander zu verschmelzen, und es kommt zur Kernfusion. Und wenn Sie jemals eine Filmsequenz von dem Test der Anfang der 1950er-Jahre entwickelten ersten US-Wasserstoffbombe gesehen haben, dann wissen Sie, dass bei einer Kernfusion Energie freigesetzt wird. Eine *Menge* Energie.

Lassen Sie uns ein Gedankenexperiment machen. Stellen wir uns vor, wir könnten die Kernfusionsreaktionen im Kern der Sonne für nur eine Sekunde einschalten und sie dann wieder ausschalten. Was würde in dieser einen Sekunde passieren? (Erschrecken Sie nicht: Was jetzt folgt, ist vielleicht schwer vorstellbar, aber es stimmt trotzdem.)

In nur einer Sekunde sind 570 Millionen Tonnen Wasserstoffgas an Kernfusionsreaktionen beteiligt. Das entspricht ungefähr der Masse eines Betonwürfels mit über 600 Metern Kantenlänge. Falls Sie große Zahlen *wirklich* mögen: Das sind ungefähr $3{,}4 \times 10^{38}$ Wasserstoff-Atomkerne. Ja, in einer Sekunde. Diese leichten Wasserstoff-Atomkerne (tatsächlich sind es einzelne Protonen) verschmelzen zu massereicheren Helium-Atomkernen. Ein Helium-Atomkern hat ungefähr die vierfache Masse eines Protons, was bedeutet, dass für jeweils vier Wasserstoff-Atomkerne, die in die Kernfusion eingehen, ein Helium-Atomkern herauskommt. (Das ist immer noch eine ganze Menge, was Sie schnell sehen werden, wenn Sie $3{,}4 \times 10^{38}$ durch 4 teilen. Das Ergebnis: $8{,}5 \times 10^{37}$.)

Ich habe übrigens eben die in der Wissenschaft verwendete Exponentialschreibweise für große Zahlen eingeführt. Falls Sie damit nicht vertraut sind: Das hat etwas damit zu tun, dass das Dezimalkomma verschoben wird. So bedeutet zum Beispiel $3{,}4 \times 10^{38}$, dass Sie die Zahl 3,4 nehmen und dann das Dezimalkomma um 38 Stellen nach rechts verschieben müssen, wobei Sie jeweils eine Null anhängen. Letzten Endes bekommen Sie dabei 340 000 000 000 000 000 000 000 000 000 000 000 000 heraus. Entsprechend bedeutet $3{,}4 \times 10^{-20}$, dass

Sie das Dezimalkomma um 20 Stellen nach links verschieben müssen, was 0,000000000000000000034 ergibt. Die Astronomie ist die Wissenschaft der großen Zahlen; würden Astronomiebücher nicht hin und wieder auf die Exponentialschreibweise zurückgreifen, würden einfach zu viele Bäume verbraucht.

Das heißt also, dass im Kern der Sonne in jeder einzelnen Sekunde eine riesige Anzahl von Protonen (Wasserstoff-Atomkernen) zu Helium-Atomkernen verschmilzt. Jetzt wird es ein bisschen kompliziert. Ich habe eben gesagt, dass ein Helium-Atomkern *ungefähr* die vierfache Masse eines Protons hat; tatsächlich ist es ein winziges bisschen weniger. In die Fusionsreaktion gehen 570 Millionen Tonnen Wasserstoff ein, heraus kommen aber »nur« 566 Millionen Tonnen Helium – also 0,7 Prozent weniger Masse. Wo sind die fehlenden 4 Millionen Tonnen geblieben? Vielleicht haben Sie es sich schon gedacht: Sie sind in Energie umgewandelt worden. $E = mc^2$: schon wieder Einstein.

Das heißt, dass in unserem eine Sekunde langen Gedankenexperiment die Sonne vier Millionen Tonnen an Masse verloren hat. Das nenne ich »effektives Abnehmen«. Falls Sie sich jetzt fragen, wieso von der Sonne überhaupt noch etwas übrig geblieben ist, rechnen Sie es einfach durch: Wenn der Masseverlust der Sonne im gesamten Verlauf ihres bisherigen Lebens von 4,6 Milliarden Jahren (145 Quadrillionen Sekunden) konstant geblieben ist, hat die Sonne jetzt 6×10^{23} Tonnen weniger Masse als zum Zeitpunkt ihrer Geburt. Aber das sind nur 0,03 Prozent ihrer Gesamtmasse von 2×10^{27} Tonnen – also eigentlich nichts Besonderes. Ja, ich muss sogar zurücknehmen, was ich eben über effektives Abnehmen gesagt habe: Wenn eine Person 100 Kilogramm wiegt, entsprechen 0,03 Prozent nur 30 Gramm Gewichtsverlust.

Nicht der gesamte Masseverlust wird in Energie umgewandelt. Wenn vier Wasserstoff-Atomkerne zu einem Helium-Atomkern verschmelzen, entstehen außerdem zwei Positronen und zwei Neutrinos. Aber zusammen wiegen die zwei Positronen weniger als 0,1 Prozent der Masse eines Wasserstoff-Atomkerns, und Neutrinos haben praktisch gar keine Masse. Erst einmal können wir diese Teilchen ignorieren (auf die Neutrinos werden wir allerdings noch zu sprechen kommen). Letztlich läuft es also darauf hinaus, dass die Sonne in jeder einzelnen Sekunde vier Millionen Tonnen Masse in reine Energie umwandelt. Das ist eine enorme Menge Energie: 400 Quadrillionen Gigajoules oder etwa eine Million mal so viel wie der jährliche Energieverbrauch der gesamten Menschheit, und das in einer einzigen Sekunde. Wenn wir nur die Kernenergie nutzen könnten, die die Sonne in einer einzigen Sekunde erzeugt, würde es bis ins Jahr 1 002 000 A.D. keine Energiekrise mehr geben.

Unser eine Sekunde langes Gedankenexperiment ist jetzt vorbei, und die Kernfusionsreaktionen haben wie durch ein Wunder aufgehört. Was passiert jetzt mit der Energie? Sie wurde in Form von energiereichen Gammastrahlen erzeugt, die aber weitgehend im Sonneninneren eingeschlossen sind. Sie erinnern sich vielleicht, dass die Dichte des Materials im Kern der Sonne sehr hoch ist; das 15 Millionen Grad heiße Gas ist fast völlig undurchsichtig. Die Gammastrahl-Photonen können nicht weit reisen, da sie heftig mit den Gasteilchen interagieren. Dabei wird die Energie, die in dieser einen Sekunde freigesetzt wurde, im Sonneninnern absorbiert, reemittiert und zufällig in alle Richtungen verstreut, nur um dann wieder absorbiert und reemittiert zu werden, und immer so weiter. Auf diese Weise können die Gammastrahl-Photonen nicht weit kommen.

In einem perfekten Vakuum reist das Licht mit 300 000 Kilometern pro Sekunde. Jetzt könnten Sie ganz naiv erwarten, dass die Strahlung aus dem Sonneninneren die Oberfläche der Sonne in gut zwei Sekunden erreichen würde – denn immerhin ist die Reise ja nur etwa 700 000 Kilometer lang. Aber tatsächlich braucht sie dafür ungefähr 100 000 Jahre, weil die Sonne so intransparent ist. Das heißt, dass die während der einen Sekunde unseres Gedankenexperiments erzeugten 400 Quadrillionen Gigajoules an Kernenergie die Oberfläche der Sonne erst in 100 000 Jahren erreichen werden. Von dort aus wird dieses Licht dann nur noch 8 Minuten und 20 Sekunden brauchen, um durch das Beinahevakuum des interplanetaren Raums zu reisen und die Erde zu erreichen.

Das bedeutet natürlich auch, dass die Sonnenenergie, die heute auf der Erde ankommt, vor etwa 100 000 Jahren erzeugt wurde. In gewissem Sinne sonnen wir uns also heute in der Energie, die zur Zeit des primitiven Homo sapiens erzeugt wurde. Und falls die Kernfusionsreaktionen im Sonneninneren tatsächlich jetzt sofort aufhören würden, bräuchten wir uns trotzdem über die Energieversorgung für die nächsten 5000 Generationen oder so keine Sorgen zu machen.

Jetzt wissen wir also, woraus die Sonne besteht und wie sie Energie erzeugt. Die gleiche Geschichte gilt für alle Sterne am nächtlichen Himmel – sie alle sind Kernkraftwerke aus Wasserstoff und Helium, die in jeder einzelnen Sekunde unglaubliche Mengen an Energie ins Weltall schleudern. Aber um zu erfahren, was ein Neutronenstern ist – denn das wollen wir ja schließlich –, müssen wir auch wissen, wie Sterne geboren werden und sterben.

Die Sterne sind nicht schon immer da gewesen, und es wird sie auch nicht bis in alle Ewigkeit geben. Sterne werden geboren, verbringen ihr Leben und sterben dann. (Ein Stern »lebt« natürlich nicht, aber die Metapher ist zu nützlich, um sie aufzugeben – selbst professionelle Astronomen sprechen von der »Geburt« und dem »Tod« von Sternen.) Unsere eigene Sonne ist ein Stern mittleren Alters: Sie wurde vor etwa 4,5 Milliarden Jahren geboren, und sie hat eine Lebenserwartung von noch einmal 5 Milliarden Jahren.

Bei der Geburt der Sonne in so ferner Vergangenheit war niemand anwesend, der Notizen hätte machen können. Und da wir keine zuverlässige Zeitmaschine haben, besteht auch nicht die Möglichkeit, den Tod der Sonne in ferner Zukunft mitzuerleben. Wie können wir also etwas über den Anfang und das Ende des Lebens der Sonne in Erfahrung bringen? Selbst der Alterungsprozess der Sonne vollzieht sich so langsam, dass wir ihn nicht sehen können – das Einzige, was wir haben, ist ein Schnappschuss von der Sonne im Hier und Jetzt.

Oder haben wir vielleicht doch auch noch andere Informationen? Immerhin ist die Sonne nicht der einzige Stern, den wir beobachten können. Nehmen wir an, Sie wären ein Außerirdischer und hätten die Aufgabe, etwas über den Lebenszyklus der Menschen herauszufinden. Leider hebt Ihr UFO schon einen Tag, nachdem es auf der Erde gelandet ist, wieder ab. Im Lauf dieses einen Tages können Sie nicht sehen, dass irgendein bestimmter Mensch älter wird. Aber wenn Sie sich gründlich umsehen, können Sie viele Phasen eines Menschenlebens beobachten: ein Baby, das in einem Krankenhaus geboren wird, Kinder, die auf einem Schulhof spielen, ein junges Liebespaar, das auf einer Parkbank turtelt, Erwachsene in mittleren Jahren, die gegen Falten und Bauchspeck ankämpfen, ältere Menschen im Rollstuhl, ein Begräbnis. Zusammengenommen zeichnen diese Eindrücke ein realistisches Bild vom Leben eines Menschen.

Mit den Sternen ist es das Gleiche. Wir können die langsame Entwicklung eines einzelnen Sterns nicht sehen, aber wir können uns in unserer Galaxie, der Milchstraße, umsehen und Sterne in diversen Abschnitten ihres Lebens beobachten. Auf diese Weise haben zahlreiche Astronomen nach und nach die Evolutionsgeschichte von Sternen zusammengestückelt.

Hier ist das Rezept für einen Stern: Man nehme eine große Menge Gas, komprimiere sie in ein hinreichend kleines Volumen und warte ab. Ja, so einfach ist das tatsächlich – die Natur kümmert sich um den ganzen Rest.

Der Weltraum zwischen den Sternen ist nicht wirklich leer. Er ist mit Gas angefüllt. An vielen Stellen ist dieses Gas heiß und extrem spärlich – weniger als ein Atom pro Kubikzentimeter. Die meisten Physiker würden das ein perfektes Vakuum nennen. Aber an anderen Stellen können kalte interstellare

Gaswolken dichter sein, bis zu einer Million Atome oder Moleküle pro Kubikzentimeter. Das ist genug, um diese Teilchen eine gewisse schwerkraftbedingte Anziehung »spüren« zu lassen.

Wenn sich also eine hinreichend große Menge Gas in einem hinreichend kleinen Raumvolumen ansammelt, übernimmt automatisch die Schwerkraft die Regie. Die Gaswolke fällt in sich zusammen, und zwar aus dem einfachen Grund, dass die Schwerkraft die Teilchen, aus denen die Wolke besteht, möglichst dicht zueinanderzieht.

Haben Sie schon einmal versucht, zwei Handvoll Schneeflocken möglichst dicht zusammenzubringen? Dann hatten Sie natürlich am Ende einen Schneeball in den Händen. Die effizienteste Möglichkeit, um Materie möglichst dicht zu packen, ist die Form einer Kugel. Genau das ist der Grund, warum Sterne – auch unsere Sonne – kugelförmig sind. (Das Gleiche gilt übrigens auch für Planeten, aber nicht für Ziegelsteine, Berge oder Asteroiden – sie haben nicht genug Eigenanziehungskraft, um ihre strukturelle, auf elektromagnetischen Kräften beruhende Steifigkeit zu überwinden.)

Es ist ganz einfach, sich vorzustellen, wie die Schwerkraft eine dünne Wolke aus interstellarem Gas zu einer kompakten Kugel zusammenziehen kann. Aber es ist weniger klar, warum dieser Gravitationskollaps irgendwann aufhört. Der Grund dafür ist der Druck des Gases im innersten Kern des neugeborenen Sterns, der eine nach außen gerichtete Kraft ausübt, die sich dem einwärtsgerichteten Ziehen der Schwerkraft entgegensetzt. Je höher der Druck, desto schwieriger wird es, das Gas noch weiter zu komprimieren.

Wenn dann die Kernfusionsreaktionen zünden, erhitzen sie den Kern des Sterns noch weiter und erhöhen den Druck. So herrscht zum Beispiel im Kern der Sonne ein Druck von etwa 250 *Milliarden* Erdatmosphären. Das ist genug, um dem Gewicht der darüberliegenden Gasschichten zu widerstehen – genug, um der Schwerkraft zu widerstehen. Das Endergebnis ist ein Stern, der sich, um es in der Fachsprache der Astrophysiker zu sagen, in einem »hydrostatischen Gleichgewicht« befindet. Nehmen wir an, wir könnten den Stern zwingen, noch weiter zu kontrahieren. In diesem Fall würde die Dichte in seinem Kern zunehmen. Die Kernfusionsreaktionen würden noch schneller ablaufen und dadurch noch höhere Temperaturen und höheren Druck erzeugen. Das würde dazu führen, dass der Stern sich wieder auf seine vorherige Größe ausdehnt, wodurch das Gleichgewicht wiederhergestellt wäre.

Das bedeutet auch, dass Sterne sehr unterschiedliche Massen haben können und auch tatsächlich haben. Der anfängliche Durchmesser eines Sterns hängt von der Masse der kontrahierenden Gaswolke ab. Eine größere Masse bedeutet höhere Kerndichte. Eine höhere Dichte bedeutet heftigere Kernreaktionen. Mehr Kernkraft bedeutet höhere Temperaturen und höheren Druck. Am Ende wird ein hydrostatisches Gleichgewicht bei einer Größe erreicht, die diejenige der Sonne weit übersteigt – die Natur hat einen massereichen, heißen und hellen Riesenstern ins Leben gerufen.

Wenn dagegen die ursprüngliche Gaswolke klein ist, bleibt die Kerndichte niedrig. Die Kernfusionen vollziehen sich in einem gemächlichen Tempo, wenn sie überhaupt in Gang kommen. Das Innere des Sterns bleibt relativ kühl; der Druck ist nicht übermäßig hoch. Ein hydrostatisches Gleichgewicht stellt sich erst ein, wenn der Stern auf vielleicht zehn Prozent der Größe der Sonne geschrumpft ist – also etwa so groß, wie Jupiter ist. Et voilà – ein massearmer, kühler und relativ matter Zwergstern ist geboren.

Falls Sie glauben, auf Zwergsterne käme es nicht so an, täuschen Sie sich. Erstens gibt es wesentlich mehr von ihnen als von ihren größeren und helleren Vettern. Bedenken Sie, dass wir hier über die natürliche Ordnung der Dinge reden, nach der kleine Dinge stets in größerer Zahl vorkommen als große Dinge. Es gibt mehr Mäuse als Elefanten, mehr Kieselsteine als Felsbrocken und mehr Asteroiden als Planeten – das ist immer so. Aber abgesehen davon, dass es viel mehr von ihnen gibt, leben Zwergsterne auch viel länger als Riesensterne.

Moment mal – sie leben *länger*? Wie kann das angehen? Wenn sie so klein sind, haben sie doch auch weniger nuklearen Treibstoff zur Verfügung als Riesensterne, oder? Ja, das stimmt – ihre Treibstofftanks sind kleiner, wenn man so will. Aber Zwergsterne sind auch extrem sparsam. Ihre Kernfusionen vollziehen sich in einem gemächlichen Tempo und können Zigmilliarden Jahre anhalten, trotz der relativ geringen Menge an verfügbarem Wasserstoff.

Wenn Zwergsterne die langsamen, sparsamen Kompaktautos des Universums sind, dann sind Riesensterne die ineffizienten kosmischen Benzinschleudern. Sie schleppen vielleicht wesentlich mehr Treibstoff mit sich herum, aber sie verbrauchen auch viel mehr. Schnell haben sie ihren Wasserstoffvorrat aufgebraucht – die massereichsten Sterne im Universum werden typischerweise nur eine Million Jahre alt.

Die Sonne liegt irgendwo in der Mitte zwischen diesen Extremen – nicht zu massereich, aber auch kein Leichtgewicht. Wie erwähnt, hat sie etwa die Hälfte ihrer Lebenserwartung von zehn Milliarden Jahren hinter sich. Und wie jeder andere Stern wird auch sie nicht ewig leben. Da zahlreiche Astronomen andere, sonnenähnliche Sterne in späteren Phasen ihres Lebens beobachtet haben, wissen wir auch, wann und wie die Sonne sterben wird.

In den kommenden paar Milliarden Jahren wird der Wasserstoffvorrat im Kern der Sonne schwinden, da immer mehr davon in Helium umgewandelt wird. Aber in den weiter außen liegenden Schichten, einer dicken Hülle, die diesen neuen, heliumreichen Kern umgibt, gehen die Wasserstoff-Kernfusionen nach wie vor weiter. Das führt dazu, dass die äußeren Schichten allmählich in den Raum expandieren. Unsere Sonne verwandelt sich langsam in einen Riesenstern. Das ist keine gute Nachricht für das Leben auf der Erde: Schon in weniger als einer Milliarde Jahre wird der Energie-Output der Sonne so hoch sein, dass die Ozeane unseres Planeten allmählich verdampfen werden.

Unterdessen wird der Heliumkern immer größer und

massereicher. Die Helium-Atomkerne werden immer dichter zusammengepresst. Und schließlich, in etwa fünf Milliarden Jahren, ist ihre Dichte so hoch, dass eine neue Runde von nuklearen Reaktionen in Gang kommen kann. Ich werde Ihnen die Details aus der Quantenmechanik ersparen, aber die Helium-Atomkerne verschmelzen zu noch schwereren Elementen – erst zu Kohlenstoff und dann zu Sauerstoff.

Heliumfusion erzeugt wesentlich mehr Energie als Wasserstofffusion. Aufgrund all dieser zusätzlichen Energie wird die Sonne sich zu einem aufgeblähten Roten Überriesen mit einem Durchmesser von weit mehr als 100 Millionen Kilometern ausdehnen. Merkur und Venus können einem leidtun – diese beiden inneren Planeten werden dabei verschlungen werden, und ihr Gesteins- und Metallgehalt wird letzten Endes in überhitztem Dampf aufgehen, der sich mit den äußeren Schichten der Sonne vermischt. Hier haben wir es mit der Vernichtung von Planeten in grandiosem Maßstab zu tun.

Und wie wird es der Erde ergehen? Nun, mit etwas Glück wird unser Planet diesem höllischen Martyrium entkommen. Und zwar, weil die Sonne an etwas erkranken wird, was ich ein »stellares Fieber« nennen würde – ein sicheres Zeichen, dass ihr Ende naht. Sie beginnt zu pulsieren, expandiert und kontrahiert dann wieder, ungefähr im 24-Stunden-Takt. Als Nebeneffekt werden dabei ihre äußeren, aus Wasserstoff bestehenden Schichten allmählich in den Weltraum geblasen. Der daraus resultierende Masseverlust wird die schwerkraftbedingte Anziehung der Sonne auf die Planeten schwächen, wodurch deren Umlaufbahnen größer werden. Dieser Effekt wird zu klein sein, um Merkur und Venus zu retten, aber die Erde könnte mit Ach und Krach überleben, wobei sich ihr äußerer Gesteinsmantel allerdings in einen Ozean aus glühender Lava verwandeln wird, der den gesamten Planeten bedeckt. (»Überleben« ist, wie Sie sehen, ein relatives Konzept.)

Innerhalb von 10 000 oder 20 000 Jahren wird der größte Teil des Sonnenmantels weggeblasen sein und eine bunte, expandierende Blase gebildet haben. Bis heute haben Astronomen Tausende solcher kurzlebigen Blasen in der Milchstraße katalogisiert, es muss noch viel mehr davon geben. Aus historischen Gründen werden sie als »planetarischer Nebel« bezeichnet, weil William Herschel, der sie gegen Ende des 18. Jahrhunderts als Erster beschrieb, dachte, sie würden wie die kreisförmigen Scheiben von Planeten aussehen, und dann blieb dieser Name hängen.

Unterdessen ist die explosionsartige Fusion von Helium-Atomkernen zum Erliegen gekommen. Innerhalb eines kosmischen Wimpernschlags wurde der größte Teil des Heliums der Sonne in Kohlenstoff und Sauerstoff umgewandelt. Da keine Energie mehr erzeugt wird, die der Anziehung der Schwerkraft entgegenwirken könnte, beginnt der Kern zu kontrahieren, was so lange weitergeht, bis nur noch ein seltsames Objekt übrig ist, das als »Weißer Zwerg« bezeichnet wird. Er packt vielleicht die Hälfte der ursprünglichen Masse der Sonne in einer Kugel zusammen, die nicht viel größer ist als die Erde. Sie hat eine Dichte von etwa einem Kilogramm pro Kubikmillimeter.

Ein Weißer Zwerg ist zunächst extrem heiß. Seine Oberflächentemperatur kann bis zu 100 000 °C betragen. Da er jedoch nur eine kleine Oberfläche hat, erzeugt er nicht viel Licht. Selbst der nächste Weiße Zwerg, kaum zehn Lichtjahre von der Erde entfernt, ist mit bloßem Auge nicht zu erkennen. Im Lauf der Zeit kühlt ein Weißer Zwerg allmählich ab und strahlt dabei seine noch verbleibende Hitze ins kalte Vakuum des Weltraums ab.

Was übrig bleibt, ist ein dunkler und inerter Klumpen degenerierter Materie – Sternenschlacke.

Ruhe in Frieden, liebe Sonne.

Wo ist also der Neutronenstern? Vielleicht hätte ich es Ihnen schon früher sagen sollen: Die Sonne hat nicht genug Masse, um sich zu einem Neutronenstern zu entwickeln. Weiße Zwerge sind schon ziemlich seltsam, aber Neutronensterne sind noch merkwürdiger. Um ein solches Objekt entstehen zu lassen, müssen wir mit einem Stern anfangen, der mindestens die neunfache Masse der Sonne hat.

Wie gesagt: Massereiche Sterne leben schnell und sterben jung. Ihre Lebenserwartung wird in Millionen Jahren gemessen, nicht in Milliarden. Es ist ungefähr so, als würden Sie die Entwicklung eines Sterns wie unserer Sonne beschleunigen, indem Sie die Schnellvorlauftaste eines DVD-Players drücken. Wasserstoff-Kernfusion, expandierende äußere Schichten, Zündung des Heliums, Entstehen eines Kerns aus Kohlenstoff und Sauerstoff, Verlust des äußeren Wasserstoffmantels – das alles vollzieht sich wesentlich schneller.

Aber danach laufen die Dinge ganz anders, und zwar aus einem einfachen Grund: Bei einem Stern, der so viel massereicher ist als die Sonne, drücken die äußeren Schichten mit aller Macht auf seinen Kern. Das führt dazu, dass Dichte und Temperatur des Kohlenstoff-Sauerstoff-Kerns auf viel höhere Werte klettern als bei der Sonne: über drei Kilogramm pro Kubikmillimeter und ungefähr 500 Millionen °C. Das ist genug, um eine weitere Runde von Fusionsreaktionen in Gang zu setzen, obwohl hierbei das nukleare Kraftwerk im Kern des Sterns mit Kohlenstoff befeuert wird statt mit Wasserstoff.

Ich will hier nicht auf sämtliche Details eingehen, aber in ungefähr 1000 Jahren (abhängig von der Masse des Sterns) wird der Kohlenstoff in Neon, Magnesium, Natrium und noch mehr Sauerstoff umgewandelt. Eine Menge kosmischer Alchemie, die sich da oben abspielt! Sobald der Kohlenstoff aufgebraucht ist, beginnt der Kern des Sterns wieder zu kontrahieren. Seine Dichte und Temperatur klettern auf noch höhere Werte – hoch genug, um Neon in Magnesium umzuwandeln.

Und an diesem Punkt nimmt die Entwicklung dann wirklich Fahrt auf. Nach nur wenigen Jahren ist auch das meiste Neon aufgebraucht. Der Kern des Sterns besteht jetzt aus Sauerstoff und Magnesium. Er kontrahiert, bis die Sauerstoff-Kernfusion in Gang kommt, bei der Sauerstoff in Silicium und kleine Mengen Schwefel und Phosphor umgewandelt wird.

Dieser Prozess hält nur ungefähr ein Jahr an, dann geht dem Kern des Sterns der Sauerstoff aus, er kontrahiert wieder und heizt sich bis auf etwa drei Milliarden °C auf. Dann verschmelzen die Silicium-Atomkerne in kaum einem Tag zu einem breiten Sortiment an schwereren Elementen wie Argon, Calcium, Titan, Chrom und sogar großen Mengen Eisen und Nickel. Dies ist nicht mehr der ruhige und stetige Kernfusionsprozess, der uns im Kern unserer Sonne begegnet ist. (Vielleicht erinnern Sie sich, dass es Milliarden von Jahren dauern wird, um ganz allmählich den größten Teil des Wasserstoffvorrats der Sonne in Helium umzuwandeln.) Vielmehr handelt es sich hierbei um eine Wasserstoffbombe von astronomischen Proportionen – eine kosmische Massenzerstörungswaffe.

Wenn wir diese stellare Zeitbombe in der Mitte durchschneiden könnten, würde sie so ähnlich wie eine Zwiebel aussehen. Der innere Kern besteht aus Eisen und Nickel – natürlich nicht in Form fester Metalle, sondern als Gas, wenn auch bei unglaublich hoher Dichte und Temperatur. Der Eisen-Nickel-Kern ist von einer Hülle aus Silicium und Schwefel umgeben. Weiter auswärts gibt es noch eine Schicht, die Sauerstoff, Neon und Magnesium enthält. Noch weiter darüber befinden sich Schichten von Sauerstoff, Kohlenstoff, Helium und Wasserstoff, obwohl inzwischen der meiste Wasserstoff in den Weltraum entwichen sein dürfte. Fusionsreaktionen, die auch bei niedrigeren Temperaturen stattfinden können, sind nach wie vor an den Grenzen zwischen den Schichten aktiv. Die stellare Zwiebel strotzt von Kernenergie, aber die Zeit wird knapp.

Die Katastrophe beginnt im Kern des Sterns. Da dort das gesamte Silicium verbraucht ist, läuft das Kernkraftwerk des Sterns im Leerlauf. Das Problem ist, dass Eisen- und Nickel-Atomkerne nicht spontan zu noch schwereren Elementen verschmelzen. Kernfusion bevorzugt das Erzeugen von Atomkernen mit höheren Bindeenergien (höherer Stabilität), aber Eisen und Nickel haben schon die höchstmögliche Bindeenergie. Etwas vereinfacht ausgedrückt könnte man sagen, dass Mutter Natur keinen Grund sieht, sie in noch schwerere Elemente umzuwandeln.

Sofort nutzt die Schwerkraft diese Gelegenheit. Seit Jahrmillionen hat sie versucht, den Stern auf eine immer kleinere Größe zu komprimieren und dabei die Teilchen, aus denen er besteht, immer dichter zusammenzupacken. Aber immer wieder hat sich der nach außen gerichtete Druck der Energieproduktion des Sterns der Schwerkraft widersetzt. Jetzt endlich zahlt sich die Geduld der Schwerkraft aus. Das Kernkraftwerk des Sterns stellt den Betrieb ein, und es wird keine neue Energie mehr erzeugt.

Innerhalb einer Sekunde oder noch schneller fällt der Kern des Sterns in sich zusammen. Mehrere Sonnenmassen von unglaublich heißem Gas werden zu einer Kugel von höchstens 25 Kilometern Durchmesser komprimiert – etwa die Größe der innerstädtischen Bereiche von London oder Paris. Diese extrem dichte Kugel aus Kernmaterial mit einer Dichte von etwa 100 000 Tonnen Masse in jedem Kubikmillimeter ist als Neutronenstern bekannt. Also ist ein Neutronenstern der kollabierte Kern eines massereichen Sterns, dem der nukleare Treibstoff ausgegangen ist.

Warum nennt man einen solchen Körper »Neutronenstern«? Nun, vielleicht haben Sie es schon erraten: Weil er aus Neutronen besteht. Ich habe Neutronen noch nicht erwähnt, weil es bisher nicht notwendig war, aber jetzt, da dieses Thema zur Sprache gekommen ist, sollten wir einen kleinen Umweg in die Welt der subatomaren Teilchen machen.

Ein normales Atom besteht aus einem Atomkern, der von einer Elektronenwolke umgeben ist. Elektronen sind sehr leichte Teilchen, was bedeutet, dass beinahe die gesamte Masse eines Atoms sich in seinem Kern konzentriert. Doch ein Atomkern ist kein einzelnes Teilchen, sondern eine Sammlung von Protonen und Neutronen – subatomaren Teilchen, die beinahe die gleiche Masse haben.

Die Anzahl der Protonen in einem Atomkern bestimmt,

mit welchem chemischen Element wir es zu tun haben. Ein Wasserstoff-Atomkern besteht zum Beispiel aus nur einem einzigen Proton (und überhaupt keinen Neutronen). Ein Helium-Atomkern hat zwei Protonen und zwei Neutronen. Ein Kohlenstoff-Atomkern ist größer und massereicher: Er hat sechs Protonen und sechs Neutronen. Eisen hat jeweils 26, sodass ein einzelner Eisen-Atomkern 52-mal so viel Masse hat wie ein Wasserstoff-Atomkern. Jetzt verstehen Sie, was Astronomen meinen, wenn sie von »schweren Elementen« sprechen. (Die noch schwereren Elemente haben in der Regel etwas mehr Neutronen als Protonen in ihrem Atomkern. So hat zum Beispiel Zink 30 Protonen und 35 Neutronen.)

Unter normalen Bedingungen ist die Zahl der Elektronen, die einen Atomkern umgeben, ebenso hoch wie die Zahl der Protonen im Kern: eines bei Wasserstoff, zwei bei Helium, sechs bei Kohlenstoff, 26 bei Eisen, 30 bei Zink und so weiter. Da ein Proton positiv geladen ist, ein Elektron dagegen negativ, ist dafür gesorgt, dass normale Atome insgesamt keine elektrische Ladung haben. (Und was ist mit Neutronen? Nun, sie werden aus gutem Grunde Neutronen genannt: Sie sind elektrisch neutral.)

Aber im Kern eines Sterns gibt es keine neutralen Atome. Die dort vorherrschenden Bedingungen sind so extrem, dass Elektronen nicht mehr an Atomkerne gebunden sind. Vielmehr befindet sich das Gas eines Sterns in einem Zustand, der als »Plasma« bezeichnet wird: eine Mischung von elektrisch geladenen Teilchen. Positiv geladene Atomkerne und negativ geladene Elektronen gehen allesamt ihrer eigenen Wege – wie Eltern und Kinder, die sich in einer Menschenmenge aus den Augen verloren haben.

Die ungebunden umherschweifenden Elektronen spielen eine wichtige Rolle im Kernfusionsprozess. Durch Interaktion mit einem Elektron kann sich ein Proton in ein Neutron verwandeln. Die negative Ladung des Elektrons und die positive Ladung des Protons gleichen sich aus; was übrig bleibt, ist das nicht geladene Neutron. Auf diese Weise können vier Wasserstoff-Atomkerne (vier Protonen) zu einem Helium-Atomkern verschmelzen, der aus zwei Protonen und zwei Neutronen besteht. Wie schon erwähnt, erzeugt dieser Prozess auch Positronen (die Antiteilchen von Elektronen, die hier nicht wichtig sind) und Neutrinos (gespenstische Elementarteilchen, die in unserer Geschichte durchaus eine Rolle spielen).

Mir ist schon klar, dass das ziemlich viele Informationen sind, um sie auf einmal zu verdauen. Was jedoch hängen bleiben sollte, ist der Umstand, dass der kollabierende Kern eines sterbenden Riesensterns ein Plasma enthält, das aus positiv geladenen Eisen- und Nickel-Atomkernen sowie negativ geladenen Elektronen besteht. Und in diesem Plasma gibt es ebenso viele Elektronen wie Protonen in den Atomkernen.

Was passiert also, wenn die Schwerkraft zu ihrem entscheidenden Schlag ansetzt? Das Plasma wird zu unvorstellbarer Dichte komprimiert. Einzelne Teilchen – Atomkerne und Elektronen – werden zusammengezwungen. Tatsächlich kann man durchaus sagen, dass Elektronen gewaltsam in die Atomkerne gedrückt werden, die aus einer fast gleichen Anzahl von Protonen und Neutronen bestehen. Die Elektronen können nicht anders, als mit den Protonen zu interagieren und sie dadurch in noch mehr Neutronen zu verwandeln. In kaum einer Sekunde sind sämtliche Protonen verschwunden. Was übrig bleibt, ist eine riesige, massive Kugel aus nicht geladenen, dicht an dicht gepackten Neutronen: ein Neutronenstern.

Bis jetzt haben wir nur über den Kern des Sterns gesprochen. Aber was passiert mit seinen zwiebelartigen äußeren Schichten? Werden sie nicht auch in dem Neutronenstern enden? Nein, das werden sie nicht. Im Gegenteil, die äußeren Schichten des Sterns – ja, der Großteil seiner gesamten Masse – werden bei einem der dramatischsten Ereignisse, die das Universum auf Lager hat, in den Weltraum hinausgeschleudert: einer Supernova-Explosion.

Warum das passiert? Nun, wie wir gesehen haben, beginnt zunächst der gesamte Stern zu kollabieren, da in seinem Kern so gut wie keine Energie mehr erzeugt wird, die dem einwärtsgerichteten Ziehen der Schwerkraft entgegenwirken könnte. Das frei fallende Gas – vielleicht fünf oder sechs Sonnenmassen – stürzt auf die Oberfläche des neu entstandenen Neutronensterns hinab. Da er nicht weiter komprimiert werden kann, kommt das Gas zur Ruhe. Seine Bewegungsenergie wird in Hitze umgewandelt, wodurch ein wild wirbelnder Feuerball entsteht, der wieder auswärts rast und dabei alles, was ihm im Weg steht, vor sich herschiebt wie ein riesiger Bulldozer.

Auch die oben erwähnten Neutrinos spielen dabei eine Rolle. Vielleicht entsinnen Sie sich, dass Neutrinos entstehen, wenn Protonen mit Elektronen interagieren und sich dabei in Neutronen verwandeln. Wenn ein Neutronenstern entsteht, kommt es dabei zu einem Neutrino-Tsunami – für jedes neu entstandene Neutron wird ein Neutrino erzeugt. Obwohl Neutrinos mit normaler Materie kaum interagieren, liefern sie zusätzlichen nach außen gerichteten Schub. Das Gesamtergebnis: Während der Kern des Sterns zu einer kompakten Neutronenkugel kollabiert, wird der größte Teil von ihm in Fetzen gerissen und explodiert mit furchtbarer Gewalt in den Weltraum, wo er eine rapide expandierende Hülle bildet.

Eine Supernova ist eine ernste Angelegenheit. Eine so katastrophale Explosion kann wochenlang mehr Licht erzeugen als sämtliche Sterne einer ganzen Galaxie zusammen. Ich persönlich werde nie die Supernova 1987A vergessen, die im Februar jenes Jahres am südlichen Himmel explodierte. Drei Monate später besuchte ich zum ersten Mal in meinem Leben das European Southern Observatory in Chile. Damals war das allmählich dahinschwindende Licht der Sternenexplosion immer noch leicht mit bloßem Auge zu sehen – ziemlich beeindruckend, wenn man bedenkt, dass es aus einer Entfernung von 167 000 Lichtjahren zu uns gekommen war.

Wir wollen uns nicht wünschen, dass ein Stern in unserer Nähe zur Supernova mutiert – deren energiereiche Strahlung würde die Erdatmosphäre wegblasen und unseren Planeten sterilisieren. Zum Glück sind Supernovae relativ selten. Die letzte, die in unserer eigenen Galaxie beobachtet wurde, fand 1604 statt – in einer sicheren Entfernung von etwa 20 000 Lichtjahren.

Da haben wir es also. Neutronensterne, die für unsere Geschichte der Gravitationswellen sehr wichtig sein werden, sind die sehr seltsamen sterblichen Überreste von Riesensternen. (Was Seltsamkeiten angeht, haben wir bis jetzt erst die Spitze des Eisbergs gesehen; weiter unten kommen noch viel mehr davon.) Und das Entstehen eines Neutronensterns wird von einem der gigantischsten explosiven Ereignisse im Universum begleitet: einer Supernova. In Kapitel 6 werden wir sehen, wie in den 1970er-Jahren durch Beobachtung von Neutronensternen die Existenz von Gravitationswellen bestätigt wurde, und zwar schon lange, bevor minimale Raumzeit-Kräuselungen direkt gemessen wurden.

Nanu, jetzt habe ich Carl Sagans Apfeltorte ganz vergessen, das tut mir leid – ich konnte mich von der spannenden Geschichte der Entwicklung eines Sterns nicht losreißen. Aber natürlich, Sagans Zitat aus *Unser Kosmos* – »Wenn Sie eine Apfeltorte von Anfang an backen wollen, müssen Sie erst das Universum erfinden« – bezieht sich auf die Entwicklung des Kosmos.[3] Wenn keine Galaxien entstanden wären, keine Sterne geboren, es keine planetarischen Nebel und Supernova-Explosionen gegeben hätte, dann hätte auch jene Apfeltorte nie gebacken werden können.

Wie wir in Kapitel 9 sehen werden, begann das Universum als eine Ursuppe von Elementarteilchen. Ein paar Hunderttausend Jahre später hatten sich diese Teilchen zu einfachen Atomen wie Wasserstoff und Helium zusammengefunden. Hätten sich nie Sterne entwickelt, wären die nuklearen Öfen des Kosmos nie angeheizt worden, und das wäre immer noch alles, was da ist – Wasserstoff und Helium. Nicht viel, womit man arbeiten kann.

Eine Apfeltorte – ebenso wie ein Stuhl, die Katze, Ihr Autoschlüssel – enthält große Mengen an schwereren Elementen.

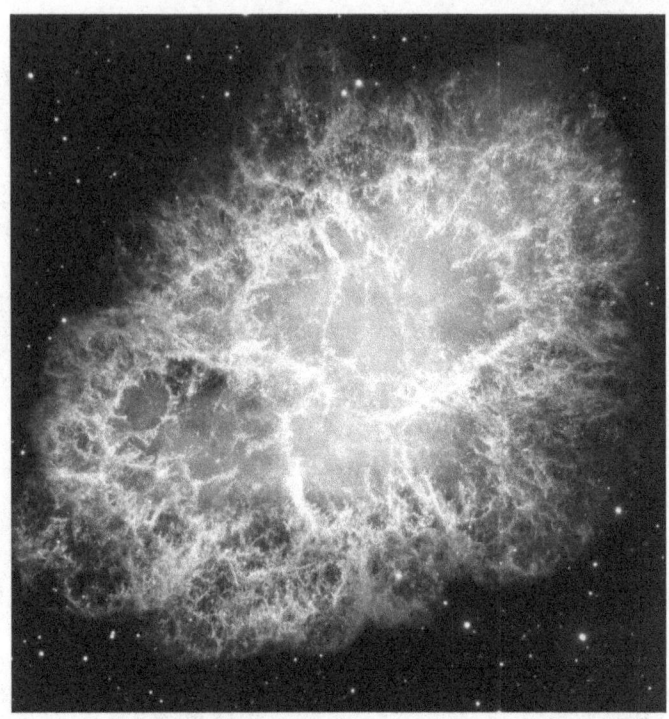

Der Krebsnebel im Sternbild Stier besteht aus den expandierenden Überresten einer Supernova-Explosion, die von chinesischen und koreanischen Astronomen im Jahr 1054 A.D. beobachtet wurde. In der Mitte des Nebels befindet sich ein rapide rotierender Neutronenstern – die kontrahierten Überreste des Kerns dieses Sterns.

Kohlenstoff, Sauerstoff und Stickstoff. Natrium, Calcium und Phosphor. Magnesium, Aluminium und Eisen. Und all diese Elemente sind im Verlauf der vergangenen 13,8 Milliarden Jahre kosmischer Evolution im Inneren von Sternen zusammengebraut worden. Zusammen stellen sie gerade mal ein Prozent der gesamten Masse der Atome im Universum, aber diese kleine Menge macht den ganzen Unterschied aus.

Diese Elemente wurden von Sternenwinden in die unendliche Leere geblasen, in planetaren Nebeln und durch Sternenexplosionen arbeiteten sie sich allmählich in den interstellaren Raum vor. Kleine Mengen von noch schwereren Atomen wie Kupfer, Zink, Gold und Uran entstanden im Chaos nach Supernova-Explosionen oder bei katastrophalen Neutronen-stern-Kollisionen. Gaswolken reicherten sich mit komplexen Molekülen und Staubteilchen an. Neue Generationen von Sternen wurden von Planeten begleitet – manche von ihnen warm genug, um flüssiges Wasser zu ermöglichen. Auf mindestens eine dieser felsigen Welten regneten kohlenstoffhaltige Moleküle hinab und fanden sich schließlich zu den ersten lebenden Organismen zusammen. Ein paar Milliarden Jahre später waren auf diesem Planeten Weizen, Zuckerrohr und Apfelbäume zu finden – die notwendigen Zutaten für eine Apfeltorte.

Und es gab Menschen.

Denn was für Apfeltorten gilt, das gilt auch für Sie und mich. Meiner bescheidenen Meinung nach ist dies die wunderbarste Geschichte, die uns die Wissenschaft erzählen kann: dass der Kohlenstoff in Ihren Muskeln, das Calcium in Ihren Knochen, das Eisen in Ihrem Blut und der Phosphor in Ihrer DNA allesamt bei Kernfusionsreaktionen in fernen Sonnen synthetisiert wurden. Schon 1969 schrieb die kanadische Folk-Sängerin Joni Mitchell in ihrer Ballade »Woodstock«: »We are stardust – billion-year-old carbon.« (»Wir sind Sternenstaub – Milliarden Jahre alter Kohlenstoff.«)

Die Leben von Sternen sind eng verbunden mit unseren eigenen Leben. Wir sind eins mit dem Kosmos.

6 Mit der Präzision eines Uhrwerks

»Pulsar« ist der Name eines US-amerikanischen Herstellers von Armbanduhren. Die Firma gehört zur Seiko Watch Corporation. Im Jahr 1972 baute Pulsar die erste LED-Armbanduhr. Elektronisch. Digital. *Sehr* cool (na ja, das war vor 45 Jahren).

»Pulsar« ist auch die Modellbezeichnung eines Schrägheck-Kompaktklassewagens, der zuerst von dem japanischen Autohersteller Nissan produziert wurde. Ein beliebtes Sportmotorradmodell des indischen Herstellers Bajaj Auto Ltd. trägt ebenfalls diese Bezeichnung. Eine Hightech-Beleuchtungsfirma in Großbritannien nennt sich Pulsar, ebenso wie ein Hersteller von Nachtsichtgeräten in Litauen.

Aber vor 1967 existierte das Wort *Pulsar* noch gar nicht. In gedruckter Form tauchte es zum ersten Mal im Frühjahr 1968 in einem Artikel der britischen Tageszeitung *The Daily Telegraph* auf. Darin ging es nicht um Armbanduhren, Autos, Motorräder, Beleuchtung oder Nachtsichtgeräte, sondern um eine ganz erstaunliche astronomische Entdeckung. Zehn Jahre später führte diese Entdeckung zum ersten indirekten Nachweis von Gravitationswellen.

In Kapitel 5 haben Sie über Neutronensterne gelesen. Sie sind Relikte von Supernova-Explosionen – die sterblichen Überreste massereicher Sterne, die sich selbst in Stücke gesprengt haben. Neutronensterne sind sehr klein und unglaublich dicht, sie zählen zu den extremsten Einwohnern des Universums. Ihre Existenz wurde 1934 zum ersten Mal vorhergesagt, und zwar von Walter Baade und Fritz Zwicky, zwei europäischen Astronomen, die – wie Einstein – in die Vereinigten Staaten emigriert waren.

Supernova-Explosionen muss es in unserer Galaxie seit Milliarden von Jahren gegeben haben. Daher war den Astronomen schon in den 1960er-Jahren durchaus klar, dass es in der Milchstraße Zigmillionen Neutronensterne geben sollte. Aber sie hatten noch nie einen beobachtet, was auch kein großes Wunder ist, wenn man es recht bedenkt: Die Oberfläche eines neugeborenen Neutronensterns ist zwar extrem heiß, aber nur ein paar Hundert Quadratkilometer groß. Daher ist die Gesamtmenge der abgestrahlten energiereichen Strahlung ziemlich klein; selbst ein Neutronenstern in unserer Nähe wäre schwierig zu entdecken.

Und so kam die Entdeckung der 24-jährigen Doktorandin Jocelyn Bell ziemlich unerwartet. Sie stammt aus Nordirland und arbeitete an der Cambridge University in England unter der Leitung des Radioastronomen Antony Hewish. In den 1960er-Jahren war die Radioastronomie, die sich mit langwelligen Strahlungen aus allen Regionen des Universums beschäftigt, noch ein relativ junges Forschungsgebiet, auf dem ständig neue Entdeckungen gemacht wurden.

Das Radioteleskop, an dessen Entwicklung und Konstruktion Bell mitgearbeitet hatte, bestand im Grunde genommen aus gitterförmig angeordneten, senkrecht auf einem Feld stehenden Holzbalken, die durch Drähte miteinander verbunden waren – so ähnlich wie eine altmodische Fernsehantenne, aber viel größer. Die etwas provisorische Konstruktion hatte nicht viel gekostet, empfing Radiowellen vom Himmel und produzierte jeden Tag einen etwa 30 Meter langen Ausdruck, der dem Output eines Seismografen nicht unähnlich war.

Das alles trug sich im Sommer 1967 zu, der weithin als »Summer of Love« bekannt ist. In San Francisco kifften die Hippies im Szeneviertel Haight-Ashbury, während die Beatles in England ihr Album *Magical Mystery Tour* aufnahmen. Unterdessen verbrachte Jocelyn Bell den größten Teil ihrer Zeit damit, die mit einem Tintenschreiber auf Papierrollen geplotteten Diagramme des Radioteleskops zu untersuchen, um zu sehen, ob sie in den zittrigen Linien irgendetwas Unerwartetes entdecken konnte.

Und im August gelang ihr das tatsächlich.

Hier die Kurzfassung der Geschichte: Bell fand ein mysteriöses pulsierendes Radiosignal, das aus dem kleinen Sternbild Vulpecula (Fuchs) kam. Alle 1,3 Sekunden produzierte es einen kurzen Piepser, wie ein kosmisches Metronom.

Vielleicht haben Sie die Geschichte schon einmal gehört, und sie stimmt tatsächlich: Einige Wochen lang erwogen Bell, Hewish und ihre Kollegen die Möglichkeit, Außerirdische gefunden zu haben – welches natürliche Phänomen wäre denn schon in der Lage, ein so schnell und extrem regelmäßig pulsierendes Radiosignal auszusenden? Es sah ohne Frage so aus, als sei es künstlich erzeugt worden, stammte aber auch zweifellos nicht von der Erde. Sie gaben dem Signal sogar den Codenamen »LGM-1«, was für »little green men« steht (kleine grüne Männchen).

Erstaunlicherweise ärgerte sich Bell darüber. Man sollte denken, dass eine junge Astronomin begeistert wäre über die Möglichkeit, Hinweise auf eine außerirdische Intelligenz gefunden zu haben – aber nicht Bell. »Ich wollte meine Doktorarbeit über eine neue Messtechnik machen, und da kamen ein paar alberne kleine grüne Männchen daher und suchten sich ausgerechnet meine Antenne und meine Frequenz aus, um mit uns zu kommunizieren«, erzählte sie im Dezember 1976 auf einem Kongress in Boston dem Publikum, als sie nach dem Dinner einen Vortrag hielt.[1]

Aber die LGM-Phase hielt nicht lange an. Innerhalb weniger Monate hatte Bell drei weitere, ganz ähnlich pulsierende Quellen von Radiosignalen gefunden, und zwar in sehr verschiedenen Regionen des Himmels. Es war völlig ausgeschlossen, dass vier voneinander unabhängige außerirdische Zivilisationen mit der gleichen Methode kommunizierten – es musste eine natürliche Ursache geben. In der Fachzeitschrift *Nature* wurde am 24. Februar 1968 ein Artikel veröffentlicht,

Die 24-jährige Jocelyn Bell posiert vor dem Radioteleskop der University of Cambridge, mit dem sie 1967 den ersten Pulsar entdeckte.

in dem die Entdeckung bekannt gegeben wurde. Schon in der Einführung wurde eine mögliche Erklärung angedeutet: »Die Strahlung scheint von lokalen Objekten innerhalb der Galaxie zu kommen. Möglicherweise hängt sie mit Oszillationen von Weißen Zwergen oder Neutronensternen zusammen.«

Als Hewish bald darauf vom *Daily Telegraph* interviewt wurde, verwendete er zum ersten Mal das Wort *Pulsar* – eine Kurzform von »pulsating star« (pulsierender Stern).

Aber warum sollte ein Neutronenstern regelmäßige Radiowellenpulse produzieren?

Hier ist die Erklärung (und dabei sind nicht etwa Oszillationen im Spiel, wie es in dem *Nature*-Artikel vermutet wurde). Ein Neutronenstern hat nicht nur eine unglaublich hohe Dichte, sondern er rotiert auch sehr schnell. Das liegt an der Erhaltung des Drehimpulses, aber wir können es einfach den »Schlittschuhläufer-Effekt« nennen. Haben Sie schon einmal den russischen Eiskunstläufer Jewgeni Pljuschtschenko gesehen? Er hat vier Olympiamedaillen und die Eiskunstlauf-Weltmeister-

schaften von 2001, 2003 und 2004 gewonnen. Wenn Sie beobachten, wie er bei einer Pirouette die Arme einzieht, werden
Sie sehen, dass er sich dadurch schneller dreht. Es ist ein
Naturgesetz: Rotierende Dinge drehen sich schneller, wenn sie
kleiner werden. (Auch wenn Sie nicht besonders gut im
Schlittschuhlaufen sind, können Sie diesen Effekt selbst erleben. Setzen Sie sich auf einen Drehstuhl. Strecken Sie Arme
und Beine aus. Bitten Sie jemanden, Sie möglichst schnell zu
drehen. Ziehen Sie dann die Gliedmaßen an – sehen Sie, da
haben Sie es.)

Der langsam rotierende Kern eines massereichen Sterns,
der zu einer Neutronenkugel von unter 25 Kilometern Durchmesser kollabiert, ist das astrophysikalische Gegenstück zu
Jewgeni Pljuschtschenko: Seine Rotationsgeschwindigkeit
nimmt dramatisch zu. Ein neugeborener Neutronenstern
kann sich in jeder Sekunde viele Male um sich selbst drehen.

Ein solcher Kollaps eines Sternenkerns bewirkt darüber
hinaus noch einen weiteren Effekt: Die Stärke seines Magnetfelds nimmt dramatisch zu. Das Magnetfeld eines Neutronensterns kann mindestens 100 Millionen Mal stärker sein als
dasjenige der Erde. Das heißt, dass unsere kleine, extrem
dichte Neutronenkugel ein stark magnetisierter, sehr schnell
rotierender kosmischer Kreisel ist – also mit Sicherheit kein
durchschnittlicher Stern.

Und jetzt wird es interessant. Ein rotierender Magnet er-
zeugt Strom – falls Sie an Ihrem Fahrrad einen altmodischen
Dynamo haben, wissen Sie das. Ein elektrischer Strom besteht
aus geladenen Teilchen, und eine beschleunigte Ladung er-
zeugt Licht und andere Formen von elektromagnetischen
Wellen, wie Maxwell es uns gelehrt hat. Mit anderen Worten:
Magnetisierte Neutronensterne emittieren elektromagnetische
Strahlung, hauptsächlich entlang ihrer Magnetachse. Aus-
gehend vom magnetischen Nordpol und vom magnetischen
Südpol des Neutronensterns werden starke Strahlungen aus
Radiowellen, Licht und sogar Röntgenstrahlen in den Welt-
raum geschickt. (Bitte beachten Sie, was ich gerade gesagt

habe: vom nördlichen und vom südlichen *Magnet*pol. Meist fallen die Magnetpole nicht mit dem nördlichen und dem südlichen *Rotations*pol zusammen. Das gilt auch für unsere Erde.) Während der Neutronenstern rotiert, streifen also diese gebündelten Strahlen durch den Raum, ganz ähnlich wie der Lichtstrahl eines Leuchtturms. Und falls zufälligerweise Ihr Radioteleskop in der Bahn eines solchen Strahls liegt, wird es kurze Radiowellenpulse registrieren, und zwar einen pro Umdrehung. Der Neutronenstern hat sich als Pulsar zu erkennen gegeben. (Ja, bei manchen Pulsaren sind auch Licht- und/oder Röntgenstrahlenpulse beobachtet worden.)

Das heißt, dass dank dieses Leuchtturmeffekts Pulsare *doch* beobachtet werden können – jedenfalls wenn Sie sich an der richtigen Stelle befinden. Jocelyn Bells Entdeckung während des »Summer of Love« war die allererste Beobachtung eines Neutronensterns, seit Baade und Zwicky 33 Jahre zuvor deren Existenz vorhergesagt hatten. Und die Frequenz der Radiopulse (ein Puls pro 1,3373 Sekunden) sagte den Astronomen sofort die Rotationsperiode dieses Neutronensterns. Der sich übrigens sehr *schnell* dreht – stellen Sie sich ein Objekt vor, das so groß ist wie die Innenstadt von London oder Paris und sich alle vier Sekunden dreimal um sich selbst dreht.

Tolle Sache. Das dachte sich jedenfalls der Radioastronom Joseph H. Taylor jr., als er zum ersten Mal etwas über Pulsare hörte. Als er den oben erwähnten *Nature*-Artikel las, war er 26 Jahre alt und hatte gerade an der Harvard University in Cambridge, Massachusetts, seine Doktorarbeit fertiggestellt, in der es um die Okkultation (Bedeckung) von Radioquellen durch den Mond ging. Doch es schien ihm wesentlich interessanter zu sein, Pulsare zu erforschen – allerdings nicht durch visuelles Inspizieren von Diagrammen auf endlosen Papierrollen, wie Bell es getan hatte, sondern auf dem Weg einer systematischen und automatisierten Suche. Also ging er an das National Radio Astronomy Observatory in Green Bank, West Virginia, und innerhalb eines Jahres hatten er und seine Kollegen sechs weitere Pulsare gefunden. Die Jagd war eröffnet.

Ich bin sicher, dass Albert Einstein über die Entdeckung von Pulsaren begeistert gewesen wäre. Immerhin geht es in seiner Allgemeinen Relativitätstheorie unter anderem um den Einfluss starker Gravitationsfelder auf den Fluss der Zeit. Das Gravitationsfeld an der Oberfläche eines Neutronensterns kann bei mehreren 100 Milliarden g liegen – es ist also etliche 100 Milliarden Mal stärker als die Schwerkraft, die auf einen fallenden Apfel hier auf der Erde einwirkt. Darüber hinaus sind Pulsare sehr genaue Uhren (wesentlich präziser als die nach ihnen benannten Armbanduhren). Ein besseres Labor, um die Auswirkungen der allgemeinen Relativität zu studieren, kann man sich kaum vorstellen – und so ist es kein Wunder, dass die Astronomen möglichst viele davon finden wollen.

Allerdings ist es leichter gesagt als getan, einen Pulsar zu finden. Die meisten Radioteleskope haben ein extrem kleines Beobachtungsfeld. Man weiß nicht im Voraus, wo man suchen soll, und man weiß auch nicht, welche Pulsperiode man in den Daten finden will. Außerdem kommt das pulsierende Signal bei niedrigeren Radiofrequenzen später an als bei höheren Frequenzen. Der Grund: Radiowellen werden durch Elektronen verlangsamt, die im fast leeren interstellaren Raum umherdriften, und dieser Effekt ist bei niedrigeren Frequenzen stärker. Wenn man also ein bestimmtes Frequenzspektrum beobachtet, wie es normalerweise der Fall ist, werden die Pulse verwischt – ein Phänomen, das Radioastronomen als »Dispersion« bezeichnen. Unter Umständen werden sich die Pulse von dem ständig vorhandenen Hintergrundrauschen nur dann abheben, wenn man diesen Effekt berücksichtigt und entsprechend ausgleicht. Aber das Maß der Dispersion hängt von der Entfernung des Pulsars ab: Signale, die von weiter entfernten Pulsaren stammen, werden von mehr umherdriftenden Elektronen gestört. Und da man nicht weiß, wie weit ein noch nicht entdeckter Pulsar entfernt ist, weiß man auch nicht, wie stark man den Dispersionseffekt ausgleichen muss.

Dennoch war es in den Jahren bis 1974 fast zur Routine geworden, neue Pulsare zu entdecken – zumindest für Russell A.

Hulse, einen Doktoranden an der University of Massachusetts in Amherst, an der Taylor seit 1969 lehrte. Hulses Aufgabe: die Milchstraße absuchen und dabei möglichst viele neue Pulsare finden. Sein Instrument: das Radioteleskop des Arecibo Observatory in Puerto Rico mit 305 Metern Durchmesser[2], das später durch Filme wie *James Bond 007 – Goldeneye* (1995) und den Science-Fiction-Thriller *Contact* (1997) bekannt wurde. Seine Waffe: rohe Gewalt.

Hulse verbrachte den größten Teil des Jahres 1974 in Arecibo, wo er sich mit tropischer Hitze, Feuchtigkeit und Moskitos herumplagen musste – und mit den Eigenarten seines Mini-computers mit 32 KB Hauptspeicher, der damals auf dem neuesten Stand der Technik war. Jeden Tag, wenn die Milchstraße für ein paar Stunden hoch über der gigantischen Schüssel in Arecibo stand, sammelte er neue Radiodaten. Dann speiste er all diese Daten in seinen Computer ein, wo ein speziell entwickeltes Programm sie daraufhin untersuchte, ob darin schnelle Pulse vorhanden waren, indem es nicht weniger als eine halbe Million mögliche Kombinationen unterschiedlicher Pulsperioden und Dispersionsgrade durchprobierte. Hin und wieder zahlte sich die Suche aus – im Durchschnitt fand Hulse ungefähr alle zehn Tage einen neuen Pulsar. Ich kann mir gut vorstellen, dass seine Kollegen ihn damals »Russell Pulse« nannten.

Die große Überraschung kam im Sommer 1974, etwa zur Zeit des Watergate-Skandals. Hulse hatte einen besonders schnellen Pulsar in einer Entfernung von etwa 20 000 Lichtjahren entdeckt. Er dreht sich in ungefähr 59 Millisekunden einmal um sich selbst, wodurch er 17 extrem kurze Radiopulse pro Sekunde erzeugt. Er war der zweitschnellste damals bekannte Pulsar, was ihn ohnehin schon ziemlich interessant machte. Aber als Hulse zwei Wochen später diesen Pulsar erneut beobachtete, stellte er etwas Seltsames fest: Dessen Pulsperiode hatte sich geändert. Zwar nicht viel – um weniger als eine 10 000-stel Sekunde –, aber immerhin. Und etwas später hatte sie sich wieder geändert, aber dieses Mal in die andere

Das Radioteleskop in der Nähe von Arecibo auf der Insel Puerto Rico ist in ein schüsselförmiges Tal hineingebaut. Mit diesem gigantischen Instrument entdeckte Russell Hulse 1974 den ersten Binärpulsar mit der Bezeichnung PSR B1913+16.

Richtung. Hulse fand das ganz erstaunlich, denn immerhin wurden Pulsare ja für die genauesten Uhren der Natur gehalten. Wie konnte eine massereiche, extrem kompakte, rotierende Kugel aus Neutronen sich plötzlich schneller oder langsamer drehen?

Schließlich dämmerte es Hulse, dass dieser Pulsar Teil eines Zwillingssterns sein musste. Wenn dieser Stern einen anderen Stern umkreist, den Hulse nicht sehen konnte, würde er sich abwechselnd auf uns zu- und dann wieder von uns fortbewegen – er würde näher kommen, sich wieder entfernen, näher kommen, sich entfernen. Wenn der Pulsar sich auf uns zubewegt, kommen seine Radiopulse in etwas kürzeren Zeitabständen bei uns an – das entspricht einer höheren Pulsfrequenz. Wenn er sich von uns entfernt, kommen seine Pulse in etwas längeren Abständen auf der Erde an – eine niedrigere Frequenz. Russell Hulse hatte den ersten bekannten Pulsar in einem Zwillingssternsystem entdeckt.

Die Frequenzänderung, die Hulse beobachtete, ist als Dopplereffekt bekannt. Wenn zum Beispiel ein Krankenwagen an Ihnen vorbeirast, verändert dieser Effekt die Tonhöhe der Sirene. Während der Krankenwagen auf Sie zufährt, empfinden Sie die Schallwellen der Sirene als komprimiert und hören dadurch einen höheren Ton. Wenn er davonrast, empfinden Sie die Schallwellen als gedehnt, wodurch Sie einen tieferen Ton hören.

Der Dopplereffekt wurde nach dem österreichischen Astronomen Christian Doppler benannt, der im 19. Jahrhundert lebte. Im Jahr 1842 vermutete er, dass dieses Phänomen den erstaunlichen Farbunterschied mancher Zwillingssterne erklären könne. Das Licht von einem sich nähernden Stern würde bei einer höheren Frequenz beobachtet werden (was einer blaueren Farbe des Lichts entspricht), während ein sich entfernender Stern uns rötlicher erscheinen würde, was einer niedrigeren Frequenz entspricht. In dieser Hinsicht hat Doppler sich jedoch geirrt: Die Farbe eines Sterns wird von seiner Oberflächentemperatur bestimmt, nicht von seiner Bewegung durch den Raum. Ein Stern müsste sich beinahe mit Lichtgeschwindigkeit bewegen, um seinen Farbton sichtbar zu verändern. Ja, das Licht von einander umkreisenden Zwillingssternen zeigt *tatsächlich* kleine Veränderungen seiner Frequenz (oder Wellenlänge), aber sie sind für das bloße Auge nicht sichtbar; man braucht sehr empfindliche Messinstrumente, um sie registrieren zu können.

Im Jahr 1845, also drei Jahre später, war der holländische Meteorologe Christophorus Buys Ballot der Erste, der den Dopplereffekt für Schallwellen demonstrierte, und zwar nicht mithilfe eines Krankenwagens, sondern eines Eisenbahnzugs. Die Bahnstrecke zwischen den holländischen Städten Amsterdam und Utrecht war gerade fertiggestellt worden, und Buys Ballot konnte es einrichten, dass ein Zug am Bahnhof von Maarssen, einem kleinen, sieben Kilometer nordwestlich von Utrecht gelegenen Dorf, mehrfach vor- und zurückfuhr, wobei jeweils eine Gruppe von Blechbläsern auf dem Zug und auf dem Bahnsteig denselben Ton bliesen. Der Dopplereffekt war ganz offensichtlich – man braucht kein absolutes Gehör, um den Frequenzunterschied zu hören. (Diese Geschichte liegt mir sehr am Herzen, da ich in Maarssen aufgewachsen bin, nur wenige Hundert Meter von diesem Bahnhof entfernt.)

Was ist so besonders an einem Pulsar in einem Zwillingssystem? Nun, erstens erleichtert er es, die Masse des Neutronensterns zu bestimmen, was von entscheidender Bedeutung ist, wenn man das wahre Wesen dieser ungewöhnlichen Objekte verstehen will. Darüber hinaus wäre es hilfreich, wenn man die Masse und die genaue Umlaufbahn des Neutronensterns innerhalb des Systems kennt, um etliche der Vorhersagen von Einsteins Allgemeiner Relativitätstheorie zu testen. All diese Informationen können abgeleitet werden, wenn man die Ankunftszeiten der Radiopulse genau studiert.

Erinnern Sie sich noch an die Erhaltung des Drehimpulses, auch bekannt als »Schlittschuhläufer-Effekt«? Er erklärt, warum Jewgeni Pljuschtschenko sich schneller dreht, wenn er die Arme an den Körper zieht. Er sorgt auch dafür, dass ein massereicher, sehr schnell rotierender Körper sich immer weiterdrehen wird, solange nicht irgendeine äußere Kraft auf ihn einwirkt.

In Pljuschtschenkos Fall wird seine Drehbewegung hauptsächlich von der Reibung seiner Schlittschuhe auf dem Eis gebremst. Ohne diese Reibung (und ohne Luftwiderstand) würde er nie aufhören, sich zu drehen. Neutronensterne tragen keine Schlittschuhe, und im Vakuum des Weltraums gibt es keinen Luftwiderstand. Außerdem ist ein Neutronenstern wesentlich massereicher als der typische Eiskunstläufer, wodurch es von vornherein viel schwieriger wird, ihn abzubremsen. Das alles führt letztlich dazu, dass ein schnell rotierender Neutronenstern sich im Grunde genommen ewig weiterdrehen wird, mit genau derselben Geschwindigkeit. (Für die ganz genauen unter meinen Lesern: Ja, es gibt eine gewisse Bremswirkung durch magnetische Kräfte, aber sie ist extrem schwach – im Verlauf eines Menschenlebens wäre sie nicht feststellbar.)

Wenn aber die Drehgeschwindigkeit eines Neutronensterns sich nie ändert, müssen alle Unregelmäßigkeiten in den Ankunftszeiten der von ihm ausgesandten Pulse auf einen anderen physikalischen Effekt zurückzuführen sein. Jedenfalls lässt sich das Problem lösen, indem man die Daten erfasst, analysiert, entwirrt, überprüft und dann geeignete Schlussfolgerungen daraus zieht.

Der von Hulse festgestellte Dopplereffekt ist dabei noch die geringste Schwierigkeit. Hulse beobachtete, dass die Pulsfrequenz über eine Periode von sieben Stunden und 45 Minuten zu- und dann wieder abnahm. Falls das auf die Umlaufbewegung des Pulsars zurückzuführen war, folgt daraus, dass auch dessen Umlaufperiode sieben Stunden und 45 Minuten beträgt. (Wenn wir ganz genau sein wollen, sind es sieben Stunden, 45 Minuten und sieben Sekunden.) Bingo – schon haben wir den ersten Umlaufparameter gefunden.

Wenn die Umlaufbahn ein schöner runder Kreis wäre, würde sich die beobachtete Pulsfrequenz stetig und in symmetrischer Weise ändern. Aber das tut sie nicht. Im Durchschnitt beträgt die Frequenz 16,94 Pulse pro Sekunde (was einer Umlaufperiode von 59,03 Millisekunden entspricht). Bei jedem Umlauf ist die beobachtete Frequenz ungefähr fünf Stunden lang niedriger als dieser Wert, was bedeutet, dass der

Pulsar sich von uns entfernt. Während der restlichen 2 Stunden und 45 Minuten ist die beobachtete Frequenz höher, was wiederum bedeutet, dass der Pulsar uns näher kommt. Daran ist gar nichts symmetrisch, was uns sofort sagt, dass die Umlaufbahn kein Kreis sein kann – sie muss sehr exzentrisch sein. (Für die Akten: Die Exzentrizität der Umlaufbahn beträgt 0,617.) Das ist unsere zweite Information.

Taylor und Hulse fanden auch heraus, dass die Umlaufbahn des Pulsars einen Durchmesser von nicht viel mehr als einer Million Kilometer haben muss. Wenn der Pulsar sich (von der Erde aus gesehen) auf der entfernten Seite seiner Umlaufbahn befindet, kommen die Pulse etwa drei Sekunden später an, als wenn er auf der erdnahen Seite ist. Radiowellen breiten sich mit Lichtgeschwindigkeit aus (300 000 Kilometer pro Sekunde), was bedeutet, dass drei Sekunden einer Strecke von knapp einer Million Kilometer entsprechen. (Dies ist natürlich die *projizierte* Größe, gemessen entlang der Sichtlinie. Falls die Umlaufbahn geneigt ist, muss sie in Wirklichkeit größer sein.)

Was kommt als Nächstes? Nun, die Zeitmessungen haben gezeigt, dass die exzentrische Umlaufbahn selbst präzediert – und zwar ziemlich schnell. Erinnern Sie sich noch an die Perihel-Präzession der Merkur-Umlaufbahn? Urbain Le Verrier fand heraus, dass sie größer ist, als er es aufgrund der Newton'schen Theorie der universellen Gravitation erwartet hätte. Einstein konnte die beobachtete Abweichung von 43 Bogensekunden pro Jahrhundert durch die Krümmung der Raumzeit erklären. Aber dieser relativistische Effekt ist für die Umlaufbahn des Pulsars wesentlich stärker, nämlich über vier Grad pro Jahr. Das bedeutet, dass die Umlaufbahn des Pulsars in einem Tag so weit präzediert wie Merkurs Umlaufbahn in ungefähr einem Jahr. Und *das* kann wiederum nur eines bedeuten: eine sehr starke Krümmung der Raumzeit, die von einem sehr starken Gravitationsfeld verursacht wird.

Und es geht noch weiter. Pulsare sind die perfekten Uhren der Natur. Ein Pulsar auf der Umlaufbahn um seinen Zwillingsstern ist wie eine Atomuhr, die die Erde umkreist – eine astrophysikalische Variante des in Kapitel 3 beschriebenen Experiments von Hafele und Keating (wenn auch ohne die Stewardess). Und tatsächlich verriet sich die kinematische Zeitdilatation in den beobachteten Puls-Ankunftszeiten. Natürlich ist der Effekt in diesem Fall sehr viel stärker als das, was Hafele und Keating gemessen hatten, und zwar aufgrund der hohen Umlaufgeschwindigkeit des Pulsars, die zwischen 110 und 450 Kilometern pro Sekunde variieren kann. Das ist etwa tausendmal so schnell wie die durchschnittliche Reisegeschwindigkeit eines Passagierflugzeugs und etwa ein Tausendstel der Lichtgeschwindigkeit.

Dopplereffekt, Exzentrizität und Präzession der Umlaufbahn, Zeitdilatation – jeder dieser Effekte lieferte ein zusätzliches Stück Wissen. Nimmt man diese Erkenntnisse zusammen, lassen sich daraus weitere Fakten ableiten, die vorher noch nicht bekannt waren. Zum Beispiel die Neigung der Umlaufbahn: Sie beträgt etwa 45 Grad. Oder die tatsächliche räumliche Entfernung zwischen den beiden sich umkreisenden Sternen, die zwischen 746 600 und 3 153 600 Kilometern variiert. Und, vielleicht am wichtigsten, die Massen der beiden Objekte: Der Pulsar selbst hat 44,1 Prozent mehr Masse als unsere Sonne – ein für einen Neutronenstern sehr typischer Wert –, aber sein Begleiter ist fast genauso schwer: Er hat 38,7 Prozent mehr Masse als die Sonne. Könnte sein Gefährte ein normaler Stern sein? Auf keinen Fall, denn sonst müsste er auch entsprechend größer sein als die Sonne – und somit zu groß, um in die Umlaufbahn des Pulsars hineinzupassen.

Klein, massereich und unsichtbar, selbst für die größten Teleskope – um was für ein Objekt könnte es sich dabei wohl handeln? Sie haben es wahrscheinlich schon erraten: natürlich um noch einen Neutronenstern. Und zwar einen, der nicht in die richtige Richtung orientiert ist, um als Pulsar beobachtet werden zu können – zumindest nicht von der Erde aus. Vielleicht können außerirdische Astronomen auf einem fernen Planeten die leuchtfeuerartigen Strahlen dieses zweiten

Pulsars beobachten (wenn er überhaupt solche Strahlung emittiert). Für sie wäre *unser* Pulsar unsichtbar.

Noch ein Umstand, den man sich klarmachen sollte: Die meisten außerirdischen Astronomen wären nicht in der Lage, dieses System überhaupt zu beobachten, da sie sich außerhalb der Reichweite der schweifenden Strahlenfinger beider Pulsare befinden. Wir haben einfach nur Glück. Aber andererseits muss es viele binäre Neutronensterne in der Milchstraße geben, die *wir* nicht beobachten können. Vielleicht senden sie wie verrückt Pulse aus – nur nicht in unsere Richtung.

Alles in allem war das ein beeindruckendes Stück Detektivarbeit. Alles, was registriert wurde, war das *blink-blink-blink* eines einzigen Pulsars – aber für einen scharfsinnigen kosmischen Sherlock Holmes genügte das. Es mussten nur die winzigen Abweichungen von der perfekten Regelmäßigkeit sorgfältig analysiert werden, um alles zu erfahren, was man über dieses faszinierende Zwillingssystem wissen wollte. Und gewissermaßen nebenbei eröffnete es die Möglichkeit, die Vorhersagen von Einsteins Allgemeiner Relativitätstheorie zu prüfen. (Wie zu erwarten war, hat die Theorie diese Tests mit fliegenden Fahnen bestanden.)

Nachdem Hulse die University of Massachusetts in Amherst 1975 verlassen hatte, setzte Taylor die Detektivarbeit mit Joel Weisberg fort, einem Doktoranden von der University of Iowa, der später von Taylor als Postdoc angeworben wurde. Zusammen machten sie die Entdeckung ihres Lebens.

Taylor und Weisberg wurde klar, dass der binäre Pulsar Energie verlieren sollte, falls Einsteins Vorhersagen zuträfen. Das System besteht aus zwei massereichen und kompakten Objekten, die sich mit halsbrecherischer Geschwindigkeit umkreisen. Die Allgemeine Relativitätstheorie besagt, dass diese beschleunigten Massen Kräusel im Gewebe der Raumzeit erzeugen sollten – Gravitationswellen. Diese sich ausbreitenden Wellen würden Energie mit sich davontragen. Im Ergebnis wäre zu erwarten, dass die einander umkreisenden Neutronensterne orbitale Energie verlieren. Langsam, aber sicher sollten sie sich in einer spiralförmigen Bahn aufeinander zubewegen. Ihre Umlaufbahn muss kleiner werden, die Umlaufperiode kürzer.

Die Massen und die Umlaufbahn des binären Neutronensterns sind sehr genau bekannt. Wenn man diese Werte in Einsteins Gleichungen einsetzt, sagen sie voraus, inwieweit die Umlaufbahn schrumpfen sollte: In einem Jahr sollte die durchschnittliche Entfernung zwischen den zwei Neutronensternen um 3,5 Meter abnehmen. Das ist, wie Sie sich vielleicht vorstellen können, aus einer Entfernung von 20 000 Lichtjahren schwierig zu messen. Aber die entsprechende Verkürzung der Umlaufperiode beträgt 76,5 Mikrosekunden pro Jahr. Und das sollte in den Puls-Ankunftszeiten erkennbar sein, zumindest nach ein paar Jahren.

Und das war es auch. Im Jahr 1978 stellten Taylor, Weisberg und ihre Kollegen fest, dass ihre Forschungsergebnisse mit den Vorhersagen der Allgemeinen Relativitätstheorie exakt übereinstimmten. Einstein *hatte* recht behalten. Sie gaben ihre Erkenntnisse im Dezember jenes Jahres auf dem Neunten Texas Symposium on Relativistic Astrophysics in München bekannt, und zwei Monate später wurde die Entdeckung in einem *Nature*-Artikel veröffentlicht. Die Botschaft war klar: Die schrumpfende Umlaufbahn des binären Pulsars war ein zwar indirekter, aber sehr überzeugender Beweis für die Existenz von Gravitationswellen.

Zu diesem Schluss kam auch das Nobelkomitee. Im November 1993 wurde Joseph Taylor (der 1981 an die Princeton University gegangen war) und Russell Hulse gemeinsam der prestigeträchtige Physik-Nobelpreis verliehen, und zwar »für die Entdeckung eines neuen Typs von Pulsar; eine Entdeckung, die neue Möglichkeiten zur Erforschung von Gravitationswellen eröffnet hat«.[3]

Und was ist mit Joel Weisberg? Warum gehörte er nicht zu den Preisträgern? Zwar hatte nicht er den binären Pulsar entdeckt, aber andererseits: Als Taylor und Weisberg den Effekt der Gravitationswellen entdeckten, arbeitete Hulse bereits in der Plasmaphysik – einem völlig anderen Forschungsfeld. Das Schrumpfen der Umlaufbahn des Pulsars war nicht von *ihm* entdeckt worden. Darüber hinaus kann ein Nobelpreis bis zu drei Personen zugesprochen werden – also hätte Weisberg leicht der dritte Preisträger sein können. Warum war er also nicht dabei?

Aus irgendeinem Grund scheint das Nobelkomitee eine komplizierte Beziehung zu Forschungsarbeit über Pulsare zu haben. Als Russell Hulse 1974 den binären Pulsar gefunden hatte, sprach das Komitee die Hälfte des Physik-Nobelpreises Antony Hewish zu, und zwar »für seine maßgebliche Rolle bei der Entdeckung von Pulsaren«.[4] Das lässt sich noch einigermaßen nachvollziehen, falls mit »maßgebliche Rolle« gemeint sein sollte, den Studenten anzuheuern, der tatsächlich die Entdeckung machte. Aber die Pionierarbeit von Jocelyn Bell wurde nicht einmal erwähnt.

Heute ist Weisberg am Carleton College in Northfield, Minnesota. Obwohl seine Arbeit von der Königlich Schwedischen Akademie der Wissenschaften nicht gewürdigt wurde, ist er froh, dass seine Entdeckung andernorts die verdiente Anerkennung findet.[5] Er beobachtet nach wie vor den Hulse-Taylor-Pulsar, wie er inzwischen genannt wird.[6] Im Lauf der Jahre sind die Messungen immer genauer geworden, aber dennoch sind bisher noch keine Abweichungen von Einsteins Vorhersagen zutage getreten. Und Weisberg studiert auch andere Pulsare – inzwischen sind Dutzende davon gefunden worden. Für einen Astrophysiker stellen sie kostenlose Weltraumlabore zur Erforschung der Schwerkraft dar: Er braucht nur ein Radioteleskop zu mieten, ein Zeitmessgerät anzuschließen, und schon ist er im Geschäft.

Eines der spannendsten Systeme ist PSR J0737–3039. Es wurde 2003 von der italienischen Radioastronomin Marta Burgay entdeckt, und zwar mit dem 64-Meter-Radioteleskop des Parkes Radio Observatory in Australien.[7] Die Zahlen in einem solchen Namen sind wie eine himmlische Adresse: Sie bezeichnen die Position des Pulsars am Himmel, in diesem Fall in der südlichen Konstellation Puppis (»Achterdeck des Schiffs«). (Entsprechend wird der erste von Jocelyn Bell gefundene Pulsar als PSR B1919+21 bezeichnet. Der Hulse-Taylor-Pulsar ist im Sternbild Aquila (Adler) zu finden und heißt PSR B1913+16. Wie Sie an den Zahlen erkennen können, sind diese beiden Pulsare am Himmel nicht allzu weit voneinander entfernt.)

Was macht J0737 so ungewöhnlich? Nun, es ist der einzige bekannte echte Doppelpulsar. Obwohl auch der zuerst entdeckte binäre Pulsar ein Zwillingsneutronenstern ist, kann man nur einen von ihnen pulsieren sehen. Aber bei J0737 sind beide Neutronensterne als Pulsare zu sehen. Darüber hinaus folgen sie einer sehr engen Umlaufbahn: hohe Umlaufgeschwindigkeiten und starke Beschleunigungen. Das alles ermöglicht präzisere Messungen und zusätzliche Möglichkeiten, die Messergebnisse zu kontrollieren.

Und es gibt noch einen Aspekt, der J0737 ungewöhnlich macht: Wir sehen die Umlaufebene der beiden einander umkreisenden Pulsare beinahe gänzlich von der Seite. Alle 1,2 Stunden (eine halbe Umlaufperiode) steht einer der Pulsare mehr oder weniger vor dem anderen, und von der Erde aus gesehen passiert sein Strahl den anderen Pulsar in einem sehr geringen Abstand. Aufgrund des starken Gravitationsfelds verlangsamt sich dabei die Zeit (Gravitations-Zeitdilatation), und das Signal braucht etwas länger, um unsere Radioteleskope zu erreichen, als es sonst der Fall wäre. Dieser Effekt wird »Shapiro-Verzögerung« genannt und ist sehr präzise gemessen worden – er ist exakt so groß, wie die Allgemeine Relativitätstheorie es erwarten lässt.

Irwin Shapiro konnte nicht ahnen, dass der nach ihm benannte Test der Allgemeinen Relativitätstheorie eines Tages auf binäre Pulsare angewendet werden würde. Shapiro war ein Astrophysiker, der 1964 am MIT war, und als er diesen Effekt zum ersten Mal beschrieb, waren Pulsare noch gar nicht entdeckt worden. Shapiro schlug vor, Radarsignale von den Planeten Merkur und Venus reflektieren zu lassen, und zwar etwa zum Zeitpunkt einer oberen Konjunktion, die eintritt, wenn der betreffende Planet auf der erdfernen Seite der Sonne steht. Dann hätten die Radarsignale das Gravitationsfeld der Sonne passieren müssen, und wenn man dann die Reisezeit der Radarpulse genau messen würde, müsste die daraus resultierende Verzögerung zu erkennen sein.

Die ersten dieser Radarexperimente, die Shapiro und seine Kollegen 1967 durchführten, waren noch nicht allzu präzise. Aber dennoch wurde diese Verzögerung gemessen, und ja, die Messergebnisse stimmten mit Einsteins Vorhersagen überein. Wesentlich später wurde die Shapiro-Verzögerung auch (und zwar wesentlich genauer) bei Radiosignalen der NASA-Raumsonde Cassini gemessen, die seit 2004 den Planeten Saturn umkreist. Doch die jüngsten Beobachtungen des PSR J0737–3039 ergeben sogar eine noch höhere Präzision.

Ein weiterer interessanter binärer Pulsar ist PSR J1906+0746, der 2004 mit dem Radioteleskop in Arecibo entdeckt wurde. Er hat eine Umlaufperiode von 144 Millisekunden und erzeugt daher sieben Radiopulse pro Sekunde – nichts Außergewöhnliches (irgendwann gewöhnt man sich an alles, selbst an superdichte Sterne von der Größe einer Stadt, die so schnell rotieren wie die Räder eines Rennwagens). Aber seit 2008 wurden seine Pulse immer schwächer, und 2015 waren sie völlig verschwunden. Und das *ist* in der Tat bemerkenswert.

Aber ist es das wirklich? Tatsächlich kann die Allgemeine Relativitätstheorie auch das Schwinden und dann gänzliche Verschwinden der Pulse von PSR J1906+0746 erklären. Es ist auf ein Phänomen zurückzuführen, das als geodätische Präzession oder De-Sitter-Präzession bekannt ist. Dank der starken Raumzeitkrümmung verändert sich die Ausrichtung der Rotationsachse des Pulsars nach und nach. (Der gleiche Effekt wurde auch von der Gravity Probe B registriert, wie ich es in Kapitel 3 beschrieben habe.) Der magnetisierte kosmische Kreisel eiert. Das führt dazu, dass seine Leuchtturm-Radiostrahlenfinger nicht mehr über die Erde streichen und somit der Pulsar verschwindet – zumindest für uns. Zum Glück wird erwartet, dass er ungefähr im Jahr 2170 wieder auftauchen wird. Zukünftige Radioastronomen sollten das in ihrem Terminkalender vormerken. (Übrigens wurden sowohl geodätische Präzession als auch Shapiro-Verzögerung auch beim Hulse-Taylor-Pulsar entdeckt, und zwar 1989 beziehungsweise 2016.)

Wir haben große Fortschritte gemacht, seit »ein paar alberne kleine grüne Männchen« beinahe Jocelyn Bells Promotionsprojekt ruinierten. In einem halben Jahrhundert astronomischer Detektivarbeit wurden über 2000 Pulsare in unserer Galaxie, der Milchstraße, gefunden, einschließlich einiger Dutzend Pulsare in binären Systemen. Das ist wunderbarer Stoff für Astronomen, die die letzten Stufen in der Entwicklung von massereichen Sternen verstehen wollen. Es sind darüber hinaus außerordentlich aufschlussreiche Daten für Kernphysiker, die das Verhalten von Materie bei extremen Dichten erforschen. Und es ist großartiger Stoff für die Erben von Albert Einstein – denn es gibt keinen besseren Weg, die Geheimnisse der Raumzeit aufzudecken, als diese kosmischen Gravitationslabore zu studieren.

Für unsere Geschichte ist natürlich das Schrumpfen der Umlaufbahn von binären Pulsaren das wichtigste Ergebnis. Der Umstand, dass die Umlaufperiode des Hulse-Taylor-Pulsars um 76 Mikrosekunden pro Jahr kürzer wird, ist ein indirekter Beweis für die Existenz von Gravitationswellen. Um Ihre Erinnerung ein bisschen aufzufrischen: Beschleunigte Massen erzeugen Kräuselungen im Gewebe der Raumzeit. Diese Gravitationswellen tragen Energie mit sich fort. Der Energieverlust des binären Systems lässt die Umlaufbahn schrumpfen – so einfach ist das.

Falls Sie sich jetzt fragen, wie viel Energie auf diese Weise verloren geht – es ist unglaublich viel. In jeder einzelnen Sekunde verliert der Hulse-Taylor-Pulsar $7{,}35 \times 10^{24}$ Joules. Das ist etwa das Tausendfache der Energie, die vor 66 Millionen Jahren freigesetzt wurde, als ein Asteroid von zehn Kilometern Durchmesser auf der Erde einschlug und die Dinosaurier vernichtete. Und das *in jeder Sekunde.*

Wenn so viel Energie in die Raumzeit gepumpt wird, müssen die dadurch erzeugten Gravitationswellen riesig sein. Zumindest würde man das denken – aber nein, sie sind winzig. Unglaublich winzig. Erinnern Sie sich noch an den Vergleich, den ich angestellt habe, zwischen Antippen einer Schüssel mit Wackelpudding und mit einem Vorschlaghammer auf einen Betonklotz einschlagen? Nun, die Raumzeit ist unvorstellbar fest – selbst die Energie von 1000 Killerasteroid-Einschlägen pro Sekunde kann sie nicht merklich kräuseln.

Übrigens sind die vom Hulse-Taylor-Pulsar erzeugten Gravitationswellen sehr niederfrequent. Die Umlaufperiode von 7,75 Stunden ergibt eine Frequenz von etwa 72 Mikrohertz. Das entspricht einer Wellenlänge von unglaublichen 4,2 Milliarden Kilometern. Wir haben es also mit Kräuseln von extrem hoher Wellenlänge, niedriger Frequenz und kleiner Amplitude zu tun. Besteht irgendeine Hoffnung, sie messen zu können? Auf keinen Fall, und schon gar nicht aus einer Entfernung von 20 000 Lichtjahren.

Aber das wird in Zukunft einfacher werden. Die beiden Neutronensterne bewegen sich auf einer spiralförmigen Bahn aufeinander zu, langsam, aber sicher. Je näher sie sich kommen, desto kürzer wird ihre Umlaufperiode werden. Binäre Systeme erzeugen immer zwei Gravitationswellen pro Umlauf, also wird die Frequenz der Raumzeitkräusel allmählich steigen. Und auch die Amplitude der Wellen wird zunehmen, wenn die Neutronensterne in eine immer engere Umlaufbahn geraten und einer immer stärkeren Beschleunigung ausgesetzt sein werden. Kürzere Wellenlängen, höhere Frequenzen, größere Amplituden – wenn wir geduldig genug sind, werden wir es vielleicht schaffen, die vom Hulse-Taylor-Pulsar erzeugten Einstein-Wellen direkt zu messen. Das ist eine gute Nachricht.

Aber die schlechte Nachricht ist, dass wir dafür *eine Menge* Geduld brauchen werden. Die Wellen werden erst zu messen sein, wenn die Neutronensterne in einem Abstand von nur zehn Kilometern wild umeinanderwirbeln. Unmittelbar bevor sie kollidieren und verschmelzen – und sich dabei wahrscheinlich in ein Schwarzes Loch verwandeln –, werden Frequenz und Amplitude dramatisch ansteigen. Bei ihrer Verschmelzung werden sie einen letzten, mächtigen Ausbruch von Gravitationswellen produzieren, der von Detektoren hier auf der Erde registriert werden könnte – ein Phänomen, das 1963 von dem Physiker Freeman Dyson von der Princeton University vorhergesagt wurde.[8] Im Fall des Hulse-Taylor-Pulsars wird es allerdings erst in ungefähr 300 Millionen Jahren so weit sein.

Aber vielleicht besteht doch noch Hoffnung, denn andere binäre Systeme zeigen das gleiche Verhalten: schrumpfende Umlaufbahn, abnehmende Umlaufperiode und schließlich Kollision. So wird zum Beispiel PSR J0737–3039 (der bekannte Doppelpulsar) in etwa 85 Millionen Jahren verschmelzen. WD 0931+444 (ein System, das aus zwei einander umkreisenden Weißen Zwergen besteht) hat eine verbleibende Lebenserwartung von unter neun Millionen Jahren. Ein anderer weißer Zwillingsstern, J0651+2844, wird schon in 2,5 Millionen Jahren verschmelzen. Und wer weiß, vielleicht gibt es in unserer Milchstraße Systeme, die schon in zehn Jahren kollidieren werden. Oder morgen. Vielleicht erinnern Sie sich noch, dass es eine große Anzahl von binären Neutronenstern-Systemen geben muss, die wir nicht sehen können, weil ihre Leuchtturm-Strahlenfinger in der falschen Richtung kreisen.

Außerdem müssen wir unsere Suche nicht auf unsere eigene Milchstraße beschränken. Die finale Verschmelzung von zwei massereichen, kompakten Objekten wie Neutronensternen oder Weißen Zwergen produziert außerordentlich mächtige Gravitationswellen – so mächtig, dass sie sogar hier auf der Erde registriert werden könnten, wenn die Kollision in einer benachbarten Galaxie stattfände. Wenn wir einen empfindlichen Gravitationswellendetektor bauen würden, wären wir womöglich in der Lage, die Raumzeit-Kräuselungen zu messen, die Neutronenstern-Verschmelzungen bis in eine Distanz von etlichen zehn Millionen Lichtjahren erzeugen würden.

Interessanterweise sind solche weit entfernten Neutronenstern-Verschmelzungen möglicherweise schon beobachtet worden. Hin und wieder registriert ein Satellit auf seiner Erdumlaufbahn kurze Ausbrüche von energiereichen Gammastrahlen aus der Tiefe des Weltraums. Solche Gammastrahlenausbrüche (mehr darüber in Kapitel 14) treten in zwei Varianten auf. Die langen, die viele Sekunden oder gar Minuten andauern, werden wahrscheinlich von explodierenden supermassereichen Sternen erzeugt. Aber die kurzen, die nur einen Sekundenbruchteil anhalten, sind am wahrscheinlichsten auf das Verschmelzen von Neutronensternen in weit entfernten Galaxien zurückzuführen.

Jedenfalls wurde die Entdeckung von Pulsaren und dem Schrumpfen der Umlaufbahnen von kompakten binären Sternsystemen von der Jagd nach Gravitationswellen enorm inspiriert und beschleunigt. In einem 1981 erschienenen Artikel im *Scientific American* beschrieben Joel Weisberg, Joseph Taylor und Lee Fowler es folgendermaßen: »Das Experiment zu binären Pulsaren sollte Forscher ermutigen, die Gravitationswellenexperimente entwickeln. Inzwischen scheint es festzustehen, dass das, wonach sie suchen, in der Tat existiert.«

Ja, Gravitationswellen existieren.

Ja, Neutronensterne kollidieren.

Ja, wir sollten versuchen, endlich jene flüchtigen Raumzeit-Kräuselungen direkt zu messen.

Wenn Resonanz-Stabantennen dieser Aufgabe nicht gewachsen sind, wird es Zeit, ein anderes Verfahren zu erproben, eine neue Technologie, die wesentlich empfindlicher ist als Joseph Webers Aluminiumzylinder: Laserinterferometrie.

7 Die Laser-Mission

Ich habe das LIGO zweimal besucht.

Das erste Mal war ich im Frühjahr 1998 dort.[1] Damals war das Laser Interferometer Gravitational-Wave Observatory noch im Bau; im Grunde genommen bestand es erst aus einem großen leeren Gebäude und zwei halb fertigen Stahlrohren mit einem Durchmesser von 1,20 Meter. Der Standortmanager Gerry Stapfer führte mich herum, aber es gab noch nicht viel zu sehen. »Hier werden wir das Kontrollzentrum einrichten« – ein großer leerer Raum mit ein paar noch nicht ausgepackten Kartons. »Dies sind die Büros« – kleinere leere Räume mit in Plastikfolie eingeschweißten Büromöbeln. »Und hier ist die LVEA«, die Laser and Vacuum Equipment Area – wow, eine große leere Halle, sogar *riesengroß*. Ein Gabelstapler auf der anderen Seite der Halle sah aus wie ein Spielzeug. Ein kleiner, auf den Betonboden gemalter Kreis markierte, wo das Herzstück des LIGO hinkommen sollte: der Strahlteiler.

Mein zweiter Besuch fand Ende Januar 2015 statt, ungefähr 13 Jahre, nachdem am LIGO die Suche nach Gravitationswellen begonnen wurde.[2] Diesmal zeigte sich, wie Sie sich vielleicht vorstellen können, ein ganz anderes Bild. Durch die beiden vier Kilometer langen Arme des Interferometers schossen Laserstrahlen hin und her.[3] Ich brauchte ungefähr zehn Minuten, um mit dem Auto von einem Ende des L-förmigen Detektors ans andere Ende zu fahren (die enorme Größe der Einrichtung ist aus der Luft gut zu erkennen oder über Google Earth). Im Kontrollraum starrten junge Wissenschaftler und Ingenieure wie gebannt auf ihre Bildschirme – Hipster-Bärte,

*Luftbild des Laser Interferometer Gravitational-Wave Observatory (LIGO)
am Standort Hanford im Bundesstaat Washington.*

Pferdeschwänze und nerdige T-Shirts, wohin das Auge blickte.
Riesige Bildschirme an der Wand zeigten den Status der Messinstrumente des Detektors an. Die LVEA war jetzt vollgepackt
mit empfindlichen Instrumenten, eingebaut in Vakuumtanks
aus Edelstahl. Eine perfekte Kulisse für einen James-Bond-
Thriller.[4]

Was ebenfalls völlig anders aussah, war die Aussicht vom
Dach des Hauptgebäudes. Bei meinem Besuch 1998 hatte ich
den Blick über die Wälder und Feuchtgebiete in der Umgebung von Livingston, Louisiana, schweifen lassen; 2015 bot
sich mir ein Panoramablick über das karge Gelände des
Standorts Hanford im Südwesten des Bundesstaats Washington. Bevor Sie sich darüber wundern, möchte ich Sie daran
erinnern, dass es zwei identische LIGOs gibt, die etwa 3030
Kilometer voneinander entfernt liegen. (Warum? Aus dem
gleichen Grund, warum Joseph Weber zwei weit voneinander
entfernte Stabantennen betrieb, um falsche Treffer auszuschließen.) Solange man sich jedoch im Gebäude aufhält,
würde man keinen Unterschied zwischen den zwei Standorten

bemerken. Wenn Forscher aus Livingston das Observatorium in Hanford besuchen, haben sie keine Probleme, sich dort zurechtzufinden (obwohl mir erzählt wurde, dass manche Türen sich auf eine etwas andere Art öffnen).

Der vom US-Energieministerium betriebene Standort Hanford nördlich der Stadt Richland ist keine sonderlich beliebte Touristenattraktion. Hier produzierte vor über 70 Jahren ein Plutoniumreaktor den nuklearen Brennstoff für die Atombombe, die im August 1945 über der japanischen Stadt Nagasaki explodierte. Im Nordwesten des LIGO verrät ein Geigerzähler die Gegenwart von großen Mengen nuklearen Mülls, der in unterirdischen Bunkern gelagert ist. Die Route 10, die den Highway 240 mit der Glade North Road verbindet, ist ein langer, gerader Teerstreifen durch die Wüste. Staub und Steppenroller werden vom Wind über die kurze Zugangsstraße zum LIGO geblasen.

In Louisiana ist die Atmosphäre ganz anders. Livingston ist eine kleine, verschlafene Stadt östlich von Baton Rouge. Dort gibt es eine Tankstelle, einen Eisenwarenladen und ein paar Hundert Häuser – und das ist auch schon so ziemlich alles. Eine Abbiegung am Fireworks Warehouse USA führt zum Highway 63 in Richtung Norden. Eine Weile windet sich die Straße sanft durch den Wald, und dann biegt man auf eine unbefestigte Straße ab, die in nordwestlicher Richtung zum Observatorium führt. Das Hauptgebäude ist von kleinen Teichen sowie Baumgruppen umgeben. Es wirkt alles deutlich entspannter, gerade so, wie man es in Louisiana erwarten würde.

Dies ist der Ort, wo Wissenschaftsgeschichte geschrieben wurde, und zwar sehr früh am Morgen des 14. September 2015, einem Montag, um 04:50:45 Central Daylight Time (Livingston) oder 02:50:45 Pacific Daylight Time (Hanford), um genau zu sein. Ein Jahrhundert, nachdem Albert Einstein seine Allgemeine Relativitätstheorie vorgelegt hatte, registrierten die beiden LIGO-Observatorien zum ersten Mal das Vorbeiziehen einer Gravitationswelle. Etwa zwei Zehntelsekunden lang maßen die empfindlichen Sensoren Kräusel der Raumzeit, die 10 000-mal kleiner waren als der Durchmesser eines Protons – des Kerns eines Wasserstoffatoms. Eine jahrzehntelange Suche hatte sich endlich ausgezahlt.

Wir werden etwas später in diesem Buch auf GW150914 zurückkommen, und in Kapitel 8 werde ich Ihnen noch etwas ausführlicher von der wechselvollen Geschichte des LIGO erzählen. Aber zunächst wollen wir uns etwas näher mit der darin eingesetzten Technologie beschäftigen. Es klingt wie Zauberei: Ein Zehntausendstel eines Atomkerns – wie würde man es anstellen, einen so unglaublich winzigen Effekt zu messen? Und wie kann man sicher sein, dass es wirklich Gravitationswellen sind, die man misst, und nicht irgendetwas Profaneres?

Fangen wir mit den Grundlagen an. Was genau wollen wir eigentlich messen? Kräuselungen der Raumzeit. Ich habe das Konzept in Kapitel 4 eingeführt – lesen Sie die entsprechenden Passagen dort gern noch einmal nach, falls Sie Ihre Erinnerung auffrischen wollen –, aber hier ist die wichtigste Botschaft: Zeichnen Sie ein großes Quadrat auf den Boden. Eine senkrechte Gravitationswelle, die von dem Punkt genau über Ihrem Kopf (dem Zenit) herkommt, wird dieses Quadrat geringfügig deformieren. Zuerst wird es in nord-südlicher Richtung wachsen und in ost-westlicher Richtung schrumpfen. Dann wird das Quadrat in nord-südlicher Richtung gestaucht und in ost-westlicher Richtung gestreckt werden. Das Quadrat zittert, aber wie schnell? Das hängt von der Frequenz der Welle ab. Wie stark wird es deformiert? Das hängt von der Amplitude der Welle ab.

Wir müssen also nur die Abmessungen eines Quadrats präzise im Auge behalten, am besten in zwei Richtungen zugleich. Es ist natürlich nicht nötig, alle vier Seiten des Quadrats zu messen; es genügt, die beiden Seiten im Auge zu behalten, die in einer der vier Ecken senkrecht aufeinandertreffen. Sie bilden das große L – jetzt wissen Sie, warum das LIGO in dieser Form ausgelegt ist.

Was passiert, wenn die Gravitationswelle nicht genau von oben kommt? Nun, die beiden Arme des L werden trotzdem wachsen und schrumpfen, aber weniger stark, je nach Einfallswinkel. Aber auf jeden Fall ist das LIGO am empfindlichsten für Gravitationswellen, die vom Zenit aus einfallen. Oder genau von unten – denken Sie daran, wie Anthony Tyson Joseph Weber daran erinnern musste, dass die Erde für Gravitationswellen durchlässig ist.

Wenn wir also die variierenden Längen der beiden Arme des L messen wollen, ist das nicht mit einem wie auch immer gearteten Lineal möglich. Denn schließlich ist es ja die Raumzeit selbst, die wächst und schrumpft, was bedeutet, dass auch jeder Gegenstand *in* der Raumzeit mit ihr zusammen wächst und schrumpft. Wenn sich einer der Arme des Ls verformt, wird sich auch ein Lineal, das man danebenlegt, in genau der gleichen Weise verformen. Stattdessen stellen die Forscher solche Längenveränderungen fest, indem sie messen, um wie viel mehr oder weniger Zeit ein Lichtstrahl braucht, um die Strecke von einem Ende des Arms zum anderen Ende zurückzulegen.

Eine der grundlegenden Annahmen der Allgemeinen Relativitätstheorie ist, dass die Lichtgeschwindigkeit konstant bleibt. Ganz gleich, was mit der Raumzeit passieren mag – Licht wird immer mit der gleichen Geschwindigkeit reisen, nämlich mit 300 000 Kilometern pro Sekunde. Wenn also die Raumzeit in eine bestimmte Richtung gedehnt wird – wenn also etwas mehr Abstand zwischen zwei Punkten ist –, wird das Licht einen Sekundenbruchteil länger brauchen, um von Punkt A nach Punkt B zu reisen. Das bedeutet, dass wir statt eines Lineals eine Uhr verwenden können, um diesen Abstand zu messen.

Physiker und Astronomen kennen sich mit hochpräzisen Zeitmessungen sehr gut aus. Ein gutes Beispiel wurde in Kapitel 6 angeführt. Die Ankunftszeiten der Pulse von einem binären Pulsar werden mit einer Genauigkeit von weniger als einer Millionstelsekunde gemessen. Das ist genau genug, um daraus die Massen und Umlaufbahnparameter des Systems abzuleiten. Wie wir gesehen haben, ist es sogar genau genug, um Gravitationswellen zu messen, wenn auch indirekt.

Aber leider ist es für unsere Zwecke viel zu ungenau, Strahlungspulse von einem Ende des Arms ans andere zu schicken und ihre Ankunftszeiten zu messen. Nehmen wir an, wir könnten die Reisezeit eines Strahlungspulses mit einer Genauigkeit von einer Zehnmillionstelsekunde (0,1 Mikrosekunde) messen. Dann könnten wir Distanzveränderungen von etwa 30 Metern (ein Zehnmillionstel von 300 000 Kilometern) messen. Aber wir können nicht erwarten, dass Einstein-Wellen mit einer so großen Amplitude auf der Erde ankommen. (Tatsächlich würden unsere Körper es nicht überleben, wenn die Raumzeit so dramatisch gedehnt und gestaucht würde.) Also würden wir mit Strahlungspulsen auch nicht weiterkommen.

Wenn eine Messgenauigkeit von unter einer Mikrosekunde nicht ausreicht, um an der Erdoberfläche Gravitationswellen zu registrieren, werden Sie sich vielleicht fragen, wie es Taylor und Weisberg gelang, die Existenz solcher Wellen mithilfe von Pulsar-Zeitmessungen nachzuweisen. Die Antwort ist natürlich, dass sie so lange warten konnten, bis sich der Effekt des Schrumpfens der Umlaufbahn über mehrere Jahre hinweg akkumuliert hatte. Am LIGO würde das nicht funktionieren: Dort müssen die Wellen genau in dem Moment, wenn sie den Detektor durchdringen, gemessen werden. Also müssen wir es schaffen, die Veränderungen ihrer Reisezeit mit einer Präzision von einem Milliardstel einer Milliardstelsekunde zu messen. Keine Uhr ist so genau.

Die Lösung dieses Problems ist ein Verfahren, das als »Interferometrie« bekannt ist – dafür steht der Buchstabe *I* in LIGO. Und es hat alles mit dem Wellencharakter von Licht zu tun. Interferenz lässt sich an einem Teich beobachten. Wenn Sie einen Stein ins Wasser werfen, wird er ein konzentrisches Wellenmuster erzeugen. Wenn Sie einen zweiten Stein im Abstand von wenigen Metern vom ersten hineinwerfen, wird auch er Wellen erzeugen. Die beiden Wellenmuster werden dann »interferieren« – sich gegenseitig überlagern. An den Punkten, wo zwei Wellenkämme gleichzeitig ankommen, werden die Wellen einander verstärken und eine größere Welle bilden. An anderen Punkten, wo die Täler des einen Wellenmusters auf die Kämme des anderen treffen, werden die Wellen sich gegenseitig aufheben. Das Ergebnis ist ein Interferenzmuster aus verdoppelten und unterdrückten Wasserwellen.

Licht verhält sich genauso. Wenn zwei Lichtwellen phasengleich sind, also Wellenkämme und -täler aufeinandertreffen, verstärken sie sich gegenseitig. Mit anderen Worten: Ihre Amplitude verdoppelt sich (und ihre Energie nimmt entsprechend zu). Das nennt man »konstruktive Interferenz«. Wenn jedoch die Lichtwellen nicht phasengleich sind, also die Kämme der einen Welle auf die Täler einer anderen treffen, löschen sie sich gegenseitig aus – das wird als »destruktive Interferenz« bezeichnet.

Nehmen wir jetzt an, wir haben zwei Lichtquellen, die orangefarbenes Licht mit einer Wellenlänge von 600 Nanometern (0,6 Mikrometern) erzeugen. Zu Beginn sind sie genau phasengleich, reisen jedoch in verschiedene Richtungen. Nach einer Weile trifft jeder der beiden Lichtstrahlen auf einen Spiegel und wird an seinen Ausgangspunkt zurückreflektiert. Wenn die beiden Spiegel in genau gleicher Entfernung von der Lichtquelle platziert sind, werden die Wellen immer noch phasengleich sein, wenn sie wieder aufeinandertreffen. Das Ergebnis: Das kumulierte Licht ist heller als jeder einzelne Strahl.

Aber jetzt wollen wir annehmen, dass der Abstand zu einem der Spiegel um ein winziges bisschen zunimmt – so wenig, dass die Reisezeit dieses Lichtstrahls sich um eine Femtosekunde verlängert. Eine Femtosekunde ist ein Millionstel einer Milliardstelsekunde (das sind 10^{-15} Sekunden). In einer Femtosekunde legt Licht eine Entfernung von 300 Nanometern zurück. Das heißt, dass die eine Lichtwelle, wenn sie wieder an ihrem Ausgangspunkt ankommt, um eine halbe

Wellenlänge hinter der anderen zurückgeblieben ist. Die Wellenkämme und -täler der beiden Lichtwellen treffen nicht mehr aufeinander, weil sie nicht mehr in der gleichen Phase sind – in diesem speziellen Fall sind sie in der Antiphase, wobei die Kämme der einen Welle genau auf die Täler der anderen treffen. Das Ergebnis: Die Wellen heben sich gegenseitig auf.

Mithilfe von Interferometrie lassen sich also Reisezeitunterschiede in der Größenordnung von Femtosekunden messen. Das ist vielleicht immer noch nicht präzise genug für unsere Zwecke, aber immerhin sind wir schon mal ein Stück vorangekommen.

Für diese Aufgabenstellung ist es am einfachsten, mit Licht von einer bestimmten Wellenlänge (oder Farbe) zu arbeiten. Weißes Licht enthält sämtliche Farben des Regenbogens. Mit seinem breiten Spektrum von verschiedenen Wellenlängen ist weißes Licht nicht für Interferometrie geeignet. Aber Laserlicht hat nur eine ganz bestimmte Farbe, nur eine spezifische Wellenlänge. Also werden wir auf jeden Fall einen Laser brauchen. Dafür steht der Buchstabe L in LIGO. Übrigens werden im LIGO keine Laser im sichtbaren Wellenbereich eingesetzt, sondern Nahinfrarot-Laser mit einer Wellenlänge von 1064 Nanometern.

Wie können wir zwei Laserstrahlen erzeugen, die genau in der gleichen Phase sind? Das ist der einfachste Teil: Wir nehmen einen Strahl und teilen ihn in zwei Strahlen auf, und zwar mithilfe eines Strahlteilers. Ein Strahlteiler ist ein Spiegel, der nur die Hälfte des auftreffenden Lichts reflektiert; die andere Hälfte das Lichts passiert den Spiegel in gerader Linie. Tatsächlich ist Ihre Sonnenbrille ein gutes Beispiel für einen Strahlteiler: Einen Teil des auftreffenden Lichts lässt sie passieren (denn sonst würden Sie überhaupt nichts sehen), der Rest wird zurückreflektiert. Es versteht sich von selbst, dass die Strahlteiler am LIGO deutlich komplizierter sind als eine typische Sonnenbrille.

Laser, Strahlteiler, Spiegel, Detektor. Das ist die grundlegende Konstruktion des LIGO – und auch aller anderen Gravitationswelleninterferometer. (Ja, es gibt noch andere; ich werde in Kapitel 8 auf sie zu sprechen kommen.) Der Laser erzeugt einen Strahl von monochromatischem Licht. Nehmen wir an, dieser Laserstrahl würde genau nach Osten zielen (im folgenden Diagramm reist er von links nach rechts). Der Strahlteiler steht diagonal zum Laserstrahl. Die eine Hälfte des Laserlichts passiert den Strahlteiler in gerader Linie, in den östlichen Arm des L-förmigen Observatoriums. Die andere Hälfte wird zur Seite reflektiert (nach »oben« in der Zeichnung), in den nördlichen Arm des L, der senkrecht zum anderen Arm angeordnet ist.

Am Ende eines jeden Arms befindet sich ein Spiegel, der das auftreffende Infrarotlicht zum Strahlteiler zurückreflektiert. Wieder passiert die Hälfte des zurückkehrenden Lichts den Strahlteiler, und die andere Hälfte wird reflektiert. Dann haben wir also Lichtwellen, die nach Westen reisen (in der Zeichnung nach links, zurück in Richtung Laser), und Lichtwellen, die nach Süden reisen (nach unten), in Richtung Fotodetektor – ein empfindliches Lichtmessgerät, welches das Licht in ein elektrisches Signal umwandelt. Wegen all der Optiken und Reflektionen auf dem Weg ergibt es sich, dass Addition (konstruktive Interferenz) nur bei den in westlicher Richtung reisenden Lichtwellen auftritt. Die Lichtwellen, die letztlich in südlicher Richtung reisen, heben sich gegenseitig auf – destruktive Interferenz.

Der Punkt ist allerdings, dass Licht nicht einfach verschwinden kann, wenn zwei Lichtwellen ungleichphasig sind. Wenn es in einer Richtung zu destruktiver Interferenz kommt, muss es in einer anderen Richtung zu konstruktiver Interferenz kommen. Der Energieerhaltungssatz ist eines der Naturgesetze, um das wir nicht herumkommen. (Im Teich ist es das Gleiche: Die von den zwei Steinen erzeugten Wasserwellen heben sich an manchen Stellen gegenseitig auf, aber das ist nur möglich, weil sie sich an anderen Stellen akkumulieren.) Wenn die beiden Arme also gleich lang sind – die nor-

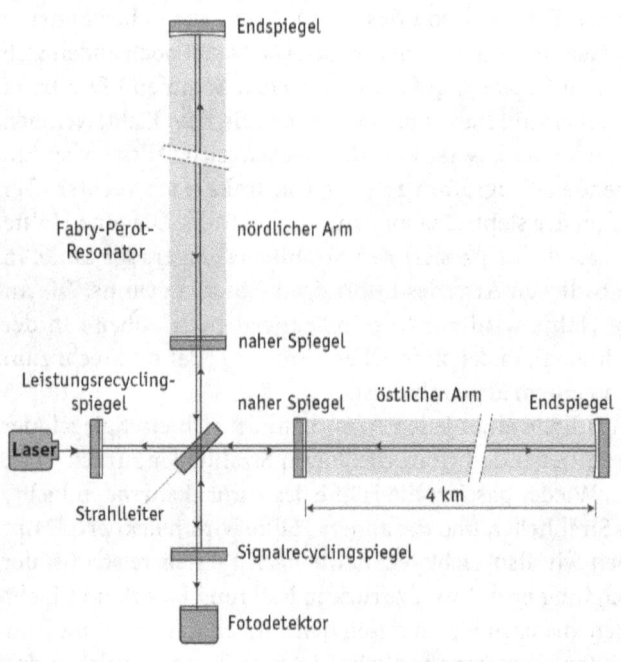

Endspiegel

Fabry-Pérot-
Resonator

nördlicher Arm

naher Spiegel

Leistungsrecycling-
spiegel

naher Spiegel   östlicher Arm   Endspiegel

Laser

4 km

Strahlleiter

Signalrecyclingspiegel

Fotodetektor

*Dieses vereinfachte Diagramm zeigt die Hauptbestandteile eines Laser-
interferometers wie LIGO.*

male Ausgangssituation –, verlässt das Laserlicht das Interferometer in der Richtung, aus der es gekommen ist, und der
Fotodetektor sieht nichts. Aus diesem Grunde wird die süd-
liche Seite des Strahlteilers das »dunkle Ende« genannt.

Aber was passiert, wenn eine Gravitationswelle den Strahlteiler passiert? Nun, dann werden sich die Längen der Arme
(und die entsprechenden Lichtlaufzeiten) verändern. Erst wird
der nördliche Arm länger werden und der östliche Arm
schrumpfen; dann wird der nördliche Arm gestaucht und der
östliche Arm gestreckt werden. Licht, das von dem einem
Endspiegel zurückkehrt, wird einen verschwindend geringen
Sekundenbruchteil länger brauchen, bis es am Strahlteiler ankommt, als das Licht, das von dem Endspiegel im anderen

Arm zurückkehrt. Das erzeugt eine winzige Veränderung der entstehenden Interferenz; die konstruktive Interferenz in Richtung Laser ist nicht mehr hundertprozentig perfekt. Und das gilt auch für die destruktive Interferenz in Richtung Fotodetektor. Selbst wenn ein nur unglaublich winziger Längenunterschied besteht (der wesentlich kleiner ist als die Wellenlänge des Lasers), wird unter diesen Umständen *etwas* Licht seinen Weg in das dunkle Ende des Strahlteilers finden. Der hochempfindliche Fotodetektor sollte in der Lage sein, dieses Licht aufzufangen. Bingo – wir haben eine Gravitationswelle registriert.

Ich habe erklärt, wie es mit interferometrischen Verfahren möglich ist, winzige Unterschiede in den Lichtlaufzeiten von zwei kohärenten Laserstrahlen festzustellen. Offensichtlich ist es dabei nützlich, die Arme des Interferometers möglichst lang zu machen. Eine passierende Gravitationswelle wird die Raumzeit um ein gewisses Maß strecken und dann wieder stauchen – um einen bestimmten Prozentsatz. So könnte zum Beispiel der Abstand zwischen zwei Punkten um nicht mehr als ungefähr ein Trillionstel Prozent (einem Teil in 10^{20}) wachsen und schrumpfen. Für zwei Punkte in geringem Abstand zueinander läuft das auf so gut wie nichts hinaus – die dabei entstehenden Veränderungen der Lichtlaufzeit sind so winzig, dass sie nicht gemessen werden können. Aber für zwei Punkte in einem größeren Abstand zueinander werden auch die Veränderungen der Lichtlaufzeit entsprechend größer sein. Das bedeutet, dass es umso einfacher sein wird, Gravitationswellen einer bestimmten Amplitude festzustellen, je länger die Arme des L sind.

Sind denn vier Kilometer nicht lang genug? Eigentlich nicht – 1200 Kilometer wären besser. Aber davon müsste man erst einmal die Behörde überzeugen, die das Ganze finanziert. Auch hier gibt es jedoch – wie immer – eine clevere Lösung. Man muss einfach nur dem Laserstrahl vorgaukeln, er würde durch einen 1200 Kilometer langen Tunnel reisen. Wie macht man das? Indem man in jedem Arm zwei Spiegel statt einen einsetzt. Der erste Spiegel ist am entfernten Ende des Arms angebracht; der zweite befindet sich am nahen Ende des Arms, also in der Nähe des Strahlteilers. Wenn das Laserlicht ein paar Hundert Mal zwischen den beiden Spiegeln hin- und her-reflektiert wird, hat man praktisch einen 1200 Kilometer langen Arm geschaffen. Auch die Lichtlaufzeit nimmt dadurch um den Faktor 300 zu, also auf ein paar Millisekunden. So können winzige Veränderungen in einer Größenordnung von einem Teil in 10^{20} leichter festgestellt werden.

Nachdem es ein paar Hundert Mal reflektiert wurde, muss das Licht natürlich auch wieder aus seinem zeitweiligen »Gefängnis« herauskommen. Das ist ganz einfach. Wenn der Spiegel am nahen Ende des Arms 97 Prozent des auftreffenden Lichts reflektiert, werden die verbleibenden drei Prozent den Spiegel passieren und auf der anderen Seite wieder austreten. Anders ausgedrückt: Im Durchschnitt wird jedes Licht-Photon etwa 300 Mal reflektiert werden, bevor es aus dem Gefängnis entweicht. (Unser vier Kilometer langes Lichtgefängnis wird offiziell als »Fabry-Pérot-Resonator« bezeichnet.)

Aber das entweichende Licht muss immer noch ein kohärenter Laserstrahl sein, da es sonst nicht mehr mit dem Strahl interferieren kann, der aus dem anderen Arm kommt. Während also das Licht zwischen den beiden Spiegeln hin- und herreflektiert wird, muss es phasengleich mit sich selbst bleiben. Die einzige Art, das zu erreichen, ist, die Rundreise zwischen den beiden Spiegeln genau so lang zu machen, dass sie einem ganzzahligen Vielfachen der Wellenlänge entspricht. Das erfordert eine Präzision im Bereich von Pikometern (ein Pikometer sind 10^{-12} Meter oder ein Milliardstel Millimeter). Jede Abweichung würde das letzte Interferenzmuster zerstören. Oder wie es die LIGO-Forscher sagen: Der Interferometer-Arm muss fixiert sein.

Das wird über einen raffinierten Feedback-Mechanismus erreicht. Wenn die Länge der Rundreise zwischen den Spiegeln bei einem ganzzahligen Vielfachen der Wellenlänge gehalten wird, kann der Fotodetektor am dunklen Ende des

Interferometers nichts registrieren. Aber wenn die Länge des Arms sich aufgrund einer externen Vibration verändert, wird etwas Licht beginnen, in den Detektor zu geraten. Sobald das geschieht, wird ein Signal an eine Steuerung am Endspiegel des Arms geschickt. Dort wird ein elektrischer Strom durch eine Spule geschickt, wodurch ein Magnetfeld erzeugt wird. Dadurch spüren kleine, am Rand des Endspiegels angebrachte Magnete eine anziehende oder abstoßende Kraft. Neben den Magneten werden im LIGO auch elektrostatische Schieber eingesetzt, die die gleiche Kraft nutzen, die Papierschnipsel an einen elektrostatisch geladenen Taschenkamm anzieht. Auf diese Weise kann der Spiegel ein bisschen vor und zurück bewegt werden – gerade genug, um die Fixierung des Arms wiederherzustellen.

Natürlich wird auch eine passierende Gravitationswelle das anfängliche Interferenz-Setup stören, weil sie zu Veränderungen der Lichtlaufzeit führt. Wieder wird dabei der Fotodetektor beginnen, etwas Licht zu registrieren. Der Feedback-Mechanismus wird darauf reagieren, indem er den elektrischen Strom durch die Spule variiert und dadurch die Stärke des Magnetfelds ändert. Auf diese Weise werden die Spiegel so justiert, dass die perfekte destruktive Interferenz am dunklen Ende wiederhergestellt wird.

Wenn man also die Stärke des ständig variierenden elektrischen Stroms, der durch die Spulen geschickt wird, aufzeichnet, gewinnt man ein klares Bild von den winzigen herbeigeführten Bewegungen des Spiegels im Zeitablauf. Der größte Teil dieser die Fixierung wiederherstellenden Justierungen wird durch externe Vibrationen (»Rauschen«) notwendig, aber ein Teil davon kann unter Umständen auf eine echte Gravitationswelle zurückzuführen sein.

Wenn man das Laserlicht vorübergehend im Interferometer speichert, indem man in jedem Arm zwei Spiegel einsetzt, bringt das den zusätzlichen Vorteil, dass man in den beiden Armen Leistung aufbaut. Dadurch ergibt das Licht, das aus dem Fabry-Pérot-Resonator austritt, einen wesentlich kräfti-

geren und stetigeren Photonenstrom als das Licht, das einge-
treten ist. Das ist wichtig, wenn wir extrem kleine Veränderungen im Output messen wollen, was hier in der Tat der Fall ist.

Um zu verstehen, warum mehr Photonen genauere Messungen ermöglichen, stellen Sie sich vor, Sie wollten genau
herausfinden, wie stark es während eines Sommergewitters in
Louisiana regnet. Zufälligerweise sind Sie in einem Schuppen
mit Blechdach, und alles, was Sie haben, ist ein altmodisches
Schallmessgerät mit einer Anzeigenadel, die über eine halb-
kreisförmige Skala streicht. Also beschließen Sie, das Geräusch des Regens auf dem Blechdach als Maß der Stärke des
Regens zu erfassen. Wenn es nur leicht regnet, werden Sie
nur *tropf… tropf… tropf-tropf… tropf* hören. Es wird Ihnen
schwerfallen festzustellen, wie laut der Regen denn nun
eigentlich ist, und die Nadel in Ihrem Gerät wird wild aus-
schlagen. Dieser Effekt ist als »Schrotrauschen« bekannt. Aber
dann geht das Gewitter richtig los, und es fängt an, wie aus
Kübeln zu schütten. Die Anzeigenadel wandert die Skala hinauf
und kommt bei einem stetigen Wert zur Ruhe, den Sie mit
großer Genauigkeit ablesen können. Darum brauchen wir viel
Licht – eine große Menge Photonen-»Regentropfen« –, um genau messen zu können, inwieweit die Stärke des Lichts sich
ändert, während die Spiegel sich bewegen.

Also haben wir jetzt ein nahezu optimales Interferometer
konstruiert. Es hat virtuelle Arme von etwa 1200 Kilometern
Länge, wodurch es möglich wird, minimale Veränderungen der
Lichtlaufzeit zu registrieren. Wenn solche Veränderungen auftreten, wird es am dunklen Ende des Strahlteilers nicht mehr
ganz dunkel sein, sondern etwas Licht in unseren Fotodetektor
eintreten. Durch Steigern der Laserleistung in den beiden Inter-
ferometer-Armen haben wir das Schrotrauschen stark reduziert.
Das Ergebnis: Selbst die winzigsten Veränderungen der Lichtmenge aufgrund einer passierenden Gravitationswelle heben
sich deutlich von dem noch verbleibenden Rauschen ab.

Natürlich gibt es noch eine Menge andere Probleme, welche die Suche nach Gravitationswellen behindern.

Wie Sie sich vielleicht vorstellen können, sind externe Vibrationen das größte dieser Probleme: Eine Tür wird zugeschlagen oder ein Lkw fährt vorbei, in der Umgebung gehen Menschen herum, industrielle Aktivitäten in einer nahen Stadt, winzige Temperaturschwankungen, Donnergrollen in der Ferne, auftreffende Luftmoleküle, im Wald nebenan wird ein Baum gefällt (im Fall des LIGO in Livingston), der Seegang des Pazifischen Ozeans bricht sich donnernd an der Küste des Bundesstaats Washington (im Fall des LIGO in Hanford), seismisch bedingtes Beben des Erdbodens – die Liste ist endlos. Die Spiegel müssen von all diesem sogenannten seismischen Rauschen möglichst gut isoliert sein, da es andernfalls nie möglich sein wird, den winzigen Effekt einer passierenden Gravitationswelle zu erkennen.

Das ist der Grund, warum so viel Mühe darauf verwendet wurde, die ausgefeilten Aufhängungssysteme der Spiegel zu konstruieren. So gut wie jedes verfügbare Verfahren wurde eingesetzt, um die Spiegel von externen Erschütterungen zu isolieren. Vibrationssensoren liefern den Input für aktive Dämpfungssysteme, die solchen Erschütterungen entgegenwirken; sie funktionieren so ähnlich wie geräuschmindernde Kopfhörer. Komplizierte Konstruktionen aus freitragenden Blattfedern und Polsterungen sorgen für zusätzliche Isolierung. Aber die effizienteste Technik ist das Anwenden des Pendelmechanismus.

Ein sehr einfaches Experiment kann die dämpfende Wirkung eines Pendels zeigen. Nehmen Sie ein Stück dünne Schnur oder Bindfaden zur Hand, etwa einen Meter lang. Binden Sie es am Griff eines schweren Kaffeebechers fest. Halten Sie das andere Ende der Schnur fest und lassen Sie den Becher ruhig an der Schnur hängen. Wenn Sie jetzt das obere Ende der Schnur langsam nach links und wieder nach rechts führen, wird der Becher brav diesen Bewegungen folgen. Aber wenn Sie dann die Schnur wesentlich schneller hin- und herbewegen, wird der Becher sich fast gar nicht mehr rühren. Das funktioniert noch besser, wenn Sie einen zweiten Kaffeebecher unter den ersten hängen, mit einem zweiten Stück Schnur: Dann scheinen schnelle Bewegungen am oberen Ende der oberen Schnur den unteren Becher überhaupt nicht mehr zu tangieren. Auf diese Weise kann ein aufgehängter Spiegel von hochfrequenten Vibrationen in seiner Umgebung isoliert werden. Am LIGO wird ein vierteiliges Pendel eingesetzt. Es hilft, dass die Spiegel dick und schwer sind – im LIGO haben sie einen Durchmesser von 34 Zentimetern, sind 20 Zentimeter dick und wiegen etwa 40 Kilogramm. Es hilft, dass sie an möglichst dünnen Drähten (0,4 Millimeter) aus Quarzglas aufgehängt sind – einem speziellen, sehr festen Glas. Und es hilft, dass die Spiegel extrem pur und einfach sind – am LIGO handelt es sich schlicht um extrem glatt polierte Zylinder aus Quarzglas.

Natürlich ist es unmöglich, *alle* Vibrationen zu eliminieren. Es wird immer zumindest *etwas* seismisches Rauschen übrig bleiben, gewisse Restbewegungen der Spiegel, so winzig sie auch sein mögen. Um absolut sicher sein zu können, dass ein extrem schwaches Gravitationswellensignal auch als solches erkannt wird, müssen mindestens zwei baugleiche Detektoren eingesetzt werden, getrennt durch eine Entfernung von mehreren Hundert oder gar Tausend Kilometern. Das Hintergrundrauschen wird sich in den beiden Observatorien unterscheiden, aber ein Gravitationswellensignal aus dem Kosmos wird sich an beiden Standorten ähneln. Vielleicht werden geringe Unterschiede in den Details auftreten, je nach Richtung des Ursprungs der Wellen und der relativen Ausrichtung der beiden Interferometer. Aber die Einrichtungen in Livingston und in Hanford sollten beide dieselbe Gravitationswelle innerhalb einer Zeitspanne von einer Hundertstelsekunde registrieren. (Tatsächlich wäre zwischen 2002 und 2010 eine passierende Gravitationswelle von *drei* Instrumenten festgestellt worden. Kaum jemand weiß, dass es am Standort Hanford ursprünglich zwei separate, völlig voneinander unabhängige

Interferometer gab: eines mit vier Kilometer langen Armen und ein zweites mit halb so langen Armen, die jeweils in denselben Tunneln untergebracht waren.)

Es versteht sich von selbst, dass auch Laser, Strahlteiler und Fotodetektor möglichst gut von externen Vibrationen isoliert sein müssen. Darüber hinaus sind alle empfindlichen Teile des Interferometers in riesigen Vakuumtanks eingekapselt. Selbst die vier Kilometer langen Arme – die Stahlrohre, durch die die Laserstrahlen hin- und herrasen – wurden völlig luftleer gepumpt. Der Grund: Man will vermeiden, dass die Spiegel zittern, weil sie mit Luftmolekülen bombardiert werden. Und man will auch nicht, dass das Laserlicht durch Luftmoleküle oder winzige Staubteilchen zerstreut wird. Mit seinen ungefähr 9000 Kubikmetern ist das Hochvakuumsystem des LIGO eines der größten der Welt.

Ein weiteres potenzielles Problem ist der Strahlungsdruck, der von den Laserstrahlen auf die Spiegel ausgeübt wird. Und dann ist da noch das sogenannte Thermalrauschen – minimale Molekülbewegungen in der Beschichtung der Spiegel, die von der Umgebungstemperatur des ganzen Experiments verursacht werden. Und natürlich müssen die leicht gewölbten Oberflächen der Spiegel möglichst glatt poliert sein, damit nicht kleinste Unregelmäßigkeiten die Kohärenz des Laserstrahls stören können.

Die Liste potenzieller Rauschquellen ist endlos – bis jetzt haben wir nur die Spitze des Eisbergs gesehen. All diese Effekte tragen dazu bei, das Erkennen von Gravitationswellen zu vereiteln. Aber für jedes einzelne Problem haben Wissenschaftler und Ingenieure eine Lösung oder einen Workaround gefunden.

Weitere Subsysteme des Interferometers sorgen für noch höhere Messempfindlichkeit des Instruments. So stellt zum Beispiel ein »laser cleaner« (offiziell heißt er »input mode cleaner«) sicher, dass das Laserlicht möglichst rein und stabil ist. Die Wellen, die in die Tunnel geschickt werden, müssen unbedingt *genau* die gleiche Wellenlänge haben und mit extremer Präzision kohärent sein.

Weitwinkelansicht der Laser and Vacuum Equipment Area (LVEA) im LIGO Hanford Observatory.

Ein weiteres unentbehrliches Element ist der Leistungs-recyclingspiegel. Vielleicht erinnern Sie sich noch, was passiert, wenn die aus den zwei Armen des L zurückkehrenden Laserstrahlen am Strahlteiler wieder aufeinandertreffen: In der einen Richtung (zum dunklen Ende hin) heben sie sich gegenseitig auf, und in der anderen Richtung (zum Laser hin) verstärken sie sich. Das heißt, dass im normalen Betrieb ziemlich viel Laserlicht zurückfließt in die Richtung, aus der es ursprünglich gekommen ist. Wenn man all diese Laserleistung nicht irgendwie nutzen würde, wäre das Energieverschwendung. Also schickt ein Leistungsrecyclingspiegel dieses Licht zurück ins Interferometer. Das Ergebnis: Noch mehr Photonen rasen in den Tunneln hin und her, und mehr Laserleistung erbringt höhere Messempfindlichkeit.

Auch die wesentlich geringere Lichtmenge, die hin und wieder tatsächlich am dunklen Ende des Instruments ankommt, wird genutzt. Sie wird ebenfalls in die Interferometer-Arme zurückreflektiert. Dieses ziemlich neuartige Verfahren wird als »signal recyling« bezeichnet. Die Wissenschaftler experimentieren sogar mit dem sogenannten »Squeezed lighting«-Verfahren – einem Trick aus der Quantenoptik, bei dem man sich die Heisenberg'sche Unschärferelation zunutze macht. Es macht nichts, wenn Sie das nicht bis ins letzte Detail verstehen; vielen Physikern geht es genauso. Es ist das Ergebnis, was zählt: noch bessere Genauigkeit.

Große Wissenschaft wie die Gravitationswellenphysik ist kein Kinderspiel. Joseph Webers Resonanz-Stabantennen waren schon sehr fortgeschritten – einer von Webers Original-Detektoren ist sogar am Eingang des LIGO Hanford Observatory ausgestellt –, aber wenn man ein funktionierendes Gravitationswelleninterferometer bauen will, spielt man doch in einer ganz anderen Liga. Alle Aspekte eines solchen Projekts führen an die äußersten Grenzen von Wissenschaft und Technologie. Nd:YAG-Laser, Input Mode Cleaner, Strahlteiler, Ultra-Hochvakuum-Technologie, extrem glatt polierte Quarzglasspiegel, vibrationsfreie Aufhängungssysteme, Leistungs- und Signalrecyling, hochempfindliche Fotodetektoren, unglaublich präzise Metrologie – sie alle müssen nahtlos zusammenarbeiten, und alles muss fehlerfrei funktionieren.

Und das tut es auch, wie die Messung von GW150914 belegt. Fast ein Jahrhundert, nachdem Einstein die Existenz solcher flüchtigen Kräuselungen der Raumzeit vorschlug, ist es Physikern endlich gelungen, sie tatsächlich direkt zu messen – das kann man wohl »beharrlich« nennen.

Damals im Frühjahr 1998 erzählte mir der LIGO-Standortmanager Gerry Stapfer, er sei davon überzeugt, dass man schon bald nach Inbetriebnahme des Interferometers 2002 Gravitationswellen messen werde. »An irgendetwas muss man doch glauben«, sagte er mir. Aber selbst 2010, nach vielen monatelangen Beobachtungsläufen, war noch nichts gefunden worden. Anscheinend war die erste Version des LIGO – wie die meisten Beobachter es erwartet hatten – noch nicht empfindlich genug, um im Lauf von acht Jahren auch nur ein einziges überzeugendes Signal erfassen zu können.

173

Im Januar 2015, also beinahe 17 Jahre nach meinem ersten Besuch, war Frederick Raab, der Leiter des LIGO Hanford, ebenso optimistisch. »Unsere Leute würden sich sehr wundern, falls nichts gefunden wird«, erzählte er mir. Kurz zuvor waren neue Laser, Spiegel, Aufhängungssysteme und Detektoren in den vorhandenen Gebäuden und Tunneln installiert worden. Wissenschaftler, Ingenieure und Techniker waren damit beschäftigt, die neue Ausrüstung in Betrieb zu nehmen; gerade war einer der Interferometer-Arme zum ersten Mal erfolgreich fixiert worden. Die zweite Inkarnation des Detektors, das »Advanced LIGO« (aLIGO), war darauf ausgelegt, mehr als zehnmal so empfindlich zu sein wie das »Initial LIGO« (iLIGO), sobald die Feinabstimmung geschafft war. Das bedeutet, dass aLIGO in der Lage sein würde, Signale aus der zehnfachen Entfernung aufzufangen und somit ein tausendfach größeres Weltraumvolumen zu beobachten. Raabs Optimismus schien gerechtfertigt zu sein.

Aber ich erinnere mich, dass ich auf der Fahrt durch die Wüste zurück in mein Hotel in Richland an die vielen falschen Vorstellungen und Fehlstarts denken musste, zu denen es bei der Mission zum Nachweis von Gravitationswellen gekommen war. Die klügsten Köpfe des Planeten hatten jahrzehntelang über dieses Thema diskutiert. Einstein selbst war nie restlos überzeugt gewesen, dass es sie gibt. Bis zu diesem Zeitpunkt war keine einzige Suche – und es hatte viele gegeben – in irgendeiner Form erfolgreich gewesen. Und jetzt hatte eine neue Generation von brillanten Wissenschaftlern auf diese riesigen, teuren Laserinterferometer gesetzt – die empfindlichsten Messgeräte, die jemals von Menschenhand gebaut worden waren.

Aber was wäre, wenn sie sich irrten? Was wäre, wenn sich herausstellen würde, dass es doch keine Gravitationswellen gibt?

In jener Nacht konnte ich nicht schlafen. Manche Wissenschaftler da draußen hatten über 40 Jahre an dieser Technik gearbeitet. Sie hatten mit technologischen Rückschlägen zu kämpfen, mit politischen Hindernissen, finanziellen Problemen und persönlichen Streitigkeiten. Sie hatten ihr Bestes gegeben, um diesen Punkt zu erreichen: Die Fertigstellung von gigantischen Laserkanonen und Detektoren, die endlich Kräuselungen im ureigensten Gewebe des Universums nachweisen sollten. Was wäre, wenn das alles vergeblich gewesen war?

Aber während ich dort lag und mir Sorgen machte, hatte eine sich ausbreitende, von zwei kollidierenden Schwarzen Löchern im fernen Universum verursachte Störung der Raumzeit ihre 1,3 Milliarden Jahre lange Reise zu unserem winzigen Heimatplaneten in den Ausläufern einer Galaxie namens Milchstraße beinahe zu Ende gebracht. Sie hatte ihre ursprüngliche Gewalt verloren und war inzwischen kaum mehr als ein mattes Flüstern, nur von den allerempfindlichsten Ohren zu hören. Die erste Gravitationswelle, die jemals auf der Erde direkt gemessen werden sollte, war schon an Proxima Centauri, unserem nächsten Nachbarstern, vorbeigezogen. Sie hatte etliche gefrorene Kometen auf der einen Seite der Oort'schen Wolke um ein winziges bisschen gedehnt und gestaucht. Zwei Drittel eines Lichtjahrs vor ihr lag die Sonne, umkreist von einem winzigen blauen Planeten.

Gerade noch rechtzeitig würde das LIGO für sie bereit sein.

8 Der Weg zur Perfektion

Zum ersten Mal habe ich Rainer Weiss in einem Fahrstuhl im Washington State Convention Center in Seattle getroffen. Es war Anfang Januar 2015, ich nahm an dem 225. Treffen der American Astronomical Society teil. Weiss war im Begriff, in einem Vortrag die Geschichte der Gravitationswellenphysik zu präsentieren. Wir fuhren zusammen drei Etagen nach unten. Wir sagten »hi« und »bye«, fingen aber kein Gespräch an. »Ein stiller alter Mann«, dachte ich.

In dieser Hinsicht hatte ich mich geirrt. Ja, Weiss war damals 82 Jahre alt, aber keineswegs still, wie ich später an diesem Tag herausfand. Nach seiner Präsentation fand ich die Gelegenheit, ihm ein paar Fragen zu stellen, und er hörte einfach nicht mehr auf zu reden. Namen, Daten, Ereignisse, Anregungen für mein Buch, technische Details, nerdige Witze, persönliche Anekdoten – eine Flut von Informationen sprudelte aus ihm heraus. Bei einem Interview, das ich im Sommer 2016 mit ihm führte, war es genauso – ich hatte um 45 Minuten seiner Zeit gebeten, aber dann redeten wir fast anderthalb Stunden.[1] Oder vielleicht sollte ich besser sagen, *er* redete.

Wenn überhaupt jemand tolle Geschichten über die Entwicklung des LIGO erzählen kann, dann er.[2] Rainer Weiss wird allgemein als der Gründervater des Projekts angesehen, wenn schon nicht als Erfinder der Laserinterferometrie-Technik überhaupt. Zudem ist er eine ausgeprochen inspirierende Persönlichkeit – engagiert, hoch motiviert, einfühlsam. Alle Menschen, die schon einmal mit ihm gearbeitet haben, können auf schöne Erinnerungen zurückgreifen (na ja, *fast* alle). Und viele von ihnen sind davon überzeugt, dass das LIGO ohne seine Brillanz und seinen unerschütterlichen Enthusiasmus niemals verwirklicht worden wäre.

Rainer Weiss wurde im Herbst 1932 in Berlin geboren, nur wenige Wochen, bevor Albert Einstein die deutsche Hauptstadt für immer verließ. Als kleines Kind lebte er eine Weile in Prag; als er sieben Jahre alt war – unmittelbar vor Ausbruch des Zweiten Weltkriegs –, zog die Familie nach New York City. (Sein Vater war ein jüdischer Arzt.) Der junge Rainer war ein begabtes und wissbegieriges Kind, ein Bastler. Einmal hat er den Toaster repariert, bei einer anderen Gelegenheit eine Armbanduhr zerlegt und sie wieder zusammengesetzt. Auf Streifzügen durch die Stadt suchte er nach ausgemusterten elektronischen Bauteilen, die er vielleicht auf die eine oder andere Art würde verwenden können. Als Teenager fing er sogar ein kleines eigenes Geschäft an: Für seine Klassenkameraden reparierte er kaputte Radios und Plattenspieler.

Bis gegen Ende der 1940er-Jahre war aus Weiss eine Art Toningenieur geworden. Einige Kunden bezahlten ihn dafür, semiprofessionelle Hi-Fi-Anlagen zu bauen. Damit wurde er nicht reich, verdiente aber ganz gutes Geld. Warum wollte er also studieren? Nun, so erinnert er sich, er wollte mehr über Rauschunterdrückungsverfahren erfahren. Die Schellackplatten mit ihren 78 Umdrehungen pro Minute, die damals üblich waren, produzierten eine Menge Störgeräusche wie Knacken, Knistern und Rauschen, und Weiss war es nicht gelungen, dieses Problem zu lösen. Ein Studium der Elektrotechnik am renommierten Massachusetts Institute of Technology in Cambridge würde ihn weiterbringen, so hoffte er.

Das stellte sich als etwas zu optimistisch heraus. Sein Ingenieursstudium fand er langweilig – eigentlich lernte er dabei nichts Neues. Und so wechselte er zur Physik, vielleicht würde ihn das mehr interessieren? Ja, durchaus, mehr oder weniger. Aber erneut wurde er durch andere Dinge in seinem Leben zu sehr abgelenkt, um große Fortschritte zu machen – zum Beispiel verliebte er sich unsterblich in eine wunderschöne Pianistin. »Ich bin ihr bis nach Chicago hinterhergezogen«, so erzählt er, »aber sie hatte vermutlich das Gefühl, dass ich zu sehr in sie verliebt sei, um nützlich zu sein. Schließlich ging ich zurück ans MIT.«

Ungefähr 1960 packte ihn schließlich die Begeisterung für die Physik. Die Begeisterung für *experimentelle* Physik, um genau zu sein. Gemeinsam mit seinem Doktorvater Jerrold Zacharias machte er sich am MIT daran, die ersten kommerziellen Atomuhren zu entwickeln. Sie waren die Vorläufer von »Mr. Clock« – der Art von Gerät, wie es zehn Jahre später von Joseph Hafele und Richard Keating auf ihren Flügen um die Welt mitgenommen wurde. Tatsächlich hatte Zacharias selbst die Absicht, seine Uhren auf das Jungfraujoch zu bringen, einen 3470 Meter hohen Berg in den Schweizer Alpen. Sein Ziel: Er wollte die Gravitations-Rotverschiebung sehr viel genauer messen, als es Robert Pound und Glen Rebka kurz zuvor an der nicht weit entfernten Harvard University gelungen war.

Aus dem Experiment in der Schweiz ist nie etwas geworden. Aber dennoch war Weiss fasziniert von allem, was mit Schwerkraft und Präzisionsmessungen zu tun hatte, und das erwies sich als genau die richtige Kombination für jemanden, der später einer der Initiatoren des LIGO werden sollte. Nach seiner Promotion forschte er zwei Jahre lang mit dem bekannten Physiker Robert Dicke an der Princeton University, wo sie Gravimeter entwickelten. Nachdem er ans MIT zurückgegangen war, bildete er eine neue Forschungsgruppe, die sich mit Fragen zur Kosmologie und zur Schwerkraft beschäftigte. Die Kosmologie ist die Wissenschaft vom gesamten Universum – in Kapitel 9 können Sie mehr darüber lesen. In den 1960er-Jahren steckte dieses Forschungsgebiet noch in den Kinderschuhen; die Theorie vom Urknall fand immer mehr Anhänger. Insbesondere wurde 1964 die kosmische Hintergrundstrahlung entdeckt, die häufig als »Nachglühen der Schöpfung« beschrieben wird. Für einen Physiker war klar, dass Kosmologie und Allgemeine Relativitätstheorie zwei Seiten derselben Medaille sind.

Und so ist es kein Wunder, dass Weiss von der Fakultät für Physik am MIT das Angebot bekam, einen Kurs zur allgemeinen Relativität abzuhalten. Das war 1967, also ungefähr zu der Zeit, als Jocelyn Bell den ersten Pulsar entdeckte. Das Problem war nur: Rainer Weiss war ein Bastler, aber kein Theoretiker. »Die Mathematik war mir viel zu hoch«, erzählt er heute. »Aber ich konnte ihnen natürlich nicht erzählen, dass ich das Thema nicht beherrsche. Es war ein höllisches Jahr. Ich habe meine gesamte Freizeit damit verbracht, mehr über Relativität zu lernen. Manchmal war ich meinen Studenten nur um einen Tag voraus. Sie waren viel intelligenter als ich.«

Unterdessen war Joseph Weber ein paar Hundert Kilometer weiter südlich an der University of Maryland dabei, mit seinen Resonanz-Stabantennen zu experimentieren (die ganze Geschichte haben Sie in Kapitel 4 gelesen). Als Weiss' Studenten davon hörten, wurden sie neugierig und fragten ihn, wie man Gravitationswellen registrieren könne. Wieder ein Rätsel für Weiss! Aber er kam auf eine prima Methode, ihnen das Konzept zu erklären, und zwar mithilfe von drei weit voneinander entfernten, frei schwebenden »Testmassen« und sehr genauen Uhren – mit Uhren kannte er sich aus. Versucht nicht, Entfernungsänderungen zu messen, so sagte er seinen Studenten, sondern versucht vielmehr, Veränderungen der Lichtlaufzeiten zu messen. (Diese Idee sollte Ihnen inzwischen bekannt vorkommen.)

Weiss wusste damals nicht, dass dieses Konzept nicht völlig neu war. Zwei russische Forscher, Michail Gertsenstein und Wladislaw Pustowoit, hatten einige Jahre zuvor ähnliche Ideen veröffentlicht – allerdings in einer sowjetischen Fachzeitschrift, von der kaum jemand in den Vereinigten Staaten schon einmal gehört hatte. Einer der wenigen US-amerikanischen Physiker, die damals engen Kontakt zu sowjetischen Kollegen hielten, war der Theoretiker Kip Thorne am Caltech in Pasadena, Kalifornien. Mitten im Kalten Krieg verbrachte Thorne regelmäßig längere Zeiten an der Staatlichen Universität Moskau, um dort unter der Leitung von Wladimir Braginski mit der Forschungsgruppe Präzisionsmessungen zu arbeiten; dabei erfuhr er schließlich von den früheren Veröffentlichungen.

Jedenfalls arbeitete Weiss die Grundlagen eines Gravitationswelleninterferometers in einem bahnbrechenden Artikel aus, der 1972 im *Quarterly Progress Report* des MIT erschien.[3] Fast 45 Jahre später sind Wissenschaftler wie Thorne noch immer beeindruckt von diesem Artikel. Er enthält die meisten grundlegenden Elemente der Konstruktion; außerdem beschreibt er detailliert die zahlreichen Störquellen, mit denen ein Experimentator fertigwerden müsste, und, noch wichtiger, wie er das anstellen kann. Auf jeden Fall lieferte der Artikel wichtige Denkanstöße für Forscher, die schon dabei waren, die allerersten kleinen Prototypen zu bauen.

Warum baute Weiss also nicht selbst einen Detektorprototypen nach seinem eigenen, 1972 veröffentlichten Konzept? Tatsächlich tat er das, aber es dauerte eine Weile, weil ihm zunächst das dafür nötige Geld fehlte. Ursprünglich war der Fachbereich Physik des MIT zum großen Teil vom US-Verteidigungsministerium finanziert worden. Nach dem Zweiten Weltkrieg brauchte das Militär so viele hervorragende Wissenschaftler und Ingenieure, wie es nur bekommen konnte. Die generelle Botschaft war: »Es ist uns egal, was die Leute studieren, aber sorgt dafür, dass sie einen Abschluss machen.« Doch Anfang der 1970er-Jahre, während des – so Weiss – »irrsinnigen« Vietnamkriegs, störten sich viele politisch linksorientierte Beobachter an diesem Arrangement. Sie waren der Meinung, dass die Militärs keinen Einfluss auf die Entwicklung der Wissenschaft haben sollten. Ein neu verabschiedetes Gesetz schrieb vor, dass in Zukunft das Verteidigungsministerium nur noch wissenschaftliche Projekte unterstützen dürfe, die für Belange der nationalen Sicherheit relevant waren. Arbeiten im Bereich Kosmologie und Gravitation zählten nicht dazu, und so büßte Weiss seine Forschungsgelder vom Militär ein. Das MIT hatte weder die Mittel, sie zu ersetzen, noch war es daran sonderlich interessiert. Bald entschied die Verwaltung des Instituts daher, die Forschungsgruppe aufzulösen. Weiss' Mitarbeit an einer Weltraummission zur Erforschung der kosmischen Mikrowellen-Hintergrundstrahlung wurde nach wie vor von der NASA unterstützt, aber sein Gravitations-wellenprogramm wurde praktisch über Nacht eingestellt. (Aus dieser Weltraummission entstand übrigens letzten Endes der »Cosmic Background Explorer«-Satellit COBE.[4]) Weiss musste sich an die National Science Foundation (NSF) wenden, um Forschungsmittel einzuwerben.

Seinerzeit unterstützte die NSF immer noch Joseph Webers Experimente mit Resonanz-Stabantennen. Was hatte es mit dieser neuen Interferometrie-Technik auf sich? War sie wirk-lich vielversprechender? Im Jahr 1974 schickte die NSF den Antrag von Weiss an diverse Forschungsgruppen zur un-abhängigen Beurteilung. »Meine Ideen wurden auf der gan-zen Welt verteilt, bevor ich irgendwelches Geld bekam«, erzählt Weiss. Erst gegen Ende der 1970er-Jahre erhielt er schließlich Forschungsmittel von der NSF, sodass er mit dem Bau eines eigenen kleinen Interferometer-Prototypen an-fangen konnte.

Ein früher Prototyp, der von Weiss' Ideen inspiriert wurde, war ein Drei-Meter-Interferometer in München. Es wurde von der Gravitationswellengruppe des Computerpioniers und Physikers Heinz Billing am Max-Planck-Institut für Astro-physik konstruiert. Billing war schon dabei, empfindliche Stabantennen zu entwickeln, um Webers Behauptungen zu prüfen. Wie alle anderen fand er nichts, was freilich nicht un-bedingt bedeuten musste, dass Einstein-Wellen nicht existieren. Vielleicht war die Interferometrie – über die Billing erfahren hatte, als er Weiss' Forschungsmittelantrag an die NSF begut-achtete – ein vielversprechenderer Weg zu einem tatsächlichen messtechnischen Nachweis von Gravitationswellen. Warum sollte er das neue Verfahren nicht ausprobieren? Ein anderer früher Prototyp war ein Zwei-Meter-Tabletop-Experiment in den Hughes Research Laboratories in Malibu, Kalifornien, das Webers früherer Postdoc Bob Forward entwickelt hatte.

Noch bevor Weiss seinen eigenen Prototyp in Betrieb nahm, hatte Kip Thorne am Caltech ebenfalls eine Forschungsgruppe ins Leben gerufen. Thorne selbst war reiner Theoretiker – ein Denker, kein Bastler. Im Jahr 1973 hatte Thorne gemeinsam mit Charles Misner und seinem früheren Mentor John Archibald Wheeler ein 1300-seitiges Lehrbuch über Schwerkraft verfasst, das den schlichten Titel *Gravitation* trägt.[5] Jeder Physiker, den ich in den letzten paar Jahren interviewt habe, hat ein Exemplar des dicken schwarzen Wälzers in seinem Bücherregal stehen – er ist die Bibel der allgemeinen Relativität.

Aber Thorne hatte kaum Erfahrung mit Experimenten. Weiss war entsetzt, in der ersten Ausgabe von *Gravitation* zu lesen, dass Laserinterferometer nie empfindlich genug sein würden, um Gravitationswellen tatsächlich messen zu können. Es war klar, dass der Bursche, der das geschrieben hatte, noch einiges zu lernen hatte. Und das geschah an einem denkwürdigen Abend im Jahr 1975 in einem Hotelzimmer in der Innenstadt von Washington, D.C.

Etwas früher in jenem Jahr hatte die NASA Weiss gebeten, den Vorsitz eines Komitees für Anwendungen der Gravitationsphysik im Weltraum zu übernehmen. Zu diesem Zeitpunkt war die NASA bereits an Francis Everitts Experiment Gravity Probe B beteiligt, über das Sie in Kapitel 3 gelesen haben. Weiss lud Thorne ein, dem Komitee seine Sicht der Dinge zu präsentieren. »Ich habe ihn vom Flughafen abgeholt«, erinnert sich Weiss. »Wir hatten uns noch nie gesehen. Er hatte kein Hotelzimmer gebucht, also haben wir uns mein Zimmer geteilt. Und dann haben wir bis in die Nacht über Gravitationswellen und Experimente gesprochen, bis morgens um vier oder so.«

Sie waren zwei sehr unterschiedliche Persönlichkeiten. Weiss, damals 42 Jahre alt, sah wie ein typischer Physikprofessor aus: Sweater und festes Schuhwerk, oder vielleicht ein billiges Tweed-Jackett und Schlips. Thorne war ein 35-jähriger Exhippie aus Kalifornien, mit langen Haaren, Bart, Ohrring und Sandalen. Aber sie verstanden sich sehr gut. »In dieser Nacht«, erzählt Weiss, »hat er seine Meinung über das Potenzial der Laserinterferometrie komplett revidiert. Er ist ja nicht auf den Kopf gefallen.«

Kip Thorne fing an, die zu erwartende Anzahl gemessener Ereignisse für Laserinterferometer verschiedener Empfindlichkeiten zu überschlagen – wie häufig würden sie tatsächlich etwas »spüren«? Die vielversprechendste Quelle von Raumzeitkräuselungen würden die gewaltsamen Verschmelzungen von Neutronensternen oder Schwarzen Löchern sein. In Arecibo hatte Russell Hulse gerade den ersten binären Pulsar entdeckt. Es sollte nicht mehr lange dauern, bis Joe Taylor und Joel Weisberg bestätigten, dass dieses System Energie in Form von Gravitationswellen verlor. Zurzeit sind die Wellen aus dieser Quelle viel zu schwach, um hier auf der Erde registriert zu werden. Aber sie werden allmählich stärker werden, und wenn die zwei Neutronensterne eines Tages kollidieren und verschmelzen, sagt die Allgemeine Relativitätstheorie einen gewaltigen Ausbruch von Gravitationswellen voraus. Für den Fall, dass zwei Schwarze Löcher verschmelzen, ist eine noch höhere Amplitude zu erwarten.

Kollisionen von Neutronensternen und Schwarzen Löchern sind extrem seltene Ereignisse im Universum. Sollte sich eine solche Katastrophe in unserer eigenen Galaxie, der Milchstraße, abspielen, würde wahrscheinlich selbst eine einfache Weber-Stabantenne genügen, um das erzeugte Gravitationswellensignal zu registrieren. Leider passiert so etwas einfach nicht häufig genug – es kann viele Jahrtausende dauern, bis es wieder zu einem solchen Ereignis kommt. Aber ein empfindliches Interferometer wäre in der Lage, die Ausbrüche von Gravitationswellen aufzufangen, die von Verschmelzungen in anderen Galaxien erzeugt würden, die bis zu Zigmillionen Lichtjahre entfernt sind. Wenn man nur den Detektor empfindlich genug macht, wird man womöglich jedes Jahr eine Handvoll solcher Ereignisse registrieren können.

Thorne wollte außerdem das Caltech davon überzeugen,

reale Experimente zu finanzieren – nicht nur Theorie, sondern auch empirische Wissenschaft, bei der es darauf ankommt, einen Prototypen zu bauen und Erfahrungen zu sammeln. Er wollte schaffen, was Weber nicht gelungen war. Klar, in der Wissenschaft kommt es darauf an, neue Chancen zu erkennen und sich aussichtslosen Herausforderungen zu stellen. Aber Virginia Trimble, Webers Witwe, hat gesagt, dass auch persönliche Gefühle eine kleine Rolle gespielt haben könnten. »Gegen Ende der 1960er-Jahre hatte ich eine Beziehung mit Kip gehabt«, hat sie mir erzählt. »Als Joe mich 1972 heiratete, hat sich bei Kip vielleicht das Gefühl eingestellt, Joe habe ihm seine Exfreundin ausgespannt.«

Jedenfalls wurde die Caltech-Gruppe ins Leben gerufen. Thorne hätte sich sehr gefreut, seinen sowjetischen Freund Wladimir Braginski nach Pasadena einladen zu können; Braginski war ein echter Experimentator, und Thorne hatte schon seit 1968 mit ihm zusammengearbeitet. Aber das stellte sich dann doch als frommer Wunsch heraus angesichts der politischen Realitäten im Kalten Krieg. Stattdessen folgte Thorne Empfehlungen, die er sowohl von Braginski als auch Weiss erhalten hatte, und nahm Kontakt zu Ron Drever an der University of Glasgow auf. Mit wenig Geld, aber umso mehr Einfallsreichtum hatte auch Drever Stabantennen gebaut. Außerdem spielte er mit Laserinterferometrie herum und war dabei, seinen eigenen Prototypen zu bauen. Er war einer der klügsten Köpfe des gesamten Felds, hatte ständig neue und clevere Ideen. Ab 1979 teilte Drever seine Zeit zwischen Glasgow und Pasadena auf; 1984 nahm er eine feste Stellung im Stab des Caltech an.

Zu Beginn der 1980er-Jahre hatte sich also der Schwerpunkt der Gravitationswellenforschung weitgehend auf die Laserinterferometrie verlagert. In Glasgow wurde ein Instrument mit zehn Meter langen Armen gebaut; größer wäre besser gewesen, aber das Ding musste ja in das Physiklabor der Uni passen. In München hatten Heinz Billing und seine Kollegen einen empfindlichen 30-Meter-Prototypen gebaut; seine

Größe war von den Abmessungen des Gartens am Max-Planck-Institut für Astrophysik begrenzt. An der nordöstlichen Ecke des Caltech-Campus wurde ein Gebäude, das an eine Lagerhalle erinnert, zum Standort des 40-Meter-Prototyps, den Ron Drever zu seinem neuen Spielzeug machte. Auch hier war die Größe des Detektors von dem verfügbaren Platz begrenzt.

Unterdessen mussten sich in Cambridge, Massachusetts, Rainer Weiss und sein Team von Doktoranden und Postdocs mit einem Tabletop-Instrument zufriedengeben. Es hatte Arme von nur anderthalb Metern Länge – etwas Größeres gaben die bescheidenen Forschungsmittel der NSF nicht her. Während das Caltech etwa drei Millionen Dollar in das dortige Projekt investierte, zeigte sich die Verwaltung des MIT völlig desinteressiert, sich in der neuen Technologie zu engagieren, sagt Weiss. »Sie glaubten, ein Laserinterferometer würde nie in der Lage sein, eine Gravitationswelle zu registrieren. Etliche hochrangige Funktionäre hatten sogar Zweifel an der allgemeinen Relativität und an der Existenz von Neutronensternen und Schwarzen Löchern. Seit den 1990er-Jahren hat sich das sehr geändert, aber damals war die Atmosphäre dort nicht gerade intellektuell.«

Aber all diese Widrigkeiten konnten Weiss nicht davon abhalten, die Kosten eines zehn Kilometer langen »Baseline Gravitational Wave Antenna System« zu überschlagen. Weiss verfasste das Exposé zusammen mit zwei seiner Kollegen am MIT, Peter Saulson und Paul Linsay, sowie Stan Whitcomb vom Caltech.[6] Dieses Konzept, das als das »Blue Book« bekannt wurde, sollte die National Science Foundation davon überzeugen, ein großes und bedeutendes Forschungsprojekt zu finanzieren.

Dank des Engagements von Richard Isaacson, dem damaligen Programmverantwortlichen für Gravitationswellenphysik an der NSF, wurde das 1983 erschienene Blue Book sehr ernst genommen und von unabhängigen Wissenschaftlern positiv beurteilt. Bald wurde der Projektentwicklungsplan vom National Science Board, dem Wissenschaftsbeirat für den

Präsidenten und den US-Kongress, abgesegnet. Ein Jahr später begannen die staatlichen Mittel zu fließen: die erste Tranche einer auf mehrere Jahre angelegten Beihilfe für eine Forschungs-und-Entwicklungs-Einrichtung, aus der letztlich das LIGO hervorging. Das Geld war allerdings an eine Bedingung geknüpft: Die Teams von MIT und Caltech mussten gemeinsam an dem Projekt arbeiten. Kein Problem.

Oder vielleicht doch. Ron Drever sträubte sich dagegen, mit Rainer Weiss eng zusammenzuarbeiten. Nein, er hatte nichts dagegen, das verregnete Schottland gegen das sonnige Kalifornien einzutauschen, aber er hatte erwartet, dass er die große Maschine ganz allein würde entwickeln können. Außerdem hatten die beiden Wissenschaftler sehr unterschiedliche Vorstellungen von der besten Vorgehensweise; Drever hatte wenig Vertrauen in die ursprüngliche Konstruktion von Weiss.

Wenn er an die schwere Geburt des LIGO Mitte der 1980er-Jahre zurückdenkt, ist es für Weiss heute noch kaum zu glauben, dass das Neugeborene überhaupt überlebt hat. Zusammen mit Thorne und Drever versuchte er das sperrige Projekt zu managen, so gut er konnte. Die drei wurden als die »Troika« bekannt – der sowjetische Jargon schaffte es durchaus auf den Caltech-Campus, im Gegensatz zu Braginski selbst. »Nach LIGOs ersten erfolgreichen Messungen im Jahr 2015 erhielten wir eine Menge Anerkennung und Ehre«, erzählt Weiss, »aber eigentlich zu Unrecht. Wir waren ziemlich unfähig. Keiner von uns hatte fundierte Erfahrungen, wie man eigentlich ein so großes Forschungsprogramm managt. Es war eine sehr schwierige Zeit.«

Dazu gab es auch noch zwischenmenschliche Probleme. Weiss und Drever kamen nicht gerade gut miteinander aus. »Ehrlich gesagt, war es völlig unmöglich, mit ihm zusammenzuarbeiten«, so Weiss. »Seine Intuition trieb ihn in alle möglichen Richtungen. An einem Tag hatte er diese tolle Idee, am nächsten Tag wollte er etwas völlig anderes ausprobieren. Ein paar von Rons Ideen waren ausgesprochen clever, aber andere waren katastrophal. Er konnte sich einfach nicht entscheiden – er war völlig außerstande, eine Entscheidung zu treffen. Er war wie ein Kind, das in den Klamotten eines Erwachsenen herumläuft. Er wollte überall hingehen, und darum kamen wir lange Zeit überhaupt nicht voran.«

Es wurde Zeit für eine kritische Bestandsaufnahme des Projekts, und genau das schlug Dick Garwin von IBM im Jahr 1985 vor. Sie werden sich vielleicht an Garwin und seine »Kneipenschlägerei« mit Joseph Weber auf der Fifth Cambridge Conference on Relativity 1974 erinnern. Er war ein sehr angesehener wissenschaftlicher Berater der Regierung. Und er hatte erhebliche Zweifel an den Zukunftsaussichten für das LIGO. Die NSF folgte einer Empfehlung von Garwin und organisierte im November 1986 eine Blue-Ribbon-Studienwoche in Cambridge. Alles, was Rang und Namen hatte, kam, sagt Weiss: Physik-Nobelpreisträger, Experimentatoren, Laseringenieure, Experten für die Fertigung hochpräziser Spiegel, Metrologen. Wahrscheinlich war Garwin selbst überrascht, als das Komitee am Ende doch die ganze Sache absegnete – man hatte beschlossen, dass die Zeit gekommen sei, ein großes Laserinterferometer zu bauen, um die ach so flüchtigen Gravitationswellen nachzuweisen. Es wurde der Plan gefasst, dass das LIGO aus zwei baugleichen, mehrere Tausend Kilometer voneinander entfernten Einrichtungen bestehen sollte – denn nur dann würde es möglich sein, ein echtes kosmisches Signal vor dem Resthintergrundrauschen zuverlässig zu erkennen.

Und es war Zeit, die Managementstrukturen des LIGO zu professionalisieren. Im Sommer 1987 wurde die Weiss-Thorne-Drever-Troika durch einen einzigen Projektleiter ersetzt, nämlich Rochus »Robbie« Vogt vom Caltech. Das Gute an dieser Entscheidung war, dass es Vogt gelang, alles wieder in geordnete Bahnen zu lenken. Es wurden Entscheidungen getroffen, Termine eingehalten, Probleme gelöst. Zwei Jahre, nachdem er berufen worden war, hatte Vogt sein wichtigstes Ziel erreicht: einen endgültigen, detaillierten Vorschlag für den Bau des

Kip Thorne, Ron Drever und Rochus Vogt (von links) *posieren vor dem 40-Meter-Interferometer-Prototyp am California Institute of Technology (Caltech) in Pasadena. Dieses Foto wurde gegen Ende der 1980er-Jahre gemacht.*

Laser Interferometer Gravitational-Wave Observatory vorzulegen, bereit für das Okay der NSF.[7] Großartig.

Das Schlechte an dieser Entscheidung war jedoch, dass Robbie Vogt ein ausgesprochen schwieriger Mensch war. Er organisierte seine Leute, indem er Befehle erteilte – und jeder, der seine Anweisungen nicht befolgte, wurde aus dem Weg geschoben. »Nach dem, was ich über ihn gehört hatte, wusste ich, dass er der richtige Mann sein würde, um das Projekt zum Laufen zu bringen«, berichtet Weiss. »Aber mir war nicht klar, wie kompliziert er war. Jemand vom Caltech hat mir einmal gesagt: ›Du wirst nicht mehr derselbe Mensch sein, nachdem du in einem Projekt gearbeitet hast, das von Robbie geleitet wird.‹ Er hatte recht.«

Ein wichtiger Teil des Plans war, dass er in zwei Stufen umgesetzt werden sollte. Die erste Inkarnation des LIGO (die heute »Initial LIGO« oder »iLIGO« genannt wird) sollte in den ersten Jahren des 21. Jahrhunderts fertiggestellt werden.

Sie sollte die größtmögliche Empfindlichkeit haben, die Wissenschaftler und Industrie im Lauf der 1990er-Jahre erreichen konnten. Von einer Neutronenstern-Verschmelzung erzeugte Gravitationswellen sollten bis zu einer Entfernung von mindestens 50 Millionen Lichtjahren erkennbar sein. In diesem Weltraumvolumen gibt es Tausende von Galaxien. Also sollte das iLIGO mit ein bisschen Glück in der Lage sein, innerhalb seiner geplanten Betriebszeit von etwa zehn Jahren eine oder sogar zwei Neutronenstern-Verschmelzungen zu registrieren. Zumindest war das Kip Thornes etwas optimistische Schätzung.

Aber das iLIGO sollte auch als Machbarkeitsstudie dienen. Sein wichtigster Zweck war, aus erster Hand Erfahrungen mit all den neuartigen Technologien zu sammeln, herauszufinden, wo unerwartete Probleme auftauchen könnten, und zu demonstrieren, dass es möglich ist, zwei große Einrichtungen im Tandem zu betreiben. Unterdessen sollte die Entwicklung noch empfindlicherer Geräte immer weiter vorangetrieben werden: leistungsstärkere, ultrareine Laser, hochwertigere Spiegel mit hochwertigeren Beschichtungen, bessere Aufhängungssysteme, immer raffiniertere Interferometer-Konfigurationen. Das Advanced LIGO sollte ungefähr 2015 den Betrieb aufnehmen. Es sollte die Krönung des Projekts werden und letzten Endes zehnmal so empfindlich sein wie sein Vorgänger – die zehnfache Entfernung, das tausendfache Raumvolumen. Wer weiß, vielleicht würde es pro Jahr Dutzende von Gravitationswellenereignissen registrieren.

Als das LIGO-Konzept im Dezember 1989 der National Science Foundation präsentiert wurde, lag das Jahr 2015 noch ein Vierteljahrhundert in der Zukunft – es waren kühne Pläne. Passenderweise beginnt das Vorwort des Dokuments mit einem auf 1513 datierten Zitat aus Niccolò Machiavellis Hauptwerk *Der Fürst*: »Und zu bedenken bleibt hiebei, wie kein Beginn schwieriger, für den Erfolg nicht zweifelhafter, noch misslicher in der Behandlung ist, als wenn man sich dazu aufwerfen will, eine neue Verfassung einzuführen.«

Schwierig, zweifelhaft, misslich ... aber Machiavelli hat nichts über »teuer« gesagt. Jedenfalls genehmigte das National Science Board 1990 das Konzept, trotz der geplanten Kosten von fast 300 Millionen Dollar. Es gab nur einen Haken an der Sache: Wegen der hohen Summe, um die es ging – beispiellos in der Geschichte der NSF –, musste das Projekt auch vom Kongress abgesegnet werden. Er würde das letzte Wort über den Bau des LIGO haben.

Es war noch eine Hürde, die es zu überwinden galt und die beinahe das Ende von LIGO bedeutet hätte, unter anderem wegen Anthony Tyson von den AT&T Bell Laboratories. Sie erinnern sich an Tyson – in den frühen 1970er-Jahren war er einer der entschiedensten Gegner von Joseph Weber gewesen. Tyson wurde berufen, vor dem »US-Kongressausschuss für Wissenschaft, Weltraum und Technologie« auszusagen. Sein erster Auftrag war, die Durchführbarkeit des LIGO-Projekts zu beurteilen. Sein zweiter Auftrag bestand darin, in der Gemeinschaft der Astronomen eine Umfrage durchzuführen, was sie denn von dem LIGO-Projekt halten würden.

Im Rückblick auf diese Episode wünscht Tyson sich heute, dass er diesen zweiten Auftrag nicht angenommen hätte.[8] Seine eigene Meinung über das LIGO-Konzept war bereits von den Gravitationswellenfans heftig kritisiert worden; er war zwar begeistert über die Aussichten, fand jedoch, das Projekt sei verfrüht. Vielleicht sollte der Kongress zuerst überlegen, Mittel bereitzustellen, um Prototypen mittlerer Größe zu entwickeln, anstatt gleich aufs Ganze zu gehen. Dies waren in gewissem Sinne Überlegungen auf der technischen Ebene. Aber Tysons Umfrage unter rund 200 bekannten US-Astronomen war wesentlich politischer. Wie sich herausstellte, waren fünf von sechs Astronomen dagegen, das LIGO überhaupt zu bauen, weil es zu schwierig, zu riskant, zu ungewiss sei – und vor allem zu teuer. Wäre es nicht besser, dieses Geld für neue Teleskope und astronomische Instrumentierung auszugeben? Für Dinge, deren Nützlichkeit sich schon erwiesen hatte?

Dieser Widerstand hatte unter anderem damit zu tun, dass

die Ursprünge des LIGO in der Physik zu finden waren. In einem Gutachten des National Research Council über die Prioritäten der Forschungsarbeit in den Bereichen Astronomie und Astrophysik in den 1990er-Jahren wurde das LIGO beschrieben als »ein interessantes Physikexperiment, das bis jetzt noch nicht hat zeigen können, dass es für die Astronomie relevant ist«. Und diese Burschen aus der Physik mit ihrer Laserkanone hatten die Stirn, ihr Instrument ein *Observatorium* zu nennen? Bis jetzt hatte es überhaupt noch nichts observiert. Man konnte das Ding noch nicht einmal auf eine bestimmte Position am Himmel richten.

Natürlich war Tyson verpflichtet, über das Ergebnis der Umfrage zu berichten. Was dazu führte, dass er einen ganzen Batzen gehässiger E-Mails von der LIGO-Fangemeinde bekam. Aber trotzdem bewilligte der Kongress zu guter Letzt das Projekt, nicht zuletzt dank der zwei weiteren Jahre intensiver Lobbyarbeit, die Robbie Vogt hineingesteckt hatte. Er war zwar relativ neu auf dem Capitol Hill, aber mit seiner exzentrischen Persönlichkeit zog er schnell die Aufmerksamkeit vieler Kongressabgeordneter auf sich. Und schließlich bekam die National Science Foundation im Jahr 1992 – also 20 Jahre, nachdem Rainer Weiss seinen bahnbrechenden Artikel im *Quarterly Progress Report* des MIT veröffentlicht hatte – endlich grünes Licht, einen Kooperationsvertrag mit Caltech und MIT zu unterschreiben. Die zwei »Observatorium«-Standorte – Hanford und Livingston – waren auch bereits bestimmt worden. Endlich konnte mit dem Bau des LIGO begonnen werden.

Oder etwa nicht?

Eigentlich nicht, jedenfalls nicht sofort. Zuerst sollten sich die persönlichen Spannungen am Caltech-Campus zu einem peinlichen Höhepunkt aufschaukeln. Als Vogt als erster Direktor des LIGO anfing, hatte er sich auf das technische Fachwissen von Ron Drever, dem Mann mit den brillanten Ideen, verlassen: die Signalleistung durch Einsatz eines Fabry-Pérot-Resonators zu verstärken und das Schrotrauschen durch Einsatz von Leistungsrecycling noch weiter zu reduzieren.

Aber im Lauf der Jahre fiel es Vogt immer schwerer, mit Drevers berüchtigter Intuition und Entschlussunfähigkeit umzugehen. Die enorm gestiegene Dimension des Projekts erforderte Struktur, Organisation und Disziplin – Qualitäten, die für Drever nicht viel bedeuten zu schienen.

Fachliche Diskussionen wuchsen sich zu Streitigkeiten aus, und aus solchen Streitigkeiten wurden erbitterte Kämpfe. Dann hörten die beiden Männer auf, überhaupt noch miteinander zu reden. Bei Meetings verließ Vogt demonstrativ den Raum, sobald Drever eintrat – keine sonderlich effiziente Art, im Rahmen eines millionenschweren Projekts Fortschritte zu machen. Auch andere Mitglieder des Teams fanden es schwierig, mit Drever zu arbeiten. Und viele von ihnen hatten Probleme mit Vogts ungehobeltem und rigidem Managementstil. Weiss sagt, es war eine unglaublich verfahrene Situation. Die Wissenschaftspresse bekam Wind davon; Geschichten über den sogenannten Vogt-Drever-Sturm erschienen in *Science* und *Nature*. Und schließlich, als die Verwaltung des Caltech nach einer sehr deutlichen Ermahnung seitens der NSF um die Zukunft des LIGO fürchten musste, warfen sie Ron Drever 1992 aus dem Projekt hinaus. Sie ließen sogar das Schloss der Tür zu seinem Büro auswechseln.

Aber anscheinend war schon zu viel Schaden angerichtet worden. Ein externer Kontrollausschuss der NSF hatte sogar empfohlen, das Projekt einzustellen. Vogt wurde immer misstrauischer gegenüber jeglicher Form von Einmischung von außen, weil er das LIGO auf seine Art managen wollte. Das kam bei der National Science Foundation gar nicht gut an, die eine viel transparentere Arbeitsweise gefordert hatte, mit Rechenschaftslegung für jeden ausgegebenen Dollar und einem ordentlichen Bericht über jeden unternommenen Schritt. Konnte die NSF Robbie Vogt wirklich trauen? Na ja, immerhin hatte er es geschafft, das LIGO durch den Kongress zu boxen.

Aber letzten Endes kam ein externer Kontrollausschuss zu dem Schluss, dass er nicht die richtige Person sei, das LIGO tatsächlich zu bauen. Gegen Ende 1993 trafen die zuständigen

NSF-Funktionäre gemeinsam mit hochrangigen Verwaltungs-
beamten an MIT und Caltech eine unvermeidliche Entscheidung: Auch Vogt würde gehen müssen. Das LIGO war ein zu
wichtiges Projekt, um es durch die Verschrobenheiten eines
einzigen Mannes zu gefährden.

Wer *war* denn also die richtige Person, um den Job zu Ende
zu bringen?

Vielleicht der Teilchenphysiker Barry Barish vom Caltech.[9]
Er war ein entspannter, extrem gut organisierter Typ. Er hatte
eine Menge Erfahrung darin, große wissenschaftliche Projekte zu leiten. Bis vor Kurzem war er einer von mehreren Lei-
tern eines großen Experiments gewesen, das als Vorlauf für
den Superconducting Super Collider (SSC) gedacht war. Der
SSC war ein gigantischer Teilchenbeschleuniger in den Vereinigten Staaten, der die Jagd nach dem so schwer greifbaren
Higgs-Boson anführen sollte. Falls Sie den Namen dieser Einrichtung noch nie gehört haben, könnte das daran liegen, dass
sie nie gebaut wurde: Im Oktober 1993 wurde der Beschleuni-
ger – der mehrere Milliarden Dollar kosten und über das US-
Energieministerium finanziert werden sollte – vom US-Kongress gestrichen. Also hatte Barish auch genug freie Zeit, um
etwas Neues anzufangen.

Während der Weihnachtsfeiertage 1993 wurde Barish von
Thomas Everhart angesprochen, dem damaligen Präsidenten
des Caltech und ebenfalls Physiker. Was er denn davon halten
würde, beim LIGO das Ruder zu übernehmen? Sie besprachen
die Anfrage bei einem Strandspaziergang. Barish konnte sich
nicht sofort entscheiden; er war noch zu sehr damit beschäftigt, das SSC-Debakel zu verdauen. Außerdem hatte er sich
hin und wieder über den Fortschritt des LIGO-Projekts informiert, und er wusste von all den Querelen, die sich dort
abgespielt hatten. Er fragte sich, ob es überhaupt möglich sein
würde, dieses Projekt zum Erfolg zu führen.

Letztlich willigte Barish ein. Im Februar 1994 übernahm er
von Vogt die Position des Forschungsleiters am LIGO. Und
mithilfe seiner Qualitäten als Stratege und Manager gelang es

193

ihm, das LIGO in ruhigeres Fahrwasser zu steuern, und zwar im Grunde genommen, indem er die vorhandenen Managementstrukturen über Bord warf. Er brachte eine Menge neue Talente an Bord – viele Teilchenphysiker waren auf der Suche nach einem neuen Job –, und er arbeitete einen deutlich realistischeren Kostenplan für das Projekt aus. Er sagte der NSF, sie würde mit 40 Prozent höheren Kosten als bislang geschätzt rechnen müssen, wenn sie sich wirklich auf die Entwicklung und Umsetzung des Advanced LIGO ungefähr 15 Jahre später vorbereiten wolle.

Im Frühjahr 1994, kurz bevor begonnen wurde, das Baugrundstück in Hanford zu erschließen, trugen sich zwei bemerkenswerte Ereignisse zu: Ein weiterer Kontrollausschuss sprach sich sehr deutlich dafür aus, das LIGO-Projekt fortzusetzen. Und Barish wurde gemeinsam mit Kip Thorne, dem Cheftheoretiker des Projekts, eingeladen, um als Sachverständiger vor einem Meeting der National Science Foundation in Washington, D.C., auszusagen. Er erinnert sich, dass es eine sehr förmliche Anhörung war, die etwa eine Stunde dauerte. Thorne erklärte die wissenschaftliche Seite des Projekts; unter anderem beantwortete er die Frage, wie häufig es nach dem aktuellen Stand der Wissenschaft zu erwarten sei, dass LIGO ein Ereignis registriert. Und Barish erläuterte sein neues Konzept, wie das Projekt am besten zu verwirklichen sei.

Im Rückblick auf dieses wechselvolle Jahr nennt Barish es ein »Wunder«, dass das LIGO-Projekt im Sommer 1994 vom NSF-Direktorium erneut abgesegnet wurde, trotz der wesentlich höheren zu erwartenden Gesamtkosten. »Aber ein noch größeres Wunder ist«, so Barish, »dass die NSF das LIGO bis heute seit über 20 Jahren durchgehend finanziert hat. Der potenzielle Nutzen war beachtlich, aber auch die Risiken waren hoch. Doch andererseits bringt es immer Risiken mit sich, ein wissenschaftlich anspruchsvolles Projekt umzusetzen.«[10]

Nachdem die NSF grünes Licht gegeben hatte, wurde das Laser Interferometer Gravitational-Wave Observatory endlich zu einer Realität. Kaum vier Jahre später führte mich Gerry

Stapfer, der Standortmanager in Livingston, in seiner noch leeren Forschungseinrichtung herum – voller Zuversicht, dass sehr bald zum ersten Mal eine Gravitationswelle gemessen werden würde: »An irgendetwas muss man doch glauben.«

Die Via Edoardo Amaldi in Santo Stefano a Macerata ist mit dem Auto nur eine halbe Stunde von der Piazza del Duomo im italienischen Pisa entfernt. In der historischen Altstadt machen Touristen Selfies vor dem Schiefen Turm von Pisa und wundern sich vielleicht, warum die Schwerkraft das Bauwerk noch nicht zum Umkippen gebracht hat (hauptsächlich, weil es mit einigen Drahtseilen gesichert ist). Manche Reisende werden vielleicht sogar die unverbürgte Geschichte kennen, dass Galileo Galilei Kugeln unterschiedlicher Massen von diesem Turm habe fallen lassen, um Aristoteles zu widerlegen. Nur die wenigsten von ihnen werden wissen, dass die präzisesten Gravitationsmessungen auf europäischem Boden nur eine halbe Stunde südöstlich von hier durchgeführt werden.

Während meines Besuchs in der zweiten Septemberhälfte 2015 fanden jedoch überhaupt keine Messungen statt, weil der Detektor »Virgo« gewartet wurde. »Das Advanced LIGO ist vor ein paar Tagen in Betrieb gegangen«, sagte mir Federico Ferrini, der Direktor des European Gravitational Observatory.[11] »Wie am LIGO sind auch wir gerade dabei, neue, empfindlichere Instrumente zu installieren. Wir erwarten, dass wir gegen Ende 2016 oder Anfang 2017 so weit sein werden, dass wir uns am zweiten Observierungslauf des Advanced LIGO beteiligen können.« Bis dahin müssen noch zahlreiche Probleme gelöst und Hindernisse überwunden werden. Bei großer Wissenschaft geht es häufig um Trial-and-Error. Ein Plakat an der Wand von Ferrinis Büro fordert: »Lass uns morgen bessere Fehler machen.«[12]

Nur halb im Scherz erzählt mir der italienische Physiker, dass er ein paar Wochen zuvor, als er zusammen mit seiner Frau das Santuario di Montenero (eine berühmte Pilgerstätte unweit von Livorno) besuchte, dafür gebetet habe, dass bald

Luftbild des Gravitationswellendetektors Virgo in Pisa, Italien. Es wurden Brücken gebaut, damit Bauern die 3,5 Kilometer langen Strahlrohre problemlos überqueren können.

eine echte Gravitationswelle gemessen werden möge. »Meine Amtszeit als Direktor wird Ende 2017 zu Ende gehen«, erzählt er mir. »Ich bin mir sicher, dass wir bis dahin ein paar Ereignisse gemessen haben werden.« Was er mir allerdings *nicht* erzählt, ist, dass nur acht Tage zuvor die Messung von GW150914 für große Aufregung gesorgt hatte. Zum Zeitpunkt unseres Gesprächs durfte freilich noch niemand aus dem Team der LIGO-Virgo-Kooperation die gute Nachricht ausplaudern – insofern war es kein Wunder, dass Ferrini so zuversichtlich klang.

Virgo ist durchaus vergleichbar mit dem LIGO, obwohl seine Interferometer-Arme nur drei Kilometer lang sind statt vier. Außerdem ist die Gegend südöstlich von Pisa wesentlich dichter besiedelt als der Standort Hanford im US-Bundesstaat Washington oder das Waldgebiet nördlich von Livingston, Louisiana. Virgos Strahlrohre liegen über dem Boden, wie ihre

Pendants in den USA. Es mussten etliche niedrige Brücken gebaut werden, um es den Bauern aus der Umgegend zu ermöglichen, mit ihren Traktoren die Strahlrohre zu überqueren. Die Oberseiten der Rohre wurden himmelblau angestrichen, damit sie sich harmonischer in die idyllische italienische Landschaft einfügen.

Bas Swinkels, der Inbetriebnahme-Koordinator des Projekts, hat mich auf dem Gelände herumgeführt. Er ist der einzige ständig an diesem Standort stationierte holländische Wissenschaftler – Virgo hatte als französisch-italienisches Projekt begonnen, doch in einer späteren Phase kamen auch Ungarn, Polen und die Niederlande dazu.[13] Swinkels begleitet mich in Virgos Laser and Vacuum Equipment Area.[14] Sie ist riesengroß, aber mit hoch aufragenden Vakuumtanks vollgestellt. Eine neue Einrichtung im Advanced Virgo sind die sogenannten »cryotraps«, ein wichtiger Beitrag von Nikhef, dem Niederländischen Institut für Subatomare Physik, das sich in Amsterdam befindet. Mit flüssigem Stickstoff frieren die Cryotraps noch verbleibende Kontaminationen im System ein, wodurch ein besseres Vakuum erreicht wird. Swinkels hat mir auch ganz stolz die »super-attenuators« von Virgo erklärt: zehn Meter hohe Stapel aus sieben umgekehrten Pendeln, an denen später die Spiegel mit Drähten aus Quarzglas aufgehängt werden.

Wenn man sich auf dem Gelände umsieht, mag man kaum glauben, dass Virgo bis weit in die 1980er-Jahre hinein kaum mehr als eine Idee war – vor allem wenn man weiß, wie lange es gedauert hat, bis das LIGO endlich in Betrieb ging.[15] Aber andererseits hatten die Europäer den großen Vorteil, nicht die Ersten gewesen zu sein – sie konnten auf die Ergebnisse der umfangreichen Forschungs- und Entwicklungsarbeit zurückgreifen, die in den Vereinigten Staaten bereits stattgefunden hatte.

Etliche italienische Physiker sind erfahrene Gravitationswellenjäger. Anfang der 1970er-Jahre entwickelten Edoardo Amaldi und Guido Pizzella ihren ersten empfindlichen Stabdetektor, und zwar mit dem Ziel, die von Joseph Weber bekannt gegebenen Ergebnisse zu überprüfen. Ihre Gruppe am Laboratori Frascati des Istituto Nazionale di Fisica Nucleare (INFN) in der Nähe von Rom hatte mit Heinz Billings Team am Max-Planck-Institut für Physik und Astrophysik in München zusammengearbeitet. Sie fanden nichts Überzeugendes, kamen aber zu dem Ergebnis, dass die Laserinterferometrie ein durchaus vielversprechendes Verfahren sei.

Zumindest war der Teilchenphysiker Adalberto Giazotto davon überzeugt. Giazotto war Experte für seismische Isolierung. In den 1980er-Jahren hatte er sich mit Alain Brillet vom französischen Centre national de la recherche scientifique (CNRS) zusammengetan; Brillet kannte sich sehr gut mit Optiken und Lasern aus. Gemeinsam entwickelten sie die ersten Ideen für den Virgo-Detektor – die europäische Antwort auf das LIGO. Ein förmliches, gemeinsam von INFN und CNRS erarbeitetes Projektkonzept wurde 1989 der französischen und der italienischen Regierung vorgelegt, kurz bevor Robbie Vogt das ursprüngliche LIGO-Konzept bei der National Science Foundation einreichte.

Der Name Virgo ist kein Akronym wie LIGO; vielmehr wurde der Detektor nach dem Virgo-Galaxienhaufen im Sternbild Jungfrau benannt. Der Virgo-Galaxienhaufen ist etwa 50 Millionen Lichtjahre entfernt; Giazotto und Brillet wollten einen Detektor entwickeln, der empfindlich genug sein würde, um Gravitationswellen von verschmelzenden Neutronensternen bis hinaus zu dieser Entfernung von der Erde aufzufangen.

Im Hinblick auf seine allgemeine Empfindlichkeit sollte Virgo sich mit dem LIGO messen können, obwohl seine Interferometer-Arme etwas kürzer sein würden. Aber die Europäer wollten erreichen, dass ihr Detektor bei niedrigeren Frequenzen leistungsfähiger ist. Wie wollten sie das anstellen? Durch bessere Spiegel-Aufhängungssysteme. Ein von Giazotto konstruiertes, riesiges mehrstufiges Pendelsystem sollte die Aufgabe lösen. Schon 1987 hatten sie im INFN-Labor in Pisa einen funktionierenden Prototypen gebaut; er ist heute in der Empfangshalle des Hauptgebäudes des European Gravitational Observatory ausgestellt.

Aber Virgo war nicht die einzige europäische Initiative. Auch in Deutschland gab es gegen Ende der 1980er-Jahre Pläne für ein Drei-Kilometer-Interferometer – also immerhin hundertmal so groß wie Heinz Billings 30-Meter-Prototyp. Billing hatte sich 1989 zur Ruhe gesetzt, aber seine Pionierarbeit wurde von Karsten Danzmann fortgesetzt. Billing, der damals 75 Jahre alt war, zeigte sich sehr zuversichtlich, dass die Arbeit seines Nachfolgers letztlich erfolgreich sein würde. »Herr Danzmann«, so sagte er, »ich werde am Leben bleiben, bis Sie diese Wellen gefunden haben.«

Die Deutschen taten sich mit Experimentatoren in Glasgow, Schottland, und Theoretikern in Cardiff, Wales, zusammen. Sie nannten ihr zukünftiges Interferometer GEO, als Abkürzung für »German-English Observatory«. Das war dumm und ignorant, wie Danzmann heute zugibt: Schottland und Wales gehörten zwar zum Vereinigten Königreich, aber natürlich würde man nie einen Menschen aus Schottland oder Wales »englisch« nennen. Und so wurde bald die Abkürzung GEO umgewidmet und stand fortan für »Gravitational European Observatory«, auch wenn dieser vollständige Name so gut wie nie verwendet wird.

Im Sommer 1990 sah es so aus, als ob das 100-Millionen-Euro-Projekt grünes Licht bekommen würde. Aber im Lauf der darauffolgenden zwei Jahre verlief GEO sang- und klanglos im Sande. Der Grund: Der Fall der Berliner Mauer im November 1989 und die bald darauf folgende Wiedervereinigung der Bundesrepublik Deutschland mit der Deutschen Demokratischen Republik. Der Löwenanteil der Forschungsmittel der neuen Regierung floss daraufhin in den Aufbau der Infrastruktur der ehemaligen DDR – und dann war einfach kein Geld mehr da für große neue Projekte. Bis 1992 war klar, dass das GEO tot war, zumindest in seiner ursprünglich geplanten Form.

Neue Chancen taten sich auf, nachdem Danzmann von München nach Hannover gezogen war.[16] An der Universität Hannover war der renommierte Laserphysiker Herbert Welling gerade dabei, den Fachbereich Physik umzustrukturieren, und experimentelle Gravitationsphysik stand weit oben auf seiner Prioritätenliste. Im Jahr 1993 bot er Danzmann an, das neue Forschungsprogramm aufzubauen. Es sollte unter anderem von der Volkswagenstiftung finanziert werden. Und so dauerte es nicht mehr lange, bis das GEO-Projekt wieder auf den Tisch kam, wenn auch inzwischen deutlich kleiner und billiger.

Virgo wurde 1993 bewilligt, ursprünglich als 75-Millionen-Euro-Projekt. Die Bauarbeiten begannen drei Jahre später. Das Zehn-Millionen-Euro-Projekt GEO600 – der neue Name verweist auf die kürzere Armlänge von nur 600 Metern – wurde 1994 in Angriff genommen; die ersten Bauarbeiten begannen 1995, etwas südlich von Hannover. Die Europäer verschwendeten keine Zeit.

Ein Besuch am GEO600 ist etwas ganz anderes als ein Besuch am LIGO oder Virgo.[17] Erstens ist das Forschungsgelände nicht ganz einfach zu finden. Westlich des winzigen Dorfs Ruthe muss man zuerst nach den Feldern des Fachbereichs Landwirtschaft der Universität Ausschau halten; dann folgt man einer schmalen, schlammigen Straße bis zu einer lockeren Ansammlung von Gebäuden in Fertigbauweise, in denen die Büros, der Kontrollraum und die Kantine des Observatoriums untergebracht sind. Die 600 Meter langen, mit Wellblech verkleideten Strahlrohre erinnern an ein billiges Klärwerk; sie sind in Gräben versteckt und leicht zu übersehen. Aber der äußere Anschein trügt. Im zum Teil unterirdisch angelegten Hauptgebäude sieht man sich plötzlich umgeben von Hightech-Lasergeräten, Elektronikschränken und Vakuumtanks voller Präzisionsoptiken.

Als ich Anfang Februar 2015 das GEO600 besuchte, war es das einzige betriebsbereite Laserinterferometer der Welt – sowohl LIGO als auch Virgo waren vorübergehend stillgelegt worden, um neue Detektoren zu installieren. Niemand erwartete allerdings, dass der kleine deutsche Detektor tatsächlich Raumzeitkräuselungen registrieren würde – er ist wesentlich weniger empfindlich als seine drei großen Geschwister. Vielmehr ist das Hauptziel dieser Einrichtung, neue Technologien zu entwickeln und zu testen; so wurde zum Beispiel das Signalrecycling-Verfahren zuerst hier entwickelt. GEO600 war auch das erste Instrument, mit dem die »Squeezed light«-Technik demonstriert wurde, die Quanteneffekte nutzt, um den Output des Interferometers noch weiter zu stabilisieren.[18]

Zuerst wurden die europäischen Projekte – vor allem Virgo – als Konkurrenten des LIGO gesehen. Manche Beobachter hielten es sogar für möglich, dass die Europäer den US-Amerikanern den Rang ablaufen und als Erste Gravitationswellen registrieren würden; diese sehr unwahrscheinliche Möglichkeit mag sogar eine Rolle dabei gespielt haben, dass das LIGO schließlich doch überlebte. Aber bald wurde klar, dass alle Beteiligten von einem gewissen Maß an Zusammenarbeit profitieren würden.

Schon zwei Jahre vor der offiziellen LIGO-Einweihungszeremonie im November 1999 hatte sich das Team vom GEO600 der LIGO Scientific Collaboration angeschlossen. Der erste gemeinsame Observationslauf von Hanford, Livingston und GEO600 begann 2002. Ein Jahr später war auch Virgo betriebsbereit. Und im Jahr 2007 vereinbarten die LIGO- und Virgo-Kooperationen ein gemeinsames Datenanalyseprogramm. Seither werden alle technischen Daten, Testergebnisse, Observationsmessungen und wissenschaftlichen Auswertungen der vier Detektoren unter den über 1000 Mitgliedern der verschiedenen Forschungsgruppen ausgetauscht.

Es war ein langer, verschlungener und steiniger Weg, aber: Ende gut, alles gut. Nach einer langen Phase der Feinabstimmung, gefolgt von mehreren Jahren der Observation, wurden die Anfangsversionen von LIGO und Virgo jeweils im Oktober 2010 und Dezember 2011 vorübergehend stillgelegt. Ein halbes Jahrhundert, nachdem Joseph Weber zum ersten Mal über Verfahren nachgedacht hatte, um Gravitationswellen zu messen, waren die winzigen Kräusel immer noch nicht registriert worden. Aber alle Beteiligten waren optimistisch. Mit den Bauarbeiten für Advanced LIGO und Advanced Virgo sollte bald begonnen werden – in fünf Jahren sollten die neuen Detektoren fertiggestellt sein. Letzten Endes sollten sie sehr viel empfindlicher sein als ihre Vorgänger – nur noch ein paar Jahre, nur noch ein bisschen mehr Geduld.

Dann, am 17. März 2014, gaben Forscher vom Harvard-Smithsonian Center for Astrophysics in Cambridge, Massachusetts, bekannt, sie hätten »das erste direkte Abbild von Gravitationswellen am Himmel« erfasst. Nicht erzeugt von kollidierenden Neutronensternen oder verschmelzenden Schwarzen Löchern, sondern vom Urknall. Und nicht mit einem riesigen Laserinterferometer aufgefangen, sondern mit einem kleinen Mikrowellenteleskop am Südpol.

Nach jahrzehntelangen Entwicklungs- und Bauarbeiten, nach zahllosen Tests und Kosten von mehreren Hundert Millionen Dollar war somit eine andere Forschergruppe Rainer Weiss, Kip Thorne, Ron Drever und all den anderen zuvorgekommen?

Das ist eine Geschichte für Kapitel 10. Doch zunächst muss ich Ihnen die Geschichte von der Geburt des Universums erzählen.

9 Schöpfungsgeschichten

»Am Anfang war das Nichts, und das ist dann explodiert.«[1]

Dieser bekannte Ausspruch von Terence Pratchett wird häufig verwendet (oder missbraucht?), um die Kosmologie ins Lächerliche zu ziehen. Das läuft dann ungefähr so: »Ihr nennt euch ›Wissenschaftler‹? Ihr behauptet, dies und das über das Universum zu wissen? Mal im Ernst, diese ganze Idee von einem Urknall ist doch eine Farce – sie macht überhaupt keinen Sinn. Und das bedeutet, dass die Wissenschaft nicht auf dem Weg zur Wahrheit sein kann. Vielleicht solltet ihr wieder den göttlichen Schöpfer ins Spiel bringen oder euch irgendetwas anderes ausdenken.«

Diese Argumentation habe ich nie so ganz verstanden. Die Wissenschaft weiß nicht, wie man Krebs heilen kann. Die Wissenschaft weiß so gut wie nichts über das menschliche Bewusstsein. Aber niemand sieht das als Grund an, das Streben der Wissenschaft nach Erkenntnis völlig abzuschreiben – im Gegenteil, würde ich sagen. Aber wenn es um die größte, vornehmste, tiefste und grundlegendste aller Fragen geht – wie fing *alles* an? –, werden Wissenschaftler ausgelacht, weil sie dieses Rätsel noch nicht gelöst haben. Was erwartet man denn?

Falls Sie die Ursprünge des Universums nicht verstehen, sind Sie in bester Gesellschaft. Selbst die besten Kosmologen wissen nicht, wie alles begann. Auch die klügsten Köpfe der Welt haben keine Ahnung, was vor dem Urknall war – oder ob diese Frage überhaupt sinnvoll ist. Nicht einmal Stephen Hawking weiß mit Sicherheit, ob das Universum wirklich endlos ist und ob es vielleicht mehrere davon gibt. Die größten

Fragen – mit denen jedes kleine Kind seine Eltern löchert – wurden noch nicht beantwortet. Und vielleicht werden sie das auch nie. Aber dessen ungeachtet hat uns die Wissenschaft seit den allegorischen Mythen des Altertums riesige Fortschritte gebracht.

Falls Sie jemals versucht haben, kosmologische Fragen zu durchdringen, kann ich mir gut vorstellen, dass Sie nicht weit gekommen sind. Das geht uns allen so. Der expandierende Kosmos, die Rotverschiebung von Galaxien, der gekrümmte Raum, die Unendlichkeit – das sind schwierige Themen. Die Kosmologie ist kein Kinderspiel. Aber wir haben ein ganzes Kapitel vor uns, und ich werde mein Bestes tun, Sie sicher durch das Minenfeld der Konzepte zu führen.

Wir haben alle schon einmal vom Urknall gehört. Vor ungefähr 13,8 Milliarden Jahren war das gesamte Universum in einem unendlich kleinen Punkt im Raum komprimiert, und dann ist das Ganze beim Urknall in alle möglichen Richtungen explodiert, richtig?

Falsch.

Dies ist der erste – und größte – Irrtum. Der Urknall war keine Explosion *im* Raum, sondern eine Explosion *des* Raums. Zumindest ist das eine wesentlich bessere Art, es auszudrücken. Die meisten Menschen stellen sich den Urknall als ein riesiges Feuerwerk vor: Es fängt an einem bestimmten Punkt an und schleudert dann Unmengen von Material durch den Raum, in alle Richtungen. Aber sobald Sie sich dabei ertappen, dass Sie sich den Urknall als Feuerwerk vorstellen, sollten Sie nicht weiterdenken – es ist einfach ein völlig falsches Bild.

Um das zu erklären, lassen Sie uns ein Jahrhundert in der Zeit zurückreisen. Damals hatten die Astronomen gerade mehrere Spiralnebel entdeckt, zum Beispiel den Andromedanebel und die Whirlpool-Galaxie. Niemand wusste, was sie wirklich waren. Manche Astronomen glaubten, es würde sich um relativ nahe Gaswirbel handeln, aus denen schließlich ein neuer Stern entstehen würde. Andere dachten, es wären große, viel weiter entfernte Sterngruppierungen – weit jenseits unserer eigenen Galaxie, der Milchstraße.

Damals war es unmöglich, die Entfernung zu einem Spiralnebel zu messen. Man kann nicht einfach ein Maßband von hier zum Andromedanebel ausrollen. Aber es gibt eine Menge anderer Aspekte eines Spiralnebels, die man durchaus herausfinden *kann*: seine Position am Himmel, seine augenscheinliche Größe, seine Helligkeit und Gestalt. Je mehr man über ihn weiß, desto bessere Chancen hat man, seine wahre Beschaffenheit zu entdecken.

Vesto Slipher erkannte, dass er außerdem noch etwas anderes messen konnte: die Bewegung eines Nebels auf uns zu oder von uns fort. Wie sein jüngerer Bruder Earl war Vesto Astronom am Lowell Observatory in Flagstaff, Arizona. Während Earl sich auf die Planeten konzentrierte, interessierte Vesto sich hauptsächlich für Spiralnebel. Im Jahr 1912 war er der Erste, der die Geschwindigkeit eines Spiralnebels maß.

Aber wie lässt sich die Geschwindigkeit eines Objekts messen, wenn man nicht einmal weiß, wie weit es entfernt ist? Mithilfe des Dopplereffekts, den ich in Kapitel 6 beschrieben habe. Denken Sie nur noch einmal an den vorbeifahrenden Krankenwagen: Wenn er am entfernten Ende in Ihre Straße einbiegt und mit heulender Sirene auf Sie zurast, hören Sie einen hohen Ton. Wenn der Krankenwagen am anderen Ende der Straße wieder abbiegt, ist der Ton der Sirene deutlich tiefer. Die Veränderung der Tonhöhe ist ein Maß für die Geschwindigkeit des Wagens.

Mit Licht ist es das Gleiche. Wenn ein Stern sich uns nähert, sind die Lichtwellen, die wir beobachten, komprimiert, sodass wir Licht mit einer höheren Frequenz sehen, was einer etwas bläulicheren Farbe entspricht. Wenn derselbe Stern sich von uns entfernt, nehmen wir eine niedrigere Frequenz wahr – eine rötlichere Farbe. Aus der beobachteten winzigen Farbverschiebung lässt sich die Geschwindigkeit des Sterns berechnen, selbst wenn man nicht weiß, wie weit er entfernt ist.

Zu Beginn des 20. Jahrhunderts hatten verschiedene Astronomen bereits eine Menge Erfahrung damit, solche sogenannten Radialgeschwindigkeiten (entlang der Sichtlinie auf uns zu oder von uns fort) zu messen. Aber bei einem Spiralnebel ist das wesentlich schwieriger, da ein Nebel kein klar definierter Lichtpunkt ist wie ein Stern, sondern ein unscharfer Fleck – und noch dazu ziemlich matt. Trotzdem gelang es Slipher, und andere Astronomen an anderen Observatorien taten es ihm nach.

Wenn Sie die Geschwindigkeiten aller Krankenwagen in Ihrer Umgebung messen könnten, würden Sie erwarten, dass etwa die Hälfte von ihnen mehr oder weniger schnell auf Sie zufährt, während die andere Hälfte sich mehr oder weniger schnell von Ihnen entfernt. Falls das nicht so ist, können Sie daraus schließen, dass Sie sich an einer besonderen Position befinden. Wenn Sie sich zum Beispiel an der Stelle eines schweren Verkehrsunfalls befinden, würden (hoffentlich) mehr Krankenwagen auf Sie zurasen. Aber an einem völlig zufälligen Standort würden Sie ebenso viel hohes wie tiefes Sirenengeheul hören.

Also können Sie sich vorstellen, dass Slipher und seine Kollegen ziemlich erstaunt waren, als sie feststellten, dass alle Spiralnebel, die sie beobachten konnten, sich von der Erde entfernten (mit einer Ausnahme, die ich später erklären werde). In jedem einzelnen Fall hatte das von der Erde aus beobachtete Licht eine niedrigere Frequenz, was einer rötlicheren Farbe entspricht. Mit anderen Worten: Sämtliche Spiralnebel zeigten eine Rotverschiebung. Das war ausgesprochen seltsam – es wirkte so, als nehme die Erde eine irgendwie besondere Position im Universum ein.

Bevor wir fortfahren, sollten Sie sich klarmachen, dass diese Rotverschiebung ein minimaler Effekt ist – er bedeutet keineswegs, dass der Whirlpool-Nebel eine rötliche Färbung hätte. Die Frequenzverschiebung und die entsprechende Verschiebung der Wellenlänge (oder Farbe) sind viel zu gering, um sie mit bloßem Auge wahrnehmen zu können. Stattdessen muss ein Astronom bestimmte Eigenschaften des von einem Nebel kommenden Lichts sehr präzise messen. So wissen wir zum Beispiel, dass heißer Wasserstoff Licht mit einer Wellenlänge von 656 Nanometern (0,000656 Millimetern) emittiert. Aber bei einem gegebenen Spiralnebel könnte für solches Licht beispielsweise eine Wellenlänge von 658 Nanometern gemessen werden. Dennoch würde selbst eine so winzige Verschiebung eine Rezessionsgeschwindigkeit von etwa 900 Kilometern pro Sekunde anzeigen.

Es stellte sich also das Rätsel, dass sämtliche Spiralnebel sich zu entfernen scheinen, und das sogar mit ziemlich hohen Geschwindigkeiten. Niemand hatte dafür eine Erklärung – zumindest nicht, bis Ende der 1920er-Jahre der US-amerikanische Kosmologe Edwin Hubble seinen Auftritt hatte. Der Name wird Ihnen vielleicht bekannt vorkommen: Das Hubble-Weltraumteleskop wurde nach ihm benannt.

Hubble hatte schon 1924 bewiesen, dass die Spiralnebel kein Bestandteil unserer Milchstraße sind. Vielmehr sind sie »Insel-Universen«, wie die Astronomen sie damals zu nennen pflegten – eigenständige Galaxien, eine jede von ihnen mit Milliarden von Sternen. Im Jahr 1929 machte Hubble eine erstaunliche Entdeckung: Je weiter eine Galaxie entfernt ist, desto schneller entfernt sie sich von der Milchstraße. Nahe Galaxien entfernen sich mit moderater Geschwindigkeit; ferne Galaxien zeigen wesentlich höhere Geschwindigkeiten.

Natürlich kannte Hubble die Entfernungen zu anderen Galaxien nicht allzu genau, aber er stellte wohlbegründete Schätzungen an. Wenn die Sterne (oder glühenden Gaswolken) einer Galaxie A heller erschienen als jene in Galaxie B, konnte man davon ausgehen, dass Galaxie B weiter entfernt ist. Aufgrund solcher begründeten Schätzungen zeigte sich bald ein eindeutiger Trend: Nahe Galaxien haben niedrige, weiter entfernte höhere und sehr weit entfernte Galaxien haben sehr hohe Rezessionsgeschwindigkeiten.

Der belgische Jesuitenpater und Astronom Georges Lemaître war dann der Erste, der daraus 1927 die richtige Schlussfolgerung zog. Nimmt unsere Erde eine ganz besondere Position im Universum ein? Nein. Entfernen sich andere Galaxien aus rätselhaften Gründen und mit großer Geschwindigkeit von der Milchstraße? Nein. Messen wir tatsächlich Rezessionsgeschwindigkeiten? Nein. Vielmehr expandiert der Weltraum selbst, entsprechend einer bestimmten Lösung der Einstein'schen Relativitätsgleichungen. Durchaus zu Recht gilt Lemaître als Vater der Urknall-Theorie.

Zur Erklärung soll mir ein Rosinenkuchen als Beispiel dienen. Dies ist eine bekannte und häufig verwendete Metapher; ich konnte nicht herausfinden, wer sie sich ausgedacht hat. Hier ist also das Rosinenkuchen-Gedankenexperiment (na ja, Sie könnten es natürlich auch wirklich durchführen, aber das muss nicht unbedingt sein – es sei denn, Sie haben eine ganz besondere Vorliebe für Rosinenkuchen).

Aber bevor wir den Kuchen in den Ofen schieben, präparieren wir ihn auf eine ganz spezielle Art: Alle Rosinen werden in ganz gleichmäßigen Abständen im Teig positioniert, nämlich jeweils einen Zentimeter vom nächsten Nachbarn entfernt. Das heißt, dass die Rosinen sich an den Schnittpunkten eines imaginären Würfelrasters befinden, wobei jeder Würfel 1 mal 1 mal 1 Zentimeter groß ist. Bitte stellen Sie sich diese Anordnung bildlich vor Ihrem geistigen Auge vor.

Als Nächstes werfen wir den Ofen an. Da wir einen ganz besonderen Teig verwenden (es ist ja schließlich ein Gedankenexperiment), wird der Rosinenkuchen auf spektakuläre Weise aufgehen – nachdem er eine Stunde gebacken wurde, wird der Kuchen doppelt so groß sein wie vorher. Das heißt, dass nach einer Stunde jede Rosine jeweils zwei Zentimeter von ihrem nächsten Nachbarn entfernt ist.

Stellen Sie sich jetzt vor, Sie würden auf einer bestimmten Rosine sitzen. Am Anfang ist Ihr Nachbar einen Zentimeter entfernt, aber nach dem Backen hat er einen Abstand von zwei Zentimetern. In einer Stunde ist der Abstand von einem auf zwei Zentimeter gewachsen. Mit anderen Worten: Während Sie im Ofen saßen, haben Sie beobachtet, wie diese benachbarte Rosine sich mit einer Geschwindigkeit von einem Zenti-meter pro Stunde von Ihnen entfernt.

Aber die *übernächste* Rosine entlang der gleichen Sichtlinie fängt in einem Abstand von zwei Zentimetern an und endet in einem Abstand von vier Zentimetern. Also scheint diese Rosine sich mit zwei Zentimetern pro Stunde zu entfernen. Entsprechend ist eine weiter entfernte Rosine im Abstand von zehn Zentimetern am Ende doppelt so weit entfernt – Sie be-obachten, dass sie sich mit zehn Zentimetern pro Stunde von Ihnen entfernt.

Das heißt, dass eine nahe Rosine eine niedrige, eine weiter entfernte eine höhere und eine sehr weit entfernte eine sehr hohe Rezessionsgeschwindigkeit hat. Genau das, was Hubble beobachtet hatte.

An dieser Stelle müssen wir uns einen wichtigen Umstand klarmachen: Es spielt keine Rolle, auf welcher Rosine Sie sitzen. Von jedem Punkt im Kuchen aus sehen Sie das Gleiche. Keine einzelne Rosine hat eine besondere Position; jede ein-zelne von ihnen sieht, dass alle anderen sich von ihr entfernen. Und ebenso nimmt auch unsere Milchstraße keine besondere Position im Universum ein; außerirdische Astronomen wür-den in jeder anderen Galaxie – Andromedanebel, Whirlpool-Galaxie, NGC 474 – genau das gleiche Muster beobachten.

Der zweite wichtige Umstand, den wir uns klarmachen müssen, ist, dass die Rosinen sich überhaupt nicht bewegen. Zumindest nicht im Verhältnis zum Teig. Sie bleiben einfach, wo sie sind. Sicher, ihre Abstände zueinander nehmen zu, aber das liegt nicht etwa daran, dass sie sich bewegen würden, son-dern vielmehr daran, dass der Teig expandiert. Entsprechend rasen die Galaxien im Universum keineswegs mit irren Ge-schwindigkeiten durch den Raum; jawohl, die Abstände zwi-schen ihnen nehmen zu, aber das liegt daran, dass der Raum selbst expandiert.

Ich habe Sie gebeten, sich davor zu hüten, sich das expan-dierende Universum als eine Art großes Feuerwerk vorzustel-len. Wenn ein Feuerwerkskörper explodiert, bewegen sich tatsächlich kleine Stücke glühenden Materials durch den Raum, fort von ihrem Ursprung. Am Ende sind sie weiter voneinander entfernt als am Anfang, aber nur, weil sie sich tatsächlich fortbewegt haben. Doch im expandierenden Universum ist das nicht so. Man könnte zwar sagen, dass die Entfernung zwischen der Erde und der Galaxie NGC 474 (zurzeit etwa 100 Millionen Lichtjahre) um 2000 Kilometer pro Sekunde zunimmt; aber es wäre falsch zu sagen, dass NGC 474 sich mit dieser Geschwindigkeit durch den Raum bewegt. Ihre Entfernung nimmt zu, weil der Raum zwischen der Galaxie und uns expandiert.

Ich gebe zu, dass an dieser Stelle die Analogie mit dem Rosinenkuchen nicht mehr so richtig funktioniert. Die Rosinen bewegen sich nicht durch den Teig hindurch. Galaxien reisen dagegen *tatsächlich* durch den Raum. So bewegen sich zum Beispiel unsere Milchstraße und die benachbarte Andromeda-Galaxie mit etwa 100 Kilometern pro Sekunde aufeinander zu – dies ist die eine Ausnahme, die Vesto Slipher 1912 fand. Und das liegt auch nur daran, dass die beiden Galaxien sich durch ihre Schwerkraft gegenseitig anziehen. Sie bewegen sich tatsächlich durch den Raum und werden in ein paar Milliarden Jahren miteinander kollidieren. (Nur keine Panik – bis dahin wird ohnehin schon alles Leben auf der Erde von der unaufhaltsam anschwellenden Sonne ausgelöscht worden sein, wie ich es in Kapitel 5 beschrieben habe.)

Und da sie zurzeit nur 2,5 Millionen Lichtjahre voneinander entfernt sind, ist der expandierende Raum zwischen Milchstraße und Andromeda-Galaxie nicht groß genug, um ihr gegenseitiges Näherkommen auszugleichen. Dagegen bewegt sich eine weit entfernte Galaxie viel zu langsam durch den Raum, um den Entfernungszuwachs aufgrund der Expansion des weiten Raums zwischen der entfernten Galaxie und der Milchstraße wettzumachen.

Es gibt noch einen weiteren Grund, warum die Rosinenkuchen-Analogie nicht perfekt ist. Ein Rosinenkuchen hat normalerweise eine endliche Größe. Dagegen kann es gut sein, dass das Universum unendlich groß ist (darauf werde ich gleich noch zu sprechen kommen). Aber das ist Erbsenzählerei – für alle praktischen Zwecke funktioniert die Kuchen-Metapher ganz wunderbar. Auf jeden Fall sollten, wenn Sie sich das nächste Mal das expandierende Universum als Feuerwerk vorstellen, bei Ihnen alle Alarmglocken schrillen und Sie sich zurufen: »Rosinenkuchen, Rosinenkuchen!«

Und was hat es mit der Rotverschiebung einer Galaxie auf sich? War die nicht darauf zurückzuführen, dass die Galaxie sich von uns entfernt? Ja, genau – wenn sich eine Galaxie durch den Raum bewegt, erzeugt sie etwas, das aussieht wie ein Dopplereffekt. Wenn sie sich von uns entfernt, werden die von ihr kommenden Lichtwellen gestreckt, was zu niedrigeren Frequenzen und entsprechend längeren Wellenlängen führt, wodurch eine Rotverschiebung entsteht. Wenn sie sich dagegen nähert (wie zum Beispiel Andromeda und ein paar andere kleine und nahe Galaxien), zeigt sie eine kleine Blauverschiebung. Aber wenn wir über expandierenden Raum reden, ist es besser, die Analogie mit dem Krankenwagen zu vergessen.

Versuchen Sie stattdessen, sich eine von einer fernen Galaxie emittierte Lichtwelle mit einer bestimmten Frequenz und der entsprechenden Wellenlänge vorzustellen. Millionen oder gar Milliarden von Jahren ist sie auf ihrem Weg in ein Teleskop hier auf der Erde durch den Raum unterwegs. Wenn wir in einem statischen Universum leben würden, käme sie mit genau der gleichen Wellenlänge hier an, mit der sie ihre Reise begonnen hat. Aber das Universum ist nicht statisch – der Weltraum expandiert, und das führt dazu, dass auch eine Lichtwelle, die *durch* den Raum reist, expandiert. Sie wird nach und nach zu einer Welle größerer Länge gestreckt – also zu einer rötlicheren Farbe.

Je länger eine Lichtwelle durch den expandierenden Raum unterwegs ist, desto mehr wird sie gestreckt. Das heißt, dass das Licht von einer fernen Galaxie wegen seiner längeren Reisezeit eine stärkere Rotverschiebung zeigt als das Licht von einer nahen Galaxie. Und das ist wieder genau das, was Hubble fand. Und aus diesem Grund nutzen Kosmologen sogar die Rotverschiebung einer Galaxie als Näherungswert für ihre Entfernung.

Jetzt kommen wir ein Stück weiter. Inzwischen haben Sie eine gute Vorstellung von der Expansion des Universums (Rosinenkuchen) und wissen, warum das Licht von Galaxien eine mehr oder weniger starke Rotverschiebung zeigt (gestreckte Lichtwellen). Als Nächstes müssen wir das schwierige Thema »kosmische Entfernungen« in Angriff nehmen.

Ich habe eben gesagt, dass Kosmologen die Rotverschiebung einer Galaxie als Näherungswert für ihre Entfernung nutzen. Das ist ja schön und gut, aber was meinen wir eigentlich, wenn wir von der »Entfernung einer Galaxie« sprechen? Nehmen wir an, eine Galaxie habe vor langer Zeit, als sie fünf Milliarden Lichtjahre von der Milchstraße entfernt war, eine Lichtwelle emittiert. Bis dieses Licht schließlich hier auf der Erde angekommen ist, könnte jedoch diese Entfernung auf zehn Milliarden Lichtjahre zugenommen haben – denn schließlich ist der Raum ja ständig expandiert.

Jetzt haben wir ein Problem, denn die Rotverschiebung der Galaxie liefert uns keine Informationen über deren *ursprüngliche* Entfernung. Und sie liefert uns auch keine Informationen über ihre *aktuelle* Entfernung. Die einzige Information, die wir aus der Rotverschiebung herauslesen können, ist, wie lange das Licht dieser Galaxie durch den expandierenden Raum unterwegs ist. Das sind weder fünf Milliarden noch zehn Milliarden Jahre, sondern irgendetwas dazwischen, vielleicht sieben Milliarden Jahre oder so.

Was können wir also über die Entfernung zu dieser Galaxie sagen? Genau genommen sollten wir in etwa sagen: *Diese Galaxie ist so weit entfernt, dass ihr Licht, während es durch den expandierenden Raum unterwegs war, sieben Milliarden Jahre gebraucht hat, um uns zu erreichen.* Ziemlich umständlich. Und deswegen würden die meisten Astronomen, weil es

Mit der enormen Auflösung des Hubble-Weltraumteleskops ist es Astronomen gelungen, Tausende von weit entfernten Galaxien zu fotografieren, deren Licht viele Milliarden Jahre unterwegs war, um uns zu erreichen. Dieses »Hubble Ultra-Deep Field« zeigt ein Bild aus der sehr frühen Jugend des Universums.

schlichtweg einfacher ist, nur sagen: *Diese Galaxie ist sieben Milliarden Lichtjahre entfernt.* Denn schließlich sind die sieben Milliarden Jahre Reisezeit für das Licht von dieser Galaxie das Einzige, was wir messen können.

Aber das ist natürlich eine etwas schlampige Ausdrucksweise. Wenn Ihnen also das nächste Mal jemand etwas über eine elf Milliarden Lichtjahre entfernte Galaxie erzählt, denken Sie daran, was diese Person Ihnen eigentlich sagen will: Dass nämlich das Licht dieser Galaxie elf Milliarden Jahre unterwegs war, um uns zu erreichen – das ist das Einzige, was wir mit Sicherheit sagen können, indem wir die Rotverschiebung des Lichts von dieser Galaxie messen. Zu der Zeit, als dieses Licht emittiert wurde (nämlich vor elf Milliarden Jahren), war diese Galaxie uns viel näher – vielleicht war sie erst ein paar Milliarden Lichtjahre entfernt. Und jetzt, da das Licht dieser Galaxie endlich die Erde erreicht hat, könnte sie inzwischen deutlich über 20 Milliarden Lichtjahre entfernt sein.

Jetzt kann ich Sie beinahe protestieren hören. 20 Milliarden Lichtjahre? Wie kann eine Galaxie so weit entfernt sein, wenn das Universum nur 13,8 Milliarden Jahre alt ist? Hat Einstein uns nicht gelehrt, dass nichts schneller reisen kann als Licht? Und wenn das so ist, wie kann sich dann irgendetwas in weniger als 14 Milliarden Jahren auf 20 Milliarden Lichtjahre entfernt haben?

Hier müssen wir uns daran erinnern, dass das expandierende Universum kein Feuerwerk ist. Galaxien rasen nicht *durch* den Raum; vielmehr wachsen ihre Entfernungen zueinander, weil der Raum *selbst* expandiert. Auch eine sehr weit entfernte Galaxie hat sich nie schneller als mit Lichtgeschwindigkeit fortbewegt, obwohl ihre Distanz zu uns um mehr als 300 000 Kilometer pro Sekunde zugenommen haben mag. Einsteins kosmische Geschwindigkeitsbegrenzung wurde nicht übertreten.

Jetzt könnten Sie vielleicht denken, das klingt absurd, aber es ist wahr. Keine Energie, Materie oder Information jedweder Art wird schneller als mit Lichtgeschwindigkeit durch den Raum transportiert. Die Polizeistreifen auf dem Highway der allgemeinen Relativität können keine Strafzettel ausstellen, aber trotzdem kann die Distanz zwischen zwei weit voneinander entfernten Punkten im expandierenden Universum um mehr als 300 000 Kilometer pro Sekunde zunehmen.

Bedeutet das etwa, dass das Universum schneller als mit Lichtgeschwindigkeit expandiert? Ja und nein. Das hängt von der Distanz ab, für die Sie sich interessieren. So erstaunlich es sich auch anhören mag, aber das Universum hat keine einheitliche Expansionsgeschwindigkeit. Der Abstand zwischen zwei relativ nahe beieinanderliegenden Punkten im Raum mag vielleicht um 10 000 Kilometer pro Sekunde zunehmen, während die Distanz zwischen zwei weit voneinander entfernten Punkten im Raum um 500 000 Kilometer pro Sekunde wachsen mag. Und Einstein ist das egal.

Tatsächlich könnte das Universum nach dem jetzigen Wissensstand der Astronomen unendlich groß sein. Es ist schwierig, sich das vorzustellen – unser Gehirn ist nicht darauf ausgelegt, mit Unendlichkeit umzugehen. Allerdings ist auch ein endliches Universum schwer vorstellbar, vielleicht sogar noch schwerer als ein unendliches. Wenn das Universum eine endliche Größe hätte, müsste es dann nicht auch einen äußeren Rand haben? Wie würde dann dieser Rand aussehen und sich anfühlen? Und was läge dahinter?

Um Sie nicht allzu sehr ins Grübeln zu bringen, lassen Sie mich kurz erklären, wie das Universum *im Prinzip* endlich sein könnte, ohne einen Rand zu haben. Falls das paradox klingt, denken Sie an das zweidimensionale Modell eines Universums zurück, das in Kapitel 4 besprochen wurde – das Blatt Millimeterpapier. Als dreidimensionale Wesen können wir das Papier zu einer kugelförmigen Oberfläche krümmen. Dann könnten sich imaginäre Flachländer, die dieses zweidimensionale Universum bevölkern, auf dieser gekrümmten Oberfläche umherbewegen, ohne jemals auf einen Rand zu stoßen. Dennoch wäre ihre Welt endlich groß – falls sie beschließen würden, ihre Welt komplett gelb anzumalen, bräuchten sie keineswegs unendlich viel Farbe.

Entsprechend könnte unser dreidimensionales Universum im Prinzip endlich sein, ohne einen klar definierten Rand zu haben, wenn es irgendwie in einer höheren Dimension gekrümmt wäre. Falls Ihnen das Kopfschmerzen macht, denken Sie nicht weiter darüber nach – alle bekannten Fakten deuten darauf hin, dass unser Universum *keine* übergeordnete globale Krümmung hat. In diesem Fall könnte es wirklich unendlich sein. (Was Ihnen schon wieder Kopfschmerzen machen könnte.)

Aber wie kann ein unendliches Universum aus einem einzigen Punkt entstanden sein?

Nun, das ist es nicht.

Dies ist der zweite große Irrtum: dass nämlich das gesamte Universum zum Zeitpunkt des Urknalls in einem einzigen Punkt konzentriert war. Das war es nicht – zumindest dann nicht, wenn das Universum unendlich groß ist, wovon ich ab sofort ausgehen werde. Vor ein paar Milliarden Jahren hatte sich der Raum noch nicht so weit ausgedehnt wie jetzt. Alle kosmischen Entfernungen waren nur halb so groß wie jetzt. Die Galaxien waren dichter beieinander. Die durchschnittliche Dichte der Materie im Universum war achtmal höher als jetzt (wenn die Entfernungen halb so groß sind, müssen die Volumen ein Achtel so groß sein: $1/2 \times 1/2 \times 1/2$). Aber auch damals war das Universum unendlich groß – denn schließlich ist, wie Sie sich vielleicht noch aus der Schule erinnern werden, unendlich geteilt durch zwei immer noch unendlich.

Vor noch viel längerer Zeit, nämlich ungefähr, als die Galaxien gerade begonnen hatten, sich zu bilden, hatten alle kosmischen Entfernungen nur ein Zehntel ihrer jetzigen Größe, und die durchschnittliche Dichte des Universums war tausendmal höher (das Volumen war ein Tausendstel dessen, was es heute ist: $1/10 \times 1/10 \times 1/10$). Aber unendlich geteilt durch zehn ist ebenfalls unendlich. Das heißt, dass auch damals schon das Universum unendlich groß war.

Vor beinahe 13,8 Milliarden Jahren, nur ein paar Hunderttausend Jahre nach dem Urknall, hatten die kosmischen Entfernungen nur etwa ein Tausendstel (ein Zehntelprozent) ihrer jetzigen Größe. Damals hatten sich noch keine Sterne oder Galaxien gebildet. Das Universum war angefüllt mit heißem neutralem Gas, hauptsächlich Wasserstoff und Helium. Die Dichte des Universums war eine Milliarde mal höher als jetzt (da sein Volumen ein Milliardstel dessen war, was es heute ist: $1/1000 \times 1/1000 \times 1/1000$); es herrschte eine Temperatur von mehreren Tausend Grad Celsius. Das gesamte Universum glühte so heiß und hell wie die Oberfläche unserer Sonne. Aber dennoch muss es auch damals schon unendlich groß gewesen sein.

Wenn man noch weiter zurückgeht, steigen sowohl Dichte als auch Temperatur auf extrem hohe Werte an – sogar so hoch, dass überhaupt keine neutralen Atome mehr existieren können, nicht einmal Protonen oder Neutronen (siehe Kapitel 5), nur noch eine brodelnde Brühe aus Elementarteilchen und energiereichen Protonen.

Was ist also mit dem Urknall?

Nun, in gewissem Sinne *war* das der Urknall. Wenn Kosmologen vom Urknall sprechen, meinen sie normalerweise diesen superdichten, superheißen Ausgangszustand des Universums. Sie können ausrechnen, wie das Universum aussah, als es zehn Jahre oder ein Jahr oder drei Minuten oder einen Sekundenbruchteil alt war. Ziemlich erstaunlich. Aber unmittelbar bevor sie den Zeitpunkt Null erreichen, versagen ihre Theorien. Der wahre Ursprung des Universums ist nach wie vor ein Rätsel – noch.

Hier ist eine andere Art, es zu sehen: Vor sehr, sehr langer Zeit waren die Dichten und Temperaturen *überall* im Universum extrem hoch. Jeder einzelne Punkt des Weltraums hat den superdichten und superheißen Ausgangszustand des Universums durchgemacht. Wenn ein Mensch mit einer Zeitmaschine um 13,8 Milliarden Jahre zurückkreisen würde, an demselben Punkt im Raum, wo er sich jetzt befindet, würde er vom primordialen (ursprünglichen, dem ersten nach dem Urknall) Plasma gebraten werden – ebenso wie an jedem anderen Punkt im Universum. Inzwischen ahnen Sie wahrscheinlich schon, worauf ich hinauswill: *Der Urknall geschah überall.*

Bis jetzt haben wir also Galaxien, die wie Rosinen in einem aufgehenden Teig auseinandergeschoben werden, Lichtwellen, die auf ihrer viele Milliarden Jahre langen Reise durch den expandierenden Raum gestreckt werden, ein Universum, das vielleicht schon immer unendlich groß war, und einen Urknall, der überall stattgefunden hat. Und außerdem muss ich noch das Nachglühen der Schöpfung erklären, das für unsere Geschichte über Gravitationswellen wichtig ist.

Bevor ich jedoch dazu komme, muss ich Ihnen vom kosmischen Horizont erzählen. Der kosmische Horizont begrenzt, wie weit wir in unser Universum hinaussehen können.

Sie könnten vielleicht naiverweise erwarten, dass die Astronomen so weit sehen können, wie sie wollen. Gib ihnen ein größeres Teleskop, und dann sollten sie damit in der Lage sein, weiter entfernte Galaxien zu beobachten, oder? Aber das berücksichtigt nicht die endliche Lichtgeschwindigkeit – und das endliche Alter des Universums.

Was hat die Lichtgeschwindigkeit damit zu tun, wie weit wir in den Weltraum hinausblicken können? Alles. Der Grund: Weit in den Raum hinauszublicken bedeutet auch, weit in der Zeit zurückzublicken.

In einer klaren Sommernacht werden Sie vielleicht schon einmal den hellen Stern Deneb gesehen haben, im Sternbild Cygnus, dem Schwan. Deneb ist ein strahlender Riesenstern – er ist leicht mit bloßem Auge zu erkennen, obwohl er ungefähr 2600 Lichtjahre von uns entfernt ist. Diese Entfernung bedeutet, dass das Licht vom Deneb 2600 Jahre braucht, um die Erde zu erreichen. Mit anderen Worten: Sein Licht, das wir heute Nacht sehen, wurde vor 2600 Jahren emittiert, also ungefähr zu der Zeit, als der griechische Philosoph Thales von Milet geboren wurde. Wir sehen Deneb nicht so, wie er *jetzt* ist, sondern wie er vor über zweieinhalb Jahrtausenden war. Wir blicken zurück in die Vergangenheit.

(Falls Sie sich das jetzt fragen: Ja, das bedeutet, dass der Deneb unter Umständen nicht mehr existiert. Falls dieser Stern im Jahr 400 n. Chr. explodiert ist, wird das Licht von der Explosion uns erst in etwa 1000 Jahren erreichen.)

Sehen wir uns jetzt einmal die Galaxie NGC 474 an, die uns weiter oben schon begegnet ist. Sie ist etwa 100 Millionen Lichtjahre von uns entfernt. Das Licht, das wir heute von ihr empfangen, wurde emittiert, als auf der Erde noch die Dinosaurier herumstapften. Wenn er NGC 474 beobachtet, blickt ein Astronom volle 100 Millionen Jahre zurück in die Zeit. Für noch weiter entfernte Galaxien kann diese sogenannte

»lookback time« (Rückschauzeit) Milliarden von Jahren lang sein. Kein Wunder, dass Teleskope manchmal auch »Zeitmaschinen« genannt werden!

Das Gute an solchen Blicken zurück in die Zeit ist, dass der Kosmologe auf diese Weise die Entwicklung des Universums erforschen kann. Sie wollen wissen, wie das Universum vor acht Milliarden Jahren aussah? Dann müssen Sie nur Ihr Teleskop auf eine Galaxie richten, die acht Milliarden Lichtjahre entfernt ist (oder etwas genauer: eine Galaxie, die so weit entfernt ist, dass ihr Licht auf seiner Reise durch den expandierenden Raum acht Milliarden Jahre unterwegs war, um die Erde zu erreichen.) Oder lieber zehn Milliarden Jahre? Schauen Sie einfach ein bisschen weiter hinaus.

Der Nachteil ist allerdings, dass es eine fundamentale Grenze gibt, die einschränkt, wie weit wir in den Weltraum hinausblicken können. Wenn unser Universum vor 13,8 Milliarden Jahren geboren wurde, ist das auch die längste Zeit, die ein Lichtstrahl gereist sein kann. Also können wir nicht weiter als 13,8 Milliarden Jahre in der Zeit zurückblicken – so einfach ist das. Das Universum mag ja unendlich groß sein, aber wir können nur einen relativ kleinen Teil davon beobachten: eine Kugel mit einem Radius von 13,8 Milliarden Lichtjahren, in deren Zentrum unsere Milchstraße liegt. Diese Kugel nennen wir das »observierbare Universum«; ihre Oberfläche ist unser kosmischer Horizont.

Es lohnt sich, an dieser Stelle mehrere Punkte ausdrücklich zu erwähnen.

Erstens: Vielleicht ist es Ihnen aufgefallen, dass ich mich entschieden habe, bei der schlampigen Gewohnheit zu bleiben, Lichtreisezeiten mit Entfernungen gleichzusetzen. Tatsächlich beträgt der wirkliche *aktuelle* Radius unseres kosmischen Horizonts etwa 42 Milliarden Lichtjahre. Aber es ist einfach sehr praktisch, Entfernung und »lookback time« eins zu eins gleichzusetzen.

Zweitens (sehr wichtig): Der kosmische Horizont ist eine *fundamentale* Einschränkung des Weltraums, den wir observieren können. Kein Teleskop – ganz gleich, wie groß und leistungsfähig es sein mag – wird jemals zeigen können, was in größeren Entfernungen dort draußen ist. Es ist schlichtweg nicht möglich, Punkt.

Drittens: Während das Universum altert, wächst die Größe des *observierbaren* Universums. Jedes Jahr wächst sein Radius um ein zusätzliches Lichtjahr. Leider wird am Ende das Wachstum des observierbaren Universums nicht mit der Expansion des Weltraums Schritt halten können, die sich sogar beschleunigt (mehr darüber in Kapitel 16).

Viertens: Jeder Punkt im Universum hat natürlich seinen eigenen kosmischen Horizont. Stellen Sie sich Schiffe auf einem Ozean vor – jedes Schiff hat seinen eigenen Horizont, dessen Mittelpunkt ebendieses Schiff ist und über den hinaus seine Matrosen nicht blicken können. Entsprechend befindet sich jeder Beobachter im Universum im Mittelpunkt seines eigenen, kleinen, persönlichen *observierbaren* Universums.

Fünftens: Unser kosmischer Horizont ist nichts Physisches. Ein außerirdischer Beobachter, der sich genau an unserem Horizont befindet, würde dort nichts Ungewöhnliches sehen. Seine unmittelbare Umgebung würde wie unsere aussehen, mit älter werdenden Sternen und reifen Galaxien, denn schließlich lebt er ja in dem gleichen, 13,8 Milliarden Jahre alten Universum wie wir. Aber wir wären auch an *seinem* Horizont. Wenn er durch die Weite des Weltraums in unsere Richtung blickte, würde auch unser außerirdischer Freund 13,8 Milliarden Jahre in der Zeit zurückblicken, in eine Epoche weit vor der Geburt unserer Milchstraße, ganz zu schweigen von Sonne und Erde.

Jetzt kommen wir endlich zum Nachglühen der Schöpfung – einem Begriff, der von dem britischen Astronomie-Schriftsteller Marcus Chown geprägt (oder zumindest verbreitet) wurde. Das Nachglühen der Schöpfung ist das, was ein Beobachter am äußersten Rand seines persönlichen observierbaren Universums sieht: ein verblassendes Bild der enormen Gewalt des Urknalls.

Je weiter man in den Weltraum hinausblickt, desto weiter blickt man auch in der Zeit zurück. Am kosmischen Horizont – dem Rand des observierbaren Universums – beträgt die »lookback time« 13,8 Milliarden Jahre. Alle Strahlung, die wir von diesem weit entfernten Rand empfangen, wurde vor 13,8 Milliarden Jahren emittiert, kurz nach der Geburt des Universums. Sie liefert uns ein Bild des Universums, wie es damals aussah.

In den ersten paar Hunderttausend Jahren seiner Existenz war das Universum mit einem brodelnden Plasma angefüllt, das so dicht und heiß war, dass Licht es nicht durchdringen konnte. Als jedoch das Universum 380 000 Jahre alt geworden war, waren Dichte und Temperatur so weit zurückgegangen, dass sich neutrale Atome bilden konnten. Zum ersten Mal konnten Photonen (Einsteins »Lichtteilchen«) ungehindert durch den Weltraum reisen. Das Universum war transparent geworden.

Wie oben bereits erwähnt, glühte damals das gesamte Universum so heiß und hell wie heute die Oberfläche unserer Sonne. Wenn wir also in diese Zeit zurückblicken, wie wir es am kosmischen Horizont tun, sollten wir dieses Urknall-Glühen sehen können, und zwar in jeder Richtung, in die wir blicken wollen. Und das können wir tatsächlich! Aber diese primordiale Strahlung ist seit 13,8 Milliarden Jahren unterwegs (abzüglich vernachlässigbarer 380 000) und ist auf dem langen Weg sehr matt geworden. Außerdem ist diese Strahlung durch ein ständig expandierendes Universum gereist, was dazu führte, dass ihre Wellenlänge um etwa das Tausendfache gestreckt wurde. Das heißt, dass statt eines blendenden Glühens mit Wellenlängen im sichtbaren Bereich nur noch ein beinahe unmerkliches Rauschen mit Wellenlängen im Bereich von Radiosignalen übrig geblieben ist. Dieses Rauschen ist allgemein als der »cosmic microwave background« (CMB, kosmische Mikrowellen-Hintergrundstrahlung) bekannt. Aber wenn ich mich gewählt ausdrücken will, nenne ich es lieber das »Nachglühen der Schöpfung« – das klingt poetischer.

Die kosmische Mikrowellen-Hintergrundstrahlung wurde 1964 entdeckt, also vor über einem halben Jahrhundert. Seither ist sie immer detaillierter erforscht worden, wie wir in Kapitel 10 noch sehen werden. Das ist auch kein Wunder, denn immerhin ist die CMB das älteste Signal, das ein Astronom beobachten kann. Näher können wir dem erhabenen Moment, die Geburt des Universums mitzuerleben, nicht kommen.

Manche Menschen wundern sich, dass wir das Nachglühen der Schöpfung jahrzehntelang erforschen können. Tatsächlich hätten sogar schon die Neandertaler, wenn denn nur ihre Instrumente empfindlich genug gewesen wären, dieses Hintergrundrauschen observieren können. Und ebenso wären auch unsere entfernten Nachkommen in Millionen von Jahren in der Lage, es zu erforschen. Aber war nicht die Geburt des Universums ein extrem kurzes Ereignis? Wäre nicht zu erwarten, dass die Strahlung aus dieser Epoche blitzschnell vorbeihuschen würde? Wie kann es sein, dass wir das Nachglühen immer noch sehen?

Auch das hat mit der endlichen Geschwindigkeit des Lichts zu tun. Um das besser verstehen zu können, wollen wir noch ein Gedankenexperiment machen. Stellen Sie sich vor, wir würden zusammen mit vielen Tausend anderen Menschen auf einem großen Rathausplatz stehen. Es ist ein enormes Gedränge. Uns allen wurde gesagt, wir sollten unsere Armbanduhren auf die Sekunde genau synchronisieren und mittags um Punkt zwölf laut »buh!« rufen. Oh, ein kleines Detail hätte ich beinahe vergessen: Der Rathausplatz befindet sich auf einem Planeten, auf dem Schallwellen sich nicht mit den gewohnten 330 Metern pro Sekunde ausbreiten, sondern mit nur einem Meter pro Sekunde.

Was passiert also um zwölf? Sie rufen »buh!«, so laut Sie können. Das Geräusch, das Sie produzieren, breitet sich in alle Richtungen aus. Innerhalb einer Sekunde können Sie Ihren eigenen Ruf nicht mehr hören. Aber um 12:00:01 Uhr hören Sie das kollektive »buh!« von den Leuten, die innerhalb eines Abstands von einem Meter um Sie herumstehen – die von *ihnen* um zwölf erzeugten Geräusche brauchten eine Sekunde, um Sie zu erreichen. Und um 12:00:02 Uhr hören Sie immer noch »buh!« – von den Leuten innerhalb eines Abstands von zwei Metern. Selbst eine ganze Minute nach zwölf werden immer noch »Buh!«-Rufe Ihre Ohren erreichen, nämlich von den Leuten, die sich 60 Meter von Ihnen entfernt befinden.

Das Komische ist, dass niemand mehr ruft. Jede Person auf dem Rathausplatz hat nur ein einziges, kurzes »Buh!« erzeugt, genau um zwölf. Aber Sie hören immer weitere Rufe, die Sie aus immer größeren Entfernungen erreichen. Wenn der Platz wirklich groß wäre, würden Sie stundenlang immer weitere »Buh!«-Rufe hören. Und das Gleiche würde für jede andere Person auf dem Platz gelten – denn immerhin wird ja jemand, der 300 Meter von Ihnen entfernt steht, um 12:05:00 Uhr *Ihren* »Buh!«-Ruf hören. Und so weiter.

Der Rathausplatz entspricht dem Universum. Das kollektive »Buh!« um zwölf ist der relativ kurze Ausbruch von kosmischer Mikrowellen-Hintergrundstrahlung, der kurz nach dem Urknall emittiert wurde. Die Strahlung des Nachglühens, die vor 13,8 Milliarden Jahren an *unserem* Punkt im Weltraum erzeugt wurde – direkt unter unseren Füßen –, hat sich längst im gesamten Universum verteilt. Aber wir empfangen nach wie vor das matte Signal von immer weiter entfernten Punkten im Raum. (Wenn Sie die Analogie noch weiter verbessern wollen, können Sie das Kopfsteinpflaster des Rathausplatzes durch eine Gummiplane ersetzen und ein paar Leute an dessen Rändern ziehen lassen – da haben wir das expandierende Universum!)

Die Kosmologie ist ein dynamisches Forschungsgebiet der Wissenschaft, voller ungelöster Rätsel und spannender Entdeckungen. Vielleicht werden wir nie ganz verstehen, wie alles anfing, aber jedenfalls haben wir seit Terence Pratchetts Erkenntnis – »Am Anfang war das Nichts, und das ist dann explodiert« – eine ganze Menge dazugelernt. Und wer weiß – falls eines Tages primordiale, zur Zeit des Urknalls erzeugte

Gravitationswellen festgestellt werden sollten, könnte das einen neuen Ausblick auf die Geburt des Universums eröffnen. Also lade ich Sie jetzt ein, mich auf eine Reise an den geografischen Südpol zu begleiten, wo wir herausfinden wollen, wie nahe wir diesem seit Langem erwarteten Durchbruch schon gekommen sind.

10 Kälteeinbruch

Ich bin mit Shaul Hanany im Antarctica Hilton verabredet.

Nein, das ist kein Luxushotel mit Lobby, Bar und Parkservice für Schneemobile. »Antarctica Hilton« ist lediglich der Spitzname für etwas, das im Grunde genommen nur ein Schuppen ist, der dazu dient, Menschen vorübergehend Schutz vorm Erfrieren zu bieten. Eine Tür, ein paar Fenster, zwei Holzbänke – das ist schon alles. Es ist in allen Himmelsrichtungen umgeben von einer riesigen, von sturmgepeitschtem Eis und Schnee bedeckten Ebene. Und eine Heizung gibt's dort übrigens auch nicht.

Vorher an jenem Tag hatte ich die Long Duration Balloon Facility (LDBF) der National Science Foundation besucht, nicht allzu weit entfernt von der McMurdo-Station, der US-Forschungsbasis an der Küste des gefrorenen Kontinents.[1] In einem riesigen Hangar, der auf gigantischen Skiern steht und offiziell »Nutzlastmontagehalle« heißt, wurde das BLAST-Teleskop auf seine fünfte und letzte Mission vorbereitet. BLAST steht für »Balloon-Borne Large-Aperture Submillimeter Telescope«; das Projekt wird von Mark Devlin von der University of Pennsylvania geleitet. Wie sein Name schon sagt, wird das Teleskop eingesetzt, um das Universum im Wellenlängenbereich knapp unter einem Millimeter zu erforschen. Da das vom Boden aus nicht möglich ist, weil Mikrowellenstrahlung von Wassermolekülen in der Atmosphäre absorbiert wird, setzen Devlin und sein Team einen riesigen, mit Helium gefüllten Ballon ein, um ihr Instrument hinauf in die Stratosphäre zu schicken, wo es ungefähr zwei Wochen lang bleibt.

In einer zweiten »Nutzlastmontagehalle« hatte Hanany kontrolliert, wie weit sein eigenes Ballonexperiment gediehen war, das sogenannte EBEX (was schlicht für »E and B experiment« steht).[2] Am späten Nachmittag bringt der LDBF-Campmanager uns beide mit seinem Heavy-Duty-Pick-up zurück, aber nicht den ganzen Weg bis McMurdo – das hätte ihn zu viel Zeit gekostet. Er setzt uns schon an der Abbiegung zur Eisstraße ab, die zum Pegasus Field führt, der größten Landebahn der Basis. Dort können wir im Antarctica Hilton warten, bis wir von »Ivan the Terra Bus«, dem monströsen McMurdo-Airport-Shuttle mit seinen übergroßen Reifen, abgeholt werden.

Shaul Hanany ist ein Physiker von der University of Minnesota. Während wir gemeinsam eine Stunde im Hilton warten, habe ich Gelegenheit, ihn gründlich über das EBEX auszufragen. Unterdessen wird Hanany immer nervöser – was sollen wir machen, wenn das Shuttle nicht auftaucht? Wir sind ganz allein in der Eiswüste, ohne irgendeine Kommunikationsmöglichkeit.

EBEX wurde entwickelt, um die Polarisation der kosmischen Mikrowellen-Hintergrundstrahlung zu messen. Die heutigen Preflight-Tests waren vielversprechend, erzählt mir Hanany. Innerhalb von etwa zwei Wochen soll der Ballon starten. Diese EBEX-Mission könnte zu einer revolutionären Entdeckung führen: Hanany und seine Kollegen hoffen, versteckt in den Polarisationsmustern der Urknall-Strahlung die Fingerabdrücke von primordialen Gravitationswellen zu finden, die auf den eigentlichen Ursprung des Universums zurückgehen.

Endlich taucht »Ivan the Terra Bus« als roter Punkt am völlig weißen Horizont auf. Der Fahrer, den alle nur »Shuttle Bob« nennen, erzählt uns, er sei in einer Schneeverwehung stecken geblieben, daher die Verspätung. Eine halbe Stunde später sind wir zurück auf der McMurdo-Station, die aussieht und wirkt wie eine Militärbasis.

Im Dezember 2012 durfte ich als einer von drei ausgewählten Teilnehmern der Saison im Rahmen des Antarctic Journalist Program der National Science Foundation eine Woche auf der McMurdo-Station verbringen. Es war ein tolles Erlebnis. Ich lernte zahlreiche Forscher kennen – Geologen, Pinguinforscher, Klimatologen, Meteoritenjäger (unter ihnen auch den NASA-Astronauten Stanley G. Love), Glaziologen (Gletscherforscher), Astrophysiker und diverse andere. Ich habe Scott's Hut besucht, die 1911 von dem englischen Entdecker Robert Falcon Scott und seinen Gefährten errichtet wurde, bevor sie auf ihre tödliche Expedition zum Südpol aufbrachen. Ich kletterte auf den 230 Meter hohen Observatory Hill, auf dem ein Gedenkkreuz zu Ehren der umgekommenen Entdecker steht. Ich besuchte die Kapelle von McMurdo und sprach mit Michael Smith, dem Priester. Ich genoss den Karaoke-Gesang eines beschwipsten Astrobiologen in Gallagher's Bar, der nicht immer den richtigen Ton traf (Namen werden nicht verraten). Unsere kleine Gruppe machte einen Hubschrauberausflug zum Cape Royds und Cape Evans, wir besuchten die Versuchsstation des WISSARD-Eisbohrprojekts und schlossen uns einer Wanderung über fotogene Druckaufwerfungen im Eis an. Und ja, schließlich habe ich es bis zur Long Duration Balloon Facility geschafft.

Aber das bei Weitem spektakulärste Erlebnis während meines Besuchs war der Tagesausflug an die Amundsen-Scott South-Pole Station am 10. Dezember. Während McMurdo an der Küste des antarktischen Kontinents liegt, in der Nähe des Ross-Schelfeises, befindet sich die Amundsen-Scott-Station am geografischen Südpol – dem südlichsten Punkt der Erde. Es ist ein dreistündiger Flug mit der Spirit of Freedom, einem propellergetriebenen, mit Landekufen ausgerüsteten Lockheed-LC-130-Militärflugzeug. Es ist ein milder Tag am Pol, mit einem Windchill von nur –37 °C. Dennoch wage ich es trotz meiner ECW-Ausrüstung (ECW ist ein militärisches Kürzel für »extreme cold weather«) nicht, den ungefähr einen Kilometer langen Weg von den Unterkünften der Station zum Dark Sector zu Fuß zu gehen, wo die meisten Astronomieexperimente konzentriert sind. Stattdessen fahren wir mit dem Anhängerschneemobil.

Eines der beeindruckendsten Gebäude im Dark Sector ist das »IceCube Laboratory«.[3] Aber noch beeindruckender ist der Umstand, dass dieses Bauwerk im Verhältnis zu dem unsichtbaren wissenschaftlichen Experiment, dem es dient, winzig klein ist. IceCube ist zwar das größte Neutrino-Observatorium der Welt, aber unsichtbar. Es besteht aus über 5000 hochempfindlichen Lichtdetektoren, die in einen Kubikkilometer Eis unter der Oberfläche der Antarktis eingefroren sind. In dem Laborgebäude stehen nur die Hochleistungsrechner. IceCubes Fotodetektoren registrieren extrem selten auftretende Lichtblitze in dem dunklen, transparenten Eis, die von vorbeiziehenden Neutrinos aus dem Kosmos verursacht werden. (Neutrinos habe ich in Kapitel 5 vorgestellt – sie sind schwer greifbare subatomare Teilchen, die während des Urknalls in großer Zahl erzeugt wurden. Außerdem spielen sie eine wichtige Rolle bei Supernova-Explosionen.)

Nicht weit entfernt vom IceCube Laboratory ist das ebenso beeindruckende Martin A. Pomerantz Observatory zu finden. Es wurde nach einem Pionier der Antarktis-Astronomie benannt, der 2008 verstarb. Am einen Ende des lang gezogenen, zweistöckigen Gebäudes befindet sich der Zehn-Meter-Spiegel des South Pole Telescope[4]; am anderen Ende ist ein kegelförmiger Kragen, in den das BICEP2-Instrument eingebaut ist (BICEP steht für »Background Imaging of Cosmic Extragalactic Polarization«).[5] Beide Instrumente werden eingesetzt, um die kosmische Mikrowellen-Hintergrundstrahlung zu erforschen – die schwachen kosmischen Radiowellen, die 380 000 Jahre nach dem Urknall entstanden. Der Kragen schirmt das empfindliche Teleskop von Streustrahlung durch menschliche Aktivitäten ab.

Mit seiner 26-Zentimeter-Linse ist das BICEP2 kleiner als manches Amateurteleskop. Doch seine Brennebene wird auf ein Viertelgrad über dem absoluten Nullpunkt heruntergekühlt und ist mit 512 extrem empfindlichen supraleitenden Sensoren bestückt, um jedes einzelne, vom Himmel kommende Mikrowellen-Photon registrieren zu können. Ebenso

Das BICEP2-Teleskop befindet sich in dem kegelförmigen »Kragen« auf dem Dach des Martin A. Pomerantz Observatory, ganz in der Nähe der Amundsen-Scott South Pole Station der National Science Foundation am geografischen Südpol. Links im Bild ist das South Pole Telescope mit zehn Metern Durchmesser zu sehen.

wie Shaul Hananys EBEX-Instrument dient BICEP2 dazu, die Polarisation der kosmischen Mikrowellen-Hintergrundstrahlung zu erforschen. (Zumindest noch im Dezember 2012; seither wurde es durch ein noch leistungsfähigeres Instrument ersetzt.)

Die kosmische Mikrowellen-Hintergrundstrahlung (CMB) wurde 1964 durch Zufall von den US-amerikanischen Radioingenieuren Arno Penzias und Robert Wilson entdeckt. Sie ist das älteste »Licht« im Universum. Ein Astronom kann nicht weiter in der Zeit zurückblicken als bis zur CMB-Epoche, da das Universum in den ersten 380 000 Jahren seiner Existenz zu heiß, zu dicht und zu strahlenundurchlässig war, als dass elektromagnetische Strahlung sich frei durch den Raum hätte ausbreiten können. Näher können wir dem Urknall also nicht kommen.

Wie ich in Kapitel 9 beschrieben habe, ist das, was als gleißende Flut energiereicher Strahlung seinen Ausgang nahm, inzwischen verblichen und abgekühlt zu einem beinahe unmerklichen Rauschen mit Wellenlängen im Millimeterbereich, die einer Temperatur von nur 2,7 Grad über dem absoluten Nullpunkt entsprechen. Wenn wir den Ursprung des Universums verstehen wollen, müssen wir dieses kalte Echo detailliert erforschen – ganz gleich, wie schwierig das auch sein mag.

Und das ist nicht nur darum so schwierig, weil die kosmische Mikrowellen-Hintergrundstrahlung so schwach ist, sondern auch, weil Mikrowellen aus dem Weltraum umgehend von Wassermolekülen in der Erdatmosphäre absorbiert werden. (Der gleiche Prozess sorgt dafür, dass wasserhaltige Lebensmittel in einem Mikrowellenofen schnell heiß werden: Die Wassermoleküle absorbieren fast die gesamte Energie der Strahlung.) Also ist der bei Weitem beste Ort, um die CMB zu observieren, der Weltraum selbst. Tatsächlich wurden die besten CMB-Himmel-Gesamtkarten als Ergebnis von drei aufeinanderfolgenden Weltraummissionen produziert.

Die erste – und vielleicht revolutionärste – CMB-Weltraummission war COBE (Cosmic Background Explorer).[6] Dies war die Mission, die aus der frühen Arbeit von Rainer Weiss am MIT hervorgegangen ist. Die COBE-Sonde wurde im November 1989 gestartet und war das erste Instrument, das kleine Temperaturunterschiede in der Hintergrundstrahlung feststellte, in der Größenordnung von einem zehntausendstel Grad. Diese winzigen »heißen« und »kalten« Flecken entsprechen Regionen von etwas höherer beziehungsweise niedrigerer Dichte im sehr frühen Universum, die letztlich den Ursprung von Galaxien und Sternhaufen bildeten. Ohne diese primordialen Dichteunterschiede wäre das Universum heute ein dunkler und langweiliger Ozean aus Wasserstoff und Helium, mit einer Dichte von etwa einem Atomkern pro Kubikmeter. Es würde keine Galaxien geben, geschweige denn Sterne, Planeten oder Menschen – wir verdanken unsere Existenz jenen kleinen Perturbationen. Für ihre bahnbrechenden Entdeckungen wurde den COBE-Forschungsleitern John Mather und George Smoot 2006 der Physik-Nobelpreis verliehen.[7]

Wesentlich detailliertere Karten der CMB wurden später produziert vom WMAP-Satelliten der NASA (Wilkinson Microwave Anisotropy Probe, im Juni 2001 gestartet)[8] und von der Planck-Mission der European Space Agency, die nach dem berühmten deutschen Physiker Max Planck benannt wurde.[9] Die Planck-Mission wurde im Mai 2009 gestartet und lieferte bis Oktober 2013 Daten. Sowohl der WMAP-Satellit als auch die Planck-Mission erbrachten eine Fülle von Informationen über das frühe Universum – in gewissem Sinne machten sie aus der Kosmologie eine Präzisionswissenschaft.

Die CMB kann auch vom Boden aus observiert werden – wegen der absorbierenden Wirkung der Erdatmosphäre natürlich nicht auf Meereshöhe, aber von jedem Standort aus, der hoch und trocken genug liegt. Wenn Sie Ihr Mikrowellen-Teleskop an einen Ort bringen, wo Sie den Großteil des in der Atmosphäre enthaltenen Wasserdampfs unter sich gelassen haben, sind Sie im Geschäft.

Einer dieser besonderen Orte ist der Südpol. Die Amundsen-Scott South Pole Station liegt 2835 Meter über dem Meeresspiegel. Außerdem ist die kalte antarktische Luft extrem trocken (aus technischer Sicht ist die Antarktis eine Wüste), sodass die Atmosphäre dort sehr wenig Wasserdampf enthält. Im Jahr 1999 wählten Wissenschaftler von der University of Chicago diesen Standort, um dort ihr Degree Angular Scale Interferometer (DASI) zu bauen – ein auffälliges Instrument mit 13 einzelnen Detektoren auf einer einzigen Montageplatte. BICEP1 – ein kleiner Vorgänger des BICEP2 – ging 2006 in Betrieb. Der Bau des South Pole Telescope mit seinen zehn Metern Durchmesser wurde Anfang 2007 fertiggestellt.

Ein weiterer, hervorragend geeigneter Standort ist der Llano de Chajnantor im Norden von Chile.[10] Auf diesem Hochplateau, das 5000 Meter über dem Meeresspiegel liegt und von Vulkanen umgeben ist, befindet sich heute das Atacama Large Millimeter/Submillimeter Array (ALMA) mit seinen 66 Radioschüsseln.[11] Es ist ein buchstäblich atemberaubendes Erlebnis, dorthinauf zu reisen. Bei meinem dritten Besuch in Chajnantor im November 2004 hatten die Bauarbeiten für das ALMA noch nicht begonnen; selbst die Zugangsstraße zum Observatorium war noch im Bau. Aber zu dieser Zeit war der DASI-ähnliche Cosmic Background Imager schon in Betrieb. Drei Jahre später war der Bau des Atacama Cosmology Telescope mit 6,50 Metern Durchmesser beinahe fertiggestellt.[12] Wie beim BICEP2 ist auch hier das eigentliche Instrument von einem riesigen kegelförmigen Schild umgeben, um es von Streustrahlung abzuschirmen, aber wenn Sie auf den 5600 Meter hohen Gipfel des nicht weit entfernten Cerro Toco wandern, was ich 2013 getan habe, können Sie einen wunderbaren Blick auf das Instrument genießen.

Viele Weltraummissionen und erdgebundene Instrumente behalten die kosmische Mikrowellen-Hintergrundstrahlung im Auge – das Nachglühen der Schöpfung oder, wie es manchmal genannt wird, das »Babyfoto des Universums« –, doch die neuesten Experimente konzentrieren sich alle auf die Polarisation der CMB. Eines der zahlreichen ehrgeizigen Ziele der Kosmologie besteht darin, die flüchtigen »B-mode«-Muster in der Polarisation der CMB festzustellen, die von den primordialen Gravitationswellen aus der Inflationsphase des sehr frühen Universums erzeugt werden. Das ist eine Menge Jargon, aber ich werde es Ihnen Schritt für Schritt erklären.

Fangen wir mit der Polarisation an. Gegen Ende des 19. Jahrhunderts entdeckte James Clerk Maxwell, dass Licht ein elektromagnetisches Wellenphänomen ist. Normalerweise schwingen die fluktuierenden elektrischen und magnetischen Felder von Lichtwellen in allen Richtungen gleich stark: horizontal, vertikal, diagonal und in allen anderen Richtungen dazwischen. Sobald eine Lichtwelle jedoch reflektiert wird, wird sie polarisiert: die Schwingungen sind dann in einer Richtung stärker als in den anderen.

Eine polarisierte Sonnenbrille macht sich diesen Effekt auf clevere Weise zunutze. Wenn Sonnenlicht von einer glatten Fläche reflektiert wird – etwa von einer Wasseroberfläche, einer Schnee- oder Straßendecke –, wird es mehr oder weniger stark horizontal polarisiert: Die reflektierten Wellen schwingen wesentlich stärker in der horizontalen Richtung als in der vertikalen. Eine polarisierte Sonnenbrille blockiert vorwiegend die horizontalen Schwingungen, sodass Lichtreflexionen wesentlich schwächer werden. Wenn Sie mit nur einem Auge durch Ihre polarisierte Sonnenbrille sehen, ist dieser Effekt deutlich zu erkennen, sobald Sie die Brille um 90 Grad drehen.

Auch Fotografen kennen sich mit Polarisation aus. Sonnenlicht wird durch Luftmoleküle und Staubteilchen gestreut, was dazu führt, dass es polarisiert wird. Wenn der Fotograf einen drehbaren Polarisationsfilter vor das Objektiv seiner Kamera setzt, kann er den Himmel wesentlich dunkler machen, was in den meisten Fällen für effektvollere Bilder sorgt.

Statt polarisiertes Licht nur zu filtern, können wir natürlich auch seine Polarisation *untersuchen*, um deren Ursache zu erforschen. So kann zum Beispiel im Fall von Luftverschmutzung ein Atmosphärenphysiker das Ausmaß und die Richtung der Polarisation des Sonnenlichts bei verschiedenen Wellenlängen messen und dadurch etwas über Größe, Struktur und Zusammensetzung der verschmutzenden Teilchen erfahren.

Die auf der Erde ankommende kosmische Mikrowellen-Hintergrundstrahlung ist seit 13,8 Milliarden Jahren durch das Universum gereist. Da der Weltraum zwischen den Galaxien ein fast perfektes Vakuum ist, wäre nicht zu erwarten, dass die CMB stark polarisiert ist. Aber es gibt einen ganz winzigen Effekt: Es hat sich herausgestellt, dass die CMB zu etwa 1/300 000-stel Prozent polarisiert ist. Das bedeutet, dass die Mikrowellenstrahlung an jeder Stelle des Himmels eine unglaublich winzige Tendenz zeigt, in einer bestimmten Richtung zu schwingen.

Eine so minimale Polarisation ist schwierig zu messen. Stellen Sie sich vor, Sie würden 60 Millionen Reiskörner zufällig über den Boden verstreuen und dann versuchen, eine winzige Tendenz in ihrer Ausrichtung zu finden: 29 999 999 Körner sind innerhalb von 45 Grad von der Ost-West-Achse ausgerichtet und 30 000 001 Körner sind innerhalb von 45 Grad von der Nord-Süd-Achse orientiert. Das entspricht ungefähr der Messempfindlichkeit, die Sie brauchen würden, um die Polarisation der CMB zu messen. Eine solche Empfindlichkeit wurde zuerst im Jahr 2002 von DASI erreicht.

Wodurch entsteht also diese geringfügige Polarisation? Jedenfalls nicht, indem die Hintergrundstrahlung von Sternen oder Planeten reflektiert oder durch interstellare Staubpartikel zerstreut würde. Nein, diese winzige Polarisation wurde der CMB mitgegeben, als sie ihre Reise zu uns begann, vor etwa 13,8 Milliarden Jahren. Sie ist gewissermaßen der »Fingerabdruck« der ungleichmäßigen Verteilung der Materie im sehr frühen Universum. Ich habe sie schon erwähnt, diese winzigen Dichteschwankungen im primordialen Gas – die »Samen« der jetzigen Grobstruktur des Universums. Sie führten nicht nur zu den geringen Temperaturunterschieden in der CMB (den zuerst von COBE beobachteten »heißen« und »kalten« Flecken), sondern auch zu einer minimalen Polarisation, deren Richtung je nach Position am Himmelsgewölbe variiert.

Das ist also die Erklärung für die Polarisation der CMB. Und was hat es nun mit Inflation, primordialen Gravitationswellen und B-Mode-Mustern auf sich?

Inflation ist das, was dem Universum in dem allerersten, winzigen Sekundenbruchteil seiner Existenz passierte. Oder vielleicht sollte ich besser sagen: Es ist das, was Kosmologen *glauben*, dass es passiert ist. Diese Vorstellung ist weit davon entfernt, ein bewiesenes Konzept zu sein oder auch nur eine ausgereifte Theorie; vielmehr ist Inflation der gemeinsame Nenner einer Reihe von hypothetischen Szenarien, von denen eines wahr sein könnte. Oder, wie es die meisten Kosmologen sagen würden, von denen eines wahr sein *muss*. Und zwar, weil Inflation die einzige bekannte Lösung für ein paar lästige Probleme mit der ursprünglichen Urknall-Theorie ist.

Ich will hier nicht bis ins letzte Detail gehen, aber letzten Endes läuft es auf eine sehr kurz andauernde exponentielle Expansion hinaus. Bevor das Universum 10^{-32} Sekunden alt war (das sind 0,000000000000000000000000000000001 Sekunden), wurde der Raum ungefähr 200-mal nacheinander um den Faktor 2 aufgebläht (»inflationiert«). Das führte dazu, dass jede einzelne Entfernung zwischen zwei separaten Punkten im Raum ungefähr auf das 10^{60}-Fache ihres ursprünglichen Werts zunahm. Am Ende dieser extrem kurzen inflationären Phase übernahm die vertrautere »lineare« Expansion des Universums das Kommando, in einer sehr viel gemächlicheren Gangart. Die Inflation des Universums lässt sich mehr oder weniger mit den allerersten Stufen des Wachstums einer befruchteten menschlichen Eizelle vergleichen. Zuerst wächst die Zahl der Zellen in der Folge 1, 2, 4, 8, 16 und so weiter. Aber zum Glück hört dieses exponentielle Wachstum bald auf und geht zu einer deutlich langsameren Rate über (weil Sie nämlich sonst inzwischen *noch* größer wären als das observierbare Universum).

Die Quantenmechanik liefert gute Gründe, an den »Knall im Urknall«, wie die Inflation hin und wieder genannt wird, zu glauben. Außerdem (und auch hier will ich nicht in die Details gehen) ist sie die einzig vorstellbare Möglichkeit, um zu erklären, warum das observierbare Universum so homogen aussieht und warum die Raumzeit keine globale, übergeordnete Krümmung zu haben scheint. Das Konzept der Inflation wurde zuerst 1980 von Alan Guth vorgeschlagen, einem theoretischen Physiker, der damals an der Princeton University forschte. Seither wurde es erweitert und modifiziert, vor allem von dem aus Russland stammenden US-amerikanischen Physiker Andrei Linde an der Stanford University. Es mag schwierig sein, die Inflation zu begreifen, und noch schwieriger, an sie zu glauben, aber die meisten Kosmologen haben sich völlig an sie gewöhnt.

Die diversen umherschwirrenden inflationären Szenarien unterscheiden sich nur in Details: was genau die Inflation verursachte, wann sie begann, wie schnell sich die exponentielle Expansion vollzog, wie lange sie andauerte, wie sie aufhörte und so weiter. Das Problem ist natürlich, dass wir an den Zeitpunkt nur 10^{-32} Sekunden nach der Geburt des Universums nicht zurückblicken können, um zu sehen, was *wirklich* passiert ist. Die kosmische Mikrowellen-Hintergrundstrahlung ist das älteste Licht aus den Anfangstagen des Universums, das wir untersuchen können, und es wurde 380 000 Jahre nach dem Ereignis erzeugt. Wie kann also ein Kosmologe jemals hoffen, den Beweis führen zu können, dass die Inflation tatsächlich geschehen ist – ganz zu schweigen davon, zwischen ihren diversen theoretischen Versionen zu unterscheiden?

Hier kommen Gravitationswellen ins Spiel. Die Inflation hat *alles* im Raum aufgebläht. Subatomare Quantenfluktuationen im neugeborenen Universum wurden bis hin zu den Dichtevariationen expandiert, die ihren Fingerabdruck auf der kosmischen Mikrowellen-Hintergrundstrahlung hinterließen. Entsprechend müssen auch Quantenfluktuationen im Gravitationsfeld aufgebläht worden sein – nicht zu noch mehr Dichtefluktuationen, sondern zu primordialen Gravitationswellen, die das ureigenste Gewebe der Raumzeit durchdrangen. Das ist zumindest die Theorie. Die Amplitude dieser primordialen Gravitationswellen hängt von den genauen spezifischen Merkmalen der Inflation ab.

Wenn wir also primordiale Gravitationswellen feststellen könnten, hätten wir ein starkes Indiz dafür, dass die Inflation tatsächlich stattgefunden hat. Und vielleicht könnten wir sogar zumindest einige der Inflationsszenarien widerlegen. Leider können die von der Inflation erzeugten Gravitationswellen nie direkt gemessen werden – nach 13,8 Milliarden Jahren Expansion des Kosmos haben sie Wellenlängen in einer Größenordnung von mehreren Hundert Millionen Lichtjahren, und für uns ist es völlig ausgeschlossen, sie zu messen. Aber auch sie haben ihren Fingerabdruck auf der kosmischen

Mikrowellen-Hintergrundstrahlung hinterlassen. Während die CMB durch die Dichtefluktuationen im frühen Universum leicht polarisiert wurde, ist sie auch durch Interaktion mit den primordialen Gravitationswellen leicht polarisiert worden.

Wenn wir die CMB-Polarisation messen könnten, die durch Gravitationswellen aufgrund der Inflation erzeugt wurde, könnten wir etwas über die Ereignisse während des allerersten Sekundenbruchteils nach der Geburt des Universums erfahren. Das würde uns eine einzigartige Möglichkeit eröffnen, hinter die 380 000-Jahr-Barriere zu schauen, zurück bis zur Stunde null von Raum, Zeit, Materie und Energie. Es bleibt nur noch ein Problem: Die Polarisation durch primordiale Gravitationswellen ist tausendmal kleiner als die Polarisation durch Dichtefluktuationen, die ja selbst schon winzig sind. Wie können wir jemals hoffen, diese beiden Effekte zu entwirren?

An dieser Stelle kommen endlich die B-Mode-Muster ins Spiel. Nehmen wir an, ein amerikanischer Konditormeister hat viele Tausend gleichartige kleine Kuchen für Sie gebacken, jeder davon mit einer Garnierung aus Schlagsahne obendrauf. Sie haben den Verdacht, dass eine Handvoll europäischer Kuchen dazwischen sein könnte. Aber das ist nicht so leicht herauszufinden: Auf beiden Kontinenten folgen sie demselben Rezept, sodass alle Kuchen gleich aussehen. Dann erfahren Sie (ich habe mir das komplett ausgedacht), dass europäische Patissiers, wenn sie die Sahne aus dem Garnierbeutel drücken, die Spitze kreisen lassen, entweder im Uhrzeigersinn oder andersherum. Dagegen halten amerikanische Kuchenbäcker die Garnierbeutelspitze still. Während also die amerikanischen Garnierungen völlig symmetrisch ausfallen, sind die europäischen wirbelförmig, entweder rechts- oder linksherum. Und daran sind sie leicht zu erkennen, obwohl die Kuchen selbst völlig gleich aussehen.

So ähnlich ist es auch mit den zwei Arten von Polarisation. Wenn Sie eine Karte produzieren, die für jeden Punkt des Himmels die Stärke und Richtung der Polarisation zeigt, sehen Sie bestimmte Muster. Für die durch Dichtefluktuationen verursachte Polarisation sind diese Muster symmetrisch – sie zeigen keine bestimmte »Händigkeit«. Solche Muster werden als »E-Mode«-Muster bezeichnet. Die durch primordiale Gravitationswellen verursachte (und wesentlich schwächere) Polarisation führt zu Mustern, die einen kleinen zusätzlichen Wirbel zeigen, entweder rechts- oder linksherum. Solche Muster sind als B-Mode-Muster bekannt. (Die Verwendung dieser Buchstaben geht auf Maxwell zurück, der elektrische Felder mit einem E und magnetische Felder mit einem B kennzeichnete.)

Es gibt allerdings eine kleine Komplikation: Schwache B-Mode-Muster können sich auch bilden, wenn die polarisierte Hintergrundstrahlung einen massereichen Galaxienhaufen in geringer Entfernung passiert. Der Gravitationslinseneffekt des Galaxienhaufens – der dem relativistischen Beugen von Sternenlicht durch die Sonne vergleichbar ist – hinterlässt einen kleinen Wirbel in dem ansonsten symmetrischen E-Mode-Muster, der nichts mit Inflation oder primordialen Gravitationswellen zu tun hat. Zum Glück treten die B-Mode-Muster, die durch den Gravitationslinseneffekt verursacht werden, nur in kleinen Winkelmaßen von weniger als einem Grad des Himmelsgewölbes auf. Sie wurden zum ersten Mal im Jahr 2013 mit dem South Pole Telescope entdeckt. Wenn Sie also die Inflation beweisen wollen und Hinweise auf die Existenz von Gravitationswellen seit der Geburt des Universums finden, müssen Sie nach wesentlich größeren B-Mode-Mustern suchen, bei Winkelmaßen von mindestens einem Grad des Himmels.

Jetzt wissen Sie also, warum Shaul Hanany sein Ballonexperiment »EBEX« genannt hat. Sein Ziel war es, die E- und B-Mode-Muster in der Polarisation der kosmischen Mikrowellen-Hintergrundstrahlung zu entwirren. Die Entdeckung von großflächigen B-Mode-Mustern würde die Existenz von primordialen Gravitationswellen implizieren und somit die Theorie der Inflation des Kosmos bestätigen. Die relative

»Stärke« dieser B-Mode-Muster würde einige Informationen über die Ursache und den zeitlichen Ablauf der Inflation liefern.

Das EBEX wurde am 29. Dezember 2012 gestartet. Der Flug des Ballons dauerte etwa zwei Wochen. Er sammelte eine Menge interessanter Daten, entdeckte jedoch keine B-Mode-Muster. Aber während meines Antarktisbesuchs war das BICEP2-Teleskop hinter seiner kegelförmigen Abschirmung fleißig dabei, Polarisationsmessungen über einen breiten Streifen des südlichen Himmels zu sammeln. Je mehr Daten im Lauf der Monate zusammenkamen, desto klarer zeichneten sich Polarisationsmuster in der CMB ab. Und schließlich, im Verlauf des Jahres 2013, wurde das BICEP2-Team immer gespannter – zunächst noch zögerlich, aber dann von Monat zu Monat immer zuversichtlicher. Es sah so aus, als hätten sie endlich die schwer greifbaren großflächigen B-Mode-Muster gefunden: den lang ersehnten »Nachweis« der Inflation und, für unsere Geschichte noch wichtiger, den ersten deutlichen Gravitationswellenfingerabdruck, der zurückgeht auf den ersten Sekundenbruchteil der Geschichte des Kosmos.

Am 12. März 2014, einem Mittwoch, gab das Harvard-Smithsonian Center for Astrophysics (CfA) in Cambridge, Massachusetts, eine kurze Ankündigung heraus: Am Montag, dem 17. März, würde es um zwölf Uhr zu einer Pressekonferenz einladen, auf der »eine bedeutende Entdeckung bekannt gemacht« werden sollte.[13] Nähere Angaben wurden nicht gemacht. Das kleine Phillips Auditorium im CfA bot nur Platz für eine begrenzte Anzahl von Reportern, aber die CfA-Pressesprecher David Aguilar und Christine Pulliam organisierten einen Live-Videostream.[14] Das IT-Team hatte ihnen gesagt, die Server der Harvard University könnten problemlos 1000 Zuschauer gleichzeitig bedienen, also schien alles startklar zu sein.[15]

Aguilar und Pulliam hatten jedoch nicht mitbekommen, dass die Gerüchte über ihre Ankündigung, die sich rasch in

Das BICEP2-Team präsentiert seine Ergebnisse auf einer Pressekonferenz am 17. März 2017 am Harvard-Smithsonian Center for Astrophysics in Cambridge, Massachusetts. Von links nach rechts: *John Kovac, Chao-Lin Kuo, Jamie Bock und Clem Pryke. Ganz links sitzt der unabhängige Kommentator Marc Kamionkowski.*

den sozialen Medien verbreitet hatten (Urknall! Inflation! Gravitationswellen!), einen enormen Hype ausgelöst hatten. Und so loggten sich so viele Neugierige ein, dass der Webcast gleich zu Beginn der Pressekonferenz abstürzte. Es dauerte eine ganze Weile, bis es mithilfe einer Back-up-Lösung doch noch möglich wurde, die Pressekonferenz online mitzuverfolgen, aber trotzdem reichte die Bandbreite nicht aus.

John Kovac, BICEP2-Forschungsleiter des CfA, erinnert sich, dass er so etwas noch nie erlebt hatte.[16] Ich nehme an, dass er auch noch nie der erste Sprecher bei einer so bedeutenden Pressekonferenz war, denn andernfalls hätte er sofort mit der wichtigsten Botschaft angefangen. Stattdessen hielt er eine Kurzvorlesung über die Geschichte der CMB-Observationen. Hinter ihm wurde die relativ obskure Überschrift »Detection of B-mode Polarization at Degree Scales Using BICEP2« (Feststellung von B-Mode-Polarisation über Grad-Winkelmaße durch BICEP2) an die Wand projiziert. Nur Webcast-Zuschauer mit solidem Hintergrundwissen in Kosmologie konnten überhaupt verstehen, worum es hier ging.

Kovacs drei Projektkollegen machten die Dinge nur noch schlimmer. Chao-Lin Kuo von der Stanford University versuchte, Inflation zu erklären, und wies darauf hin, dass sie primordiale Gravitationswellen und B-Mode-Muster in der Polarisation der kosmischen Mikrowellen-Hintergrundstrahlung erzeugen würde. »Das Konzept ist ziemlich schwierig zu erklären«, sagte er. (Da gebe ich ihm völlig recht.) Jamie Bock vom Caltech und dem Jet Propulsion Laboratory der NASA in Pasadena hielt einen ziemlich unverständlichen Vortrag über Detektortechnologie. Und Clem Pryke, einer von Shaul Hananys Kollegen an der University of Minnesota, sprach über Datenanalyse. Alles in allem bekam man nicht gerade den Eindruck, dass sich in der Kosmologie eine Revolution vollzog.

Aber dann änderte sich die Stimmung. Aguilar und Pulliam hatten den theoretischen Physiker Marc Kamionkowski von der Johns Hopkins University in Baltimore, Maryland, eingeladen, um die präsentierten Ergebnisse zu erläutern. Kamionkowski war die einzige Person am Tisch, die *kein* schwarzes BICEP2-T-Shirt trug, womit er darauf hinweisen wollte, dass er ein unparteiischer, außenstehender Gast war. Der erste Satz seines vorbereiteten Statements war am nächsten Tag in zahlreichen Zeitungsberichten zu lesen.

»Man wacht nicht jeden Tag auf und erfährt etwas völlig Neues darüber«, so sagte er, »was ein Billionstel eines Billionstels eines Billionstels einer Sekunde nach dem Urknall geschah.« Kamionkowski nannte die Entdeckung der BICEP2 »eine sehr coole Sache« und »das Missing Link der Kosmologie«. Und weiter: »Dies ist nicht nur ein Homerun, sondern ein Grand Slam. Es ist ein starkes Indiz dafür, dass die Inflation stattgefunden hat ... und es ist auch das erste Mal, dass Gravitationswellen festgestellt wurden ... Falls diese Ergebnisse Bestand haben, hat die Inflation uns ein Telegramm geschickt, das in Gravitationswellen codiert und in den Mikrowellen-Hintergrund des Himmels geschrieben ist.«

Jetzt waren alle wach. Alan Guth und Andrei Linde – die beiden Haupturheber der Inflationstheorie – waren im Saal, und sie ließen sich bereitwillig über den schwindelerregenden Umstand aus, dass so gut wie jedes Inflationsszenario die Existenz von parallelen Universen impliziert. Linde sagte den Reportern: »Belege dafür, dass die Inflation stattgefunden hat, werden uns in die Richtung drängen, das Multiversum ernst zu nehmen.«

»Urknall durch Raumkräusel auf frischer Tat ertappt«, schrieb die *New York Times* noch am selben Tag auf ihrer Website. *National Geographic* brachte die Überschrift: »Neue Entdeckung über Urknall öffnet Türen zum ›Multiversum‹.« BBC News zitierte Alan Guth mit der Aussage, das Experiment sei einen Nobelpreis wert. Gegenüber der britischen Wochenzeitschrift *New Scientist* beschrieb der theoretische Physiker Avi Loeb von der Harvard University das Ergebnis als »den wichtigsten Durchbruch auf dem Gebiet der Kosmologie seit 15 Jahren«. Christine Pulliam hat etwa 3500 Zeitungsausschnitte über die Bekanntmachung gesammelt. Die BICEP2-Website, wo die wissenschaftlichen Veröffentlichungen des Teams abgerufen werden konnten, verzeichnete innerhalb weniger Tage über fünf Millionen Aufrufe.

Ein kurzes Video, das zeigt, wie Chao-Lin Kuo seinem Stanford-Mentor Andrei Linde die gute Nachricht überbringt (und das lange vor der Pressekonferenz gedreht worden war), breitete sich viral aus und entwickelte sich schnell zum YouTube-Hit.[17] Linde und seine Frau Renata Kallosh (auch sie eine theoretische Physikerin) sind durch Kuos Botschaft sichtlich gerührt. Als sie ihm die Haustür öffnen, sagt Kuo nur: »Ich habe eine Überraschung für euch: 0,2 bei fünf Sigma«, womit er ein unerwartet starkes Signal bei hoher statistischer Relevanz meint. Kallosh umarmt ihn, und kurz darauf stoßen sie mit Champagner an.

Aber all der Hype und die Aufregung hatten auch einen großen Nachteil: Die vielen Vorbehalte, die die BICEP2-Bekanntmachung begleiteten, gingen häufig unter, zumindest in der breiten Öffentlichkeit. Ausnahmslos jeder Forscher auf der Pressekonferenz und jeder Experte, der von Journalisten interviewt wurde, hatte die gleiche Botschaft: »*Wenn* das wirklich stimmt«, »*wenn* diese Ergebnisse Bestand haben«, »*wenn* das durch andere Experimente bestätigt wird«, »das muss noch genauer untersucht werden«. Aber viele Leute achteten nicht auf diese Vorbehalte und hörten nur »Urknall«, »Durchbruch«, »Multiversum« und »Nobelpreis«.

Und natürlich »Gravitationswellen«. Kamionkowski hatte sehr deutlich gesagt, dass dies eine wichtige Premiere sei, die nur ein Jahr vor dem hundertsten Jahrestag von Albert Einsteins Allgemeiner Relativitätstheorie gelungen war. Es stimmte zwar, dass die Wellen nicht direkt gemessen worden waren, aber die indirekten Beweise für ihre Existenz waren beinahe so überzeugend wie im Fall des bekannten Hulse-Taylor-Pulsars und anderer binärer Neutronensterne. Damals, in den 1970er-Jahren, hatten die Wissenschaftler die Existenz von Gravitationswellen in ähnlicher Weise abgeleitet, wie sie die Existenz eines Diebs aus dem Umstand folgern würden, dass Dinge fehlten und die Haustür offen stand. Aber inzwischen hatten sie gewissermaßen die Fußabdrücke des Täters im Blumenbeet gefunden.

Falls die Ergebnisse bestätigt würden.

Direkt nach der Pressekonferenz äußerten andere theoretische Physiker ihre Bedenken. Das berichtete B-Mode-Signal war wesentlich stärker gewesen, als irgendjemand es erwartet hatte. Die Implikationen schienen nicht allzu gut zu den vorläufigen Ergebnissen von anderen Experimenten zu passen. Und konnte das BICEP2-Team wirklich sicher sein, dass es für seine Messungen nur eine mögliche Erklärung gab?

Dies waren durchaus berechtigte Bedenken, was John Kovac und seine Kollegen nur allzu gut wussten. BICEP2 hatte eine Region des Himmels observiert, die um einiges von der Ebene unserer eigenen Milchstraße entfernt ist, um das Risiko von Vordergrund-Kontaminationen zu minimieren. Der Grund: Auch Staubteilchen in der Milchstraße emittieren

Mikrowellen, und in der Gegenwart von Magnetfeldern können solche Wellen eine geringfügige Polarisation zeigen, komplett mit B-Mode-Mustern und allem. Wenn Messungen für etliche verschiedene Wellenlängen vorgelegen hätten, wäre dieses potenzielle Problem leichter zu korrigieren gewesen. Leider waren die BICEPS2-Detektoren nur für eine bestimmte Wellenlänge empfindlich, und zwar zwei Millimeter, was einer Frequenz von 150 Gigahertz entspricht.

Damit die Mitglieder des Teams sicher sein konnten, nicht einer Täuschung aufgesessen zu sein, verwendeten sie die besten verfügbaren Informationen über die Verteilung von Staub in der Milchstraße, die sie finden konnten. Außerdem hätten sie nur allzu gern ihre Ergebnisse mit den neuesten, hochempfindlichen Staubmessungen des Planck-Satelliten der ESA abgeglichen; tatsächlich hatte Kovac sogar beim Planck-Team angefragt und eine gemeinsame Auswertung der beiden Datenbestände vorgeschlagen. Aber die Forscher von der Planck-Mission hatten ihn höflich gebeten, doch bitte zu warten, bis sie ihre eigenen Beobachtungen veröffentlicht hätten, was allerdings noch ein oder zwei Jahre dauern konnte.

Unterdessen war das BICEP2-Teleskop Anfang 2013 demontiert worden. Das Experiment war zu Ende gebracht worden; die Datenanalyse war beinahe fertig. Hätte das Team noch zwei Jahre warten sollen, bevor es der Welt seine Ergebnisse präsentierte, und damit das Risiko eingehen, dass jemand anders ihnen zuvorkam? Oder war es doch am besten, ihren Kollegen zu berichten, was sie gefunden hatten?

Die Lösung für dieses Dilemma ergab sich im April 2013, auf einem Kongress am European Space Research and Technology Centre in Noordwijk, Niederlande. Der Kongress hieß »The Universe as Seen by Planck« und ermöglichte eine gründliche Auswertung der ursprünglichen wissenschaftlichen Ergebnisse der Planck-Mission. Am zweiten Tag des Kongresses zeigte das Planck-Team seine vorläufigen Karten der Verteilung von galaktischem Staub und seiner polarisierten Emissionen.

Eine Karte ist eine visuelle Darstellung von quantitativen wissenschaftlichen Daten – sie ist nicht die Wirklichkeit. Außerdem waren die Ergebnisse vorläufig. Und ein mit einem Smartphone gemachtes Foto einer an die Wand projizierten PowerPoint-Folie ist nicht die beste Arbeitsgrundlage – aber besser als nichts. Das BICEP2-Team beschloss, an die Öffentlichkeit zu gehen. Sie verfassten einen Artikel für die *Physical Review Letters*.[18] Und Anfang Januar 2014 fragte Kovac bei der Pressestelle seines Instituts an: Sollte man vielleicht eine Pressekonferenz abhalten, um die Neuigkeiten zu präsentieren?

Normalerweise geht eine Universität oder ein Forschungsinstitut mit einem wissenschaftlichen Ergebnis nicht an die Öffentlichkeit, bevor der entsprechende Artikel nicht zur Veröffentlichung akzeptiert wurde. (Vielleicht erinnern Sie sich, dass Albert Einstein in den 1930er-Jahren über dieses Peer-Review-Verfahren entsetzt war.) Aber die Pressesprecher des Harvard-Smithsonian Center for Astrophysics wollten nicht so lange warten – sie befürchteten, dass die Neuigkeit durchsickern könnte. Stattdessen organisierten sie für den 17. März 2014 im Phillips Auditorium ein kurzes wissenschaftliches Symposium über BICEP2; die Pressekonferenz sollte im Anschluss daran stattfinden.

Aber leider hielten die Ergebnisse einer kritischen Prüfung nicht stand, wie es schon die frühen Kritiker für wahrscheinlich gehalten hatten. Sobald andere Wissenschaftler sich gründlich mit den Ergebnissen – die am Tage der Pressekonferenz auf der Projekt-Website veröffentlicht worden waren – beschäftigt hatten, fanden sie gravierende methodische Probleme mit der Art und Weise, wie Kovacs Team mit der Verunreinigung durch Staubpartikel umgegangen war. Es zeigte sich bald, dass einige der kühneren Behauptungen des BICEP2-Teams nur mit gewissen Vorbehalten stehen bleiben konnten. Später in jenem Jahr kam die gemeinsame Datenauswertung mit dem Planck-Team endlich in Gang, und der ursprüngliche BICEP2-Artikel musste zum Teil neu geschrieben werden. Das Endergebnis: ein wesentlich kleinerer Wert für die relative Stärke der großflächigen B-Mode-Muster. Angesichts der Messungenauigkeit kann nicht einmal ausgeschlossen werden, dass sie überhaupt nicht vorhanden sind. Das heißt: Kein überzeugender Beleg für die Existenz von primordialen Gravitationswellen. Kein Beweis für Inflation. Keine Revolution.

Zumindest *noch* nicht.

Wenn er heute an diese Episode zurückdenkt, ist John Kovac nicht allzu traurig über den Lauf der Ereignisse. Bei der wissenschaftlichen Arbeit gehe es immer darum, mehr Daten zu sammeln und seine Schlussfolgerungen daran anzupassen, so Kovac. Außerdem waren die Forscher selbst sich stets der Ungewissheiten und möglichen Fallstricke sehr bewusst gewesen, und so hatte ihr wissenschaftlicher Ruf nicht gelitten. »Aber«, so Kovac weiter, »wir haben ein paar wichtige Lektionen über Öffentlichkeitsarbeit im wissenschaftlichen Bereich im Zeitalter des Internet gelernt. Man muss mit allem, was man tut und sagt, sehr klar und eindeutig sein. Und man muss darauf achten, dass alle potenziellen Vorbehalte ganz deutlich kommuniziert werden.« (Und, so könnte ich hinzufügen, dass der Webcast genug Bandbreite hat.)

Während ich dies schreibe, sind beinahe drei Jahre vergangen, seit die BICEP2-Ergebnisse zuerst bekannt gegeben wurden. Mittlerweile hat das »Keck Array«, das aus fünf BICEP2-ähnlichen Teleskopen auf einer einzigen Montageplatte besteht, seit mehreren Jahren den Himmel in zwei Frequenzbereichen gescannt. Tatsächlich war es sogar schon während meiner Antarktisreise im Dezember 2012 in Betrieb. Und seit Mai 2016 wird auch ein größeres und effizienteres Instrument, das »BICEP3«, bei der Suche am südlichen Ende der Erde eingesetzt. BICEP3 hat eine Blendenöffnung von 68 Zentimetern und enthält immerhin 2560 einzelne Mikrowellendetektoren.

Nebenan ist inzwischen das wesentlich größere South Pole Telescope mit einer polarisationsempfindlichen Kamera ausgestattet, ebenso wie das Atacama Cosmology Telescope auf dem Llano de Chajnantor im Norden von Chile. Mittlerweile sind auch zahlreiche kleinere Instrumente in Betrieb, mit lustigen Namen wir QUIJOTE, POLARBEAR, AMiBA und CLASS. Chinesische Astronomen sind dabei, in Tibet ein neues Mikrowellen-Polarisations-Teleskop zu bauen. Und es gibt einige von Shaul Hananys EBEX inspirierte ballonbasierte Experimente, etwa Spider und PIPER. Jeden Moment könnten bei einem dieser Projekte zum ersten Mal großflächige B-Mode-Muster festgestellt werden – und damit auch Gravitations-wellen, die ganz zu Beginn der Geburt unseres Universums erzeugt wurden.

Das Rennen sei heute ehrgeiziger als jemals zuvor, sagt Kovac, aber darüber hinaus auch *kooperativer.* Zahlreiche Wissenschaftler arbeiten an mehreren Experimenten mit. Diverse Teams arbeiten bei der Analyse ihrer Daten zusam-men. Und die Forscher schmieden gemeinsam Zukunftspläne. Wer weiß – vielleicht wird es in ein paar Jahren wieder Zeit, über eine neue Weltraummission nachzudenken.

Die BICEP2-Episode war sehr lehrreich für alle beteiligten Wissenschaftler. Aber auch die Teams von LIGO und Virgo ha-ben etwas daraus gelernt. Seit den Anfängen der Gravitations-wellenexperimente in den 1960er-Jahren hat es immer wieder Ungewissheiten, falsche Behauptungen und Widerrufe gegeben, die allesamt sehr peinlich waren. Der anfängliche Hype um die verfrühte Bekanntgabe der BICEP2-Ergebnisse hatte den ohne-hin schon angeschlagenen Ruf der Disziplin nicht gerade ver-bessert. Die Teams von LIGO und Virgo beschlossen, die Mes-sung von Gravitationswellen aus dem Weltraum erst bekannt zu geben, wenn sie absolut sicher sein konnten, dass ihre Be-hauptungen und Ergebnisse von unabhängigen Wissenschaft-lern überprüft worden waren. Und selbst dann musste die Kommunikation mit den Medien und der breiten Öffentlichkeit professionell gemanagt und genau gesteuert werden.

Das Advanced LIGO war beinahe bereit, den Regelbetrieb aufzunehmen. Beide Detektoren an den Standorten Hanford und Livingston hatten bereits den Status »full lock« erreicht – das Interferometer-Äquivalent eines »first light« bei einem optischen Teleskop. Die ersten Stufen der Inbetriebnahme waren erledigt; Wissenschaftler, Ingenieure und Techniker waren dabei, die letzten Tests und Kontrollen durchzuführen. Die beiden Detektoren waren im sogenannten »engineering mode« in Betrieb gegangen – am Freitag, dem 18. September 2015, sollte der »Observing Run 1« offiziell starten.

Unterdessen waren diverse LIGO-Wissenschaftler dabei, am Feinschliff für das Protokoll zu arbeiten: Was war zu tun, wenn ein Ereignis registriert wurde? Wie sollte seine Authentizität überprüft werden? Wann sollte die Presse informiert werden? Warum war es wichtig, niemandem etwas zu sagen, bevor nicht absolute Gewissheit über jedwede Behauptung bestand? Es gab Regeln und Richtlinien für jede Kleinigkeit, denn in Anbetracht der enorm verbesserten Empfindlichkeit der Hightech-Detektoren konnte es sehr gut sein, dass schon innerhalb weniger Wochen oder Monate die ersten Gravitationswellen registriert werden könnten.

Möglicherweise.

Hoffentlich.

11 Erwischt!

Ein Kräusel im Gewebe der Raumzeit rast durch das Universum, eine winzige Störung im vierdimensionalen Koordinatensystem. Auf seiner Reise verändert er die lokale Krümmung um ein winziges bisschen in diese oder jene Richtung. Im Lauf der vergangenen 1,3 Milliarden Jahre hat er sich enorm abgeschwächt. Aber er ist immer noch da, ein schwaches Echo eines dramatischen Ereignisses – wie ein Donnerschlag, der langsam in der Ferne verhallt, noch lange nachdem der Blitz zugeschlagen hat.

Diese Gravitationswelle ist nicht allein. Viele ähnliche Wellen breiten sich durch das Universum aus – in jede nur erdenkliche Richtung und mit einem breiten Spektrum von Frequenzen und Amplituden, seit Milliarden von Jahren. Beinahe unmerklich schwingt die Raumzeit unablässig, wie ein Trommelfell. Aber diese spezielle Welle ist etwas Besonderes – sie ist die erste in der Geschichte des Universums, die tatsächlich von Menschen gemessen werden wird.

Die Welle rast mit 300 000 Kilometern pro Sekunde durch den Weltraum und hat unsere Galaxie vor etwa 100 000 Jahren erreicht. Auf ihrem Weg durch die Milchstraße in unsere Richtung hat sie winzige Schwingungen durch Sterne und Planeten gesandt. Als Albert Einstein 1915 seine Allgemeine Relativitätstheorie formulierte, hatte sie nur noch 100 Lichtjahre vor sich, bevor sie auf einem kleinen, von neugierigen Lebewesen bevölkerten Planeten ankommen würde.

Sie kommt aus südlicher Richtung an. Datum: Montag, 14. September 2015; Uhrzeit: 09:50:45 Universal Time. Für einen Sekundenbruchteil wird die Erde um ein zehntel Trillionstel Prozent – ein 10^{21}-stel – gedehnt und gestaucht. Alles auf dem Planeten expandiert und kontrahiert mit ihr – auch das Laser Interferometer Gravitational-Wave Observatory in Livingston, Louisiana. Und dann, sieben Millisekunden später, auch der baugleiche LIGO-Detektor in Hanford, Washington.

Sehr schnell beruhigt sich alles wieder. Die Gravitationswelle setzt ihre Reise in die fernen Gefilde des Weltraums fort. Nach 1,3 Sekunden kreuzt sie die Umlaufbahn des Mondes. Innerhalb weniger Stunden wird sie das Sonnensystem verlassen haben und weiterhin alles sanft durchkneten, was auf ihrem Weg liegt.

Montag, der 14. September 2015, ist ein Tag wie viele andere auch. Wahrscheinlich trauern in London die Eltern der englischen Sängerin Amy Winehouse um ihre begabte Tochter, die an diesem Tag ihren 32. Geburtstag gefeiert hätte, wenn sie nicht gut vier Jahre zuvor Suizid begangen hätte. Weltraumwissenschaftler mit einem Faible für Geschichte erinnern sich an die sowjetische Raumsonde »Luna 1«, die an diesem Tag vor 56 Jahren eine Bruchlandung auf dem Mond vollführte – sie war das erste von Menschenhand gemachte Objekt auf einem anderen Himmelskörper. Doch für die meisten Menschen ist es einfach nur ein durchschnittlicher Tag – nichts Besonderes.

An jenem Morgen sitzt der Postdoc-Forscher Marco Drago allein in seinem Büro im Albert-Einstein-Institut in Hannover.[1] Er hat im italienischen Padua Physik studiert, der Heimatstadt von Galileo Galilei, einem der ersten Gelehrten, der die Schwerkraft erforschte. In seiner Freizeit spielt Drago Stücke von Mozart und Beethoven auf dem Klavier. Und er hat zwei Fantasyromane auf Italienisch veröffentlicht, die von Drachen und einem kleinen Jungen namens Marco handeln – *drago* ist das italienische Wort für »Drache«.

Gegen 11:54 Uhr deutscher Zeit landet eine E-Mail in Dragos Inbox. Es handelt sich um einen automatisierten Hinweis aus einer LIGO-Datenpipeline: eine Menge kryptischer Zahlen und automatisch erzeugter Hyperlinks. Anscheinend hat die Software irgendeine Anomalie festgestellt, vor kaum drei Minuten. Interessant.

Drago klickt auf einen der Hyperlinks. Auf seinem Bildschirm werden Grafiken angezeigt, die den Output des Detektors darstellen. Er weiß, wie solche Diagramme normalerweise aussehen: Zittrige Linien, die die unglaublich winzigen Bewegungen der an den Enden der Interferometer-Arme aufgehängten Quarzglasspiegel anzeigen. Eigentlich ist es nur seismisches Hintergrundrauschen – selbst das LIGO schafft es nicht, die Spiegel bei einer Genauigkeit von einem Zehntausendstel-Atomkern-Durchmesser völlig still zu halten.

Aber dieses Mal ist es etwas anderes. Ja, das Hintergrundrauschen ist da, aber vor diesem Hintergrund ist ein wesentlich stärkeres Signal auszumachen: eine Sinuswelle, die abwechselnd steigt und fällt. Immer stärker und immer schneller – bis sie rasch wieder verschwunden ist und nur das Hintergrundrauschen übrig bleibt. Das ganze Phänomen dauert nur eine Zehntelsekunde oder so. Und es ist nicht nur in dem Output aus Livingston erkennbar, sondern auch in dem aus Hanford kommenden Datenstrom – allerdings ein paar Millisekunden später. Das ist nicht nur interessant, sondern *sehr* interessant.

Drago geht nach nebenan in das Büro seines Kollegen und Flurnachbarn Andrew Lundgren. Lundgren hat schon länger hier gearbeitet als Drago und hat mehr Erfahrung. Gemeinsam sehen sie sich die Diagramme an. Die zittrigen Linien sehen genau so aus wie die Simulationen, die Drago und Lundgren nur allzu gut kennen. Das Zunehmen von Frequenz und Amplitude – es ist das typische »Zirpen« eines Gravitationswellensignals. *Könnte das etwa ...? Nein, das kann nicht sein.* Das Signal ist unerwartet stark. Es ist gut zu erkennen; man braucht nicht einmal spezielle Analysesoftware, um es aus dem Hintergrundrauschen herauszufiltern. Es muss eine andere Erklärung geben. *Das kann doch unmöglich eine echte ... oder etwa doch?!?*

Lass uns im Kontrollraum anrufen, sagt Lundgren. Beide Detektoren laufen im »engineering mode«. Der erste Observationslauf soll offiziell erst am Freitag beginnen; zurzeit werden noch alle möglichen Tests durchgeführt. Es kann sehr gut sein, dass es sich hier um eine gezielte »hardware injection« handelt, mit der die Reaktion des Systems gemessen werden soll. *Ja, das muss es sein; bloß nicht nervös werden.*

In Hanford ist es 3:30 Uhr am Morgen. Niemand geht ans Telefon. Der Operator der Nachtschicht, Nutsinee Kijbunchoo, hat gerade eben den Kontrollraum verlassen und den Anruf nicht gehört. In Livingston (wo es 5:30 Uhr morgens ist) sagt der Operator William Parker, er wisse nichts von irgendeiner »hardware injection«. Klar, in den vorangegangenen zwei Wochen hätten die LIGO-Wissenschaftler Anamaria Effler und Robert Schofield eine Menge Diagnosetests durchgeführt, aber gestern sei ihr letzter Tag gewesen. Sie hatten sehr lange gearbeitet und waren erst um 4:30 Uhr oder so gegangen.

Was jetzt?

Konnte es eine »hardware injection« gegeben haben, von der niemand etwas weiß? Eine verdeckte Injektion, durchgeführt von einem geheimen Team, das vom LIGO Laboratory beauftragt worden war, alle wach zu halten und das gesamte LIGO-Experiment auf den Prüfstand zu stellen? So etwas war früher im Betrieb des Initial LIGO hin und wieder gemacht worden. Aber warum jetzt, bevor der erste Observierungslauf überhaupt richtig begonnen hatte? Und außerdem erzählt Lundgren Drago, dass die komplizierte Prozedur, die eine ordnungsgemäße verdeckte Injektion erfordert, noch in Vorbereitung ist.

Um 12:54 Uhr, eine Stunde, nachdem Drago den ersten E-Mail-Hinweis gesehen hatte, schickt er eine E-Mail an die diversen Teams der LIGO Scientific Collaboration raus: die Burst Analysis Working Group, die Data Analysis Software Group, die Compact Binaries Coalescence Group, das Calibration Team, das Detector Characterization Team, das Commissioning Team, das Observatory Team, das LIGO Open Science Center, selbst die Mailingliste lsc-all@ligo.org.

252

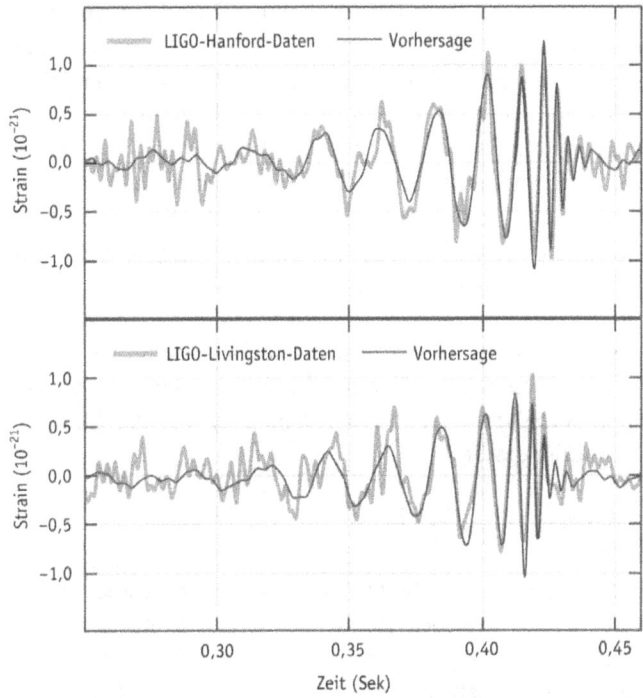

Das erste jemals registrierte Gravitationswellensignal GW150914, wie es von den LIGO-Detektoren in Hanford (oben) und in Livingston, Louisiana (unten), gemessen wurde. Diese beiden Diagramme zeigen die beobachtete Amplitude der Wellen (»Strain«, die Belastung, ausgedrückt als Dezimalbruch) als Funktion der Zeit. Sowohl Amplitude als auch Frequenz nehmen im Zeitverlauf zu; dies ist das charakteristische »Zirpen« eines echten Gravitationswellensignals. Die dicken Linien sind die tatsächlichen Messungen; die dünnen Linien sind »Vorhersagen« aufgrund theoretischer Berechnungen der Verschmelzung zweier Schwarzer Löcher mit Massen von 36 beziehungsweise 29 Sonnenmassen.

Liebe alle,
cWB hat in der letzten Stunde ein sehr interessantes Ereignis auf gracedb gemeldet.
https://gracedb.ligo.org/events/view/G184098

Unverständliches Kauderwelsch für jeden, der kein LIGO-Wissenschaftler ist. »cWB« ist die »coherent Wave Burst detection pipeline«, »GraceDB« ist die »Gravitational Wave Candidate Event Database«. (Übrigens können Sie sich die Mühe sparen, den Link in Ihren Internet-Browser einzugeben – Sie brauchen ein LIGO-Login, um die Seite abrufen zu können.) Dann folgen ein paar weitere Zeilen mit Hyperlinks. Marco schließt seine E-Mail mit der Aufforderung, ihm mehr Informationen zu schicken:

>»Es ist nicht als ›hardware injection‹ gekennzeichnet, soweit wir das nach einer kurzen Kontrolle erkennen können. Kann jemand bestätigen, dass es keine ›hardware injection‹ ist?«

Marco

In den Vereinigten Staaten ist es noch Nacht oder früher Morgen, sodass es noch Stunden dauern wird, bis die meisten US-amerikanischen Mitglieder der LIGO Collaboration diese E-Mail gelesen haben – außer Stan Whitcomb vom Caltech.[2] Aus irgendeinem Grund kann er nicht einschlafen. Gegen 4:00 Uhr morgens steht er auf und startet seinen Notebook-Computer, um E-Mails abzurufen. Dragos Botschaft ist erst vor ein paar Minuten reingekommen. »Oh Mann«, murmelt Whitcomb, »die nächsten paar Monate werde ich eine Menge zu tun haben.«

Whitcomb war seit 1980 am Caltech gewesen. Er war einer der Autoren des bekannten, 1983 erschienenen »Blue Book« – der ersten Kostenschätzung für ein LIGO-artiges Interferometer. Er hatte eng mit Ron Drever an dem 40-Meter-Prototypen am Caltech zusammengearbeitet. Nachdem er sechs Jahre in der Privatwirtschaft gearbeitet hatte, kehrte er 1991 ans LIGO zurück, wo er einer der Vorsitzenden der Standort-Beurteilungskommission war und letztlich zum LIGO-Chefwissenschaftler berufen wurde.

Stan Whitcomb hatte kurz zuvor angekündigt, er wolle am Dienstag, dem 15. September 2015, seinen Abschied vom Caltech nehmen, ohne sich jedoch völlig zur Ruhe zu setzen. Er hatte der LIGO-Sprecherin Gabriela González versprochen, einer der Kovorsitzenden des »Detection Committee« zu werden, sobald das Advanced LIGO irgendetwas Interessantes gefunden habe. Das hatte er sich als einen ruhigen Job vorgestellt – hin und wieder mal ein Meeting oder eine Videokonferenz und ein bisschen Papierkram. Aber zuerst will er sich eine wohlverdiente Auszeit gönnen – am Mittwoch will er nach Colorado fahren, um dort seine Mutter zu besuchen.

Und jetzt das. Ein *echtes* Zirpen, keine Simulation. Und noch dazu ein sehr spannendes. Die kurze Dauer, die relativ niedrige Endfrequenz – das kann nur eine Kollision von zwei ziemlich massereichen Schwarzen Löchern bedeuten. Zwei weniger massereiche Neutronensterne würden länger brauchen, um zu verschmelzen. Außerdem würden sie eine höhere Umlauffrequenz haben, wenn sie schließlich verschmelzen, da sie viel kleiner sind als ein Schwarzes Loch. Whitcomb ist beinahe sofort davon überzeugt, dass dies ein Volltreffer ist – LIGO hat zum ersten Mal Gravitationswellen registriert. *Erwischt.*

Jetzt kann er natürlich nicht wieder schlafen gehen. Später an diesem Morgen, als er zusammen mit seiner Frau mit dem Hund rausgeht, sagt er ihr: »Ich weiß, dass ich dir versprochen habe, mehr Zeit zu Hause zu verbringen, wenn ich mich zur Ruhe gesetzt habe. Aber ich fürchte, dass ich in nächster Zeit sehr beschäftigt sein werde.« Er sagt den Trip nach Colorado nicht ab, aber bei seiner Mutter sitzt er jeden Tag ein paar Stunden vor seinem Computer.

Unterdessen ist Gabriela González verärgert.[3] Sie ist eine in Argentinien geborene Physikerin an der Louisiana State University in Baton Rouge. Seit 2011 ist sie die offizielle Sprecherin der LIGO Scientific Collaboration, als Nachfolgerin von Rainer Weiss vom MIT, Peter Saulson von der Syracuse University und David Reitze von der University of Florida.[4] In den vergangenen Wochen und Monaten war sie damit beschäftigt gewesen, die Protokolle und Prozeduren für den Betrieb am LIGO zu entwerfen und ihnen ihre endgültige Form zu geben. Und jetzt hat es anscheinend dieser Postdoc in Hannover nicht nötig, sich an diese Protokolle zu halten: Marco Drago hat seine E-Mail an alle rausgeschickt, selbst an die »lsc-all«-Mailingliste. Zum Glück ist das eine moderierte Liste, und zufälligerweise ist González die Moderatorin, also geht diese E-Mail nicht durch. Aber sie kann nicht verhindern, dass Dragos E-Mail alle anderen Teams erreicht, an die er sie geschickt hat. Inzwischen reden sie wahrscheinlich alle ganz aufgeregt miteinander.

Natürlich ist auch González aufgeregt. Zuerst glaubt sie, ein so starkes Signal müsse sicherlich das Ergebnis von irgendeinem Test sein, aber schnell findet sie heraus, dass zu diesem Zeitpunkt keine Tests stattgefunden haben. Sie bekommt eine Textbotschaft von Mike Landry, dem Leiter des Detection Committee in Hanford: »Gaby, hast du eine verdeckte Injektion autorisiert?« Joe Giaime, der Leiter des Observatoriums in Livingston, stellt ihr die gleiche Frage. Nein, das hat sie nicht. Und tatsächlich wäre *sie* die Person, die das hätte tun müssen, abgestimmt mit der Projektleitung. Ein paar einfache Kontrollen zeigen, dass keine Injektion stattgefunden hat, zumindest nicht nach dem üblichen Verfahren. Hierbei muss es sich also um eine echte Gravitationswelle handeln – es sei denn, es war ein Softwarefehler, eine Fehlfunktion eines Instruments oder ein böswilliger Hacker-Angriff. Aber das muss das Detection Committee herausfinden – es ist alles in den Prozeduren festgelegt.

Eine andere Prozedur ist noch nicht eingeführt worden: der automatisierte Benachrichtigungsdienst für andere Beobachter. Etwa 20 Observatorien auf der Erde und im All haben eine spezielle Abmachung mit der LIGO Scientific Collaboration getroffen: Sobald eine Gravitationswelle registriert wird, wollen sie ihre Teleskope und Instrumente auf deren mutmaßlichen Ursprungspunkt richten (mehr dazu in Kapitel 14).

Das Ziel: herausfinden, ob irgendetwas Ungewöhnliches in den Röntgen-, optischen oder Radio-Wellenlängenbereichen sichtbar ist. Jedes elektromagnetische Signal – etwa die energiereiche Strahlung von einem explosionsartigen Ereignis – würde sich mit der gleichen Geschwindigkeit wie die Gravitationswelle ausbreiten (nämlich mit Lichtgeschwindigkeit), sodass es zur selben Zeit auf der Erde angekommen sein sollte. Aber vielleicht würde es länger anhalten als die Gravitationswelle.

Es ist noch keineswegs sicher, dass das Signal vom vorigen Abend wirklich echt ist. Aber selbst dann wäre es unmöglich, genau zu sagen, woher es gekommen ist. Dennoch beschließen González und Fulvio Ricci, der Sprecher der European Virgo Collaboration, eine Botschaft an die anderen Suchteams zu schicken, mit den Koordinaten eines großen Streifens des südlichen Himmels, aus dem diese Gravitationswelle – falls es denn eine war – vermutlich gekommen ist. Wenn tatsächlich irgendetwas am Himmel sichtbar ist, könnte es ziemlich bald wieder verblassen, und daher sollten die Kollegen möglichst schnell zu suchen beginnen, obwohl die Positionsangabe noch sehr ungenau ist.

Aber González' größte Sorge ist die Geheimhaltung. Sie muss dafür sorgen, dass niemand außerhalb der Teams der Kooperation etwas über das Signal erfährt. Noch nicht. Ein wichtiger Hinweis im Messprotokoll lautet: »Bitte vertraulich behandeln.« Nach Joe Weber und nach BICEP2 will niemand riskieren, dass noch eine haltlose Behauptung später widerrufen werden muss; das wäre ein peinlicher Gesichtsverlust.

Am Mittwoch, dem 16. September, setzt sich González mit Pressesprecher Ricci und Direktor Federico Ferrini von der Virgo Collaboration sowie LIGOs geschäftsführendem Direktor David Reitze und seinem Stellvertreter Albert Lazzarini in Verbindung. Gemeinsam verfassen sie eine E-Mail an die über 1000 Mitglieder der Kooperation, die inoffiziell als »LIGO-Virgo Collaboration« (LVC) bezeichnet wird. Sie lautet:

Liebe alle,

inzwischen haben viele von euch von einem interessanten »transient event candidate« (Wanderereigniskandidaten) gehört, der am vergangenen Wochenende im ER8-Datenstrom entdeckt wurde ... Wir haben unsere Astronomie-Partner über dieses Ereignis informiert, damit sie es näher untersuchen können ...

Wir möchten euch alle daran erinnern, dass wir innerhalb der LVC strenge Vertraulichkeit über dieses Ereignis wahren müssen, vor allem über diesen Kandidaten und generell über alle Kandidaten und Ergebnisse. Über Ergebnisse innerhalb der Kooperation sollte gegenüber externen Personen *strengstes Stillschweigen* bewahrt werden. Indiskretionen und Gerüchte würden lediglich unsere Forschungsarbeit deutlich erschweren.

Vielleicht wird der eine oder andere von euch von Freunden oder Kollegen auf diesen Event-Kandidaten und eventuelle zukünftige Kandidaten im O1 [Observierungslauf 1] angesprochen werden ... Bitte informiert die LSC- und Virgo-Pressesprecher über gezielte Fragen von externen Personen.

Vielen Dank!

Gaby, Fulvio, Dave, Albert, Federico

Aber es ist gar nicht so einfach, den Mund zu halten, wenn man zu einem Team gehört, das gerade die Entdeckung des Jahrhunderts gemacht hat. Marco Drago erzählt seinen Eltern in Italien davon. Stan Whitcomb erzählt es seiner Frau. Auch andere erzählen ihrem Partner davon. In Cambridge, Massachusetts, vertippt sich jemand in der Adresszeile einer E-Mail und schickt versehentlich eine Mitteilung über die Entdeckung an die Mitarbeiter der Finanzabteilung des MIT. Zum Glück versteht dort kaum jemand etwas von Physik. Aber es besteht ein erhebliches Risiko, dass die Nachricht durchsickern wird, auf die eine oder andere Art.

Und so kommt es dann auch – jemand erzählt Lawrence Krauss davon, einem theoretischen Physiker an der Arizona State University in Tempe und Verfasser von mehreren Sachbüchern.[5] Krauss gibt den Namen seiner Quelle nicht preis; diese Person sei kein Mitglied der Kooperation, aber sie *ist* ein renommierter, preisgekrönter Experimentalphysiker – so viel ist Krauss immerhin bereit zu sagen. Am Freitag, dem 25. September, postet er die Nachricht auf Twitter:

Gerücht über Messung einer Gravitationswelle durch den LIGO-Detektor. Sensation, wenn es stimmt. Werde mehr Infos posten, falls es sich bewahrheitet.

Krauss' Tweet sorgt für Aufregung in den sozialen Medien. Gabriela González ist verzweifelt; immer mehr Journalisten rufen sie an. Ist am LIGO wirklich etwas registriert worden? Wann? Wie? Warum die Geheimniskrämerei? Hat es nur ein Ereignis gegeben oder mehrere? Wird es eine offizielle Bekanntmachung geben? Später an diesem Tag setzt sie noch eine E-Mail an die Mitglieder der LIGO- und Virgo-Kooperationen auf.

… Bitte reagiert *nicht* auf diese Tweets, und bitte unterlasst es, Informationen über dieses Ereignis preiszugeben … Noch einmal: Bitte beteiligt euch nicht an Gesprächen über dieses Ereignis in den sozialen Medien.

Gaby

PS: Ich bin sehr enttäuscht, dass diese wichtige Nachricht es so schnell in die sozialen Medien geschafft hat – LSc hat viele Mitglieder, aber ich hatte wirklich gedacht, wir könnten uns darauf verlassen, dass jeder von uns dafür sorgen würde, dass wir unsere Forschungsarbeit ungestört von solchen Ablenkungen erledigen können.

259

Sie entscheidet sich, keinen Kontakt zu Krauss aufzunehmen. Niemand tut das. Fürs Erste scheint die beste Strategie zu sein, die Gerüchte einfach zu ignorieren. In der offiziellen Antwort auf Medienanfragen werden Journalisten gebeten, geduldig zu sein: »Wir brauchen mehrere Monate, um Vordergrund und Hintergrund unserer Daten zu analysieren und zu verstehen, und deswegen können wir zum jetzigen Zeitpunkt noch nichts sagen.«

Natürlich fragen einige Wissenschaftsjournalisten González auch nach verdeckten Injektionen. Der eine oder andere von ihnen erinnert sich noch an die Ereignisse von 2009 und 2011.[6] Damals, in den Anfangstagen von Initial LIGO und Initial Virgo, wusste jedes Mitglied der beiden Teams von der Möglichkeit, dass verdeckte Injektionen stattfinden konnten.[7] Zwei oder drei der in der Hierarchie der Kooperation ziemlich weit oben stehende Personen waren befugt, ein simuliertes Signal in den Datenstrom der Interferometer zu injizieren. Damit sollte die Effizienz der Messdaten-Analysesoftware getestet werden, es sollte geprüft werden, ob die Theoretiker die richtigen Schlüsse aus den Merkmalen des charakteristischen »Zirp«-Signals ziehen würden, es sollten Erfahrungen im Schreiben professioneller Veröffentlichungen gesammelt werden, und man wollte herausfinden, ob irgendetwas an den Arbeitsabläufen geändert werden müsste.

Sobald ein potenzielles Gravitationswellensignal festgestellt und zur weiteren Analyse weitergeleitet wurde, versiegelte das Blind-Injection-Team einen Umschlag mit der Angabe, ob es sich dabei um eine Injektion handelte oder nicht. Erst wenn die Arbeit an genau diesem Signal abgeschlossen war, wurde dieser Umschlag geöffnet und die Antwort aufgedeckt.

Dieses Verfahren sorgte auf jeden Fall dafür, dass die Leute sich nicht langweilten. Im Herbst 2007 und im größten Teil des Jahres 2008 arbeiteten die LIGO-Wissenschaftler an einem Signal, das am 22. September 2007 festgestellt worden war und passenderweise »Equinox Event« (Ereignis zur

Herbst-Tagundnachtgleiche) genannt wurde. Alle drei Detektoren – LIGO Hanford, LIGO Livingston und Virgo – hatten vor dem immer präsenten Hintergrundrauschen ein schwaches Zirpen registriert. Es sah so aus wie das, was man von einer spiralförmigen Annäherung, Kollision und Verschmelzung zweier Neutronensterne in einem binären System erwarten würde.

Allerdings zeigte die folgende Auswertung, dass der Equinox Event nicht wirklich überzeugend genug war, um sagen zu können, man habe Gravitationswellen festgestellt. Das Risiko, dass sich das vermeintliche »Signal« als statistischer Ausrutscher erweisen könnte, war einfach ein bisschen zu hoch. Also kamen die beteiligten Wissenschaftler im Herbst 2008 überein, den Equinox Event nicht als echten Gravitationswellenkandidaten einzustufen.

Erst im März 2009, als sämtliche Analysen abgeschlossen waren, wurde bekannt gegeben, dass dieses Signal in Wirklichkeit eine verdeckte Injektion gewesen sei. Und bei dieser Gelegenheit wurde auch mitgeteilt, dass schon vorher, nur neun Tage vor dem Equinox Event, eine »blind injection« stattgefunden habe, die anscheinend von der Erkennungs-Software völlig verpasst worden war. Alles in allem war es eine sehr lehrreiche Erfahrung.

Eine zweite bekannte verdeckte Injektion war der »Big Dog Event« am 16. September 2010, bei dem es sich um ein wesentlich auffälligeres Signal handelte, das ebenfalls in allen drei Detektoren festgestellt wurde. Es sah aus wie ein Zirpen, das man erwarten würde, wenn ein Neutronenstern und ein Schwarzes Loch zusammenkrachen. Die winzigen Unterschiede in den Ankunftszeiten an den drei Standorten zeigten, dass die Kollision irgendwo im Sternbild Canis Major stattgefunden haben musste – daher der Name »Big Dog« oder »Großer Hund«.

In diesem Fall sah *wirklich* alles sehr überzeugend aus. Innerhalb weniger Monate hatten die beteiligten Wissenschaftler die Analyse fertiggestellt und einen Artikel über ihre

Entdeckung verfasst, der in den *Physical Review Letters* erscheinen sollte. Und bewundernswerterweise hatten sie das alles getan, obwohl ihnen durchaus bewusst war, dass es sich bei Big Dog um ein simuliertes Signal handeln konnte. Erst am 14. März 2011 (Albert Einsteins 132. Geburtstag), nachdem das Team sich über die endgültige Fassung des Artikels einig war, wurde ihnen die Wahrheit gesagt, bei einem Meeting in Arcadia, Kalifornien. Jay Marx vom Caltech, der damalige LIGO-Direktor, öffnete den »Umschlag« (tatsächlich war es ein USB-Stick mit einer PowerPoint-Präsentation darauf) und teilte seinem Publikum von etwa 350 Mitgliedern der Kooperation mit, dass sie einer Illusion nachgejagt waren. Trotzdem stießen sie mit Champagner an, um die gemeinsame Anstrengung zu feiern, obwohl natürlich der Artikel nie bei der Redaktion der *Physical Review Letters* eingereicht wurde. Und auch dieses Mal wurde bekannt gegeben, dass eine zweite verdeckte Injektion während desselben Observierungslaufs nicht erkannt worden war.

Sowohl der Equinox Event als auch Big Dog waren im September injiziert worden, und so ist es kein Wunder, dass im September 2015 bei vielen Wissenschaftlern der Verdacht aufkam, dass sie schon wieder hereingelegt werden sollten. Aber Gabriela González weiß, dass es nicht so ist. Es kann nicht sein. Den neugierigen Journalisten sagt sie das natürlich nicht; ihnen wird nur mitgeteilt, dass es in der Vergangenheit tatsächlich schon hin und wieder vorgekommen sei, dass simulierte Signale eingespeist wurden. Aber den beteiligten Wissenschaftlern sagt sie die Wahrheit, sodass ihnen allen inzwischen klar sein müsste, dass es sich bei dem am 14. September gemessenen Signal um ein echtes Ereignis handeln könnte.

Handeln *könnte* – denn jetzt beginnt die mühevolle Kleinarbeit. Der Umstand, dass es sich bei dem Signal nicht um eine verdeckte Injektion handelt, muss nicht unbedingt bedeuten, dass es durch eine echte Gravitationswelle aus dem Weltraum erzeugt wurde. Es kann Dutzende andere Ursachen geben – zum Beispiel einen Softwarefehler. Um eine winzige Vibration der Spiegel in Hanford und Livingston festzustellen, sind Tausende von Programmzeilen notwendig. Wie jeder Programmierer weiß, ist Software nie fehlerfrei. Also muss das Ereignis gründlich überprüft werden.

Oder vielleicht wurde das Signal von einem Erdbeben auf der anderen Seite des Planeten verursacht; das muss mit der US Geological Survey abgeklärt werden. Oder könnte es eine von einem Meteoriten verursachte Schockwelle in der Erdatmosphäre gewesen sein oder gar ein Einschlag in einer unbewohnten Region? Jemand anderer muss das anhand von Ultraschall-Aufzeichnungen abklären. Irgendein seltsames Phänomen im Magnetfeld der Erde konnte verantwortlich sein. Von Plasmaphysikern gesammelte Satellitenmessungen mussten gesichtet werden; manchmal können große Gewitter bis hinauf in die Ionosphäre Wellen erzeugen, eine Schicht geladener Teilchen hoch oben in der Erdatmosphäre. Diverse natürliche Phänomene konnten die empfindlichen Instrumente zum Ansprechen gebracht haben. Alles musste überprüft und immer wieder kontrolliert werden.

Das ist die Aufgabe des Detection Committee und seiner Vorsitzenden Stan Whitcomb vom LIGO und Frédérique Marion von der Virgo Collaboration. Sie wissen genau, was zu tun ist – die Protokolle liegen vor. Jedes Mitglied des Komitees – sowohl in den Vereinigten Staaten als auch in Europa – hat seine individuelle Aufgabe; jede Person ist für einige wenige potenzielle Probleme zuständig. Checklisten werden abgearbeitet, Arbeitsblätter ausgefüllt. Langsam, aber sicher wird jede nur mögliche alternative Erklärung ausgeschlossen. So wurde zum Beispiel anhand einer internationalen meteorologischen Datenbank von Blitzeinschlägen festgestellt, dass ungefähr zur Zeit des Ereignisses im westafrikanischen Burkina Faso ein Blitz mit ungeheurer Gewalt eingeschlagen hatte. Die daraufhin angestellte detaillierte Analyse zeigte jedoch, dass er sich nicht auf die LIGO-Spiegel ausgewirkt haben konnte.

Auch viele andere Dinge müssen kontrolliert werden. Sicher, das Signal wurde fast gleichzeitig in beiden LIGO-Detektoren festgestellt. Die Möglichkeit solcher koinzidenten Messungen war ja von vornherein der wichtigste Grund, um zwei Interferometer zu bauen. Aber dessen ungeachtet musste auf jeden Fall auch jede *lokale* Störquelle ausgeschlossen werden. Etwas vereinfacht gesagt, mag ja vielleicht eine knallende Tür oder ein vorbeifahrender Lkw genau zur selben Zeit an beiden Standorten sehr unwahrscheinlich sein, aber immerhin nicht unmöglich. Das ist also eine weitere wichtige Aufgabe des Detection Committee. Waren zur Zeit des Ereignisses Menschen in den Interferometer-Tunneln? Um das herauszufinden, müssen sämtliche verfügbaren Protokolle und Aufzeichnungen von Kameras und Mikrofonen überprüft werden. Ging irgendetwas Ungewöhnliches in der unmittelbaren Umgebung der Detektoren vor sich? Aufzeichnungen von diversen Umweltsensoren aus der Umgebung sollten die benötigten Informationen liefern. Gab es magnetische Anomalien oder andere ursächliche Effekte, welche die Aufhängung der Spiegel, die Laser oder den Fotodetektor gestört haben könnten? Alles wird überwacht und aufgezeichnet, sodass nur all diese Daten durchforstet werden müssen, um auch so etwas auszuschließen.

Und dann ist da noch Stan Whitcombs Albtraumszenario: Vier Studenten, die am LIGO ihre Doktorarbeit schreiben, sitzen in einer Kneipe in Livingston, trinken zu viel Bier und überlegen, wie sie sich in das System hacken können, nur so »aus Spaß«. Immerhin gibt es ja eine ganze Menge extrem heller Köpfe in der Kooperation; vielleicht ist jemand auf eine trickreiche Möglichkeit gekommen, auf den Datenstrom zuzugreifen oder eine Elektronikplatine in einem der Computer-Baurahmen auszutauschen. Wenn man es recht bedenkt, lässt sich sogar ein böswilliger Racheakt eines ehemaligen Mitarbeiters nicht gänzlich ausschließen. Aber letzten Endes werden selbst solche sehr unwahrscheinlichen Möglichkeiten geprüft und ausgeschlossen.

Whitcomb gibt zu, dass absolute Gewissheit in der Wissenschaft eine Seltenheit ist. Vielleicht wären die CIA oder die Geheimpolizei Nordkoreas in der Lage, sein Detection Committee hereinzulegen. Oder Tom Cruise in einer neuen Folge der Spielfilmserie *Mission: Impossible*. Aber nicht ein Witzbold im eigenen Team oder ein böswilliger Außenseiter. Ein Komiteemitglied hat es mal so auf den Punkt gebracht: Wäre es einer einzelnen Person gelungen, das alles einzufädeln, wäre allein schon diese Leistung einen Nobelpreis wert.

Im Verlauf des Oktobers und Novembers wird jede nur denkbare Kontrolle durchgeführt: Spannungsschwankungen in den nicht weit entfernten Stromleitungen, niedrig fliegende Flugzeuge, mechanischer Verschleiß einer Vakuumpumpe, ein von einem Techniker im Detektorbereich liegen gelassenes Handy. Für das Signal vom 14. September lässt sich keine Erklärung finden. Das Detection Committee überprüft sogar die Aktivitäten der anderen Teams und Arbeitsgruppen der Kooperation, um sicherzustellen, dass sie gute Arbeit gemacht haben. Das ganze Kontrollverfahren zieht sich bis weit in den Dezember hinein.

Zu diesem Zeitpunkt ist auch der Letzte im Team überzeugt. Dies war die erste Gravitationswelle aus der Tiefe des Weltraums. Und keineswegs die letzte: Am 12. Oktober, einem Montag, wird ein weiterer plausibler Kandidat registriert, der allerdings wesentlich weniger auffällig ist als der erste. Ein dritter, sehr wahrscheinlich echter Kandidat wird am 26. Dezember, einem Samstag, gemessen. Gut drei Wochen später geht der erste Observierungslauf (O1) des Advanced LIGO zu Ende. Endlich verdient sich das LIGO das O in seinem Namen. Was lange Zeit nur ein Wunderwerk der Technik war, ist zu einer astronomischen Entdeckungsmaschine geworden, zu einem echten Observatorium. Zum allerersten Mal werden die Kräuselungen der Raumzeit auf der Erde wahrgenommen. Ein Jahrhundert, nachdem Albert Einstein zum ersten Mal seine Idee geäußert hat, werden endlich seine flüchtigen Wellen aufgefangen. Das Universum gibt seine Geheimnisse preis, und enthusiastische Wissenschaftler machen sich daran, seine Botschaft zu entschlüsseln.

Das zirpende Signal, das zuerst am Morgen des 14. September 2015 auf Marco Dragos Bildschirm aufgetaucht war, bekommt jetzt einen richtigen Namen. Niemand hat jetzt noch Zweifel, dass es sich um eine echte Gravitationswelle gehandelt hatte: Sie wird »GW150914« genannt.

Im Oktober 2015 beginnt das »LIGO-Team für Bildung und Öffentlichkeitsarbeit«, darüber nachzudenken, wie man der Welt die Nachricht am besten mitteilen kann. Zwar noch nicht sofort – jedenfalls nicht, bevor der Artikel über die Entdeckung nach einer unvoreingenommenen externen Prüfung der Ergebnisse zur Veröffentlichung angenommen worden ist, da niemand eine Wiederholung des BICEP2-Fiaskos erleben will –, aber vielleicht innerhalb von vier Monaten oder so.

Außerdem muss jede Pressekonferenz sorgfältig vorbereitet und geprobt werden, um potenziell missverständlicher Kommunikation vorzubeugen. Es wird geplant, zwei Pressekonferenzen zur gleichen Zeit abzuhalten, und zwar eine von der National Science Foundation (NSF) in Washington, D.C., und die andere von Virgo am European Gravitational Observatory in Italien. Dieses Programm muss mit zahlreichen Beteiligten koordiniert werden; vielleicht wäre es sinnvoll, einen externen Experten hinzuzuziehen, eine Person, die eine Menge Erfahrung darin hat, der Öffentlichkeit Neuigkeiten aus Weltraumforschung und Astronomie zu präsentieren.

Die Hochenergie-Physikerin Fiona Harrison, Direktorin der Abteilung Physik, Mathematik und Astronomie am Caltech, macht einen Vorschlag. Sie ist außerdem die Forschungsleiterin der NuSTAR-Mission der NASA, des »Nuclear Spectroscopic Telescope Array«. In dieser Eigenschaft hat sie mit Whitney Clavin zusammengearbeitet, der Pressesprecherin des einige Meilen nordwestlich des Caltech-Campus gelegenen Jet Propulsion Laboratory (JPL), und sie weiß, dass Whitney ein Profi ist.[8]

Das JPL ist das Forschungs- und Entwicklungszentrum der NASA für planetologische Missionen und Erdbeobachtung. Es wird vom Caltech betrieben, und es gibt zahlreiche Querverbindungen zwischen den beiden Einrichtungen. Clavin ist natürlich begeistert, als sie von der Entdeckung hört, und noch begeisterter ist sie über die Aussicht, die Medienkampagne zu koordinieren.

Am JPL arbeitet Clavin normalerweise eng mit den beiden Grafikern Robert Hurt und Tim Pyle zusammen, die Hunderte von Infografiken, Video-Animationen und wunderbaren künstlerischen Darstellungen über eine breite Vielfalt von Themen geschaffen haben, angefangen von extrasolaren Planeten bis hin zur Infrarot-Astronomie. Hurt hat Physik studiert und sich auf Infrarot-Astronomie spezialisiert, und als Clavin ihm erzählt, dass er die Grafiken und künstlerischen Darstellungen für die erste Feststellung von Gravitationswellen am LIGO machen soll, stößt er erst mal einen Freudenschrei aus – und wird dann von seinen Gefühlen überwältigt. Pyle, ein professioneller Grafiker ohne wissenschaftlichen Abschluss, fragt: »Was sind denn Gravitationswellen? Und warum heult Robert?«

Wie alle Mitglieder der LIGO-Kooperation müssen auch sie den Mund halten. Clavin darf niemanden am JPL wissen lassen, wo sie sich aufhält. Telefonkonferenzen finden hinter geschlossenen Türen statt. Es ist eine Herausforderung – so viele Details müssen mit so vielen Menschen abgestimmt werden. Und nichts – absolut nichts! – darf dem Zufall überlassen bleiben.

Und die Wissenschaftler, die auf der Pressekonferenz in den Vereinigten Staaten die Präsentationen abhalten werden, müssen auf ihre Aufgabe vorbereitet werden: der LIGO-Direktor David Reitze, die Pressesprecherin der Kooperation Gaby González und die »Gründerväter« Rainer Weiss und Kip Thorne. Es folgen noch mehr E-Mails, Telefonate und Telefonkonferenzen. Lasst euch nicht ablenken. Fasst euch kurz. Äußert euch einfach und klar. Vermeidet wissenschaftlichen

Jargon. Nutzt prägnante Metaphern. Clavin lässt sie ihren Auftritt immer wieder üben: dreimal am Telefon, zweimal live. Reitze macht das Spaß, Weiss und Thorne sind etwas grummeliger; sie haben manchmal das Gefühl, die Übungen würden ihnen den ganzen Spaß an ihren Präsentationen verderben. Aber zu guter Letzt sind alle mit dem Ergebnis zufrieden.

Ron Drever, der dritte Initiator des LIGO, wird nicht teilnehmen können – er ist inzwischen 84 Jahre alt, dement und lebt in einem Pflegeheim in Glasgow. Aber France Córdova, die Direktorin der NSF, wird mit Sicherheit dabei sein.[9] Die Pressekonferenz soll im National Press Club stattfinden, nicht weit entfernt vom Weißen Haus. Clavin sorgt dafür, dass für den Webcast genug Bandbreite zur Verfügung steht. Die Pressekonferenz soll als Livestream auf YouTube übertragen werden.

Außerdem ist es schwierig, einen geeigneten Termin zu finden, der sich mit den vollen Terminkalendern aller Beteiligten verträgt. Der Artikel über die Entdeckung muss zur Veröffentlichung in den *Physical Review Letters* angenommen werden[10], ebenso wie zwei ergänzende Artikel in einer anderen Fachzeitschrift. Anfang Januar wird die Entscheidung getroffen: Donnerstag, der 11. Februar 2016, soll der Tag der großen Bekanntmachung sein. Jetzt müssen nur noch Kleinigkeiten erledigt werden. Und es muss natürlich dafür gesorgt werden, dass es nicht in letzter Minute doch noch zu Indiskretionen kommt.

Das stellt sich als schwierig heraus. Am 11. Januar setzt Lawrence Krauss, der Physiker von der Arizona State University, einen zweiten Tweet ab:

Das von mir kürzlich erwähnte Gerücht vom LIGO wurde von unabhängigen Quellen bestätigt. Mehr in Kürze. Möglicherweise wurden Gravitationswellen entdeckt!! Sehr spannend.

Sein Tweet verbreitet sich viral. Die LIGO-Wissenschaftler sind sauer. Krauss wird vorgeworfen, er sei verantwortungslos und dränge sich ins Rampenlicht. Er selbst sagt dazu, es sei die Funktion der sozialen Medien, eine breite Öffentlichkeit für den wissenschaftlichen Fortschritt herzustellen. Und außerdem könne der von ihm so genannte »Trailer« für seine Ankündigung das Medieninteresse verstärken. Am 22. Januar moderiert Krauss an seiner Universität eine Podiumsdiskussion mit dem Titel »Einsteins Erbe: 100-jähriges Jubiläum der Allgemeinen Relativitätstheorie«. Kip Thorne vom LIGO ist einer der Teilnehmer. Die Kommunikation zwischen den beiden theoretischen Physikern ist etwas angespannt, um es freundlich auszudrücken.

Acht Tage vor der Pressekonferenz kommt es zu einem weiteren, sehr viel konkreteren Leak. Eine E-Mail des Teilchenphysikers Cliff Burgess von der McMaster University in Hamilton, Ontario, Kanada, findet als Screenshot-Anhang ihren Weg auf Twitter. Sie lautet:

Liebe alle, an dem LIGO-Gerücht scheint etwas dran zu sein, und es soll anscheinend am 11. Februar veröffentlicht werden (zweifellos mit Pressemitteilung), also haltet dafür die Augen offen.

Spione, die den Artikel gesehen haben, sagen, [am LIGO] hätten sie Gravitationswellen entdeckt, die von der Verschmelzung von zwei Schwarzen Löchern erzeugt wurden. Es heißt, beide Detektoren hätten sie registriert, konsistent mit der Ausbreitungsgeschwindigkeit c und der Entfernung [zwischen den beiden Standorten], entsprechend einer 5,1-Sigma-Messung. Die Massen [der Schwarzen Löcher] hätten am Anfang 36 und 29 Sonnenmassen betragen und am Ende 62 Sonnenmassen. Anscheinend ist das Signal spektakulär und zeigt am Ende sogar das Ausklingen laut Kerr[-Metrik].

Juhuu! (hoffe ich)

Dann, am 8. Februar, kündigt das LIGO die Pressekonferenz an. Abgesehen von den üblichen Kanälen für Pressemitteilungen wird die Ankündigung diesmal auch über Twitter verbreitet:

Ankündigung von LIGO-Pressekonferenz am 11. Februar um 10:30 Uhr EST! Siehe http://bit.ly/1TLlihq für mehr Info über #AdvancedLIGO & #GravitationalWaves!

Am selben Tag postet der britische Wissenschaftsjournalist Joshua Sokol eine Geschichte auf der Website des *New Scientist*, in der er berichtet, was er in den Observationsprotokollen des European Southern Observatory in Chile gefunden hat.[11] Er hat herausgefunden, dass am 17. September in einem großen Gebiet am südlichen Himmel mit Follow-up-Untersuchungen für LIGO-Messungen begonnen wurde. Eine weitere Serie von Follow-up-Untersuchungen hat am 28. Dezember begonnen, und zwar in den Sternbildern Aries (Widder) und Hydra (Wasserschlange). »Es kann gut sein, dass LIGO unglaubliches Glück hatte«, schreibt Sokol.

Zu diesem Zeitpunkt brodelt die Gerüchteküche über ein erstes Signal am 15. September 2015, ein zweites gegen Ende Dezember und vielleicht ein drittes schon im Oktober. Einen Tag vor der Pressekonferenz führe ich eine Google-Suche nach »GW150914« durch[12], denn immerhin wurde ja seinerzeit der Big-Dog-Event von 2010 auf »GW100916« getauft. Die Suche ergibt genau einen Treffer: irgendeine obskure LIGO-Projekt-Internetseite, die eigentlich nicht öffentlich abrufbar hätte sein sollen. Neben GW150914 werden darauf auch »GW151012« und »GW151226« erwähnt.[13] Das waren also die drei Kalenderdaten. Weitere Informationen sind auf der Seite nicht enthalten, und ein paar Stunden später ist sie nicht mehr zu erreichen.

Endlich ist der 11. Februar da. Die NSF-Direktorin liefert dem Publikum eine kurze Einführung. Sie hat 1978 am Caltech in Physik promoviert. Damals sei Kip Thorne Mitglied der Promotionskommission gewesen und das LIGO kaum mehr als ein »Hoffnungsschimmer in seinen Augen«, erzählte sie mir. Inzwischen ist alles anders. »Wenn wir ein neues Observationsfenster öffnen«, sagt sie dem Publikum, »wird uns das in die Lage versetzen, unser Universum und seine gewaltsamsten Phänomene auf eine völlig neue Art und Weise zu erforschen.« Außerdem erinnert sie daran, dass die Anschubfinanzierung für das LIGO-Projekt im Jahr 1992 die größte Investition gewesen sei, die die NSF jemals gemacht habe.

Dann folgt ein kurzes Kick-off-Video mit einer schwungvollen musikalischen Untermalung; es zeigt die fünf Präsentatoren der Pressekonferenz, auch Córdova.[14]

»Darum geht es bei wissenschaftlichen Entdeckungen: Man setzt sich nicht die einfachsten Ziele«, so Córdova in dem Video. Dann nennt sie ein paar Zahlen: zwei Detektoren, 1000 Wissenschaftler, 16 Länder, 25 Jahre. Am Ende des Videos beschreibt Kip Thorne seine Gefühle: »Ich habe mir das Signal angesehen und gedacht: ›Mein Gott.‹ Diesmal scheint es echt zu sein.«

Dann geht David Reitze ans Podium. Ein großer Bildschirm zeigt eine Darstellung von zwei verschmelzenden Schwarzen Löchern. Reitze sieht sich strahlend im Raum um und sagt: »Ladies and gentlemen. Wir ... haben ... Gravitationswellen ... registriert. Wir haben es tatsächlich geschafft!« Das Publikum applaudiert begeistert.

Reitze vergleicht diese Entdeckung mit der Leistung von Galileo Galilei, der das Forschungsgebiet der beobachtenden Astronomie eröffnet hat. Er bezeichnet die Kollision der Schwarzen Löcher als »atemberaubend«. Er sagt, die Empfindlichkeit des LIGO sei damit zu vergleichen, die Entfernung zum nächsten Stern mit der Präzision der Dicke eines menschlichen Haars zu messen. »LIGO war wirklich ein wissenschaftlicher Flug auf den Mond«, so Reitze. »Und wir haben es geschafft – wir sind auf dem Mond gelandet.«

Gabriela González beschreibt den Ablauf der eigentlichen Messung. »Dies ist die erste von vielen Messungen, die noch kommen werden«, verspricht sie ihrem Publikum. Sie betont, dass es die Gemeinschaftsarbeit zahlreicher Menschen war: »Es erfordert ein weltweites Dorf.« Dann spricht Rainer Weiss über Gravitationswellen. Er demonstriert, wie die Raumzeit gestaucht und gestreckt wird, indem er ein Stück dehnbares Plastikgewebe in verschiedene Richtungen streckt. Und er erklärt, wie das LIGO funktioniert. »Hätte es diese Technologie schon zu Lebzeiten Albert Einsteins gegeben, dann hätte er das LIGO erfunden«, so Weiss. »Er war intelligent genug, und er kannte sich zweifellos gut genug mit Physik aus.«

Schließlich spricht Kip Thorne über sein Lieblingsthema, nämlich Schwarze Löcher. Die Verschmelzung der beiden Schwarzen Löcher, so erklärt er, habe »einen gewaltigen Sturm im Gewebe der Raumzeit« erzeugt, das uns bis heute immer wie ein Ozean aus Glas erschienen war. »Dieser Sturm war kurz, aber unglaublich heftig – er hat zeitweise 50-mal so viel Energie freigesetzt wie alle Sterne im Universum zusammen.«[15]

Der Webcast zieht während seiner gesamten Dauer knapp 100 000 Zuschauer an. Ein paar Tage später haben sich eine halbe Million Menschen die Videoaufzeichnung angesehen. Zum Ende der Pressekonferenz am 11. Februar um 11:15 Uhr hat sich die Neuigkeit wie ein Lauffeuer über das Internet verbreitet. Obwohl es erst das Jahr 2016 ist, nennen die Leute das Ereignis schon jetzt die wissenschaftliche Entdeckung des Jahrhunderts.

Am nächsten Morgen macht die *New York Times* mit einem Foto von einem weiß gekleideten Techniker in einem der LIGO-Strahlrohre auf, das aus einem Science-Fiction-Film stammen könnte. Die Schlagzeilen:

»Anhand eines schwachen Zirpens beweisen Wissenschaftler, dass Einstein recht hatte«

»Eine Kräuselung der Raumzeit«

»Echo von Kollision Schwarzer Löcher, eine Milliarde Lichtjahre entfernt«

Der Direktor des LIGO, David Reitze (links), *erklärt die Entdeckung von Gravitationswellen auf der Pressekonferenz am 11. Februar 2016 in Washington, D.C. Zu seiner Rechten sitzen LIGO-Sprecherin Gabriela González und zwei der »Gründerväter« des LIGO, Rainer Weiss und Kip Thorne.*

Diese Zeilen sind vielleicht nicht ganz so packend wie die Überschriften, die vor knapp 100 Jahren ersonnen wurden, als Astronomen Einsteins Vorhersage bestätigt hatten, dass das Licht der Sterne durch die Schwerkraft der Sonne gebeugt wird, aber France Córdova drückte es so aus: »Einstein würde strahlen, oder?« An jenem Wochenende zirkulierte ein Foto im Internet, das die riesige Statue von Albert Einstein auf dem Campus des Georgia Institute of Technology in Atlanta zeigt. Um seinen Hals trägt er ein Schild, auf das jemand geschrieben hat: »Ich hab's euch doch gesagt.«

Im fernen Deutschland hat der mittlerweile 101 Jahre alte Gravitationswellenpionier Heinz Billing das Versprechen gehalten, das er 1989 Karsten Danzmann gegeben hatte: Er blieb am Leben, bis die Wellen entdeckt worden waren. Aber inzwischen ist Billing fast blind und taub, und er leidet unter erheblichen Gedächtnislücken. Wie Drever lebt auch er in einem Pflegeheim. In einem seiner lichten Momente erzählen ihm seine jüngeren Kollegen von der Entdeckung am LIGO. »Ja, ja, die Gravitationswellen«, antwortet er. »Ich habe so vieles vergessen.« Billing verstarb am 4. Januar 2017 im Alter von 102 Jahren.

Es ist nicht klar, ob Ron Drever die Nachricht wirklich verstehen und würdigen kann, als sie ihm von Verwandten überbracht wird. Aber seine Augen glänzen, als ihm das Zirp-Signal und die Pressekonferenz gezeigt werden. Binnen vier Monaten werden Drever – zusammen mit Rainer Weiss und Kip Thorne – vier bedeutende Wissenschaftspreise zugesprochen: der Special Breakthrough Prize in Fundamental Physics[16], der Gruber Foundation Cosmology Prize[17], der Shaw Prize in Astronomy[18] und der Kavli Prize in Astrophysics[19]. (Die ersten beiden Auszeichnungen wurden allen Mitgliedern der LIGO-Virgo Collaboration gemeinsam zugesprochen.) Unterdessen wurden Adalberto Giazotto and Guido Pizzella, die »Gründerväter« des Virgo-Observatoriums, mit der Amaldi Medal 2016 geehrt, einem europäischen Preis, der alle zwei Jahre von der Italienischen Gesellschaft für allgemeine Relativität und Gravitationsphysik vergeben wird.[20]

Ron Drever verstarb am 7. März 2017. Aber kaum jemand bezweifelt, dass die beiden noch lebenden Gründerväter des LIGO eines Tages die begehrteste Auszeichnung auf ihrem Forschungsgebiet erhalten werden – den Nobelpreis für Physik.

12 Schwarze Magie

Noch nie hat ein Mensch ein Schwarzes Loch gesehen. Bis vor Kurzem war ihre Existenz unter Astronomen und Physikern umstritten. Und jetzt behaupten sie, zwei kollidierende Schwarze Löcher in einer Entfernung von 1,3 Milliarden Lichtjahren gefunden zu haben. Ihre Indizien? Ein winziges Zittern der Raumzeit, nicht größer als ein Tausendstel des Durchmessers eine Protons. Nicht länger als zwei Zehntelsekunden. Ein bisschen weit hergeholt, könnte man sagen.

Die Astronomie ist nicht mehr das, was sie einmal war, so viel ist klar. Früher hat man einfach in den Himmel geschaut und dort Kometen und explodierende Sterne entdeckt, wie es der dänische Astronom Tycho Brahe gegen Ende des 16. Jahrhunderts getan hat. Später konnte man dann ein Teleskop zu Hilfe nehmen und so vielleicht den einen oder anderen Zwillingsstern, dunkle Linien auf der Marsoberfläche oder die Spiralstruktur eines matten Nebels entdecken. Man bekam, was man sah – »what you see is what you get«.

Diese Zeiten sind vorbei. Neue Entdeckungen – oder vermeintliche Entdeckungen – basieren heute auf wenig überzeugenden Messungen und intensiver Datenverarbeitung. Ein paar Photonen hier, ein unauffälliges Spektrumsmerkmal dort – es geht immer um statistische Indizien und Wahrscheinlichkeitsanalysen, stets mit dem Ziel, möglichst viel Information aus den verfügbaren Daten herauszulesen.

Die Gravitationswellenastronomie ist da keine Ausnahme. Erinnern Sie sich noch an die zittrigen Linien auf Marco Dragos Bildschirm, das sogenannten Zirpen, das später auf den Namen »GW150914« getauft wurde? Es ist eigentlich das einzige verfügbare Indiz, das wir haben. Ein kurzes Ansteigen von Frequenz und Amplitude – und dann Stille. Was mag diese winzigen Kräusel erzeugt haben? Man lässt seine Datenanalysesoftware laufen, und schon hat man die Antwort: zwei verschmelzende Schwarze Löcher im fernen Universum, die niemand wirklich gesehen hat. Es klingt wie Magie.

Trotzdem sind sich Theoretiker wie Kip Thorne ihrer Thesen sehr gewiss. Da das Signal von nur zwei Detektoren observiert wurde, ist es schwer zu sagen, aus welcher Richtung es genau kam. Auch die Entfernung ist nicht genau bekannt: sie könnte irgendwo zwischen 0,8 und 1,8 Milliarden Lichtjahren liegen. Aber die Umstände der Kollision sind viel weniger ungewiss.

In einer fernen Galaxie kreisen zwei Schwarze Löcher umeinander. Eines ist 36-mal so massereich wie unsere Sonne, das andere kommt auf 29 Sonnenmassen – deutlich massereicher, als viele Astronomen es erwartet hatten. (Darauf werde ich noch am Ende dieses Kapitels zurückkommen.) Für ein Schwarzes Loch mit einer solchen Masse hat der sogenannte »event horizon« (Ereignishorizont) – die kugelförmige »Oberfläche« des Schwarzen Lochs, die den »Point of no return« bildet – einen Durchmesser von einigen Hundert Kilometern.

Über Jahrmillionen kommen sich die beiden Schwarzen Löcher auf einer spiralförmigen Umlaufbahn immer näher. Der Grund: Durch das Emittieren schwacher Gravitationswellen wird Energie aus dem System abgezogen, ganz so, wie es beim Hulse-Taylor-Pulsar der Fall ist. Je näher die Schwarzen Löcher einander kommen, desto schneller umkreisen sie sich. Eine stärkere Beschleunigung bedeutet Gravitationswellen mit höherer Amplitude. Eine kürzere Umlaufperiode bedeutet eine entsprechend höhere Frequenz der Gravitationswellen.

Über kurz oder lang haben sich die zwei Schwarzen Löcher einander auf vielleicht 350 Kilometer angenähert und wirbeln mit mehr als der halben Lichtgeschwindigkeit umeinander. Dann, innerhalb eines Sekundenbruchteils, verschmelzen sie plötzlich zu einem einzigen, viel massereicheren Schwarzen Loch von etwa 62 Sonnenmassen. Nun weiß ja jeder Grundschüler, dass 36 + 29 = 65 ist – wo sind also die restlichen drei Sonnenmassen geblieben? Sie wurden in Energie umgewandelt (wieder einmal $E = mc^2$) und in Form eines riesigen Ausbruchs von Gravitationswellen emittiert.

Wie schon erwähnt, ist Raumzeit extrem steif. Aber wenn plötzlich Energie im Gegenwert von drei Sonnenmassen an einer bestimmten Stelle abgeladen wird, kann selbst die Raumzeit nicht anders, als mit einem Zittern zu reagieren. Unmittelbar außerhalb des Ereignishorizonts des neu entstandenen Schwarzen Lochs, in einer Entfernung von vielleicht 1000 Kilometern, dehnen und stauchen die Gravitationswellen die Größe eines jeden Objekts um bis zu ein Prozent, für einen sehr kurzen Augenblick. Das mag sich nicht allzu dramatisch anhören, aber es ist genug, um die empfindlichen chemischen Bindungen der meisten Moleküle durcheinanderzubringen. Was bedeutet, dass Sie es jedenfalls nicht überleben würden – die allgemeine Relativität würde Sie umbringen.

Aus einer etwas sichereren Entfernung betrachtet, muss die Verschmelzung von zwei Schwarzen Löcher ein spektakuläres Schauspiel sein. Auf der Pressekonferenz am 11. Februar 2016 hat Thorne eine Computeranimation gezeigt, die auf solchen wissenschaftlichen Algorithmen basiert, wie sie für den Film *Interstellar* verwendet wurden. Diese Animation zeigt die beiden Schwarzen Löcher als pechschwarze runde Scheiben, die als Silhouette vor dem Hintergrund von Sternen zu sehen sind.[1] Während sie sich umkreisen, wird das Licht der Sterne im Hintergrund von der starken Schwerkraft in der Nähe des Ereignishorizonts jedes Schwarzen Lochs hin- und hergebogen. Dieser Gravitationslinseneffekt erzeugt ein schwindelerregendes Muster von sich verlagernden und flackernden Sternenabbildern. Die beiden Schwarzen Löcher kommen sich auf einer spiralförmigen Umlaufbahn immer näher, bis sie schließlich verschmelzen, und dann ist zu sehen, wie das neu entstandene einzelne Schwarze Loch »ausklingt« – wie ein angeschlagener Gong, aber viel schneller. Am Ende des Films ist alles wieder ruhig und friedlich. Und über eine Milliarde Jahre später erreichen die von dieser Katastrophe erzeugten Raumzeitkräuselungen die Erde, wenn auch mit einer kaum noch wahrnehmbaren Amplitude.

Wie können also die Wissenschaftler so sicher sein, dass es tatsächlich so passiert ist? Der Film sieht überzeugend aus, aber er ist nur eine Animation, die auf den Gleichungen der Allgemeinen Relativitätstheorie beruht. Woher kennen Thorne und seine Kollegen die Masse der beiden verschmelzenden Schwarzen Löcher oder die Masse des Endergebnisses dieser Verschmelzung? Woher wissen sie, dass es wirklich eine Verschmelzung von Schwarzen Löchern war, und nicht etwa ein völlig anderes Phänomen? Wie lässt sich das auf der Grundlage von nur zwei kurzen, vom LIGO aufgefangenen Zirp-Signalen sagen?

Nun, zum großen Teil ist es schlichtweg gesunder Menschenverstand und einfaches Schlussfolgern. Einsteins Theorie sagt uns, dass ein kompaktes Binärsystem Gravitationswellen erzeugt, deren Frequenz der doppelten Umlauffrequenz entspricht. Unmittelbar vor der Verschmelzung betrug die beobachtete Gravitationswellenfrequenz etwa 200 Hertz, was bedeutet, dass die beiden Objekte sich etwa 100 Mal pro Sekunde umkreisten. Das allein sagt uns schon eine Menge über die riesigen Massen und Dichten, mit denen wir es hier zu tun haben. Auch die Dauer des Ereignisses ist aufschlussreich. Bei weniger massereichen Objekten würde es länger dauern, bis sie sich auf ihrer spiralförmigen Bahn so weit angenähert hätten. Bei Objekten mit einem geringeren Durchmesser würde die Verschmelzung bei einer höheren Umlauffrequenz stattfinden. Und schließlich wird die Gravitationswellenfrequenz während der Ausklingphase von der Masse des neu entstandenen Schwarzen Lochs bestimmt.

Natürlich muss eine wesentlich gründlichere Analyse durchgeführt werden, um die Massen der beteiligten Objekte genau festzustellen. Und dabei stellt sich ein großes Problem:

Diese Supercomputersimulation von zwei Schwarzen Löchern mittlerer Masse unmittelbar vor ihrer Kollision und Verschmelzung zeigt das, was ein hypothetischer lokaler Beobachter gesehen hätte, kurz bevor das Gravitationswellensignal GW150914 erzeugt wurde. Die Wirbelmuster rings um das Binärsystem aus Schwarzen Löchern entstehen aus dem Licht der Sterne im Hintergrund durch den Gravitationslinseneffekt, den die starke Raumzeitkrümmung bewirkt, die von den einander umkreisenden Schwarzen Löchern erzeugt wird.

Es ist praktisch unmöglich, mit dem beobachteten Wellen-muster (dem »Zirpen«) anzufangen und sich von dort aus zu-rückzuarbeiten, um die Merkmale der Verschmelzung aus diesen Daten abzuleiten. Stattdessen müssen die Theoretiker die Beobachtungen gegen Zehntausende vorher berechneter Wellenmuster abgleichen und die bestmögliche Übereinstim-mmung suchen.

Mit einem Fingerabdruck ist es genauso. Jeder einzelne Fingerabdruck ist einzigartig, was bedeutet, dass es nur eine Person gibt, die zu einem am Tatort gefundenen Finger-abdruck passt. Aber es ist unmöglich, allein auf der Basis des Fingerabdrucks zu bestimmen, wer diese Person ist. Vielmehr wird eine Datenbank gebraucht, die man auf eine Überein-stimmung hin durchsuchen kann.

Aus diesem Grund haben Theoretiker unzählige Gravita-tionswellenmuster berechnet, die für diverse Arten von Ver-schmelzung zu erwarten sind – ja, de facto sogar für jede nur denkbare Art von Verschmelzung. Welche Gravitationswellen wären von einer Kollision zweier Neutronensterne mit 1,4 Son-nenmassen (etwa den beiden Komponenten des Hulse-Taylor-Zwillingssterns) zu erwarten? Was wäre, wenn die beiden Neutronensterne massereicher wären? Wie würde es aussehen, wenn einer der beiden 50 Prozent mehr Masse hat als der an-dere? Oder 40 Prozent oder 60? Was wäre, wenn ein Objekt ein Neutronenstern wäre und das andere ein Schwarzes Loch? Oder zwei Schwarze Löcher? Wie steht es mit Gezeitendefor-mationen? Exzentrischen Umlaufbahnen?

Verschiedene Objekte, verschiedene Massen und Massen-verhältnisse, unterschiedliche Observierungswinkel, der Um-laufzustand – für jede mögliche Variante kann die entspre-chende Wellenform berechnet werden. Im Lauf der Jahre haben Theoretiker eine Bibliothek von einigen Hundert-tausend verschiedenen Wellenformen aufgebaut. Das charak-teristische Zirpen von GW150914 stimmte am besten mit der Wellenform überein, die für zwei Schwarze Löcher mit 36 be-ziehungsweise 29 Sonnenmassen vorhergesagt wird. Das heißt, dass laut den »Ermittlern« des LIGO die Übereinstimmung des »Fingerabdrucks« zeigt, dass ein solches Verschmelzungsereignis der »Täter« gewesen sein muss. Es mag sich anhören wie Schwarze Magie, aber es ist ernsthafte Wissenschaft.

Im Übrigen sind das keine einfachen Berechnungen. Die mathematischen Grundlagen der Allgemeinen Relativitätstheorie sind sehr kompliziert – deshalb hat Einstein auch so lange gebraucht, um seine Ideen zu formulieren. So bewirkt zum Beispiel ein Schwarzes Loch, dass sich die Raumzeit in seiner Umgebung krümmt. Die Raumzeitkrümmung entspricht einer bestimmten Menge an Energie. Laut Einstein ist Energie äquivalent zu Masse. Also erzeugt die Energie der Krümmung eine gewisse zusätzliche Krümmung. Durch dieses sogenannte nichtlineare Verhalten der allgemeinen Relativität wird jede Berechnung sehr schwierig und zeitaufwendig.

Eine weitere Komplikation ist die Vorstellung eines Koordinatensystems. In Isaac Newtons Theorie der universellen Gravitation kann jedes Ereignis in Bezug auf absoluten Raum und absolute Zeit beschrieben werden. Zeit und Raum bilden ein unveränderliches Koordinatensystem für alle Berechnungen. In Einsteins Allgemeiner Relativitätstheorie ist dagegen überhaupt nichts absolut. Das Koordinatensystem (die Raumzeit) selbst verändert sich durch genau die Ereignisse, die man beschreiben will. Im Fall eines Schwarzen Loches wird die Raumzeit stark gekrümmt, einwärts gezogen und von der enormen Schwerkraft des Schwarzen Lochs verschluckt. Vielleicht können Sie sich vorstellen, wie schwierig es ist, die Position eines Objekts zu berechnen, wenn das Koordinatensystem auseinandergerissen wird.

Das heißt, dass es schwierig ist, eine Wellenform zu berechnen, die von einer solchen Verschmelzung eines kompakten Binärsystems zu erwarten ist. Selbst in den einfachsten Fällen ist das nichts, was Sie mal eben mit Ihrem Taschenrechner erledigen könnten, geschweige denn auf einem Bierdeckel. Erst in den 1970er-Jahren konnten mathematische Physiker die ersten Erfolge auf diesem Gebiet erzielen. Inzwischen sind die meisten rechnerischen Hürden überwunden, aber dennoch erfordert es die gewaltige Rechenleistung eines Supercomputers, um solche Berechnungen in einer akzeptablen Zeit zu Ende zu bringen. Insofern ist es ein durchaus beachtliches Unterfangen, eine solche Bibliothek mit ein paar Hunderttausend Wellenformen aufzubauen.

Und natürlich enthält diese Gravitationswellenbibliothek auch Wellenformen von anderen Ereignissen als Verschmelzungen von kompakten Binärsystemen – eine asymmetrische Supernova-Explosion wird ein ganz anderes Wellenmuster erzeugen. Das gilt auch für einen schnell rotierenden Neutronenstern mit einem winzigen Höcker auf seiner Oberfläche. Aufgrund ihrer hohen Dichte ist normalerweise zu erwarten, dass Neutronensterne die perfektesten in der Natur vorkommenden Kugeln sind, aber ein »Berg« von nur einem Millimeter Höhe kann observierbare Gravitationswellen erzeugen. In jedem Fall können die Details stark variieren, abhängig von den spezifischen Umständen.

Wie dem auch sei – in Anbetracht der guten Übereinstimmung des beobachteten Wellenmusters mit den theoretischen Vorhersagen bezweifelt niemand, dass GW150914 von einer Verschmelzung von zwei Schwarzen Löchern mit 36 beziehungsweise 29 Sonnenmassen erzeugt wurde.[2] Und da die Allgemeine Relativitätstheorie uns die *ursprüngliche* Amplitude der erzeugten Gravitationswellen sagt, ist es relativ einfach zu berechnen, in welcher Entfernung die Kollision stattfand: Man rechnet einfach von der *beobachteten* Amplitude zurück.[3]

Entsprechend stimmte die Wellenform der zweiten Messung (GW151226) mit der Vorhersage für eine Verschmelzung von zwei Schwarzen Löchern mit 14,2 beziehungsweise 7,5 Sonnenmassen überein. Diese Verschmelzung fand in einer etwas größeren Entfernung von 1,4 Milliarden Lichtjahren statt. Es liegt auf der Hand, dass die Analyse dieses Ereignisses erst nach dem 11. Februar 2016 ernsthaft in Angriff genommen wurde – vorher waren die Wissenschaftler von LIGO und

Virgo viel zu sehr damit beschäftigt, ihre erste große Pressekonferenz vorzubereiten. Gabriela González, Fulvio Ricci und David Reitze präsentierten die Ergebnisse für GW151226 am Mittwoch, dem 15. Juni 2016, auf einer Pressekonferenz im Rahmen des 228. Treffens der American Astronomical Society in San Diego, Kalifornien.

Aufgrund der geringeren beteiligten Massen ging die Phase der spiralförmigen Annäherung bei diesem zweiten Ereignis langsamer vonstatten. Das gemessene Zirp-Signal hielt länger als eine volle Sekunde an, im Vergleich zu den zwei Zehntelsekunden, die es bei GW150914 gewesen waren. Die Anzahl der observierten Wellenzyklen war entsprechend größer: 54 Zyklen (was 27 Umläufen entspricht) im Vergleich zu nur zehn Zyklen (fünf Umläufen) beim ersten Ereignis. Und wieder wog das neu entstandene Schwarze Loch weniger als die Summe der beiden ursprünglichen, nämlich 20,8 Sonnenmassen. In diesem Fall war also Energie im Gegenwert von 0,9 Sonnenmassen in Gravitationswellen umgewandelt worden.

Und wie lief es bei dem dritten, am 12. Oktober 2015 registrierten Signal? Das Team sagt, es könnte durch eine Verschmelzung von zwei Schwarzen Löchern mit 23 beziehungsweise 13 Sonnenmassen erzeugt worden sein, und zwar in einer Entfernung von über drei Milliarden Lichtjahren. Aber die statistische Signifikanz ist in diesem Fall deutlich geringer als bei den anderen beiden Ereignissen. Angesichts der typischen Schwankungen im Hintergrundrauschen der Detektoren besteht eine Wahrscheinlichkeit von schätzungsweise einem Prozent, dass das Ereignis keine echte Gravitationswelle war. Allein aus diesem Grund erhielt es keine offizielle »GW«-Bezeichnung, sondern ist stattdessen offiziell als »LVT151012« bekannt, wobei »LVT« für »LIGO-Virgo Trigger« steht. Was keineswegs heißen soll, dass die meisten Mitglieder der Kooperation es nicht als ein echtes, wenn auch etwas weniger überzeugendes Gravitationswellenereignis ansehen würden, mit einem Konfidenzniveau von »nur« 99 Prozent.

Das heißt, dass die ersten am LIGO registrierten Ereignisse allesamt auf verschmelzende Schwarze Löcher hinweisen. Manche Wissenschaftler vertreten die Auffassung, dass diese Gravitationswellenobservationen den ersten direkten Nachweis für die Existenz von Schwarzen Löchern darstellen. Da ein Schwarzes Loch per definitionem kein Licht (und keine andere elektromagnetische Strahlung) emittiert, kann es nicht direkt observiert werden – es sei denn, man »fühlt« die winzigen Vibrationen, die es im Gewebe der Raumzeit erzeugt. Die einzige Art, wie ein Schwarzes Loch mit dem Rest des Universums direkt kommunizieren kann, ist durch die Sprache der Gravitationswellen. Alle anderen vorhandenen Belege für ihre Existenz sind indirekte Indizien.

Das Konzept von Schwarzen Löchern ist tatsächlich viel älter als Einsteins Allgemeine Relativitätstheorie. Der englische Geistliche und Geologe John Michell war der Erste, dem diese Idee kam, und zwar 1783, ein gutes halbes Jahrhundert nach dem Tod von Isaac Newton. Dessen Theorie der universellen Gravitation war wohlbekannt und schien fest etabliert zu sein. Michell wusste, dass jeder Himmelskörper eine Fluchtgeschwindigkeit hat – die Geschwindigkeit, die notwendig ist, um der Schwerkraft dieses Körpers vollständig zu entfliehen. So wissen wir zum Beispiel, dass die Fluchtgeschwindigkeit der Erde 11,2 Kilometer pro Sekunde beträgt; jene der Sonne liegt bei 617,5 Kilometer pro Sekunde.

Michell fragte sich: Was wäre, wenn die Sonne noch mehr Masse hätte? Dann wäre ihre Fluchtgeschwindigkeit natürlich noch höher. Wenn ein Stern groß und massereich genug ist, könnte seine Fluchtgeschwindigkeit bis auf 300 000 Kilometer pro Sekunde ansteigen – die Lichtgeschwindigkeit. Und was passiert, wenn selbst das Licht einem Stern nicht mehr entfliehen kann?

In einem Artikel in den *Philosophical Transactions of the Royal Society of London* beantwortete Michell diese Frage: »Sollten tatsächlich in der Natur jedwede Körper existieren, deren Dichte nicht geringer als jene der Sonne ist und deren Durchmesser mehr als das Fünfhundertfache des Durchmessers der Sonne beträgt, könnten wir, da ihr Licht uns nicht zu erreichen vermag, ... über die Existenz [dieser] Körper ... keine Informationen durch das Sehvermögen haben.« Anders ausgedrückt: Wenn kein Licht der Schwerkraft solcher Körper entfliehen kann, sind sie für uns unsichtbar. Michell nannte solche Körper freilich nicht »Schwarze Löcher«, sondern »dark stars«.

Natürlich hatten Michells »dunkle Sterne« nichts mit gekrümmter Raumzeit zu tun – dieses Konzept gab es 1783 noch nicht. Außerdem waren sich die Gelehrten des 18. Jahrhunderts noch nicht der Tatsache bewusst, dass die Lichtgeschwindigkeit im Reich der Natur die größtmögliche Geschwindigkeit ist. Also wurden Michells hypothetische dunkle Sterne nicht als Objekte angesehen, denen niemals etwas entfliehen kann, wie bei einem Schwarzen Loch. Obwohl *Licht* einem dunklen Stern nicht entfliehen könnte, wäre es durchaus denkbar, dass es einem Raumschiff sehr wohl gelingen könnte: Es müsste nur die Rakete lange genug feuern (abgesehen davon, dass es 1783 natürlich noch keine Raumschiffe gab).

Das heutige Konzept von Schwarzen Löchern wurde Anfang 1916 entwickelt, nur ein paar Monate, nachdem Albert Einstein seine Allgemeine Relativitätstheorie zum ersten Mal veröffentlicht hatte. Vielleicht erinnern Sie sich an Einsteins Feldgleichungen (die an der Ostwand des Museums Boerhaave in Leiden verewigt wurden). Mittlerweile hat sich herausgestellt, dass diese Gleichungen die Existenz von Regionen im Raum zulassen, in denen die Schwerkraft stark genug ist, um die Raumzeit sozusagen auf sich selbst zurückzukrümmen. Diese Lösung für die Feldgleichungen wurde unabhängig voneinander von zwei brillanten Wissenschaftlern gefunden. Der erste war der 42 Jahre alte deutsche Physiker und Astronom Karl Schwarzschild und der zweite der mathematische Physiker Johannes Droste aus den Niederlanden, der damals 29 Jahre alt und Doktorand bei Hendrik Lorentz war.

Als 1914 der Erste Weltkrieg ausbrach, meldete sich Schwarzschild freiwillig zum Kriegsdienst in der deutschen Armee. Im Winter 1915/1916 hatte er sowohl mit russischen Soldaten an der Ostfront als auch einer seltenen, blasenbildenden Hautkrankheit zu kämpfen, die womöglich seinen Tod im Mai 1916 herbeiführte. Erstaunlicherweise fand er dennoch unterdessen die Zeit und Konzentration, drei wissenschaftliche Artikel zu verfassen – darunter auch einen über das, was wir heute ein »Schwarzes Loch« nennen würden. Außerdem korrespondierte er über seine Erkenntnisse brieflich mit Einstein in Berlin. Drostes Ableitung, die Einstein ebenfalls sehr bewunderte, war eleganter, wurde aber erst 1917 veröffentlicht.

Jedenfalls war klar, dass ein punktartiges Gravitationsfeld, wenn es denn stark genug ist, einige seltsame Eigenschaften aufweisen würde. Erstens würde die Raumzeit innerhalb einer gewissen Distanz (die heute als Schwarzschild-Radius bekannt ist) so stark gekrümmt werden, dass jede mögliche Bewegung – in jeder nur denkbaren Richtung – näher am Zentrum enden würde als der Punkt, von dem sie gestartet wäre. Mit anderen Worten: Nichts kann jemals dem Raum innerhalb des Schwarzschild-Radius entfliehen, sei es ein Elementarteilchen, ein Raumschiff oder ein Lichtstrahl. Zweitens ist die Gravitations-Rotverschiebung am Schwarzschild-Radius unglaublich stark; und zwar so stark, dass sogar die Zeit nicht nur deutlich langsamer verstreicht, sondern zum völligen Stillstand kommt – zumindest aus der Sicht eines externen Beobachters. Drittens endet alle Materie, die den Schwarzschild-Radius (der auch als »Ereignishorizont« bezeichnet wird) überquert, genau in der Mitte des Schwarzen Lochs, bei unendlicher Dichte an einem mathematischen Punkt ohne Dimensionen. Das ist es zumindest, was die Gleichungen zu zeigen scheinen – wahrscheinlich ein Zeichen dafür, dass unser Wissen um die Vorgänge in einem Schwarzen Loch sehr lückenhaft ist.

Und so ist es kein Wunder, dass die meisten Physiker – auch Einstein selbst – den Schwarzschild-Radius für eine seltsame mathematische Kapriole der Allgemeinen Relativitätstheorie hielten, denn etwas so Merkwürdiges konnte doch unmöglich ein Teil unserer physischen Realität sein, oder? Schließlich war »nach der Allgemeinen Relativitätstheorie möglich« keineswegs notwendigerweise gleichbedeutend mit »in der Natur tatsächlich existent«.

Aber dann sagten 1934 Walter Baade und Fritz Zwicky die Existenz von Neutronensternen voraus (siehe Kapitel 6). Ein Neutronenstern ist der kollabierte Kern eines massereichen Sterns, der sein Leben in einer katastrophalen Supernova-Explosion beendet hat. Vielleicht erinnern Sie sich, dass er aus eng gepackten Neutronen (ungeladenen Kernteilchen) besteht. Man könnte einen Neutronenstern sogar als Atomkern in der Größe einer Stadt bezeichnen; auf jeden Fall hat er die gleiche, unglaublich hohe Dichte wie ein Atomkern.

Fünf Jahre nach der Vorhersage von Baade und Zwicky vertrat der theoretische Physiker Robert Oppenheimer – der später als der »Vater der Atombombe« bekannt wurde – die Auffassung, dass ein Neutronenstern nicht gegen die Schwerkraft bestehen kann, wenn er zu massereich ist. Ein Neutronenstern mit etwa drei Sonnenmassen würde noch weiter kollabieren. Es gibt kein bekanntes Gesetz der Physik, welches das verhindern könnte. Soweit die Theoretiker es wissen können, würde der von der Schwerkraft herbeigeführte Kollaps tatsächlich nie aufhören. Nach Berechnungen von Oppenheimer und seinem Kollegen Harlan Snyder würde Materie einfach zu immer höheren Dichten komprimiert werden. Das Endergebnis: eine Region im Raum, wo die Schwerkraft so stark ist, dass ihr nichts mehr entfliehen kann.

Aber genau das ist es, was Schwarzschild und Droste schon 1916 vorhergesagt hatten: unendliche Dichten, extreme Raumzeitkrümmung, gefangenes Licht und eine Point-of-no-return-»Oberfläche«, wo die Zeit stillzustehen scheint. Oppenheimer und Snyder nannten solche Objekte »frozen stars« (eingefrorene Sterne); der Begriff »Schwarzes Loch« kam erst in den 1960er-Jahren auf. Er tauchte zum ersten Mal 1964 in einer Meldung der US-amerikanischen Journalistin Ann

Ewing auf und wurde 1967 von John Archibald Wheeler erneut eingeführt, ein halbes Jahrhundert nach den Veröffentlichungen von Schwarzschild und Droste.

Zu dieser Zeit konnte ein Astrophysiker die Existenz von Schwarzen Löchern eigentlich nicht mehr ignorieren. Wenn der Kern eines massereichen Sterns zu einem Neutronenstern kollabiert (nachdem er zur Supernova geworden war), dann kollabiert der Kern eines *sehr* massereichen Sterns zu einem Schwarzen Loch – so einfach ist das. Dennoch bezweifelten viele Menschen die Existenz dieser rätselhaften Objekte – es klang einfach alles ein bisschen zu verrückt. Und außerdem: Wenn sogar Licht der Schwerkraft eines Schwarzen Lochs nicht entkommen kann, ist es unmöglich, dessen Existenz durch Beobachten zu beweisen, oder?

Nun, inzwischen ist ein weiteres halbes Jahrhundert vergangen, und vieles hat sich sehr verändert. Im Lauf der vergangenen Jahrzehnte haben etliche Astronomen eine ganze Reihe von indirekten Beweisen für die Existenz von Schwarzen Löchern gefunden. Ein Schwarzes Loch selbst ist in der Tat per definitionem unsichtbar; was wir jedoch *durchaus* beobachten können, ist der Einfluss des Schwarzen Lochs auf seine Umgebung. Es ist so ähnlich wie beim Unsichtbaren Mann: Man kann ihn nicht sehen, aber er hinterlässt Fußabdrücke auf dem Boden, und wenn er auf Ihrem Bett sitzt, kräuselt sich das Bettlaken.

Hier ist eine Möglichkeit, wie ein Schwarzes Loch seine Gegenwart verraten kann: Stellen Sie sich ein binäres System vor, das aus zwei massereichen Sternen besteht, die einander umkreisen. Der schwerere der beiden entwickelt sich am schnellsten, wie wir in Kapitel 5 gesehen haben. Er wird zu einer Supernova, und sein Kern kollabiert zu einem Schwarzen Loch. In einem späteren Stadium beginnt der zweite Stern, zu einem Riesen anzuschwellen.

Das umlaufende Schwarze Loch saugt die äußeren Gasschichten das angeschwollenen Sterns in sich hinein. Bevor das Gas jedoch in das Schwarze Loch stürzt, sammelt es sich zuerst zu einer dünnen rotierenden Scheibe rings um das Loch. Diese sogenannte Akkretionsscheibe wird extrem heiß und beginnt, Röntgenstrahlen zu emittieren.

Genau so etwas fand ein Forscherteam 1971. Eine helle Röntgenstrahlenquelle im Sternbild Cygnus, dem Schwan – die als »Cygnus X-1« bekannt ist –, wurde an derselben Position beobachtet wie ein Überriese. Mithilfe von Dopplermessungen wurde festgestellt, dass dieser Stern sich auf einer Umlaufbahn mit einer Periode von 5,6 Tagen befand, um ein Objekt von über zehn Sonnenmassen. Dieser massereiche Begleiter kann kein normaler Stern sein, da er sonst durch ein Teleskop sichtbar wäre. Er kann auch kein Neutronenstern sein, da Neutronensterne höchstens eine Masse von etwa drei Sonnenmassen haben können. Außerdem zeigt die beobachtete Röntgenstrahlung, dass der massereiche Begleiter irgendwie Gas erhitzt, auf mehrere Millionen Grad. Die einzige mögliche Erklärung ist ein Schwarzes Loch, das von einer glühend heißen Akkretionsscheibe umgeben ist.

Heute wird angenommen, dass viele Röntgen-Binärsysteme ein Schwarzes Loch enthalten. Da sie die Überreste explodierter Sterne sind, werden sie »stellar-mass black hole« (Schwarzes Loch mit der Masse eines Sterns) oder einfach »stellares Schwarzes Loch« genannt. Daneben haben Astronomen im Zentrum von Galaxien wesentlich größere Schwarze Löcher entdeckt; solche supermassereichen Schwarzen Löcher können einige Millionen bis zu viele Milliarden Sonnenmassen enthalten. In den meisten Fällen verraten sie ihre Existenz, indem sie große Mengen an Hochenergiestrahlung emittieren. Außerdem schicken sie mächtige Strahlen aus geladenen Teilchen in den Weltraum. Solche »aktiven« Galaxienkerne sind als »Quasare« bekannt. Der Ursprung ihrer energiereichen Strahlung ist die Akkretionsscheibe des Schwarzen Lochs. Die Strahlen werden wahrscheinlich von starken Magnetfeldern erzeugt, deren Ursprung allerdings noch ziemlich rätselhaft ist.

Ein supermassereiches Schwarzes Loch verrät seine Existenz auch dadurch, dass es die Bewegungen der Sterne im

Kern seiner Galaxie beeinflusst. Die Verteilung der Geschwindigkeiten im innersten Kern einer Galaxie kann die Gegenwart eines sehr massereichen, sehr kompakten Objekts in ihrem Zentrum anzeigen. Im Jahr 1984 führten Geschwindigkeitsmessungen im Kern von M32 (einem kleinen, nicht weit von ihr entfernten Begleiter der Andromeda-Galaxie) zur allerersten Entdeckung eines supermassereichen Schwarzen Lochs. In unserer eigenen Galaxie, der Milchstraße, konnten Astronomen sogar einzelne Sterne beobachten, die um ein unsichtbares Objekt von etwa vier Millionen Sonnenmassen herumwirbeln. Dabei kann es sich nur um ein supermassereiches Schwarzes Loch handeln – es gibt einfach keine andere brauchbare Erklärung.

Dank eines ständig anwachsenden Bestands an Indizienbeweisen für ihre Existenz haben Schwarze Löcher nach und nach den dunklen Verschlag von Spekulation und Science-Fiction verlassen und sind in den Palast der etablierten astrophysikalischen Realität eingezogen. Dennoch wurde es als hochwillkommene Bestätigung ihrer Existenz betrachtet, als Gravitationswellen gemessen wurden, die von der Kollision zweier Schwarzer Löcher erzeugt worden waren. Damit war zum ersten Mal eine klare Botschaft der Natur empfangen worden, dass Schwarze Löcher – oder »dunkle Sterne«, »Schwarzschild-Metriken«, »gefrorene Sterne« oder wie immer man sie auch nennen will – ein elementarer Bestandteil unseres Universums sind.

Außerdem war es eine sehr beeindruckende Botschaft. Bei der Verschmelzung, die GW150914 erzeugte, wurde immerhin Energie im Gegenwert von drei Sonnenmassen in einem winzigen Sekundenbruchteil in Form von Gravitationswellen freigesetzt. Tatsächlich war diese Kollision von zwei Schwarzen Löchern eines der gewaltigsten Ereignisse, das jemals im Universum beobachtet wurde.

Bevor ich Sie mit noch einer Runde astronomisch großer Zahlen beeindrucke, will ich zunächst eine Frage beantworten, die Sie vielleicht schon seit einer Weile beschäftigt. Wenn

Schwarze Löcher Regionen der Raumzeit sind, aus denen nichts entfliehen kann, wie können sie dann Masse verlieren? Ursprünglich waren die zwei Schwarzen Löcher 36- beziehungsweise 29-mal massereicher als die Sonne. Aber nach ihrer Verschmelzung blieb ein Schwarzes Loch mit 62 Sonnenmassen übrig. Wie konnten drei Sonnenmassen Materie dem eisernen Griff der Schwerkraft der beiden Schwarzen Löcher entkommen sein?

Die einfache Antwort ist, dass sie das nicht konnten. Die verschmelzenden Schwarzen Löcher haben nicht wie durch Zauberhand Materie ausgespuckt. Eigentlich ist es sogar ein bisschen irreführend zu sagen, dass sie überhaupt Materie enthielten. Unabhängig davon, wie ein Schwarzes Loch entsteht, hört die darin eingehende Materie auf zu existieren, wenn sie zu dem dimensionslosen, unendlich dichten Punkt im Kern des Schwarzen Lochs komprimiert wird – der von Physikern sogenannten Singularität des Schwarzen Lochs. Was physisch von ihr übrig bleibt, ist die starke Raumzeitkrümmung. Wenn ein Astronom von der Masse eines Schwarzen Lochs spricht, meint er damit nicht eine bestimmte Menge an Materie, sondern ein gewisses Ausmaß an Raumzeitkrümmung – eine der wenigen observierbaren Eigenschaften eines Schwarzen Lochs.

Hier ist also, was sich vor 1,3 Milliarden Jahren in jener namenlosen fernen Galaxie abgespielt hat. Zwei Raumzeit-»Vertices« (Strudel) mit ihrem jeweils eigenen Ausmaß an Raumzeitkrümmung wurden in einen gewaltigen Raumzeit-»Sturm« hineingezogen, in dem sie zu einem größeren »Tornado« verschmolzen. Der größte Teil der gesamten verfügbaren Krümmung (beinahe 95 Prozent) wurde genutzt, um das neu entstandene Schwarze Loch zu bilden. Knapp fünf Prozent davon (was drei Sonnenmassen entspricht) wurden in Gravitationswellen umgewandelt.

Wenn man drei Sonnenmassen (6×10^{30} Kilogramm) und das Quadrat der Lichtgeschwindigkeit (9×10^{16} m²/s²) in Einsteins berühmte Formel $E = mc^2$ einsetzt, ergibt das eine Energiemenge von $5,4 \times 10^{47}$ Joules. Das ist 16 Billiarden Mal der gesamte Energieausstoß der Sonne *pro Tag.* Da diese unvorstellbar große Menge an Energie innerhalb von etwa 15 Millisekunden freigesetzt wurde, erreichte die freigesetzte Leistung ein Maximum von unglaublichen $3,6 \times 10^{49}$ Watt – beinahe zehnmal die abgestrahlte Gesamtleistung aller Sterne und Galaxien im observierbaren Universum.

Als Bruce Allen, der Direktor des Albert-Einstein-Instituts in Hannover, versuchte, seinen Söhnen Martin und Daniel, die damals 12 und 15 Jahre alt waren, zu erklären, was er an GW150914 so aufregend findet, waren sie zunächst nicht sonderlich beeindruckt. Dann kritzelte Allen ein paar schnelle Berechnungen auf einen Zettel, um die bei diesem Ereignis freigesetzte Energie mit der vernichtenden Macht der Death Star, der »ultimativen Waffe« des Galactic Empire in den *Krieg-der-Sterne*-Filmen, zu vergleichen. »Im Vergleich zu dieser Kollision von Schwarzen Löchern sieht die Death Star aus wie ein Kinderspielzeug«, sagte er den Jungs. »Bei der Verschmelzung wurde mehr als genug Energie freigesetzt, um jeden einzelnen Planeten in jedem einzelnen Sonnensystem in 100 Galaxien von der Größe der Milchstraße komplett zu verdampfen.« Und *das* entlockte ihnen endlich ein »Wow, cool!«.

Die andere Lektion daraus ist, dass die Kollision und Verschmelzung von zwei Schwarzen Löchern ein Ereignis mit extrem hoher Schwerkraft ist. In Kapitel 3 haben wir gesehen, dass verschiedene Physiker allerlei Experimente durchgeführt haben, um die Vorhersagen von Albert Einsteins Allgemeiner Relativitätstheorie zu prüfen. Aber relativistische Effekte machen sich nur in sehr starken Gravitationsfeldern bemerkbar (oder bei Geschwindigkeiten nahe der Lichtgeschwindigkeit). Natürlich kann es aufschlussreich sein, eine Atomuhr in einem Flugzeug um die Welt zu fliegen, das Driften eines Gyroskops in einer Erdumlaufbahn zu messen oder die Verzögerung des Radiosignals von einer Raumsonde zu messen, wenn sie hinter der Sonne verschwindet, aber das alles sind Experimente bei niedriger Schwerkraft. Selbst ein binärer

Neutronenstern ist eine »Schwachfeld-Umgebung« – zumindest in Bezug auf die allgemeine Relativität.

Wenn man jedoch observiert, was am Ereignishorizont eines Schwarzen Lochs passiert, ist das eine ganz andere Geschichte. Dabei lässt sich Einsteins Theorie in einer Starkfeld-Umgebung testen. Und genau in einer solchen Umgebung erwarten Physiker mögliche Abweichungen von den Vorhersagen der Allgemeinen Relativitätstheorie. Das ist einer der Gründe, warum sie so begeistert sind über die Aussichten der Gravitationswellenastronomie. Von kollidierenden Schwarzen Löchern erzeugte Raumzeitkräuselungen ermöglichen wertvolle Einblicke in einige der extremsten Umgebungen des Universums. Und genau dort wollen wir unsere Tests durchführen; dort wollen wir Einstein auf den Zahn fühlen.

Wie gesagt, halten es die meisten Physiker für unwahrscheinlich, dass die Allgemeine Relativitätstheorie das letzte Wort zur Schwerkraft ist. Diese Theorie verträgt sich nicht mit der Quantenmechanik, jenem anderen gigantischen Stützpfeiler der Physik des 20. Jahrhunderts. Um unsere Beschreibung der Schwerkraft kompatibel zu machen mit dieser sehr erfolgreichen Beschreibung der anderen Kräfte der Natur – und all der Teilchen, von denen wir wissen –, muss zumindest eine der beiden Theorien auf die eine oder andere Art und Weise angepasst werden. Der richtige Weg zu der seit Langem angestrebten »Theorie von allem« oder »Weltformel« ist nicht bekannt, aber vielleicht steht dicht am Rand eines Schwarzen Lochs ein nützlicher Wegweiser. Wenn wir die von kollidierenden Schwarzen Löchern erzeugten Gravitationswellen erforschen, könnten wir dabei auf diesen Wegweiser stoßen, der den Physikern dazu verhelfen könnte, unser Wissen um die grundlegendsten Phänomene der Natur zu erweitern.

Übrigens gibt es noch eine andere Möglichkeit, die allgemeine Relativität in der unmittelbaren Umgebung eines Schwarzen Lochs zu erforschen. Eine Gruppe von Radioastronomen, neben anderen auch Heino Falcke von der Radboud Universiteit in Nijmegen, Niederlande, und Shep Doeleman vom MIT in Cambridge, Massachusetts, arbeitet daran, riesige Millimeterwellen-Radioteleskope auf verschiedenen Kontinenten miteinander zu vernetzen. Sie hoffen, auf diese Weise das sogenannte Event Horizon Telescope aufbauen zu können, das die höchste Auflösung von allen astronomischen Observatorien der Geschichte bieten würde. Und dann wollen sie dieses Teleskop auf das supermassereiche Schwarze Loch im Kern der Milchstraße richten. Trotz einer Entfernung von 27 000 Lichtjahren sollte es möglich sein, den Ereignishorizont des Schwarzen Lochs als Silhouette vor dem hellen Hintergrund von Sternen und glühenden Gaswolken zu sehen. Dieser Anblick würde mehr oder weniger den pechschwarzen runden Scheiben in dem Film ähneln, den Kip Thorne auf der LIGO-Pressekonferenz vorgeführt hat. Die genaue Erscheinung des Schwarzen Lochs in diesen Bildern würde dann verglichen werden mit den Vorhersagen der Allgemeinen Relativitätstheorie. Mögliche Abweichungen könnten den Weg zu einer neuen Physik zeigen.

Eine neue Physik mag vielleicht noch ein Zukunftstraum sein, doch die ersten Messungen von Gravitationswellen haben uns schon jetzt eine neue *Astro*physik gebracht. Tatsächlich ging es in einem der Artikel über GW150914, die am 11. Februar 2016 veröffentlicht wurden, ausschließlich um die astrophysikalischen Implikationen dieser Entdeckung. Erstaunlicherweise lieferte schon dieses erste Ereignis neue und wichtige Erkenntnisse über die Entwicklung von massereichen Sternen.

Bevor das Advanced LIGO (aLIGO) in Betrieb ging, erwarteten viele Mitglieder der Kooperation, das Interferometer würde hauptsächlich Neutronenstern-Kollisionen finden. Tatsächlich hatte sich die Entfernung, bis zu der eine Neutronenstern-Verschmelzung registriert werden kann, als Maß für die Empfindlichkeit eines Interferometers eingebürgert. So betrug zum Beispiel diese »Reichweite« bei iLIGO und Initial Virgo ungefähr 50 bis 65 Millionen Lichtjahre; beim ersten Observationslauf des aLIGO waren es – bei einem Drittel der geplanten End-Empfindlichkeit – immerhin schon 200 Millionen Lichtjahre.

Sicher, die Astrophysiker erwarteten auch, dass Kollisionen von Schwarzen Löchern registriert werden würden. Wenn zwei Neutronensterne sich auf einer spiralförmigen Umlaufbahn näher kommen, wird auch ein Paar von einander umkreisenden Schwarzen Löchern sich so verhalten. Und außerdem wären Kollisionen von Schwarzen Löchern über viel größere Entfernungen feststellbar: Wegen der größeren beteiligten Massen ist auch die Amplitude der dabei erzeugten Gravitationswellen wesentlich größer. Darum konnte GW150914 trotz seiner Entfernung von 1,3 Milliarden Lichtjahren hier auf der Erde registriert werden.

Aber niemand wusste, wie viele binäre Schwarze Löcher es dort draußen eigentlich gibt – bislang war noch kein einziges entdeckt worden. Darum wusste auch niemand, wie oft Kollisionen und Verschmelzungen zu erwarten waren. Es wurden unterschiedliche Schätzungen angestellt, die um viele Größenordnungen variierten. Binäre Neutronensterne *sind* dagegen in unserer eigenen Galaxie, der Milchstraße, entdeckt worden; der Hulse-Taylor-Pulsar war der erste von ihnen. Mithilfe von statistischen Methoden und wissenschaftlich begründeten Vermutungen war es nicht allzu schwierig, eine sehr grobe Schätzung der Anzahl von Kollisionsereignissen aufzustellen, die ein Interferometer wie das LIGO registrieren könnte. Für das iLIGO wäre etwa eines pro Jahrzehnt zu erwarten; für das aLIGO wären es ein paar pro Jahr. (Denken Sie daran, dass sich aus einer Verdreifachung der Empfindlichkeit eine dreimal größere »Reichweite« ergibt, nämlich von 65 auf 200 Millionen Lichtjahre. Doch das entspricht einem 27-mal so großen Volumen an Raum, was bedeutet, dass auch die Häufigkeit der registrierten Ereignisse 27-mal höher sein sollte.)

Das heißt, dass die Wissenschaftler für Neutronenstern-Verschmelzungen die zu erwartende Ereignishäufigkeit mehr oder weniger kannten. Vielleicht war das der Hauptgrund, warum sie erwarteten, dass solche Ereignisse die ersten sein würden, die von den »Advanced« Detektoren registriert werden würden. Für Physiker mit einem soliden Hintergrund in Astronomie musste es eine Überraschung sein, dass die im Jahr 2015 registrierten Ereignisse tatsächlich auf Kollisionen von Schwarzen Löchern zurückzuführen waren. Andere, etwa Stan Whitcomb vom Caltech, hatten dagegen immer erwartet, dass es sich bei den vom LIGO registrierten Ereignissen zumeist um Verschmelzungen von Schwarzen Löchern handeln würde. Whitcombs Argument: Solche Verschmelzungen mögen zwar durchaus viel seltener vorkommen, aber man kann sie bis in weit größere Entfernungen hinaus »sehen«. Und in seinem 1994 erschienenen Buch *Gekrümmter Raum und verbogene Zeit: Einsteins Vermächtnis* beschrieb Kip Thorne sogar ein »zukünftiges« Szenario, das auf geradezu unheimliche Weise an das erinnert, was sich dann im September 2015 tatsächlich abspielte:

Aus den Besonderheiten der Wellenform kann der Computer nicht nur die Entstehungsgeschichte des Schwarzen Loches herleiten, das spiralförmige Ineinanderstürzen, die Vereinigung und das Nachschwingen der ursprünglichen Löcher, sondern er kann auch auf die Massen und Drehimpulse der ursprünglichen Löcher und des neu entstandenen Loches schließen. Im vorliegenden Beispiel besaßen die ursprünglichen Löcher jeweils ungefähr 25 Sonnenmassen und rotierten langsam. Das neu entstandene Loch wiegt 46 Sonnenmassen und rotiert mit 97 Prozent der zulässigen Höchstgeschwindigkeit. Vier Sonnenmassen ($2 \times 25 - 46 = 4$) haben sich in Energie bzw. in Schwingungen der Raumzeit verwandelt und wurden in Form von Gravitationswellen emittiert.

Fast ins Schwarze getroffen!

Übrigens konnten im Fall von GW150914 kaum Informationen über die Umdrehungsgeschwindigkeiten der einzelnen Schwarzen Löcher gewonnen werden. Allerdings zeigen die

Daten, dass das neue, bei der Verschmelzung entstandene Schwarze Loch mit seinen 62 Sonnenmassen sich mit 67 Prozent der maximal möglichen Geschwindigkeit um sich selbst dreht. Bei GW151226 wurde festgestellt, dass mindestens eines der zwei verschmelzenden Schwarzen Löcher mit mehr als 20 Prozent der maximalen Umdrehungsgeschwindigkeit rotiert, während das neu entstandene Schwarze Loch mit seinen 21 Sonnenmassen sich mit 74 Prozent seiner maximal möglichen Rotationsgeschwindigkeit dreht. (Da ein Schwarzes Loch keine Oberfläche hat, ist es nicht sinnvoll, die Rotationsgeschwindigkeit in Umdrehungen pro Sekunde anzugeben oder nach einer Rotationsgeschwindigkeit in Kilometern pro Sekunde zu fragen. Die maximal mögliche Umdrehungsgeschwindigkeit eines Schwarzen Lochs – oder genauer: sein maximal möglicher Drehimpuls – ist der Wert, bei dem ein Objekt unmittelbar außerhalb des Ereignishorizonts mit Lichtgeschwindigkeit herumwirbeln würde.)

Angesichts seiner visionären »Vorhersage« wird Thorne wahrscheinlich nicht allzu überrascht gewesen sein, als Schwarze Löcher mit 36 beziehungsweise 29 Sonnenmassen entdeckt wurden. Aber vielen Astronomen ging es anders. Verschmelzende Schwarze Löcher waren eine Sache; aber so massereiche Schwarze Löcher wie diese beiden waren schon etwas ganz anderes. Sicher, ein Schwarzes Loch im Kern einer Galaxie ist sehr viel massereicher, aber es hat auch eine ganz andere Entstehungsgeschichte (mehr darüber weiter oben in diesem Kapitel). Aber Schwarze Löcher in einem binären System sind sogenannte stellare Schwarze Löcher: Sie sind das Endergebnis der Entwicklung massereicher Sterne. Und kaum ein Astrophysiker könnte sich eine andere Methode ausdenken, ein solches Schwergewicht entstehen zu lassen.

Naiverweise könnte man denken, dass es automatisch zu einem ziemlich massereichen Schwarzen Loch führen müsste, wenn man mit einem extrem massereichen Stern anfängt. Aber die Sache hat doch ein paar Haken. Erstens kann ein Stern keine beliebig große Masse haben. Eine große Gaswolke, die sich unter ihrem eigenen Gewicht zusammenzieht, wird sich erhitzen und zu strahlen beginnen, wodurch verhindert wird, dass noch mehr Gas auf den entstehenden Stern hinabregnet. Falls in der Gaswolke geringe Mengen schwerer Elemente vorhanden sind, wird dadurch dieser Effekt noch verstärkt. Das hat zur Folge, dass ein Stern normalerweise nicht mehr Masse ansammeln kann als etwa 100 Sonnenmassen.

Aber wäre das nicht genug, um ein Schwarzes Loch mit 36 Sonnenmassen entstehen zu lassen? Nein, eigentlich nicht. Während seines kurzen Lebens verliert ein extrem massereicher Stern den größten Teil seiner äußeren Schichten durch starke Sternwinde in den Weltraum. Und solche Winde sind auch stärker, wenn der Stern kleine Mengen an Elementen enthält, die schwerer sind als Wasserstoff und Helium. Das heißt, dass unser Stern mit 100 Sonnenmassen am Ende seines kurzen Lebens schon über die Hälfte seines Gewichts verloren haben kann. Ein großer Teil dessen, was übrig ist, wird während der finalen Supernova-Explosion in den Raum hinausgeschleudert werden. Von dem verbleibenden stellaren Kern, der zu einem Schwarzen Loch kollabiert, ist zu erwarten, dass er nicht mehr als 10 bis 15 Sonnenmassen hat.

Jetzt werden Sie verstehen, warum die Astronomen in heller Aufregung über das allererste vom LIGO registrierte Ereignis waren: Es bildet nicht nur den ersten direkten Nachweis für die Existenz von Schwarzen Löchern, sondern zeigt außerdem, dass in der Tat auch *binäre* Schwarze Löcher existieren – vielleicht erinnern Sie sich, dass vor diesem Zeitpunkt noch niemand ein solches System entdeckt hatte. Und drittens zeigt es, dass die Natur in der Lage ist, Schwarze Löcher zu bilden, die wesentlich mehr Masse haben als das allgemein anerkannte Maximum von etwa zehn Sonnenmassen.

Gijs Nelemans von der Radboud Universiteit war einer der zwei koordinierenden Herausgeber des astrophysikalischen Fachartikels über GW150914, der in den *Astrophysical Journal Letters* erschien. (Nelemans ist ein Enkel von Anton Pannekoek, einem Zeitgenossen Albert Einsteins und der Gründervater der niederländischen Astrophysik – das Institut für Astronomie an der Universiteit van Amsterdam ist nach Pannekoek benannt.) Nelemans hat gesagt, GW150914 war ein großzügiges Geschenk der Natur; es sei nicht nur die erste jemals gemessene Gravitationswelle gewesen, sondern habe auch wichtige neue Erkenntnisse über die Geburt und Entwicklung massereicher Sterne geliefert.[4]

Nelemans und seine Mitautoren meinen, dass die Vorläufer der verschmelzenden Schwarzen Löcher sehr geringe Mengen an schweren Elementen enthalten haben müssen. Dadurch wäre ihr Masseverlust durch Sternwinde reduziert worden. Und wenn sie aus einer relativ »reinen« Wolke von interstellarem Gas entstanden wären, mit vernachlässigbaren Mengen an Elementen, die schwerer sind als Wasserstoff und Helium, könnten sie ihr Leben als echte stellare Schwergewichte begonnen haben. Wenn man die allgemein anerkannte astrophysikalische Schulmeinung ein bisschen modifiziert, könnte das die Entstehung von Schwarzen Löchern mit etlichen Dutzend Sonnenmassen erklären.

Viele Fragen bleiben vorerst noch offen, so zum Beispiel die genaue Entstehungsgeschichte des binären Schwarzen Lochs. Nahm es seinen Anfang als ein Paar extrem massereicher Sterne? Oder kamen die beiden Schwarzen Löcher erst lange nach ihrer Entstehung zusammen? Manchen Theorien zufolge könnten Schwarze Löcher mit etlichen Dutzend Sonnenmassen während der frühen Anfänge des Universums entstanden sein. Aber ganz unabhängig davon, welches dieser Entstehungsszenarien tatsächlich zutrifft, wird es mit Sicherheit neue Erkenntnisse über Geburt, Entwicklung und Tod der massereichsten Sterne im Universum bringen, wenn weitere verschmelzende stellare Schwarze Löcher entdeckt werden. Darüber hinaus ist zu erwarten, dass wir durch solche Entdeckungen generell mehr über die Eigenschaften von Schwarzen Löchern erfahren.

Und was ist mit den supermassereichen Schwarzen Löchern in den Kernen ferner Galaxien? Was können uns Gravitationswellen über solche kosmischen Monster erzählen? Eine ganze Menge, wie wir inzwischen wissen. Aber nicht durch Laserinterferometer wie LIGO und Virgo; dafür müssen wir stattdessen den Kosmos selbst als Detektor nutzen. Es wird Zeit, wieder auf Pulsare zurückzukommen.

13 Nanotechnologie

Parkes ist eine kleine Ortschaft im ländlichen New South Wales im Südosten von Australien, ungefähr fünf Autostunden von Sydney entfernt. Der Ort wurde 1853 gegründet und nach Henry Parkes benannt, der häufig als einer der Gründerväter des Australischen Bundes bezeichnet wird. Von der unscheinbaren Ortsmitte aus sind es weitere 20 Minuten, bis man »The Dish« erreicht hat – man fährt nach Norden aus der Stadt hinaus auf den Newell Highway und biegt dann auf die Telescope Road rechts ab. Nach ein paar Minuten steht man dann vor dem riesigen Radioteleskop.[1]

Der Bau der »Dish« – so wird das 64-Meter-Radioteleskop von Parkes inoffiziell genannt – wurde 1961 fertiggestellt. Damals steckte die Radioastronomie noch in den Kinderschuhen. Das Instrument dient nicht nur dazu, vom Himmel kommende Radiowellen zu erforschen, sondern spielt auch eine Rolle bei der Überwachung von Raumsonden. In den 1960er-Jahren empfing es die Übertragungen von Mariner 2 und Mariner 4, zwei interplanetarischen Sonden der NASA. Und im Juli 1969 empfing »The Dish« die Live-Fernsehübertragung von der historischen Mondlandung der Apollo 11. (Ein Hinweis: Der von dem australischen Regisseur Rob Sitch gedrehte Film *The Dish*, der im Jahr 2000 in die Kinos kam, ist keine Dokumentation, sondern eine weitgehend fiktive Komödie.)

Unter Astronomen ist das Observatorium in Parkes hauptsächlich für die dort durchgeführte Pulsarforschung bekannt. Beinahe die Hälfte der in der Milchstraße bekannten Pulsare wurde mit diesem Teleskop entdeckt. Ja, nach dem heutigen Stand der Technik ist es ein altmodisches Instrument, aber

»The Dish« ist der Spitzname des 64-Meter-Radioteleskops in Parkes, New South Wales, Australien. Das Teleskop hat wichtige Beiträge zur Pulsar-Astronomie geleistet.

auch heute noch werden damit beinahe täglich Pulsare beobachtet. Eines der Forschungsziele besteht darin, durch Pulsar-Timing-Messungen Gravitationswellen festzustellen.

Wie in Kapitel 6 beschrieben, ist ein Pulsar ein schnell rotierender Neutronenstern, der zufälligerweise eine günstige Orientierung im Raum hat (jedenfalls günstig für uns auf der Erde). Während er um seine Achse rotiert, streicht bei jeder Umdrehung einer seiner leuchtturmartigen Strahlen über die Erde. Das Ergebnis: eine kontinuierliche Serie von kurzen Radiowellen-Pulsen in extrem regelmäßigen Intervallen. Manche Pulsare sind genauere Zeitmesser als Atomuhren.

Dank ihrer unglaublichen Regelmäßigkeit lassen sich diverse Informationen über die Bewegung des Pulsars gewinnen, indem man die Ankunftszeiten seiner Pulse misst. Auf diese Weise entdeckten zum Beispiel Joe Taylor und Joel Weisberg, dass die Umlaufbahn von PSR B1913+16, dem ersten binären Pulsar, ganz allmählich immer enger wird. Vielleicht erinnern Sie sich noch, dass dies das erste überzeugende Indiz für die Existenz von Gravitationswellen war.

Aber es gibt noch eine andere, direktere Art, wie ein Pulsar die Existenz unserer flüchtigen Raumzeitkräusel verraten kann. Nehmen wir an, eine Gravitationswelle reist durchs Universum, wobei sie abwechselnd den Raum staucht und dehnt. Wenn ihre Wellenlänge groß genug ist – was bedeutet, dass sich das Stauchen und Dehnen sehr langsam vollzieht –, sollte es möglich sein, diesen Effekt in den Puls-Ankunftszeiten eines weit entfernten Pulsars festzustellen. Der Grund: Wenn der Raum zwischen Erde und Pulsar sich ein bisschen dehnt, brauchen die Pulse länger, um unser Radioteleskop zu erreichen. Und wenn er ein bisschen kontrahiert, kommen die Pulse ein bisschen früher an.

Natürlich kann ein kurzes Ereignis wie GW150914 nicht auf diese Weise observiert werden, da es sich kaum auch nur auf einen einzigen Puls auswirken würde. Aber langsame, beständige Schwingungen der Raumzeit – keine Wellen mit einer Frequenz von einigen Hundert Hertz, sondern vielmehr von wenigen Nanohertz, was etwa 100 Milliarden Mal langsamer ist – könnten observierbar sein. Es wird erwartet, dass solche extrem niederfrequenten Gravitationswellen tatsächlich existieren; allerdings können wir sie nicht mit einem Laserinterferometer registrieren, sondern müssen stattdessen unsere eigene Galaxie als Detektor nutzen. Außerdem brauchen wir dafür eine Menge Geduld, was Ihnen die Radioastronomen in Parkes und ihre internationalen Kollegen gern bestätigen werden.

Der sowjetische Astrophysiker Michail Sazhin vom Sternberg-Institut für Astronomie in Moskau war der Erste, der 1978 vorschlug, Pulsare zu nutzen, um Nanohertz-Gravitationswellen direkt festzustellen. Ein Jahr später beschrieb auch der Astronom Steven Detweiler von der Yale University in einem Artikel in der Fachzeitschrift *The Astrophysical Journal* Pulsar-Timing-Messungen als ein Verfahren, mit dem man nach Gravitationswellen suchen könne. Allerdings kam er zu dem Schluss, dass die Messverfahren noch sehr viel präziser werden müssten, bevor diese Technik tatsächlich funktionieren könnte.

Es liegt auf der Hand, dass man einen extrem regelmäßigen Pulsar braucht, wenn man niederfrequente Gravitationswellen finden will, indem man nach winzigen Variationen der Puls-Ankunftszeiten sucht. Außerdem sollten die Pulse sehr kurz sein, um möglichst genaue Timing-Messungen zu erreichen. Ein Pulsar wie PSR B1919+21 – der erste, der entdeckt wurde, von Jocelyn Bell im Jahr 1967 – ist nicht besonders nützlich. Seine Pulse sind etwa 40 Millisekunden lang. (Und sie sind ziemlich unregelmäßig geformt, wie alle Fans der britischen Post-Punk-Band Joy Division wissen – das Cover ihres 1979 erschienenen Debütalbums *Unknown Pleasures* zeigt bekanntlich ein Messschreiberdiagramm von Jocelyns Pulsar.)

Aber zum Glück wurde 1982 durch Zufall ein neuer, idealer Typ Pulsar entdeckt. Don Backer und Shrinivas Kulkarni von der University of California in Berkeley untersuchten eine mysteriöse Quelle von Radiowellen in der Milchstraße, die als 4C21.53 bekannt ist.[2] Vorher war noch nie festgestellt worden, dass diese Radioquelle pulsiert; aber konnte sie vielleicht so unglaublich schnell flackern, dass ihre Pulse einfach noch nicht entdeckt worden waren? Backer und Kulkarni beschlossen, das zu prüfen. Zu ihrem Erstaunen stellte sich 4C21.53 tatsächlich als Pulsar heraus, der eine unglaublich kurze Rotationsperiode von nur 1,5577 Millisekunden hat. Dieser riesige Ball aus Neutronen, der etwa anderthalb Sonnenmassen hat und so groß wie eine Stadt ist, dreht sich in jeder Sekunde 642-mal um die eigene Achse.

Backer und Kulkarni hatten den ersten Millisekunden-Pulsar entdeckt. Er ist heute als B1937+21 bekannt, nach seinen Koordinaten im Himmelsgewölbe. Er ist nicht allzu weit von der Stelle zu finden, wo Jocelyn Bell 15 Jahre zuvor ihren »Joy

Division«-Pulsar gefunden hatte, aber wesentlich weiter von der Erde entfernt.

Schon bald hatten andere Radioastronomen weitere Millisekunden-Pulsare gefunden. Die meisten von ihnen sind Bestandteil eines binären Systems. In solchen Fällen hat sich anscheinend vom Begleitstern stammendes Gas auf dem kompakten Neutronenstern angelagert. Durch den Zufluss solcher Gase hat sich die Rotationsgeschwindigkeit des Neutronensterns erhöht, so ähnlich, wie ein Windrädchen sich immer schneller dreht, wenn man es in Drehrichtung anpustet. Da ein Millisekunden-Pulsar so schnell rotiert, sind seine Radiopulse nur einen winzigen Sekundenbruchteil lang. Und sie haben sich als extrem stabil erwiesen.

Einer der bekanntesten Millisekunden-Pulsare ist PSR B1257+12. Er ist im Sternbild Virgo (Jungfrau) zu finden, in einer Entfernung von etwa 2300 Lichtjahren. Er wurde 1990 von dem polnischen Radioastronomen Aleksander Wolszczan entdeckt, und zwar mit dem 305-Meter-Radioteleskop in Arecibo auf Puerto Rico – demselben Instrument, mit dem 1974 der Hulse-Taylor-Pulsar entdeckt worden war. Er hat eine Pulsfrequenz von 161 Hertz, was einer Rotationsperiode von 6,22 Millisekunden entspricht – nicht sonderlich schnell für einen Millisekunden-Pulsar. Aber etwas anderes ließ Wolszczan stutzen: Die Pulsperiode war nicht ganz konstant.

Im Jahr 1992 fand Wolszczan zusammen mit seinem US-amerikanischen Kollegen Dale Frail eine erstaunliche Erklärung dafür: *Zwei* kleine Objekte umkreisen den Pulsar, mit Perioden von jeweils 66,54 und 98,21 Tagen, was dazu führt, dass der Pulsar winzige periodische Schwankungen zeigt.[3] Dank des Dopplereffekts zeigen sich diese winzigen Schwankungen in den Puls-Ankunftszeiten. Aus den Timing-Messungen konnten Wolszczan und Frail die Massen der Begleiter des Pulsars errechnen: 4,3 beziehungsweise 3,9 Erdmassen. Zum ersten Mal in der Geschichte hatten Astronomen Planeten entdeckt, die einen anderen Stern als unsere Sonne umkreisen.

Zwei Jahre später wurde ein dritter Planet in den Daten gefunden, der nur doppelt so viel Masse hat wie unser Mond und eine Umlaufperiode von 25,26 Tagen. Im Dezember 2015 gab die International Astronomical Union den drei Planeten offiziell die Namen »Draugr«, »Poltergeist« und »Phobetor«, nach verschiedenen geister- und zombiehaften mythologischen Fabelwesen. Die Wahl dieser Namen bezog sich auf den Umstand, dass diese drei kleinen Objekte die sterblichen Überreste eines Sterns umkreisen, der zu einer Supernova wurde; tatsächlich könnten diese Planeten aus den Trümmern der Supernova, die den Pulsar hinterließ, entstanden sein. (Der erste Planet, der einen mehr oder weniger sonnenähnlichen Stern umkreist, wurde erst 1995 entdeckt.)

Wichtig daran ist, dass diese Planeten nie entdeckt worden wären, wenn es sich bei PSR B1257+12 nicht um einen Millisekunden-Pulsar handeln würde. Schnelle Rotation, die Präzision eines Uhrwerks und eine extrem kurze Pulsdauer – das ist es, was die Genauigkeit der Timing-Messungen ermöglichte, die notwendig war, um die geringfügigen Frequenzschwankungen seiner Pulse zu finden und zu analysieren.

Im Lauf der vergangenen Jahrzehnte wurden in der Milchstraße fast 150 Millisekunden-Pulsare gefunden. Viele von ihnen befinden sich in großen Kugelsternhaufen – riesigen kugelförmigen Schwärmen aus Hunderttausenden von Sternen. Das leuchtet ein: In den dicht »bevölkerten« Kernen solcher Kugelhaufen ist die Wahrscheinlichkeit größer, dass ein Pulsar in einem binären System enden und von seinem Begleitstern in immer schnellere Drehung versetzt wird. So gibt es zum Beispiel in dem großen Kugelsternhaufen »47 Tucanae« mindestens 22 Millisekunden-Pulsare. In einem anderen Kugelhaufen, der als »Terzan 5« bekannt ist, sind mindestens 33 solcher schnell rotierenden Zombie-Sterne zu finden.

Einer der Millisekunden-Pulsare in Terzan 5 ist als PSR J1748−2446ad bekannt. Er wurde 2005 von dem kanadisch-holländischen Astronomen Jason Hessels entdeckt. Mit seiner Rotationsperiode von 1,396 Millisekunden ist er der am schnellsten rotierende bis jetzt bekannte Pulsar. Er dreht sich 716-mal pro Sekunde um seine Achse – also schneller als Ihr Küchenmixer. Die Rotationsgeschwindigkeit am Äquator dieses Pulsars beträgt etwa 25 Prozent der Lichtgeschwindigkeit.

Schon im Lauf der 1980er-Jahre war klar geworden, dass Millisekunden-Pulsare optimal geeignet sind, um als galaktische Sonden für sehr niederfrequente Gravitationswellen genutzt zu werden – also schon lange, bevor mit den Bauarbeiten für das LIGO begonnen wurde. Manche Pulsar-Astronomen hielten es sogar für möglich, dass sie den Laserinterferometrikern im Rennen um den ersten direkten Nachweis von Gravitationswellen zuvorkommen könnten.

Die Radioastronomen Don Backer und Roger Foster von der University of California in Berkeley erklärten in ihrem 1990 in der Fachzeitschrift *The Astrophysical Journal* erschienenen Artikel »Constructing a Pulsar Timing Array«, wie sie das schaffen wollten. Ihr Plan: Eine Reihe von über den Himmel verteilten Millisekunden-Pulsaren observieren – das sollte das Array sein. Wenn man nur einen Pulsar beobachtet, kann man nie ganz sicher sein, dass eventuell auftretende Timing-Schwankungen wirklich durch Gravitationswellen verursacht wurden. Wenn man jedoch über einen längeren Zeitraum die Puls-Ankunftszeiten von zahlreichen Millisekunden-Pulsaren präzise messen würde, hätte man genug Daten, um die geringen Abweichungen isolieren zu können, die nur das Ergebnis eines Hintergrunds von niederfrequenten Gravitationswellen sein können. Je länger man die Timing-Messungen fortsetzt, desto besser sind die Erfolgsaussichten.

Für ihr Experiment verwendeten Backer und Foster das 43-Meter-Radioteleskop des National Radio Astronomy Observatory in Green Bank, West Virginia. Sie sammelten etwa zwei Jahre lang die Daten von drei Millisekunden-Pulsaren. Der erste war PSR B1937+21 – der allererste Millisekunden-Pulsar, der jemals entdeckt wurde, und zwar von Backer und Kulkarni im Jahr 1982. Der zweite war PSR B1821–24, der sich im Kugelsternhaufen M28 befindet. Der dritte war

PSR B1620–26 in einem anderen Kugelhaufen namens M4. (Interessanterweise zeigten die Timing-Messungen von diesem dritten Objekt letzten Endes, dass es ebenfalls von einem Planeten begleitet wird.)

Drei Pulsare und der Datenbestand aus zwei Jahren reichten nicht aus, um Gravitationswellen nachzuweisen. Aber zumindest waren sie ein Anfang. Wenn die Astronomen es schaffen würden, präzise Timing-Messungen von Dutzenden über den ganzen Himmel verteilten Pulsaren zu sammeln, mindestens zehn Jahre lang oder so, sollten sich die Nanohertz-Wellen zeigen. Es war Zeit, sich an die Arbeit zu machen.

Bevor wir fortfahren, möchte ich Ihnen ein bisschen mehr erzählen über solche Nanohertz-Wellen und wo sie herkommen. Sie sind ausgesprochen seltsame Wellen. Wahrscheinlich erinnern Sie sich noch, dass die Periode einer Welle das Inverse ihrer Frequenz ist. Wenn eine Welle eine Frequenz von 100 Hertz hat, bedeutet das, dass in jeder Sekunde 100 Wellenkämme (und -täler) an Ihnen vorüberziehen. Es ist klar, dass eine Welle mit einer Frequenz von einem Hertz (einem Zyklus pro Sekunde) eine Periode von einer Sekunde hat.

Das heißt, dass jedes Wellenphänomen mit einer Frequenz von einem Nanohertz (einem Milliardstel Hertz) eine Periode von einer Milliarde Sekunden hat. Das sind über 30 Jahre! Wenn also eine vorüberziehende Gravitationswelle eine Periode von einem Nanohertz hat, expandiert der Raum ungefähr 15 Jahre lang ganz langsam ein winziges bisschen, bevor er die nächsten 15 Jahre wieder kontrahiert. Das *Ausmaß*, um das er gestreckt und gestaucht wird – die Amplitude der Welle –, kann trotzdem sehr gering sein, in der Größenordnung eines zehnbillionstel Prozents. Das Ganze läuft also auf den Versuch hinaus, winzige Veränderungen zu messen, die sich im absoluten Schneckentempo vollziehen.

Eine weitere Eigenschaft von Nanohertz-Gravitationswellen, die berücksichtigt werden muss, ist, dass auch sie sich mit Lichtgeschwindigkeit ausbreiten. Wenn die Periode einer Welle 30 Jahre beträgt, ist ihre Wellenlänge ganz offensichtlich 30 Lichtjahre. Wenn ich also von einer »langsamen« Welle spreche, meine ich damit nicht ihre tatsächliche Geschwindigkeit (die der höchsten in der Natur möglichen Geschwindigkeit entspricht), sondern die lange Zeit, die sie braucht, um sich bemerkbar zu machen.

Welcherlei kosmische Ereignisse könnten so extrem niederfrequente Raumzeitkräusel hervorrufen? Nun, wir haben ja schon gesehen, dass Gravitationswellen von einander umkreisenden Körpern erzeugt werden, zum Beispiel von binären Neutronensternen und binären Schwarzen Löchern. Vielleicht erinnern Sie sich auch noch, dass pro Umlauf zwei Wellenzyklen erzeugt werden – wenn also zwei Schwarze Löcher sich 100-mal pro Sekunde umkreisen (wie es bei GW150914 der Fall war, kurz bevor sie kollidierten und miteinander verschmolzen), erzeugen sie Gravitationswellen mit einer Frequenz von 200 Hertz. Mit anderen Worten: Die Periode der Welle ist halb so lang wie die Umlaufperiode.

Eine Gravitationswelle mit einer Frequenz von einem Nanohertz hat eine Periode von etwa 30 Jahren, wie wir eben gesehen haben. Also sollten solche Wellen von Himmelskörpern erzeugt werden, die sich alle 60 Jahre einmal umkreisen. Aber zwei Neutronensterne oder zwei stellare Schwarze Löcher auf einer 60 Jahre langen Umlaufbahn erzeugen keine messbaren Gravitationswellen – ihre Massen und Beschleunigungen sind dafür einfach zu klein. Denken Sie daran, dass GW150914 durch LIGO erst observierbar wurde, als die Amplitude der Wellen dramatisch zunahm, unmittelbar vor der Kollision und Verschmelzung der beiden Schwarzen Löcher.

Damit zwei Objekte, die sich mit einer Periode von 60 Jahren umkreisen, Gravitationswellen im messbaren Bereich erzeugen können, müssen sie extrem massereich sein. Stellen Sie sich zwei supermassereiche Schwarze Löcher im Kern einer fernen Galaxie vor: Zwei gefräßige schwarze Monster, die beide millionenfach massereicher sind als unsere Sonne und sich in einem langsamen Tanz alle 60 Jahre einmal umkreisen. Eigentlich führen sie einen Totentanz auf: Wie ihre Geschwister mit niedrigeren Massen kommen sie sich auf ihrer spiralförmigen Bahn immer näher, bis sie irgendwann in ferner Zukunft kollidieren und miteinander verschmelzen werden.

Falls im Universum tatsächlich supermassereiche Schwarze Löcher existieren, würden wir natürlich von ihnen erwarten, dass sie sehr unterschiedliche Umlaufperioden haben, von wenigen Monaten bis hin zu Jahrtausenden. Die von ihnen erzeugten Gravitationswellen würden einen entsprechend breiten Frequenzbereich abdecken, von einem zehntel Millihertz bis hin zu zehn Picohertz oder so. Natürlich wäre es schwierig, Gravitationswellen mit Perioden von mehreren Jahrhunderten zu observieren; ihre Auswirkungen würden sich innerhalb eines Menschenlebens kaum verändern, was bedeutet, dass kaum eine Chance besteht, sie zu messen. Darüber hinaus würden für so lange Umlaufperioden Schwarze Löcher mit extrem hohen Massen gebraucht, um Wellen mit einer ausreichend großen Amplitude zu erzeugen. Ein Pulsar-Timing-Array sollte jedoch in der Lage sein, Gravitationswellen mit Frequenzen zwischen vielleicht einem und zehn Nanohertz zu registrieren.

Gibt es also überhaupt binäre supermassereiche Schwarze Löcher? Ja, auf jeden Fall. Die meisten Galaxien haben ein supermassereiches Schwarzes Loch in ihrem Kern, wie Sie in Kapitel 12 gelesen haben. Es entstand wahrscheinlich vor vielen Milliarden Jahren, zusammen mit der Galaxie selbst. Wir wissen noch nicht im Einzelnen, wie diese Schwarzen Löcher entstanden sind, aber es wurden Quasare gefunden, die deutlich über zwölf Milliarden Lichtjahre entfernt sind. Ein Quasar (kurz für »quasi-stellar object«) ist der leuchtende, energiereiche Kern einer Galaxie, die von einem extrem massereichen Schwarzen Loch »angetrieben« wird. Wenn wir sie in so großen Entfernungen sehen, bedeutet das, dass sie bereits existierten, als das Universum noch jung war. Wer weiß, vielleicht spielte bei der Geburt einer *jeden* Galaxie die

Entstehung eines supermassereichen Schwarzen Lochs eine Rolle.

Wenn es also *einzelne* supermassereiche Schwarze Löcher gibt, dann muss es auch *binäre* supermassereiche Schwarze Löcher geben, da Galaxien im Lauf der Zeit kollidieren und miteinander verschmelzen. Selbst in einem expandierenden Universum »spüren« benachbarte Galaxien – etwa in großen Galaxienhaufen – die Anziehung durch die Schwerkraft ihres Nachbarn. Sie werden immer näher zueinandergezogen, und über kurz oder lang verschmelzen sie zu einer größeren Galaxie. Wenn beide Galaxien ein supermassereiches Schwarzes Loch in ihrem Kern haben, werden auch die beiden Schwarzen Löcher zueinandergezogen werden und als binäres supermassereiches Schwarzes Loch im Kern der verschmolzenen Galaxie enden.

Astronomen sehen überall am Himmel, wie Galaxien verschmelzen. Natürlich geschieht das viel zu langsam, als dass wir in Echtzeit beobachten könnten, dass irgendetwas passiert. Stattdessen sehen wir gewissermaßen Standfotos aus Filmen von kosmischen Kollisionen, ungefähr so wie kurz belichtete Fotos von einem Verkehrsunfall. Verzerrte Spiralen, tidenbedingte Gas- und Sternschweife, die Neugeburt von Sternen – jede nur denkbare Phase einer galaktischen Kollision ist im Universum um uns herum gefunden worden. Wenn man solche Observationsdaten mithilfe von detaillierten Computersimulationen veranschaulicht, bekommt man eine ziemlich gute Vorstellung von dem gesamten Prozess.

Tatsächlich ist unsere eigene Galaxie, die Milchstraße, auf Kollisionskurs mit ihrem nächsten Nachbarn, der Andromeda-Galaxie. Noch sind die beiden 2,5 Millionen Lichtjahre voneinander entfernt, aber sie rasen mit ungefähr 100 Kilometern pro Sekunde aufeinander zu. In ein paar Milliarden Jahren werden die beiden majestätischen Spiralgalaxien zusammenstoßen und zu einer riesigen elliptischen Galaxie verschmelzen. Und da sie beide ein supermassereiches Schwarzes Loch in ihrer Mitte haben, wird die daraus entstehende Galaxie (die sogenannte Milkomeda-Galaxie) letzten Endes ein binäres supermassereiches Schwarzes Loch in ihrem Kern haben.

Binäre supermassereiche Schwarze Löcher sind durchaus schon da draußen beobachtet worden, wenn auch nur indirekt. Die Indizien: periodische Helligkeitsschwankungen und Messungen des Dopplereffekts bei fernen, quasarartigen Objekten, die vielleicht 3,5 Milliarden Lichtjahre von uns entfernt sind. Detaillierte Observationen und unterstützende Computermodelle lassen nur eine Interpretation zu: zwei sehr massereiche, einander umkreisende Schwarze Löcher. Zurzeit sind diese Schwarzen Löcher noch Billionen von Kilometern voneinander entfernt (das entspricht einem großen Teil eines Lichtjahrs). Es ist zu erwarten, dass sie in einigen Zehntausend Jahren miteinander verschmelzen werden.

Also können wir davon ausgehen, dass das Universum mit sehr niederfrequenten Gravitationswellen geflutet ist. Bei uns auf der Erde kommen sie aus jeder nur denkbaren Richtung an. Sie zeigen eine ziemlich große Bandbreite an Frequenzen (die aber alle mehr oder weniger im Nanohertzbereich liegen). Außerdem haben sie sehr unterschiedliche Amplituden, abhängig von der Masse des Schwarzen Lochs, von dem sie erzeugt wurden, und natürlich von der Entfernung, die sie zurückgelegt haben. Alle zusammen dehnen und stauchen sie ständig die Raumzeit ein winziges bisschen, in diese Richtung oder jene, und das sehr langsam. Astronomen nennen das den »Gravitationswellenhintergrund«.

Hier ist eine aufschlussreiche Analogie: Stellen Sie sich vor, Sie wären in einem winzigen Boot auf einem ziemlich stillen Ozean. Es ist nicht schwierig, kleine Kräusel auf seiner Oberfläche zu beobachten. Wenn jemand in der Nähe Ihres Boots einen großen Stein ins Wasser wirft, können Sie spüren, wie das Boot anfängt, ein bisschen zu schaukeln. Aber es ist wesentlich schwieriger, sehr langsame, ständige Wellenbewegungen der Wasseroberfläche wahrzunehmen – Wellen, die vielleicht eine größere Amplitude haben, aber auch eine viel niedrigere Frequenz. Wie würden Sie es anstellen, diesen »Wellen-Hintergrund« zu messen?

Die Antwort ist eigentlich ganz einfach: Ihr »Detektor« ist nicht Ihr eigenes Boot, sondern die anderen Boote in Ihrer Umgebung. Die anderen auf dem Ozean treibenden Boote werden vielleicht – wie Ihr eigenes – als Reaktion auf kleine, schnelle Wellen ein bisschen schaukeln, aber wenn Sie sie über längere Zeit beobachten, werden diese Bewegungen sich im Durchschnitt ausgleichen. Dagegen werden die niederfrequenten Wellen bewirken, dass die anderen Boot sich ganz langsam heben und senken. Wenn Sie die länger andauernden Bewegungen von einigen dieser Boote messen, wird Ihnen das zeigen, dass die Wasseroberfläche langsame Wellenbewegungen vollführt. Wenn Sie die jeweiligen Entfernungen zu den einzelnen Booten kennen und genug Messdaten sammeln, werden Sie vielleicht sogar einige wenige konkrete Quellen von niederfrequenten Wellen ausfindig machen können.

Ein Pulsar-Timing-Array funktioniert genauso. Die Meeresoberfläche ist die Raumzeit; die Boote in der Umgebung sind Millisekunden-Pulsare in unserer Milchstraße. Natürlich bewegen sich die Pulsare nicht auf und ab (eine einzelne Analogie kann eben nicht perfekt sein). Vielmehr wird der Raum zwischen der Erde und einem bestimmten Pulsar abwechselnd gedehnt und gestaucht – also nimmt das Raumvolumen zwischen der Erde und diesem Pulsar tatsächlich zu und dann wieder ab, ganz langsam und sehr wenig. Aber wenn man die Puls-Ankunftszeiten über viele Jahre aufzeichnet, sollte dieser Effekt sich letzten Endes zeigen. Eigentlich ganz einfach.

Na ja, also *ganz* so einfach ist es nun auch wieder nicht. Wenn sowohl die Erde als auch der Pulsar immer an derselben Stelle im Raum blieben, und wenn der Pulsar eine wirklich perfekte Uhr wäre, dann wären sämtliche Abweichungen der Puls-Ankunftszeiten in der Tat auf Gravitationswellen zurückzuführen. Aber in Wirklichkeit sind die Dinge sehr viel komplizierter. Erstens sind Pulsare nicht perfekt – nichts in der Natur ist vollkommen. Ihre Drehgeschwindigkeit nimmt ab, wenn auch sehr langsam, und außerdem können sie »Ausreißer« zeigen – plötzliche winzige Veränderungen ihrer Rotationsperiode. Solche Ausreißer können von »Sternbeben« auf der Oberfläche des Neutronensterns verursacht werden oder von Interaktionen seiner Kruste mit seinem supraflüssigen Inneren. Wenn man diese Effekte nicht misst und sie entsprechend herausrechnet, wird man es nie schaffen, eine Gravitationswelle aufzuspüren.

Darüber hinaus sind viele Millisekunden-Pulsare Bestandteil eines binären Systems. Man muss ihre Umlaufbewegungen ausgleichen, da sie sich ebenfalls auf die Puls-Ankunftszeiten auswirken. Entsprechend muss auch die Bewegung des verwendeten Radioteleskops durch den Raum ausgeglichen werden. Die Drehung der Erde, ihre Bewegung auf ihrer Umlaufbahn um die Sonne, die durch die Schwerkraft anderer Planeten im Sonnensystem bewirkten kleinen Störungen, gezeitenbedingte Effekte, die Bewegung des Sonnensystems durch die Milchstraße, selbst die Kontinentaldrift – es muss einfach alles berücksichtigt werden. Der Trick ist, alle möglichen Einflüsse präzise zu modellieren und sie dann von den Messwerten abzuziehen. Jede dann noch verbleibende Abweichung von einem ganz stetigen Pulsstrom kann möglicherweise auf Gravitationswellen zurückzuführen sein.

Im Prinzip könnte man dieses Experiment auch mit einem einzigen Millisekunden-Pulsar durchführen. Aber dann könnte man sich nie sicher sein, dass man tatsächlich Gravitationswellen misst und nicht irgendetwas anderes. Darum braucht man mehrere Pulsare – je mehr, desto besser. Und am besten sollten sie zufällig über den ganzen Himmel verteilt sein. Dann muss man sie jahrelang – oder besser jahrzehntelang – sehr genau beobachten. Je länger man sie beobachtet, desto besser wird die Empfindlichkeit des Experiments. Und wenn man die Entfernungen zu den Pulsaren kennt, hilft das sehr beim Analysieren der Observationsdaten. Vielleicht wird man hin und wieder Nanohertz-Gravitationswellen aus überdurchschnittlich starken Quellen feststellen, etwa aus relativ nahen binären supermassereichen Schwarzen Löchern, die sich der chaotischeren Hintergrundstrahlung überlagern.

Das Tolle an Pulsar-Timing-Arrays ist, dass sie nichts kosten. Die Milchstraße ist voll von hochpräzisen Uhren, und daher ist es nicht nötig, komplizierte und teure Laserinterferometer zu entwickeln und zu bauen. Das Einzige, was man braucht, ist ein ausreichend großes Radioteleskop – vielleicht tut es sogar ein altes, schon vorhandenes – und Elektronik, um die Pulsar-Signale in den Messdaten aufzuspüren und die Puls-Ankunftszeiten genau zu messen. Solche Elektronik ist zwar ziemlich kompliziert, muss aber nicht unbedingt Hunderte von Millionen Dollar kosten. In gewisser Weise ist das Observieren von Pulsar-Timing-Arrays die Methode des armen Mannes, um nach Gravitationswellen zu jagen.

Aber diese Jagd erfordert viel Ausdauer und Geduld; sie ist eine Wissenschaft im Schneckentempo. Wenn Sie heute Ihr Projekt starten, können Sie erst in 10 oder 15 Jahren Ergebnisse erwarten. Zumindest war das bisher der Fall für das »Parkes Pulsar Timing Array«-Projekt (PPTA) in Australien.[4] Offiziell begann es 2004, aber bis jetzt wurde noch nichts Definitives gefunden. Also sammelt Teamleiter George Hobbs von der Australia Telescope National Facility mit seinem über 30-köpfigen Team mit Engelsgeduld immer weiter Daten, um die Empfindlichkeit des Experiments zu verbessern.

Beim PPTA-Projekt wird nur ein Instrument eingesetzt, nämlich die 64-Meter-»Dish« in Parkes. (Das englische Wort »array« bezieht sich auf eine Reihe von Pulsaren, nicht auf eine Reihe von Teleskopen.) In Unterbrechungen zwischen anderen Observationsprogrammen wird das riesige Radioteleskop auf etwa 20 Millisekunden-Pulsare gerichtet, um von jedem von ihnen einige Minuten lang Timing-Messungen zu sammeln. Wenn zum Beispiel die Pulsfrequenz 200 Hertz beträgt, entsprechen fünf Minuten 60 000 einzelnen Pulsen. Jeder Radiopuls mag vielleicht eine zehntel Millisekunde lang sein, und die einzelnen Pulse können unterschiedlich aussehen. Wenn jedoch über 60 000 Pulse gemittelt werden, lässt sich die Pulsperiode mit einer Genauigkeit von etwa 100 Nanosekunden – einer zehntausendstel Millisekunde – bestimmen.

Eine ähnliche Observationsstrategie wird in Europa angewendet. Das »European Pulsar Timing Array«-Projekt (EPTA), das 2006 begann, setzt fünf verschiedene Radioobservatorien ein.[5] Eines davon ist das altehrwürdige Lovell Telescope im Jodrell Bank Observatory in Großbritannien. Es hat einen Durchmesser von 76 Metern und wird seit 1969 – kurz nach der bahnbrechenden Entdeckung von Jocelyn Bell – eingesetzt, um Pulsare zu observieren. Ein sogar noch größeres Instrument ist die 100-Meter-Schüssel in Effelsberg, Deutschland. Das Westerbork Synthesis Radio Telescope (WSRT) in den Niederlanden – das selbst aus einer linearen Reihe von 25-Meter-Schüsselantennen besteht – wurde seit 1999 für die Arbeit mit Pulsaren eingesetzt.[6] Das vierte EPTA-Teleskop ist das riesige Radiotélescope décimétrique de Nançay (NRT) in Zentralfrankreich. Und schließlich wurde 2014 auch das kurz vorher fertiggestellte Sardinia Radio Telescope (SRT) in Italien in das Gemeinschaftsprojekt aufgenommen.

Wenn man dieselben Pulsare mit drei oder mehr Teleskopen observiert, bringt das einen großen Vorteil. Wenn man nur ein einziges Teleskop einsetzt, kann ein außergewöhnliches technisches Problem die Daten durcheinanderbringen, ohne dass man das jemals bemerken würde. Mit zwei Teleskopen würde man zumindest feststellen, dass irgendetwas nicht stimmt, weil die beiden Instrumente unterschiedliche Ergebnisse liefern würden, aber man wüsste immer noch nicht, in welchem der beiden das Problem auftritt. Mit drei Teleskopen ist man auf der sicheren Seite. Die fünf europäischen Teleskope sind sehr unterschiedlich konstruiert, was bedeutet, dass es sehr kompliziert sein kann, die verschiedenen Datenbestände zusammenzuführen. Aber inzwischen haben die europäischen Pulsar-Astronomen ihre Pulsar-Timing-Instrumentierung vereinheitlicht, um noch bessere Messungen zu bekommen.

Seit 2007 arbeiten auch zwei große US-amerikanische Radioteleskope offiziell zusammen, um ein Pulsar-Timing-Array zu observieren. Es handelt sich um die riesige Schüssel in Arecibo, Puerto Rico, und das Green Bank Telescope in West Virginia mit seinen 100 Metern Durchmesser. Im North American Nanohertz Observatory for Gravitational Waves (NANOGrav), wie dieses Projekt genannt wird, arbeiten einige Dutzend Radioastronomen von 15 verschiedenen Universitäten und Forschungsinstituten zusammen.[7] Die drei Gruppen (PPTA, EPTA und NANOGrav) arbeiten in einem losen Verbund zusammen, der als International Pulsar Timing Array (IPTA) bekannt ist.[8]

Noch vor wenigen Jahren hofften die Radioastronomen insgeheim, noch vor den Physikern von LIGO und Virgo einen direkten Nachweis für Gravitationswellen zu finden. In der Zeit von 2010 bis 2011 wurden die beiden Laserinterferometer vorübergehend stillgelegt, um sie auf den neuesten Stand der Technik zu bringen. Bis zu diesem Zeitpunkt hatten sie noch keine Gravitationswellen registriert, und die aufgerüsteten »Advanced«-Detektoren sollten erst 2015 beziehungsweise 2016 wieder in Betrieb gehen. Unterdessen wurden die Pulsar-Observationen beharrlich fortgesetzt. Im Jahr 2013 veröffentlichten Xavier Siemens, der Forschungsleiter von NANOGrav, und seine Kollegen sogar einen optimistischen Artikel in *Classical and Quantum Gravity*, in dem sie schrieben, dass »ein Nachweis innerhalb von zehn Jahren möglich ist und eventuell sogar schon früher gelingen könnte, vielleicht schon 2016«.

Heute wissen wir, dass sie enttäuscht wurden. Mit ihren ersten Entdeckungen überraschten die LIGO- und Virgo-Kooperationen die Welt. Am 12. Februar 2016, also nur einen Tag nach der GW150914-Pressekonferenz, veröffentlichte die IPTA folgende Botschaft auf ihrer Website:

Das Team vom International Pulsar Timing Array (IPTA) möchte seinen Kollegen von LIGO und Virgo zu ihrem bahnbrechenden Erfolg gratulieren. Zum ersten Mal Gra-

vitationswellen direkt festgestellt zu haben ist eine wahrhaft monumentale wissenschaftliche und technologische Leistung, die breite Anerkennung verdient ... Das IPTA-Team verbessert ständig seine Fähigkeiten zum Nachweis von Nanohertz-Gravitationswellen, primär aus dem spiralförmigen Ineinanderstürzen von Binärsystemen aus supermassereichen Schwarzen Löchern. Wir freuen uns auf den Tag, an dem auch wir das Privileg haben werden, den Nachweis von Gravitationswellen bekannt zu geben – aber heute heben wir einfach nur unsere Gläser und stoßen auf den unglaublichen Erfolg von LIGO an!

Und dieser Optimismus ist keineswegs geschwunden. Im März 2016 präsentierten Stephen Taylor vom Jet Propulsion Laboratory der NASA und seine Kollegen eine neue Analyse, in der sie vorhersagten, dass der Nachweis von Nanohertz-Gravitationswellen mit einer Wahrscheinlichkeit von 80 Prozent innerhalb von zehn Jahren gelingen würde.[9]

Ein Umstand, der dabei bedacht werden muss, ist, dass solche Erwartungen immer auf theoretischen Modellen beruhen. Die Intensität des Gravitationswellenhintergrunds hängt von zahlreichen Annahmen ab. Solche Modelle und Annahmen können falsch sein. Ja, Galaxien enthalten supermassereiche Schwarze Löcher, und ja, Galaxien kollidieren und verschmelzen. Aber auch hier kann der Teufel im Detail stecken. Wie sind die Massen von supermassereichen Schwarzen Löchern verteilt? Anders gefragt: Wie viele davon gibt es in einem bestimmten Massebereich? Wie entwickeln sich Galaxien und supermassereiche Schwarze Löcher? Wie häufig kommt es zu Kollisionen von Galaxien? Wenn Verschmelzungen in der fernen Vergangenheit häufiger vorkamen (was sehr wahrscheinlich ist), wie schnell geht dann die Häufigkeit solcher Verschmelzungen im Lauf der Zeit zurück?

Andere Ungewissheiten haben etwas mit den Ereignissen *nach* einer Kollision zu tun. Wie lange dauert es, bis zwei supermassereiche Schwarze Löcher durch ihre Schwerkraft ins

Zentrum der durch die Verschmelzung entstandenen Galaxie »gesackt« sind? Werden sie sich wirklich nahe genug kommen, um messbare Gravitationswellen zu erzeugen? Die Antworten hängen davon ab, auf welche Weise die Schwarzen Löcher mit einzelnen Sternen und Gaswolken in der Kernregion der Galaxie interagieren – und darüber wissen wir kaum etwas.

Es gibt zahlreiche mögliche Gründe, warum unsere Erwartungen über einen Nachweis des Gravitationswellenhintergrunds falsch sein könnten. Vielleicht sind im frühen Universum weniger häufig supermassereiche Schwarze Löcher entstanden. Die Häufigkeit von Galaxie-Verschmelzungen könnte geringer sein, als allgemein angenommen wird. Es könnte viele Milliarden Jahre dauern, bis zwei supermassereiche Schwarze Löcher sich nahe genug gekommen sind. Vielleicht gibt es da draußen sogar Millionen von »abgebrochenen Verschmelzungen«. Vielleicht vollzieht sich die letzte Phase der spiralförmigen Annäherung viel schneller, als die meisten Theoretiker glauben. Vielleicht ist es eine Kombination aus verschiedenen Gründen.

Zugleich sind die Messdaten von Pulsar-Timing-Arrays – selbst die bisherigen Fehlanzeigen – wertvolle Teile des Puzzles. Die Intensität des Gravitationswellenhintergrunds liefert den Astronomen nützliche Informationen über die Entwicklung von Galaxien und supermassereichen Schwarzen Löchern. Dank dieser jahrzehntelangen Messprogramme haben die Theoretiker heute einen Bestand an echten Daten, mit denen sie ihre Lieblingstheorien konfrontieren können. Etliche theoretische Modelle der Entwicklung von Galaxie-Verschmelzungen sind schon jetzt widerlegt, da sie Nanohertz-Wellen vorhersagten, die so stark sind, dass sie inzwischen gemessen worden sein müssten. Falls jedoch *tatsächlich* in naher Zukunft Nanohertz-Wellen registriert werden sollten, werden ihre Eigenschaften uns eine Menge darüber erzählen, was sich im fernen Universum und im Kern von Galaxie-Verschmelzungen abspielt.

Einstweilen setzen die Pulsar-Astronomen ihre Puzzlearbeit fort. Ungefähr alle zwei Wochen prüfen sie Dutzende von Millisekunden-Pulsaren und nehmen die neuen Timing-Messdaten in ihren ständig wachsenden Datenbestand auf. Langsam, aber sicher wird die Empfindlichkeit immer besser, von Jahr zu Jahr. Niemand bezweifelt, dass die Jagd letztlich erfolgreich sein wird. Freilich wird es nie, wie am LIGO, zu einer revolutionären Entdeckung kommen; vielmehr wird stattdessen die Gewissheit der Erkenntnisse ganz allmählich zunehmen.

Wir machen einen Zeitsprung ins Jahr 2030. Die Instrumente der Vergangenheit sind veraltet. Arecibo, Parkes, das Green Bank Telescope – sie alle gerieten vor einem Jahrzehnt in finanzielle Schwierigkeiten, als die zuständigen Behörden beschlossen, ihre Forschungsmittel anderweitig zu investieren. Die riesigen Radioteleskope wurden in Open-Air-Ausstellungen umgewandelt, die als Monumente des kulturellen, industriellen und wissenschaftlichen Erbes der Menschheitsgeschichte geschätzt werden. Aus den Kontrollräumen sind beliebte Zentren der wissenschaftlichen Bildung geworden, die von zahlreichen Schüler- und Studentengruppen besucht werden. Die Wartung der riesigen Schüsseln übernehmen Freiwillige aus örtlichen Astronomie-Clubs und CB-Funk-Vereinen.

In Europa ist die Lage ähnlich, auch wenn einige der Radioteleskope, die ursprünglich an dem Projekt des European Pulsar Timing Array beteiligt waren, nach wie vor von professionellen Astronomen genutzt werden. Im Nordosten der Niederlande hat das Westerbork Synthesis Radio Telescope gerade seinen 60. Geburtstag gefeiert. Eine kleine Ausstellung vor Ort zeigt die wichtigsten astronomischen Entdeckungen, die dort gemacht wurden, darunter auch – schon in den 1970er-Jahren – der erste überzeugende Beleg für die Existenz von Dunkler Materie innerhalb von Galaxien. Die letzte Schautafel der Ausstellung erzählt die Geschichte, wie es Anfang der 2020er-Jahre gelang, Nanohertz-Gravitationswellen nachzuweisen, was durch Zusammenschalten der fünf EPTA-Observatorien zu einem »virtuellen« Teleskop mit fast 200 Metern Durchmesser ermöglicht wurde. Das Projekt LEAP (Large European Array for Pulsars), das einige Jahre zuvor in Betrieb gegangen war, hatte endlich den Empfindlichkeitssprung gebracht, der notwendig war, um den Gravitationswellenhintergrund in überzeugender Weise zu messen.[10]

Unterdessen hat sich die Pulsar-Astronomie zu einem blühenden Zweig der Wissenschaft entwickelt. Inzwischen sind ungefähr 20 000 Pulsare in unserer Galaxie, der Milchstraße, entdeckt worden – etwa zehn Prozent der geschätzten Population. Unter ihnen gibt es über 1000 Millisekunden-Pulsare; der schnellste von ihnen hat eine Rotationsgeschwindigkeit von unglaublichen 1130 Umdrehungen pro Sekunde. Die Anzahl der bekannten Pulsar-Planeten ist auf 34 angewachsen, in 14 verschiedenen Systemen. Es wurden auch zahlreiche binäre Pulsare entdeckt. Vor allem ein System erregte großes Aufsehen, als es 2027 entdeckt wurde, und zwar aufgrund seiner geringen Entfernung, extrem kurzen Periode und seiner rapide enger werdenden Umlaufbahn. Es wird erwartet, dass die Laser Interferometer Space Antenna, die bald in eine Erdumlaufbahn geschossen werden soll, die schwachen, mittelfrequenten Gravitationswellensignale der beiden einander umkreisenden Himmelskörper wird auffangen können.

Die Forscher am Jocelyn Bell International Center for Pulsar Research untersuchen inzwischen routinemäßig Nanohertz-Gravitationswellen. Das Observationsprogramm des International Pulsar Timing Array umfasst mittlerweile über 500 Millisekunden-Pulsare. Die Timing-Genauigkeit konnte auf etwa zehn Nanosekunden verbessert werden. Neben der gut beschriebenen Hintergrundstrah-

lung wurden auch fünf relativ starke einzelne Quellen von sehr niederfrequenten Wellen entdeckt und lokalisiert – es handelt sich dabei um binäre supermassereiche Schwarze Löcher in Galaxien in den Kernregionen von nahen Galaxienhaufen.

Falls irgendetwas dran ist an diesem fiktiven Zukunftsszenario, dann wird das – zumindest zum großen Teil – auf ein neues Radioobservatorium zurückzuführen sein, das größer sein wird als jedes andere auf unserem Planeten. Es wird kein Instrument mit einer einzigen Schüssel sein, wie Parkes, Arecibo oder das kürzlich fertiggestellte 500-Meter-Teleskop FAST (Five hundred meter Aperture Spherical Telescope) in China. Es wird auch kein klassisches Radiointerferometer sein wie Westerbork in den Niederlanden oder das Very Large Array in New Mexico, USA. Vielmehr soll das sogenannte Square Kilometre Array (SKA), das sich vorerst noch im Planungsstadium befindet, aus einer Sammlung von vielen Hundert Radioschüsseln und Zehntausenden von einfachen Dipol-Antennen bestehen.[11] Am Ende soll es auf eine Gesamt-Empfangsfläche von einem Quadratkilometer kommen – daher der Name. Die Schüsseln und Antennen werden alle mit Glasfaserkabeln vernetzt sein und synchron arbeiten, wobei mehrere Hundert Terabytes pro Sekunde an Rohdaten anfallen, die an einen zentralen, sehr leistungsfähigen Supercomputer übertragen werden. Es wird die größte wissenschaftliche Forschungseinrichtung sein, die jemals von Menschenhand gebaut wurde.

Falls Sie glauben, Parkes in New South Wales sei ein Städtchen mit einer unscheinbaren Ortsmitte, sollten Sie einmal nach Murchison in Western Australia fahren, auf der anderen Seite des Kontinents.[12] Dieses verschlafene Nest ist nur eine lockere Ansammlung von Häusern und einer Verbindung aus Laden, Kneipe und Tankstelle. Nur ein paar Dutzend Menschen leben hier, in der früheren Heimat der Wajarri Yamatji, eines Aborigines-Stamms. Ein paar weitere leben etwas außerhalb, auf großen Farmen im Outback. Alles in allem hat der Landkreis Murchison etwa die Größe von Nordrhein-Westfalen und dabei ganze 110 Einwohner – ein Paradies für Radioastronomen.

In der Nähe von Boolardy Station, einer riesigen Rinderfarm, haben australische Astronomen 36 je 12 Meter große Radioschüsseln aufgebaut, die über ein großes Wüstenareal verteilt sind. Sie bilden den Australian Square Kilometre Array Pathfinder, kurz ASKAP.[13] Der Bau der Schüsseln wurde 2012 fertiggestellt; für die Installation der empfindlichen Phased-Array-Antennen wurden weitere zwei Jahre gebraucht. Die ersten wissenschaftlichen Observationen – mit nur elf Schüsseln – begannen im Frühjahr 2016.

Nicht weit vom ASKAP entfernt gibt es noch ein SKA-Pathfinder-Teleskop, das Murchison Widefield Array (MWA).[14] Es sieht überhaupt nicht aus wie ein Radioobservatorium, denn es besteht aus vielen Dutzend Antennenfeldern, sogenannten »tiles«. Jede dieser »Kacheln« enthält 16 spinnenartige Dipol-Antennen, die jeweils nur ungefähr einen halben Meter hoch sind. Diese Technik wurde zuerst im LOFAR-Teleskop (Low-Frequency Array) in den Niederlanden eingesetzt. ASKAP und MWA ergänzen sich: ASKAP ist eines der schnellsten Radioteleskope der Welt, das darauf ausgelegt ist, große Regionen des Universums zu erfassen, während das MWA auf die niederfrequentesten Radiowellen aus dem Kosmos spezialisiert ist, die schon ein paar Hundert Millionen Jahre nach dem Urknall entstanden.

Diese abgelegene Region im Outback wurde als Standort gewählt, weil hier völlige Funkstille im Radiowellenbereich herrscht. Es ist streng verboten, Mobiltelefone zu benutzen. Das ASKAP-Kontrollzentrum ist außen mit einer Metallhülle abgeschirmt, um zu verhindern, dass Radiowellen von den Computern und elektronischen Geräten im Gebäude nach draußen durchsickern. Eine der störendsten Quellen von Radiosignalen sind hoch fliegende Flugzeuge; daher bemühen sich die Radioastronomen darum, einige Flugkorridore verlegen zu lassen. Die Gegend selbst ist eine flache, heiße, trockene und riesengroße Steppe, bedeckt mit rotem Sand und strauchartiger Vegetation und bevölkert von Moskitos, Raubvögeln und Kängurus.

In einigen Jahren wird das Murchison Radio Observatory der Kern des australischen Teils des Square Kilometre Array sein. Auf der Grundlage der mit dem MWA gesammelten Erfahrungen werden Astronomen Zehntausende von größeren Dipol-Antennen bauen, die wie Weihnachtsbäume geformt und so hoch wie ein Mensch sind. Sie werden in kreisförmigen Stationen gruppiert sein, verteilt über Hunderte Kilometer roter australischer Wüste. Diese Antennen werden mit Glasfaserkabeln vernetzt und an einen riesigen Supercomputer in Perth angeschlossen sein; sie werden das empfindlichste Ohr für niederfrequente Radiowellen bilden, das jemals gebaut wurde.

Unterdessen sind in der Großen Karoo, einer Halbwüste in Südafrika, nordwestlich des Städtchens Carnarvon, zwei weitere SKA-Pathfinder-Teleskope in Betrieb gegangen. HERA (Hydrogen Epoch of Reionization Array) besteht aus 19 einfachen 14-Meter-Drahtgitter-Schüsseln.[15] Bis Ende 2018 soll es auf etwa 350 Schüsseln erweitert werden. MeerKAT ist ein Array von 64 je 13,5 Meter großen Radioschüsseln.[16] Es soll im Zuge der ersten Bauphase des Mittelfrequenzteils von SKA, die bald beginnen wird, errichtet werden.[17]

Letzten Endes werden hier viele Hundert Schüsselantennen vernetzt zusammenarbeiten, um Radiogalaxien und Quasare, Ursprung und Entwicklung von Galaxien, Supernova-Überreste und präbiotische Moleküle im Weltraum zu erforschen. Und natürlich Pulsare. Das Square Kilometre Array (vor allem sein südafrikanischer Teil) wird dank seiner enormen Empfindlichkeit eine ganz neue Epoche von Pulsar-Timing-Array-Messungen einläuten.[18]

Es gibt ein weiteres Gebiet der Gravitationswellenforschung, auf dem das SKA vermutlich eine wichtige Rolle spielen wird: die Identifikation der Quellen solcher Wellen. Wenn wir die winzigen Kräuselungen der Raumzeit »spüren«, kann uns das sicherlich eine Menge über kosmische Katastrophen sagen, etwa über explodierende Sterne und verschmelzende Neutronensterne. Aber Wissenschaftler wollen immer noch mehr wissen. Eigentlich ist das eine ganz natürliche Reaktion; wenn der Boden unter Ihren Füßen zu beben beginnt, werden Sie sich umsehen, um die Ursache dafür zu finden. Je mehr Hinweise Sie bekommen können, desto besser. Darum versuchen Astronomen, die sogenannten »electromagnetic counterparts« (elektromagnetischen Entsprechungen) der Quellen von Gravitationswellen aufzuspüren, um möglichst viele Beobachtungen miteinander zu verknüpfen. Durch den Einsatz von Radioobservatorien und schnell reagierenden optischen Instrumenten wird es vielleicht möglich sein, genau die Ereignisse, die diese Gravitationswellen erzeugten, tatsächlich zu »sehen«.

Willkommen auf dem Forschungsgebiet der Multi-Messenger-Astronomie.

14 Follow-up-Untersuchungen

Das Observatorio del Roque de los Muchachos (ORM) auf La Palma, einer der Kanarischen Inseln, ist einer der faszinierendsten Orte, an denen ich jemals gewesen bin.[1] La Palma ist ein steil aufragender Vulkan, der sich vor der marokkanischen Küste 2423 Meter hoch aus dem Atlantischen Ozean erhebt. Das Observatorium thront hoch oben auf dem nördlichen Rand der riesigen Caldera des Vulkans. Von der Hafenstadt Santa Cruz de la Palma führt eine gefährliche Zugangsstraße mit Dutzenden von Haarnadelkurven auf den mit Felsbrocken übersäten Gipfel, von wo aus man häufig einen Ausblick über eine Wolkendecke genießen kann, die weiter unten den Hang des Vulkans umwabert. Es stellt sich das Gefühl ein, man sei tatsächlich auf dem Dach der Welt angekommen, den Sternen fast so nah, wie man ihnen überhaupt nur kommen kann.

Am späten Abend des 28. Februar 1997, einem Freitag, fing eine der Kuppeln des Observatoriums plötzlich an, sich unerwartet zu drehen. Offiziell sollte das 4,2-Meter-William-Herschel-Teleskop laut Observationsplan eine Region des Himmels im Sternbild Serpens (Schlange) beobachten. Aber jetzt drehte es sich plötzlich viel weiter nach Westen, auf einen nur knapp über dem Horizont liegenden Teil des Himmels, weil der zum Stab des Observatoriums gehörende Astronom John Telting ein paar Fotos von einer kleinen Region im nordwestlichen Teil des Sternbilds Orion machen wollte. Noch am selben Abend schickte er die digitalen Bilder über das Internet an die Universiteit van Amsterdam in den Niederlanden. Bald darauf hatten die Doktoranden Paul Groot und Titus Galama einen Durchbruch auf dem noch jungen Feld der Gamma-strahlenastronomie erzielt.

Ich weiß, dies soll ja eigentlich ein Buch über Gravitations-wellen sein, nicht über Gammablitze. Aber die beiden Themen hängen eng miteinander zusammen, wie wir später in diesem Kapitel noch sehen werden. Und hier ist diese Geschichte wichtig, um zu zeigen, warum Astronomen manchmal eine schnelle Follow-up-Observation eines kurzlebigen Phäno-mens benötigen. Es folgt also erst einmal eine sehr kurze Ein-führung in Gammablitze.

Gegen Ende der 1960er-Jahre wurden mysteriöse, ener-giereiche Gammastrahlen in Daten gefunden, die von den US-amerikanischen Vela-Überwachungssatelliten stammten. Es dauerte zehn Jahre, bis die Astronomen sich davon über-zeugt hatten, dass diese kurzen Blitze aus dem Kosmos ka-men. Und dann dauerte es noch einmal ungefähr zehn Jahre, bis das Compton Gamma Ray Observatory der NASA in eine Erdumlaufbahn geschossen wurde. Eine der Zielsetzungen für dieses Weltraumobservatorium bestand darin, möglichst viele Daten über solche rätselhaften kosmischen Explosio-nen zu sammeln und herauszufinden, was sie sind. (Hoch-energie-Gammastrahlung aus dem Weltraum kann von der Erde aus nicht beobachtet werden, da diese tödliche Strah-lung – glücklicherweise – von der Erdatmosphäre absorbiert wird.)

Es erwies sich jedoch als unerwartet schwierig, das Rätsel um die Herkunft der Gammablitze zu lösen. In der Tat regis-trierte der BATSE-Detektor (Burst And Transient Source Experiment) an Bord des Compton Observatory in wenigen Jahren Hunderte solcher Ausbrüche. Allerdings war es un-möglich, deren jeweilige Position am Himmel genau zu be-stimmen, ganz zu schweigen von ihren Entfernungen. Außer-dem treten diese Blitze – die manchmal nur einen Sekunden-bruchteil andauern – überall auf, anscheinend völlig zufällig verteilt. Aus ihrer Verteilung lässt sich unmöglich schließen, ob sie relativ schwach, aber nahe sind (womöglich kollidierende Asteroiden oder Explosionen auf nahen Sternen) oder extrem heftige Ereignisse in weit entfernten Galaxien.

Der Start des italienisch-holländischen Satelliten Beppo-SAX im April 1996 änderte das alles. Neben einem Gamma-strahlendetektor hatte der kleine Satellit auch mehrere Röntgenteleskope an Bord. Dahinter steckte die Idee, dass eine kosmische Explosion zwar nur für eine sehr kurze Zeit Hochenergie-Gammastrahlung erzeugen mag, aber möglicherweise über längere Zeit Röntgenstrahlen mit geringerer Energie emittieren könnte. Darüber hinaus lässt sich mit einem Röntgenteleskop die Position eines Ausbruchs am Himmel sehr viel genauer bestimmen. Wenn solche Informationen schnell genug an andere Astronomen auf der Erde weitergeleitet werden könnten, wäre es unter Umständen möglich, ein Radio-»Nachglühen« zu finden oder vielleicht sogar einen optischen Counterpart (»Korrelat« oder »Entsprechung«).

Also wussten Paul Groot und Titus Galama, dass sie möglichst schnell handeln mussten, als sie erfuhren, dass Beppo-SAX kurz zuvor einen Ausbruch registriert hatte. Offiziell durften sie diese Information nur verwenden, um eine Radio-observation durchzuführen, und außerdem war das britisch-holländische William Herschel Telescope, ein optisches Instrument, in dieser Nacht für andere Observationen reserviert. Frustrierenderweise konnten Groot und Galama ihren Doktorvater Jan van Paradijs nicht erreichen, um sich mit ihm zu beraten. Letztlich beschloss Groot, sich über die Regeln hinwegzusetzen. Er rief John Telting in La Palma an und bat ihn, die von BeppoSAX übertragene Position im nordwestlichen Teil des Orion zu fotografieren.

Tatsächlich wurde sehr bald ein optischer Counterpart gefunden. Es wurde klar, dass der Gammablitz in einer weit entfernten Galaxie stattgefunden hatte, Milliarden von Lichtjahren entfernt. Das bedeutete natürlich auch, dass der echte Energie-Output des Ausbruchs riesig gewesen war – Gammastrahlenblitze zählen zu den energiereichsten Ereignissen, die jemals im Universum beobachtet wurden. Diese revolutionäre

Entdeckung führte dazu, dass sich ein ganz neuer Zweig der Hochenergie-Astrophysik etablierte. Und sie zeigte, wie wichtig es ist, nach einem flüchtigen kosmischen Phänomen möglichst rasch eine Follow-up-Observation in die Wege zu leiten.

Heute sind solche schnellen Follow-up-Untersuchungen in der Astronomie weitgehend zur Routine geworden. In vielen Fällen sind sie komplett automatisiert: Nur wenige Minuten, nachdem ein Gamma- oder Röntgenstrahlensatellit einen ungewöhnlichen Ausbruch registriert hat, fotografieren kleine Roboterteleskope auf der Erde die verdächtige Region des Himmels, um einen Counterpart im sichtbaren Wellenlängenbereich zu suchen. Größere Teleskope können normalerweise nicht so schnell reagieren, aber manchmal wird auch ein solches Instrument sein reguläres Observationsprogramm unterbrechen, um den Schuldigen zu finden.

Auch Gravitationswellenausbrüche sind keine Ausnahme, und zwar aus sehr guten Gründen. Daher begann das europäische VLT Survey Telescope auf dem Berg Cerro Paranal in der Atacama-Wüste in Nordchile am 17. September 2015, den südlichen Himmel zu scannen, auf der Suche nach einem optischen Counterpart des Gravitationswellensignals, das am LIGO drei Tage zuvor registriert worden war.[2] Wie in Kapitel 11 erwähnt, war der automatisierte Benachrichtigungsdienst noch nicht aktiv, aber Gabriela González und Fulvio Ricci, die Sprecher von LIGO und Virgo, hatten den infrage kommenden Astronomen gesagt, wo sie suchen sollten, ebenso wie Paul Groot und Titus Galama ihrem Kollegen auf La Palma mitgeteilt hatten, wo ein eventueller optischer Counterpart eines Gammablitzes zu finden sein konnte.[3]

Neben der Kanareninsel La Palma ist Nordchile eine der besten Regionen der Welt, um optische Astronomie zu betreiben. Der Cerro Paranal ist ein entlegener und kahler Berg in der chilenischen Bergkette Cordillera de la Costa, etwa 130 Kilometer südlich der Hafenstadt Antofagasta gelegen. Als ich 1998 zum ersten Mal dorthin reiste, konnte man nur über eine 80 Kilometer lange, mit Schlaglöchern übersäte Schotterstraße dort hinkommen, die durch eine unheimliche, mars-ähnliche Landschaft führt. Inzwischen ist die Straße asphaltiert worden, aber die Landschaft hat sich nicht verändert. Die letzten Szenen des Agententhrillers *James Bond 007: Ein Quantum Trost*, der 2008 in die Kinos kam, wurden hier gedreht.

Auf dem Paranal befindet sich eines der produktivsten erd-gebundenen optischen Observatorien der Welt, das Very Large Telescope (VLT). Es wurde in den 1990er-Jahren vom European Southern Observatory erbaut und besteht aus vier baugleichen 8,2-Meter-Teleskopen. Alle vier sind mit einem großen Sortiment empfindlicher Kameras und Spektrografen ausgestattet. Als Unterstützung für das Observationsprogramm des VLT wurde neben den vier großen Teleskopen ein kleineres 2,6-Meter-Instrument gebaut, das VLT Survey Telescope. Es wurde 2011 fertiggestellt und hat ein wesentlich größeres Sichtfeld als seine großen Geschwister. Mit seiner riesigen 268-Megapixel-Digitalkamera können innerhalb von Minuten sehr matte Sterne über weite Bereiche des Himmelsgewölbes erfasst werden. Es ist hervorragend geeignet, um nach einem möglichen optischen Counterpart zu GW150914 zu fahnden.

Leider blieb die Suche in diesem Fall erfolglos, ebenso wie entsprechende Suchen, die an anderen Observatorien in verschiedenen Teilen der Welt durchgeführt wurden. Vielleicht gab es einfach nichts zu sehen – welch ein optisches Signal wäre schon von zwei kollidierenden Schwarzen Löchern zu erwarten? Aber andererseits kann es auch einen ganz anderen Grund haben, dass die Suche erfolglos blieb: Niemand wusste genau, aus welcher Richtung die Gravitationswellen angekommen waren. Mit anderen Worten: Vielleicht war das Suchgebiet am Himmel einfach zu groß. Dennoch sind sich alle einig, dass Follow-up-Untersuchungen wichtig sind, um Counterparts in den verschiedenen Wellenlängenbereichen zu finden – sichtbares Licht ebenso wie Infrarot-, Millimeter-, Röntgen-, Gamma- und Radiostrahlung. Jede Art von elektromagne-

Das Paranal Observatory in Chile, das vom European Southern Observatory (ESO) betrieben wird. Unter den vier großen Kuppeln in der Bildmitte sind die vier 8,2-Meter-Teleskope des Very Large Telescope (VLT) der ESO untergebracht. Im Vordergrund rechts ist das kleinere VLT Survey Telescope zu sehen, mit dem nach einem optischen Counterpart zu GW150914 gesucht wurde.

tischer Strahlung von Ereignissen, die Gravitationswellen erzeugen, könnte wertvolle zusätzliche Informationen liefern.

Warum also ist es so wichtig, nach elektromagnetischen Counterparts zu suchen? Eine Analogie kann das am besten zeigen. Nehmen wir an, Sie wären ein Hals-Nasen-Ohren-Arzt und würden sich ein Fußballspiel in einem Stadion ansehen. Während einer ruhigen Spielphase hören Sie jemanden niesen. Dieses Niesen hört sich seltsam an, und da Sie ein echter Profi sind, wollen Sie alles darüber wissen. Sie haben gehört, dass das Niesen von rechts kam, aber es ist unmöglich, es nur mit dem Gehör genau zu lokalisieren. Außerdem haben Sie aufgrund der wahrgenommenen Lautstärke des Niesens nur eine vage Vorstellung von der Entfernung, aus der es kam. Sie haben keine Möglichkeit herauszufinden, wer geniest hat – es hätte jede Person aus dem Publikum sein können.

Wenn Sie sich aber sofort nach dem Niesen blitzschnell umsehen, würden Sie vielleicht im Publikum eine Person entdecken, die sich vorbeugt und die Hände vors Gesicht hält, bevor sie in die Jackentasche greift, um ein Taschentuch hervorzuholen. Wenn Sie die niesende Person gefunden haben, wissen Sie genau, aus welcher Entfernung das Geräusch kam, sodass Sie die echte Lautstärke des Niesens ausrechnen können. Außerdem können Sie die Physiognomie dieser Person studieren, weil Sie hoffen, auf diese Weise mehr über das ungewöhnliche Niesgeräusch zu erfahren.

Dieses Szenario hat zwei wichtige Aspekte. Erstens: Wenn Sie etwas auf eine bestimmte Art und Weise beobachten, ist es stets aufschlussreich, dasselbe Phänomen auch noch auf eine ganz andere Art wahrzunehmen. Wenn Sie etwas *hören*, wollen Sie es auch *sehen*. Wenn Sie Gammastrahlen von einer kosmischen Explosion auffangen, wollen Sie eine Follow-up-Untersuchung mit Radioteleskopen oder optischen Instrumenten machen. Und wenn Ihre Instrumente winzige Raumzeitkräuselungen registrieren, wollen Sie auch nach elektromagnetischen Counterparts dieser Gravitationswellen suchen. Und zweitens: Wenn Sie ein kurzlebiges Phänomen beobachtet haben, ist es entscheidend, darauf sehr schnell zu reagieren.

Über viele Jahrhunderte war die Astronomie eine sehr gemächliche Wissenschaft. Planeten verändern ihre Position am Himmel nur ganz allmählich; die Sternbilder sehen immer gleich aus. Eine Sternschnuppe oder hin und wieder ein Komet konnte etwas Aufregung verursachen, aber im Allgemeinen brauchte ein Astronom sich nie zu beeilen. Was er an einem Tag beobachtete, konnte er genauso gut auch am nächsten Tag erforschen oder im nächsten Jahr.

Diese Zeiten sind vorbei. Im Lauf der vergangenen Jahrzehnte haben wir unseren Horizont auf viele Milliarden Lichtjahre erweitert. Auch die Empfindlichkeit unserer Observationsinstrumente haben wir erheblich verbessert. Das hat zu der Erkenntnis geführt, dass die vermeintliche Unveränderlichkeit des Himmels eine Illusion war. Kurzlebige Phänomene kommen häufig vor. Eigentlich ist das Einzige, was sich nie ändert, die immanente Veränderlichkeit des Ganzen.

Sterne pulsieren und schwanken in ihrer Helligkeit. Rote Riesen können bei einer Supernova-Explosion sterben. Zwergsterne zeigen gewaltige Flares. Wenn zu viel Materie von einem Begleitstern sich auf der Oberfläche eines Weißen Zwergs ansammelt, führt das zu einer thermonuklearen Explosion (einer Nova). Asteroiden krachen ineinander. Kometen stürzen auf Planeten hinunter. Rapide rotierende Neutronensterne pulsieren mit Radio- oder Röntgenwellenlängen. Schwarze Löcher schleudern riesige Fontänen aus Teilchen und Strahlung in den Raum. Quasare flackern. Neutronensterne kollidieren und verschmelzen. Unser Wort *Kosmos* geht auf das griechische Wort für »Ordnung« zurück, aber das Universum befindet sich ständig in Fluss und Chaos. Und viele kurzlebige Ereignisse können wir bisher nicht erklären, weil wir nicht genug Daten haben.[4]

Übrigens ist in manchen Fällen keineswegs der Kosmos schuld. Ein helles Aufblitzen am Himmel, das wie ein explodierender Stern aussieht, kann in Wirklichkeit ein Sonnenstrahl sein, der von der Antenne eines Kommunikationssatelliten reflektiert wird. Manch ein Gammablitz, den das Fermi-Weltraumteleskop der NASA registriert hat, wurde nicht etwa in einer fernen Galaxie erzeugt, sondern von einem Gewitter hier auf der Erde.[5] Und vor Kurzem wurden die Wissenschaftler im Parkes Observatory in Australien sogar von dem Mikrowellenofen in der Küche ihres Observatoriums gefoppt: »The Dish« hatte mysteriöse Radiosignale aufgefangen, die jeweils etwa eine Viertelsekunde andauerten. Die Astronomen nannten sie »Perytons«, nach einem Fabelwesen. Dann stellte sich jedoch heraus, dass Perytons immer dann erzeugt werden, wenn die Tür eines Mikrowellenofens zu früh geöffnet wird. Kein neues kosmisches Rätsel, sondern einfach nur ungeduldige Astronomen und Techniker vor Ort, die glauben, dass ihr Essen schon heiß genug ist. (Noch eine Mahnung, wie wichtig es ist, in der Umgebung eines Radioobservatoriums absolute Funkstille zu wahren.)

Es liegt auf der Hand, dass echte kosmische Ausbrüche für einen Astronomen wesentlich interessanter sind. Und manche davon sind nach wie vor ziemlich rätselhaft – zum Beispiel Fast Radio Bursts (FRBs). FRBs sind – wie Perytons – Radiowellenausbrüche, die nur einen winzigen Sekundenbruchteil andauern. Und wie Perytons wurden sie zuerst von dem 64-Meter-Radioteleskop in Parkes entdeckt. Allerdings stammen solche »schnellen Radioblitze« *tatsächlich* aus dem Weltraum. Sie kommen mit an Sicherheit grenzender Wahrscheinlichkeit aus fernen Galaxien, ebenso wie Gammastrahlenblitze, auch wenn ihr tatsächlicher Ursprung nach wie vor unbekannt ist. Bis jetzt ist es noch nicht gelungen, auf einen registrierten FRB schnell genug zu reagieren, um ihn auch in anderen Wellenlängenbereichen zu observieren. Wie gesagt kommt es in solchen Fällen immer darauf an, sehr schnell zu reagieren.

Der aktuelle Stand der Dinge in Bezug auf Fast Radio Bursts lässt sich mehr oder weniger mit der Anfangszeit der Gammablitz-Astronomie vergleichen. In den meisten Fällen ist die Entfernung eines FRB nicht genau genug bekannt, um etwas Stichhaltiges über seinen wahren Energie-Output sagen zu können. Und da keine Counterpart-Observationen in anderen Wellenlängenbereichen zur Verfügung stehen, ist es schwierig, sinnvolle Follow-up-Untersuchungen in die Wege zu leiten. Und so ist es kein Wunder, dass der holländische Astronom, der eine maßgebliche Rolle dabei spielte, den Entfernungsbereich von Gammablitzen zu bestimmen, auch sehr daran interessiert ist, das Rätsel der FRBs zu lösen. Zwischen 2006 und Anfang 2017 leitete Paul Groot den Fachbereich Astrophysik der Radboud Universiteit in Nijmegen. Zusammen mit seinen Kollegen in Südafrika und Großbritannien hofft er, dass ihr MeerLICHT-Projekt den Durchbruch bringen wird.[6]

MeerLICHT reduziert die Reaktionszeit für Counterpart-Suchen auf nahezu null. MeerLICHT ist ein relativ kleines

65-Zentimeter-Roboterteleskop, das kürzlich im Sutherland Observatory in Südafrika installiert wurde. Es ist darauf programmiert, *immer* in dieselbe Richtung zu blicken wie Meer-KAT, eines der südafrikanischen Pathfinder-Observatorien für das Square Kilometre Array, das etwa 250 Kilometer weiter nördlich liegt. Wenn das Radioteleskop zufälligerweise ein FRB observiert (oder eine andere kurzfristige Quelle), das einen optischen Counterpart hat, der hell genug ist, um sichtbar zu sein, wird das Roboterteleskop dessen Abbild automatisch erfassen. Wenn es um schnelles Reagieren geht, ist Gleichzeitigkeit nicht zu schlagen.

Man könnte denken, das sei auch eine vielversprechende Strategie, um optische Counterparts von Gravitationswellen zu entdecken. Allerdings ist es schwierig, ein optisches Teleskop immer in dieselbe Richtung blicken zu lassen wie Gravitationswellendetektoren à la LIGO oder Virgo, und zwar aus dem einfachen Grund, dass sie »omni-empfindlich« sind – sie registrieren hinreichend starke Gravitationswellen ganz unabhängig davon, aus welcher Richtung sie hier auf der Erde ankommen. Und natürlich ist es unmöglich, ständig den gesamten Himmel von empfindlichen optischen Teleskopen überwachen zu lassen; das Sichtfeld eines Teleskops ist normalerweise deutlich kleiner als die scheinbare Größe des Vollmonds. Das bedeutet, dass die Astronomen mit der schlichten Tatsache leben müssen, dass sie nicht alles gleichzeitig im Auge behalten können.

Die offensichtliche Lösung für dieses Problem ist ein Benachrichtigungssystem, wie es für LIGO und Virgo entwickelt wurde. Sobald ein plausibler Gravitationswellenkandidat registriert wurde, werden die beteiligten Astronomen über dessen Ursprungsrichtung informiert, sodass sie ihre Teleskope und Weltraumobservatorien dorthin richten können. Im Prinzip kann das alles automatisiert werden. Die Datenströme der Laserinterferometer werden ständig von Erkennungs-Algorithmen überwacht. Wenn ein Signal signifikant genug aussieht, um weitere Analysen zu rechtfertigen – wie es zum

Beispiel bei GW150914 und GW151226 der Fall war –, kann die ungefähre Position ihres Ursprungs aus den Daten errechnet werden. Diese Information wird über das Internet an alle Beobachter weitergeleitet, die eine förmliche Vereinbarung mit der LIGO-Virgo-Kooperation abgeschlossen haben. Falls diese Partner Roboterteleskope einsetzen, können die ersten Bilder von einem möglichen Counterpart schon wenige Minuten, nachdem eine Gravitationswelle festgestellt wurde, vorliegen.

Viele Astronomen haben intensiv darüber nachgedacht, welche Art von Counterpart für Gravitationswellen zu erwarten wäre und für wie lange er sichtbar bleiben würde. Um diese Fragen zu beantworten, muss zuerst geklärt werden, welcherlei kosmische Ereignisse messbare Gravitationswellen erzeugen.

Die heutigen Laserinterferometer sind empfindlich für Gravitationswellen im Frequenzbereich von etwa 10 bis 1000 Hertz. Solche Wellen werden hauptsächlich von Kollisionen und Verschmelzungen von Neutronensternen und Schwarzen Löchern erzeugt. Derartige Ereignisse sind für LIGO und Virgo über weite Entfernungen »sichtbar«. Wenn die »Advanced«-Detektoren am Ende ihre volle geplante Empfindlichkeit erreicht haben werden, wird es möglich sein, mit ihnen Neutronenstern-Verschmelzungen in Entfernungen bis zu mehreren 100 Millionen Lichtjahren zu beobachten. Für Kollisionen zwischen einem Neutronenstern und einem Schwarzen Loch beträgt die entsprechende Reichweite dank der größeren Masse des Schwarzen Lochs deutlich über eine Milliarde Lichtjahre. Die Verschmelzung von zwei Schwarzen Löchern kann sogar bis in Entfernungen von einigen Milliarden Lichtjahren beobachtet werden, wenn diese Löcher genug Masse haben.

Was würde man also bei solchen Ereignissen mit einem optischen Teleskop zu sehen erwarten, oder in den Wellenlängenbereichen von Infrarot-, Röntgen- oder Radiostrahlung? Nun, das kommt ganz darauf an. Eine »saubere« Verschmelzung von Schwarzen Löchern würde überhaupt keine elektromagnetische Strahlung erzeugen, da solche Ereignisse letztlich einfach nur »Stürme im Raumzeitgewebe« sind, um es mit den Worten von Kip Thorne zu sagen. Es fliegt nichts herum – keine Atome, keine Moleküle, überhaupt nichts –, was irgendeine Art von Strahlung abgeben könnte. Die einzige Art, wie ein Schwarzes Loch mit dem Rest des Universums kommunizieren kann, ist über Gravitationswellen.

Das ist der Grund, warum die Counterpart-Jäger ein bisschen enttäuscht waren, dass GW150914 von zwei verschmelzenden Schwarzen Löchern erzeugt wurde. Es ist durchaus denkbar, dass am Ort der kosmischen Kollision etwas Materie in Form von interstellarem Gas und Staub vorhanden war, doch in Anbetracht der enormen gravitationsbedingten Anziehungskraft der beiden Schwarzen Löcher dürfte es vermutlich nicht viel gewesen sein. Und ohne Materie, die sich hätte erhitzen oder in Schockwellen hätte versetzt werden können, ist es sehr unwahrscheinlich, dass das Ereignis irgendwelche messbare elektromagnetische Strahlung erzeugt hätte. (Was viele Astronomen allerdings nicht davon abhielt, trotzdem nach Counterparts zu suchen.)

Wenn jedoch Neutronensterne verschmelzen oder ein Neutronenstern und ein Schwarzes Loch kollidieren, sieht die Sache ganz anders aus. Ein Neutronenstern enthält mindestens 1,4 Sonnenmassen an gewöhnlichen Kernteilchen. Wenn zwei Neutronensterne kollidieren, wird das Endergebnis natürlich sehr wahrscheinlich ein Schwarzes Loch sein. Und wenn ein Neutronenstern in ein Schwarzes Loch kracht, wird der Großteil seiner Masse endgültig verschwinden. Aber in beiden Fällen kann es gut sein, dass eine größere Menge Materie auf extrem hohe Temperaturen erhitzt wird und mit einem beträchtlichen Teil der Lichtgeschwindigkeit in den Weltraum hinausgeschleudert wird. Wenn eine solche Explosionswelle auf die umgebende interstellare Materie trifft, so wenig substanziell sie auch sein mag, werden gewaltige Schockwellen elektromagnetische Strahlung in einem breiten

Wellenlängenbereich erzeugen. Alles in allem ist zu erwarten, dass jede Kollision, an der zumindest ein Neutronenstern beteiligt ist, ein spektakuläres kosmisches Feuerwerk produzieren wird.

An dieser Stelle kommt der Zusammenhang zwischen Gravitationswellen und Gammablitzen ins Spiel. Schon gegen Anfang der 1990er-Jahre waren manche Astrophysiker der Meinung, dass Gammablitze möglicherweise von Neutronenstern-Verschmelzungen in fernen Galaxien erzeugt werden. Das war lange bevor der Entfernungsbereich von Explosionsereignissen bestimmt worden war. Heute bezweifelt kaum noch jemand, dass zumindest ein großer Teil der beobachteten Gammablitze auf Neutronenstern-Verschmelzungen zurückzuführen ist.

Dazu muss man wissen, dass Gammablitze in zwei Gruppen eingeteilt werden können, die jeweils eine andere Population von kosmischen Phänomenen darstellen. Kurze Gammablitze sind nur einen Sekundenbruchteil lang, während lange Gammablitze mehrere Sekunden bis zu ein paar Minuten andauern können. Die langen Ausbrüche sind wahrscheinlich auf extrem gewaltige Supernova-Explosionen – sogenannte Hypernovae – zurückzuführen, zu denen es kommen kann, wenn ein sehr massereicher und sehr schnell rotierender Stern am Ende seines kurzen Lebens zu einem Schwarzen Loch kollabiert. Für kurze Gammablitze sind verschiedene Erklärungen vorgeschlagen worden, aber die Neutronenstern-Verschmelzung ist das bei Weitem beliebteste Modell.

Wir wollen uns hier auf die kurzen Gammablitze konzentrieren. Bei manchen von ihnen wurde ein schwaches Nachglühen mit Wellenlängen im Röntgen- sowie im sichtbaren Bereich festgestellt. Solch ein Nachglühen hält wesentlich länger an als der ursprüngliche Gammastrahlenausbruch – in manchen Fällen sogar über einen Tag lang. Naiverweise könnten Sie jetzt denken, wir wüssten genau, was von Gravitationswellen-Counterpart-Suchen zu erwarten wäre. Immerhin kann es ja gut sein, dass wir von genau dem gleichen physischen

Phänomen sprechen, nämlich Neutronenstern-Verschmelzungen. Wenn ein Gravitationswellenausbruch auch von einer Neutronenstern-Verschmelzung erzeugt werden kann, wäre dann nicht auch ein fast gleichzeitiger Blitz von energiereicher Gammastrahlung zu erwarten, auf den manchmal ein schwaches Nachglühen folgt?

Leider ist die Sache nicht ganz so einfach, und zwar aus dem Grund, dass Gammastrahlenausbrüche stark gebündelt sind. Ihre unglaubliche Menge an blitzschnell freigesetzter Energie wird hauptsächlich in zwei entgegengesetzte Richtungen emittiert. Bei einer Hypernova (langer Ausbruch) erfolgt die Bündelung entlang der Rotationsachse des kollabierenden Sterns. Bei einer Neutronenstern-Kollision (kurzer Ausbruch) scheint sie senkrecht zur Umlaufebene der verschmelzenden Sterne zu erfolgen. Anscheinend ist dies die Richtung, in die der Großteil der Materie mit unvorstellbar hohen Geschwindigkeiten – sehr nahe der Lichtgeschwindigkeit – aus dem System herausgeschleudert wird.

Falls wir zufällig direkt in einen dieser beiden Strahlen blicken, bekommen wir die gigantische Explosion als Gammablitz zu sehen. Wenn wir ihn aber von der Seite sehen, bekommen wir überhaupt keinen Gammablitz zu sehen und kaum ein Nachglühen. Mit anderen Worten: Viele Neutronenstern-Verschmelzungen werden wir nicht als Gammablitz zu sehen bekommen, und die tatsächliche Zahl der Neutronenstern-Verschmelzungen im Universum ist wesentlich höher als die Anzahl der kurzen Gammablitze, die von Astronomen festgestellt werden.

Dagegen werden Gravitationswellen in alle Richtungen emittiert (wenn auch nicht unbedingt genau gleich stark). Selbst wenn eine Neutronenstern-Verschmelzung aufgrund ihrer Orientierung im Raum nicht als kurzer Gammablitz zu sehen ist, kann sie dennoch als Ursprung von Gravitationswellen observierbar sein. Die Sache hat allerdings einen Haken: Solche Wellen sind schwach und schwer festzustellen. Daher können wir nur erwarten, sie beobachten zu können, wenn sie von einer Neutronenstern-Verschmelzung innerhalb von wenigen 100 Millionen Lichtjahren stammen.

Das heißt, dass es durchaus einen Zusammenhang geben mag zwischen den Quellen von Gravitationswellen und Gammablitzen, doch er ist kompliziert. Tatsächlich ähnelt er ein bisschen der Beziehung zwischen Neutronensternen und Pulsaren. Rapide rotierende, stark magnetisierte Neutronensterne erzeugen einen rotierenden »Leuchtturm«-Strahl aus Radiowellen, wie wir in Kapitel 6 gesehen haben. Wenn dieser Strahl zufälligerweise günstig orientiert ist, können wir einen solchen Neutronenstern als Pulsar beobachten, selbst wenn er Zehntausende von Lichtjahren entfernt ist. Die tatsächliche Zahl von Neutronensternen ist natürlich viel größer als die Anzahl der Pulsare, die wir beobachten können. Doch die isotropische Emission von Neutronensternen – die Strahlung, die sie in alle Richtungen emittieren – ist sehr schwach. Das ist der Grund, warum ein Neutronenstern, der *nicht* als Pulsar sichtbar ist, nur observiert werden kann, wenn er nicht allzu weit entfernt ist – vielleicht ein paar Hundert Lichtjahre oder so.

Jetzt kommen wir voran. LIGO und Virgo werden die Gravitationswellen von zwei verschmelzenden Neutronensternen nur feststellen können, wenn die Katastrophe im Umkreis von wenigen Hundert Millionen Lichtjahren stattfindet. Wenn eine solche Kollision stark gebündelte Strahlung produziert, gibt es zwei Möglichkeiten: Entweder zeigt einer der Strahlen in unsere Richtung (niedrige Wahrscheinlichkeit), oder beide Strahlen verfehlen die Erde (wesentlich höhere Wahrscheinlichkeit). Im ersten Fall ist zu erwarten, dass wir einen enorm hellen, kurzen Gammablitz mit einem ziemlich auffälligen Nachglühen in vielen verschiedenen Wellenlängenbereichen sehen werden. Ein solches Ereignis wird mit Sicherheit von den in einer Erdumlaufbahn stationierten Gammastrahlenobservatorien registriert werden. Im zweiten Fall müssen wir hingegen wissen, welche Art von isotropischer Strahlung die Verschmelzung wahrscheinlich produzieren wird.

Manche Theoretiker glauben, die Antwort auf diese Frage zu kennen. Die Materie, die unmittelbar nach einer Kollision in den Raum geschleudert wird, ist extrem heiß. Außerdem hat sie nicht mehr eine so unglaublich hohe Dichte wie noch in der Phase als Neutronenstern. Plötzlich können wieder nukleare Reaktionen stattfinden – und das tun sie auch. Zerfallende Klumpen von dicht gepackten Neutronen fliegen durch die Gegend. Einzelne Neutronen zerfallen zu Protonen – positiv geladenen Kernteilchen. Aus Protonen und Neutronen bilden sich massive Klumpen von Kernmaterial, das sofort zu kleineren, stabileren Kernen zerfällt. Radioaktive Elemente zerfallen rapide und produzieren dabei eine Menge Strahlung, zumeist in den roten und infraroten Wellenlängen. Was übrig bleibt, ist eine expandierende und langsam abkühlende Wolke von schweren Elementen, darunter auch so kostbare Stoffe wie Gold und Platin.

Nach Berechnungen von Edo Berger vom Harvard-Smithsonian Center for Astrophysics in Cambridge, Massachusetts, kann es gut sein, dass bei der Kollision von zwei Neutronensternen nicht weniger als zehn Mondmassen an reinem Gold entstehen. Tatsächlich wurde der gesamte kosmische Bestand dieses Edelmetalls – auch das Gold in Ihrem Ehering, Armband oder Ihrer Armbanduhr – vermutlich bei Neutronenstern-Kollisionen erzeugt.

Die geschätzte Energiemenge, die in dem nuklearen Hexenkessel nach einer solchen Kollision emittiert wird, ist kleiner als die bei einer klassischen Supernova-Explosion freigesetzte Energie. Allerdings ist sie etwa tausendmal *größer* als das, was bei einer normalen Nova (einer thermonuklearen Explosion auf der Oberfläche eines Weißen Zwergsterns) erzeugt wird. Aus diesem Grund wird ein solches Ereignis häufig als »Kilonova« bezeichnet; ein anderer beliebter Name dafür lautet aus offensichtlichen Gründen »bling nova« (Glitzer-Nova).

Im Sommer 2013 waren Nial Tanvir von der University of Leicester in Großbritannien und seine Kollegen die Ersten, die

die bereits erwartete Kilonova-Emission eines kurzen Gammablitzes observierten.[7] Dieser Gammablitz war am 3. Juni in einer fast vier Milliarden Lichtjahre entfernten Galaxie beobachtet worden. Mithilfe des Hubble-Weltraumteleskops observierte Tanvirs Team am 12. Juni den verblassenden Feuerball. Diese Entdeckung wird allgemein als sicherer Beweis dafür angesehen, dass ein kurzer Gammablitz in der Tat ein Ergebnis einer Neutronenstern-Verschmelzung ist. Und da die Kilonova-Strahlung in alle Richtungen emittiert wird, ist sie auch die Art von elektromagnetischem Counterpart, die von einer Neutronenstern-Verschmelzung zu erwarten wäre, die *nicht* als Gammablitz sichtbar ist.

Also wissen wir jetzt, was zu erwarten ist, nachdem Gravitationswellen registriert wurden: Wenn die Raumzeitkräuselungen von verschmelzenden Schwarzen Löchern produziert wurden, wird es wahrscheinlich überhaupt keine elektromagnetische Strahlung geben. Ist jedoch mindestens ein Neutronenstern an der Kollision beteiligt, ist zuerst ein kurzer Ausbruch von energiereichem, bläulichem Licht zu erwarten, dem dann ein langsam schwindendes Glühen in den roten und infraroten Wellenlängenbereichen folgt. In einem späteren Stadium kann auch das expandierende Material beginnen, Radiowellen zu emittieren. Dies ist natürlich nur der aktuelle Stand der theoretischen Weisheit; das Universum könnte noch eine ganze Menge Überraschungen für uns bereithalten.

Eine weitere wichtige Information, die die Entdeckung eines Counterparts mit sich bringen wird, ist die Entfernung zum Ursprung der Gravitationswellen. Sowohl für GW150914 als auch GW151226 sind die vorliegenden Entfernungsschätzungen ziemlich unsicher; sie basieren ausschließlich auf der gemessenen Amplitude der Wellen und auf theoretischen Modellen. Wenn jedoch ein Counterpart in einer fernen Galaxie entdeckt würde, wäre es leicht, die Entfernung zu dieser Galaxie zu bestimmen; dafür müsste man nur die Rotverschiebung der Galaxie messen, wie in Kapitel 9 beschrieben. Und wenn man die Entfernung kennt, lässt sich daraus die Energetik der

Kollision ableiten, einschließlich der Energetik der Gravitationswellen. Das wäre ein schöner Weg, um die vorliegenden Modelle zu testen und zu verbessern.

Alles in allem ist es vielversprechend, nach elektromagnetischen Counterparts zu suchen und Follow-up-Observationen durchzuführen. Auf vielen Teilgebieten der Astronomie besteht großes Interesse daran. Dutzende von Teams haben sich um eine Kooperationsvereinbarung mit LIGO und Virgo beworben, um so schnell wie möglich benachrichtigt zu werden, sobald ein neues Gravitationswellensignal registriert wurde. Insgesamt decken diese Suchen das gesamte elektromagnetische Spektrum ab, von den längsten Radiowellen bis hin zu den kürzesten Gammastrahlen. Außerdem werden dabei sehr unterschiedliche Instrumente eingesetzt, von kleinen automatisierten Kameras über die größten optischen Teleskope und Radioschüsseln bis hin zu Satelliten in einer Erdumlaufbahn. Wir können sicher sein, dass die Welt gespannt zusehen wird, sobald die Interferometer-Spiegel wieder zu wackeln beginnen.

Ich habe in diesem Kapitel erklärt, warum schnelle Follow-up-Observationen nach Gravitationswellensignalen wichtig sind und welche Art von Counterparts wir erwarten können. Ein großes Problem bleibt allerdings: Die Suchgebiete sind, wie schon erwähnt, viel zu groß. Zumindest war das während des ersten Observationslaufs des Advanced LIGO der Fall. Die einzige Methode, die Ursprungsrichtung einer Gravitationswelle zu ermitteln, besteht darin, ihre Ankunftszeiten an verschiedenen Detektoren genau zu messen. Wenn jedoch nur zwei Detektoren zur Verfügung stehen, ist es generell nicht möglich, die Antwort zu finden. Es ist ganz einfach zu verstehen, warum das so ist.

Die beiden LIGO-Detektoren in Livingston und Hanford sind etwa 3000 Kilometer voneinander entfernt. Stellen Sie sich eine gerade Linie vor, die diese beiden Observatorien verbindet und sich dann in den Weltraum fortsetzt, in beide

Richtungen. Nehmen wir jetzt an, die kosmische Kollision, die die Gravitationswellen erzeugt hat, habe genau auf dieser Linie stattgefunden. In diesem Fall würden die Wellen 0,01 Sekunden brauchen, um vom ersten zum zweiten Detektor zu reisen (Sie erinnern sich vielleicht, dass Gravitationswellen sich mit Lichtgeschwindigkeit ausbreiten). Wenn also das Signal in Hanford 0,01 Sekunden früher ankommt als in Livingston, wissen wir, dass das Ereignis auf der Hanford-Seite der Linie stattgefunden hat. Falls die Messung in Hanford 0,01 Sekunden später stattfand, kamen die Wellen aus der entgegengesetzten Richtung.

Natürlich ist es extrem unwahrscheinlich, dass das Ereignis genau auf dieser Linie stattfindet. In den meisten Fällen wird der Zeitunterschied geringer sein als 0,01 Sekunden, da die Wellen in einem bestimmten Winkel zur Verbindungslinie zwischen den beiden Observatorien eintreffen werden. (Falls sie senkrecht zur Verbindungslinie eintreffen, wird es überhaupt keinen Zeitunterschied geben – die beiden Detektoren werden das Signal gleichzeitig registrieren.) Aber in diesem Fall kann man nicht wissen, aus welcher Richtung die Wellen kamen; dann kann man nur einen Kreis auf den Himmel zeichnen und schließen, dass die Kollision irgendwo auf dieser Kreislinie stattgefunden haben muss. Je kürzer der Zeitunterschied ist, desto größer wird dieser Kreis sein.

Zwar können vielleicht einige andere Eigenschaften der Messung Aufschluss darüber geben, warum der eine Abschnitt des Kreisbogens den Ursprung der Wellen mit größerer Wahrscheinlichkeit enthalten wird als ein anderer. Aber trotzdem wird man letztlich vor einem riesigen bananenförmigen Segment des Himmels sitzen, in dem die Verschmelzung stattgefunden haben könnte. Um schnell einen Counterpart finden zu können, muss man einen riesigen Teil des Himmelsgewölbes absuchen. Ein so großer Streifen des Himmels wird jedoch wahrscheinlich viele Dutzend verdächtige Objekte enthalten: Kleine Lichtpünktchen, die einen Monat vorher noch nicht da waren und die in den nächsten Tagen wieder verschwinden werden. Für jeden von ihnen müsste sichergestellt werden, dass es sich nicht um eine andere Art von flüchtigem Ereignis handelt, etwa eine weit entfernte Supernova, einen Ausbruch auf einem Stern, was auch immer. Letztlich wird man wohl nie ganz sicher sein können, wirklich den Ursprung der gemessenen Gravitationswellen gefunden zu haben.

Seit der offiziellen Einweihung des Advanced Virgo am 20. Februar 2017 ist die Lage natürlich schon viel besser. Wenn drei Detektoren dasselbe Gravitationswellensignal registrieren, gibt es auch drei Paare von ihnen: Livingston-Hanford, Livingston-Virgo und Hanford-Virgo. Drei Paare bedeuten drei verschiedene Wege, die gleiche Analyse durchzuführen, sodass man am Ende drei Kreise (oder bananenförmige Segmente) am Himmel hat, die sich in einer relativ kleinen Region überlappen werden, wo man dann mit der Jagd nach Counterparts beginnen sollte. Tatsächlich wäre ich nicht sonderlich überrascht, falls der erste Gravitationswellen-Counterpart schon gefunden und analysiert sein wird, wenn dieses Buch auf den Markt kommt – obwohl es, während ich dies schreibe, am Advanced Virgo immer noch Probleme mit den Quarzglasfaser-Aufhängungen der Spiegel gibt. (Mittlerweile hat am 30. November 2016 Advanced LIGOs zweiter Observierungslauf begonnen; bis April 2017 wurden drei »event candidates« registriert.)

In wenigen Jahren wird in Japan ein viertes Laserinterferometer in Betrieb gehen. Über kurz oder lang wird in Indien Nummer 5 gebaut werden (mehr über diese beiden in Kapitel 16). Sie können sich vorstellen, dass mehr Detektoren eine noch präzisere Lokalisation ermöglichen. Bei all diesen rapiden Entwicklungen ist zu erwarten, dass Follow-up-Untersuchungen der Quellen von Gravitationswellen bald zu einem reifen und vielversprechenden Gebiet der Astrophysik heranwachsen werden.

Es wird nicht nur mit erdgebundenen optischen und Radioteleskopen nach elektromagnetischen Counterparts gesucht werden. Tatsächlich könnte das erste Instrument, das einen Erfolg verbucht, ein Weltraumobservatorium sein, denn immerhin können die energiereichsten Arten elektromagnetischer Strahlung, nämlich Gamma- und Röntgenstrahlung, überhaupt nicht vom Boden aus observiert werden. Etliche Teams von Gamma- und Röntgenastronomen haben auch Vereinbarungen mit der LIGO-Virgo-Kooperation; sie stehen bereit, ihre Weltraumteleskope in jede Richtung zu drehen, die ihnen die Interferometer vorgeben.

So ist zum Beispiel der Swift-Satellit der NASA, der im November 2004 gestartet wurde, schon seit geraumer Zeit in die Suche eingebunden.[8] Swift wurde entwickelt, um Gammablitze zu registrieren und zu erforschen. Der Satellit ist mit einem Gammastrahlendetektor, einem Röntgenteleskop und einem optischen Teleskop für ultraviolettes und sichtbares Licht ausgerüstet. Swift kann völlig eigenständig neue Gammablitze registrieren, ihre Position am Himmelsgewölbe bestimmen und nach optischen Counterparts suchen. Nach Angaben des Forschungsleiters Neil Gehrels vom Goddard Space Flight Center der NASA in Greenbelt, Maryland, hat die erfolgreiche Mission auch die Möglichkeit eröffnet, sehr schnell nach Gravitationswellen-Counterparts in den Röntgen-, UV- und optischen Wellenlängenbereichen zu suchen. Schon jetzt hat Swift für eine Reihe von LIGO/Virgo-Auslöseereignissen Follow-up-Observationen durchgeführt. Swift hat sich sogar ein paar Tage mit dem Big-Dog-Event beschäftigt, der ärgerlichen Blind Injection im September 2010, die in Kapitel 11 beschrieben wurde.

Ein anderes Instrument der NASA, das Gammastrahlen-Weltraumteleskop Fermi, könnte laut Gehrels ebenfalls eine entscheidende Rolle spielen.[9] Fermi wurde im Juni 2008 in eine Erdumlaufbahn gebracht. Seine Weitwinkel-Gammastrahlendetektoren decken ungefähr den halben Himmel ab. Wenn ein Gravitationswellensignal von einem energiereichen Gammablitz begleitet wird, besteht also eine Wahrscheinlichkeit von etwa 50 Prozent, dass Fermi ihn sehen wird. In einem solchen Fall kann Swift für das von Fermi festgestellte Ereignis eine Follow-up-Untersuchung durchführen, um dessen Position genauer zu bestimmen. Innerhalb weniger Minuten können dann erdgebundene optische Teleskope beginnen, ein wesentlich kleineres Gebiet abzusuchen, als es allein aufgrund der von LIGO und Virgo gelieferten Daten möglich wäre. (Leider wird Neil Gehrels die Ergebnisse einer solchen Suche nicht mehr miterleben können – er verstarb Anfang 2017 im Alter von 64 Jahren.)

Und was ist mit den Instrumenten hier unten auf der Erde? Nun, einige große Teleskope sind mit Weitfeldkameras ausgerüstet, mit denen sie regelmäßig den Himmel kartieren. Dem VLT Survey Telescope in Paranal mit seiner 268-Megapixel-Kamera sind wir schon begegnet; eine andere ist die 520-Megapixel-Kamera, mit der das Vier-Meter-Teleskop Blanco im Cerro Tololo Inter-American Observatory in Chile ausgerüstet ist. Und dann sind da noch die zwei Pan-STARRS-Kameras (Panoramic Survey Telescope and Rapid Response System) mit jeweils 1,4-Gigapixeln, die an 1,8-Meter-Teleskopen im Haleakala Observatory auf der Insel Maui im Hawaii-Archipel montiert sind.[10] Allerdings sind diese großen Instrumente nicht wirklich auf schnelle Follow-up-Untersuchungen von flüchtigen Ereignissen ausgelegt; dafür sind kleinere Teleskope wesentlich besser geeignet. Eines dieser kleineren Instrumente befindet sich in einer berühmten Forschungseinrichtung im Süden von Kalifornien – im Palomar Observatory.[11]

Am nordöstlich von San Diego gelegenen Palomar Mountain ist das relativ kleine Samuel Oschin Telescope leicht zu verfehlen. Touristen, die zum Observatorium hinauffahren, werden typischerweise die riesige Kuppel des 5,1-Meter-Hale-Teleskops bewundern, sich den gigantischen Reflektor von der Besuchergalerie aus ansehen, im Gift Shop ein Souvenir kaufen und dann zu ihrem Auto zurückkehren. Das ist auch alles schön und gut – das Hale Telescope (das nach dem Astrophysiker George Ellery Hale benannt wurde) ist ein wirklich beeindruckendes Instrument. Es wurde 1948 fertiggestellt und war mehr als 25 Jahre das größte Teleskop der Welt. Als ich Anfang der 1970er-Jahre als Teenager meine »Karriere« als Amateurastronom begann, war für mich das Hale Telescope das, was heute das Hubble-Weltraumteleskop für eine jüngere Generation ist. Es stellt sich ein Gefühl der Ehrfurcht ein, wenn man die Gelegenheit hat, dieses majestätische Instrument von unten und von der Seite aus zu bewundern.

Das wesentlich kleinere Samuel Oschin Telescope ist eine kurze Autofahrt von der Kuppel des großen Instruments entfernt. Sein Primärspiegel hat einen Durchmesser von nur 1,20 Metern. Es ist auch als das »Palomar Schmidt« bekannt (aufgrund seiner optischen Konstruktion) und hat ein enormes Sichtfeld, mehr als das Zwölffache des Vollmonds. Dieses Teleskop wurde in den 1950er-Jahren eingesetzt, um die berühmte Palomar Observatory Sky Survey (POSS-I) anzufertigen, einen großen Fotoatlas des nördlichen Himmels.

Heute würden frühere Palomar-Astronomen wie Edwin Hubble (nach dem das Weltraumteleskop benannt wurde) das Instrument kaum wiedererkennen. Ein riesiger Verschluss, so groß wie eine Tischtennisplatte, ist oben auf dem Teleskop montiert. Dessen Außenwand wurde aufgeschnitten, um Platz zu schaffen für eine große, tiefgekühlte CCD-Kamera und zusätzliche Optiken. Alles ist voller Kabel und Elektronik. Außerdem ist das Teleskop mittlerweile komplett automatisiert – nachts, wenn es den Himmel abscannt, ist kein Mensch mehr vor Ort. Willkommen in der Zwicky Transient Facility (ZTF), einem der schnellsten »sky mappers« auf unserem Planeten.

Der ZTF-Projektwissenschaftler Eric Bellm vom Caltech in Pasadena hat mir gesagt, das Instrument könne ungefähr alle anderthalb Minuten eine 30-Sekunden-Belichtung machen.[12] Dank der empfindlichen Elektronik zeigt jedes Bild beinahe die gleiche Anzahl von Sternen wie die Fotoplatten aus Glas, die in den 1950er-Jahren eingesetzt und ungefähr eine Stunde lang belichtet wurden. Im Prinzip könnte das ZTF den gesamten sichtbaren Himmel in einer einzigen Nacht fotografieren, wobei es einen erstaunlichen Datenstrom von etwa 100 Megabits pro Sekunde produziert.

Die Zwicky Transient Facility wurde nach dem Astronomen Fritz Zwicky vom Caltech benannt, der auf der Suche nach Supernova-Explosionen in anderen Galaxien einige der ersten astronomischen Surveys durchgeführt hat.[13] Das ZTF hält außerdem auch Ausschau nach weit entfernten Supernovae und anderen kurzlebigen Phänomenen. Aber natürlich kann das Instrument auch auf Benachrichtigungen über Gravitationswellen reagieren. Binnen einer Minute nach Eingang einer solchen Meldung können das Teleskop und seine Kuppel in die richtige Richtung gedreht werden, um die Jagd nach optischen Counterparts zu eröffnen.

In der südlichen Hemisphäre wird einer der künftigen Konkurrenten der Zwicky Transient Facility das BlackGEM-Projekt in Chile sein. BlackGEM wird 2018 in Betrieb gehen, zunächst als ein kleines Array von drei automatisierten 65-Zentimeter-Teleskopen.[14] Wenn weitere Forschungsmittel gesichert werden können, soll dieses Array auf fünf oder gar 15 baugleiche Teleskope erweitert werden, jedes davon mit einer empfindlichen CCD-Kamera ausgestattet. BlackGEMs Forschungsleiter ist der holländische Astronom Paul Groot, der auch den ersten optischen Counterpart eines Gammablitzes gefunden hat. Eigentlich ist Groots MeerLICHT-Teleskop, das in diesem Kapitel bereits vorgestellt wurde, ein Prototyp der BlackGEM-Instrumente.

BlackGEM bringt im Vergleich zu anderen Counterpart-Suchprojekten drei Vorteile. Erstens ist es auf Follow-up-Untersuchungen für Gravitationswellenereignisse spezialisiert – sie sind das wissenschaftliche Hauptziel. (Dagegen kann die Zwicky Transient Facility höchstens auf eine Handvoll Auslöseereignisse pro Monat reagieren, weil ihre anderen Verpflichtungen ihr nicht mehr Zeit lassen.) Zweitens ist BlackGEM ziemlich flexibel, weil das Array aus mehreren Teleskopen besteht. Falls das von LIGO und Virgo spezifizierte Suchgebiet sehr länglich ist, wie es bei GW150914 und GW151226 der Fall war, kann jedes Teleskop auf nur einen Teil der »Banane« fokussiert werden. Wenn das Suchgebiet dagegen klein ist oder ein Counterpart gefunden wurde, können die Teleskope synchron observieren, was eine sehr viel bessere Empfindlichkeit ergibt.

Der Cerro La Silla in Chile, nordöstlich der Hafenstadt La Serena gelegen, ist als einer der BlackGEM-Standorte ausgewählt worden.[15] Die Atmosphäre über dem La Silla ist wesentlich ruhiger als über dem Palomar Mountain, sodass die Sichtbedingungen dort sehr viel besser sind – das ist der dritte Vorteil. In den 1960er-Jahren wurden auf dem La Silla einige der ersten Teleskope des European Southern Observatory (ESO) aufgebaut. Heute sind die meisten Aktivitäten des ESO viel weiter nach Norden verlagert worden, auf den Cerro Paranal, aber auch auf dem La Silla passiert nach wie vor eine Menge. Das Observatorium thront auf einem sattelförmigen Kamm und ist von einer sanft geschwungenen Hügellandschaft umgeben, die sich im Süden bis zum fernen Horizont erstreckt. Es ist eine sehr ruhige Gegend, in der man nur ab und zu wild lebende Esel und Atacama-Füchse zu sehen bekommt. An einem klaren Tag (also meistens) sind die ungefähr 25 Kilometer entfernten Kuppeln des Las Campanas Observatory der Carnegie Institution for Sciences gut zu sehen.

So viele abgelegene Berggipfel, so viele Observatorien, so viele hochempfindliche Instrumente und so viele passionierte Astronomen, die die Rätsel des Universums lösen wollen. Welches Observatorium wird zum ersten Mal einen optischen Counterpart für eine gemessene Gravitationswelle finden, die Zwicky Transient Facility am Palomar Mountain oder das BlackGEM auf dem Cerro La Silla? Oder werden Follow-up-Untersuchungen nach kosmischen Kollisionen von Radioobservationen, Röntgen- oder Gammastrahlenmessungen angestoßen werden? Die Radioastronomen, die am Square Kilometre Array oder seinen diversen Pathfinder-Teleskopen

Das BlackGEM-Teleskop-Array wird aus mehreren 65-Zentimeter-Roboterteleskopen bestehen. Sobald ein Laserinterferometer wie LIGO oder Virgo ein neues Gravitationswellensignal registriert, wird BlackGEM beginnen, den Himmel auf eventuelle optische Counterparts abzuscannen.

arbeiten, diskutieren bereits die beste Reaktionsstrategie. Die Röntgenastronomen hoffen, eines Tages einen Monitor für den gesamten Himmel realisieren zu können, der auf der Internationalen Raumstation installiert werden kann. Die bereits vorhandenen Observatorien, sowohl auf dem Boden als auch im Weltraum, versuchen allesamt, ein Stück vom Kuchen abzubekommen. Regelmäßig werden neue Projekte in Angriff genommen. Ein Erfolg steht kurz bevor – er ist nur eine Frage der Zeit.

Letzten Endes könnte sogar der Traum, alles gleichzeitig zu beobachten, wahr werden. Das geplante 8,4 Meter große Large Synoptic Survey Telescope (LSST) soll den sichtbaren Himmel dreimal pro Woche mit der unglaublichen Empfindlichkeit einer 3-Gigapixel-Kamera erfassen.[16] Das LSST wird zurzeit auf dem Cerro Pachón gebaut, einem weiteren Gipfel mit Observatorium in Nordchile. Es wird Zehntausende von kurzlebigen Ereignissen wie Supernovae, Flare-Sterne und vorbeiziehende Asteroiden entdecken; es wird die Positionen und Formen von Milliarden Galaxien erfassen, um die Struktur und Entwicklung des Universums insgesamt erforschen zu können.

Derweil fotografiert das futuristische Evryscope auf dem Cerro Tololo, ein bisschen nördlich vom Cerro Pachón gelegen, schon jetzt alle zwei Minuten ein Viertel des gesamten Himmels.[17] Das von Nicholas Law von der University of North Carolina in Chapel Hill geleitete Observatorium ist eine Konstellation von 27 automatisierten Teleskopen in Amateurgröße, die zusammen wie ein riesiges astronomisches Weitwinkelobjektiv funktionieren. Es liegt auf der Hand, dass das Evryscope wegen seiner geringen optischen Blende nicht so tief in den Raum sehen kann wie das LSST – es kann sehr matte oder extrem feine Details nicht sehen. Aber wenn man weitere Evryscopes rund um den Globus aufbauen würde, könnte man kontinuierlich das gesamte Himmelsgewölbe überwachen.

Das ist die Zukunft der Astronomie: *Jede* nur denkbare Art der Observation, *alle* Teile des Himmels, die *ganze* Zeit. Photonen sämtlicher nur möglichen Wellenlängen, von den energiereichsten Gammastrahlen bis hin zu den niederfrequentesten Radiowellen. Subatomare Teilchen aus dem Weltraum, etwa kosmische Strahlen und Neutrinos. Winzige Kräusel im Gewebe der Raumzeit. In ihrer Gesamtheit stellen all diese Botschaften eine unerschöpfliche Schatztruhe dar, vollgepackt mit Informationen, die uns immer mehr erzählen über das wunderbare Universum, in dem wir leben.

LIGOs bahnbrechender Nachweis von Gravitationswellen markierte die eigentliche Geburtsstunde der Multi-Messenger-Astronomie.

15 Weltraumeroberer

Das Drei-Gänge-Menü war köstlich, aber der Empfang miserabel.

Ich meine den Mobilfunk-Empfang. Ich war als Mitglied einer international zusammengesetzten Gruppe von Journalisten von der European Space Agency (ESA) eingeladen worden, im Centre Spatial Guyanais in Kourou, Französisch-Guayana, am Start der Weltraumsonde LISA Pathfinder[1] teilzunehmen.[2] Am Tag vor dem Start genossen wir einen vorzüglichen Lunch in dem Restaurant Carbet des Maripas, am Flussufer des Kourou mitten im Dschungel gelegen. Einige Mitglieder unserer Gruppe machten sogar einen kurzen Ausflug in einer der dort üblichen bunten Pirogen. Es herrschte eine gelöste Urlaubsstimmung; niemand hatte das Bedürfnis, mit dem Rest der Welt in Verbindung zu bleiben.

Bis Gaele Winters, der Startdirektor der ESA, zwischen zweitem und drittem Gang eine Ankündigung machte. Er teilte mit, dass aufgrund eines technischen Problems mit einem Temperatursensor in der oberen Stufe der Rakete der Start nicht wie geplant in den frühen Morgenstunden des 2. Dezember 2015 würde stattfinden können. Daraufhin wollten natürlich alle anwesenden Journalisten ihre Redaktionen anrufen, Blog- und Facebook-Einträge schreiben oder Tweets absetzen; aber im Carbet des Maripas gab es weder WLAN noch Mobilfunkempfang.

Zum Glück fand jemand heraus, dass es weiter unten am Fluss ein schwaches Mobilfunksignal gab – zwar nur ein Balken, aber für die meisten Zwecke reichte das. Da standen wir also alle, zusammengedrängt auf einem kleinen hölzernen

Bootssteg, und hielten unsere Smartphones hoch in die Luft – es muss ein ziemlich amüsanter Anblick gewesen sein.

Das Problem mit dem Temperatursensor war schnell gelöst, und der Start verzögerte sich nur um einen Tag, auf 1:04 Uhr Ortszeit am 3. Dezember. Als die Raumsonde hoch oben auf der kleinen europäischen Vega-Trägerrakete in den Nachthimmel donnerte, ließen die glühenden Abgase die Wolkendecke in changierenden Orangetönen aufleuchten. Innerhalb von wenigen Minuten war sie verschwunden. Es war ein Bilderbuchstart mit Flammen, Rauch und donnerndem Getöse, das volle Programm. In der Kontrollzentrale jubelten die Leute und fielen sich gegenseitig um den Hals. Einige von ihnen hatten schon seit über 15 Jahren an diesem Projekt gearbeitet. Es floss Champagner, und auch ein paar Tränen der Rührung wurden vergossen.

Nur drei Monate zuvor hatte ich LISA Pathfinder ganz aus der Nähe und ganz persönlich kennengelernt, und zwar in einem Reinraum der Industrieanlagen-Betriebsgesellschaft in Ottobrunn südlich von München, wo sie getestet wurde.[3] Die Adresse: Einsteinstraße 20 – wie passend für eine Mission, um Technologien zu testen, mit denen Gravitationswellen im Weltraum gemessen werden sollen. Die Raumsonde war ungefähr so groß wie eine Badewanne, mit goldglänzender Isolationsfolie umhüllt und bereits auf dem Antriebsmodul montiert. Neben ihr stand schon die riesige Kiste bereit, in der sie dann nach Französisch-Guayana transportiert werden sollte.

Ich wusste, dass sich tief im Innern der LISA Pathfinder zwei massive, hochglanzpolierte Würfel aus Gold und Platin befanden, etwa so groß wie ein kleiner Briefbeschwerer, die sich einige Wochen nach dem Start in einem ungestörten freien Fall befinden sollen. Zum technologischen Innenleben der Sonde gehörte auch ein Mini-Interferometer, komplett mit Lasern, Spiegeln und Fotodetektoren. Ich konnte mir kaum vorstellen, wie die empfindlichen Geräte den Lkw-Transport nach Großbritannien (für letzte Vorbereitungen), den Flug nach Kourou mit einem Antonow-Transportflugzeug, den brutalen Raketenstart in den Weltraum und dann die Reise an ihre operative Position auf einer Umlaufbahn um die Sonne würde überstehen können.

»Dies ist unser erster Versuch, im Weltraum Gravitationswellen zu beobachten«, erzählt mir Paul McNamara, Projektwissenschaftler am European Space Research and Technology Center (ESTEC) der ESA in Noordwijk, Niederlande.[4] »LISA Pathfinder öffnet die Tür zur Zukunft.« Drei Monate später, beim Raketenstart in Kourou, schüttelt Alvaro Giménez, der wissenschaftliche Direktor der ESA, noch ein paar klangvolle Zitate aus dem Ärmel: »neue Wege aufzeigen«, »unerforschtes Neuland«, »ein neues Kapitel der Wissenschaft«, und hier mein Favorit: »Ich glaube, Einstein wäre zufrieden.« Ich würde eher vermuten, dass Einstein völlig aus dem Häuschen wäre.

Was hat es also mit LISA Pathfinder auf sich? Nun, eigentlich sagt der Name ja schon alles: Es handelt sich um eine Pfadfinder-Mission für die Laser Interferometer Space Antenna, eine geplante Gravitationswellenantenne im Weltraum. LISA wird eine gigantische, weltraumbasierte Version des LIGO. Mithilfe von Spiegeln und Teleskopen wird sie Laserstrahlen zwischen drei Raumsonden hin- und herschicken, die in einer dreieckigen Formation in Abständen von mehreren Millionen Kilometern im Raum schweben. Hochempfindliche Interferometer werden winzige, von vorbeiziehenden niederfrequenten Gravitationswellen verursachte Veränderungen in den Entfernungen zwischen den würfelförmigen »Testmassen« an Bord der drei Raumsonden messen.

Niemand hat Erfahrungen mit dem Messen von Gravitationswellen im Weltraum. Wollte man LISA bauen und in den Weltraum schießen, ohne vorher die benötigten Technologien auszutesten, wäre das ein gewaltiger Sprung – ungefähr so, als würde man den Flugpionieren Orville und Wilbur Wright sagen, sie sollten ihren Wright Flyer vergessen und stattdessen gleich eine Boeing 747 bauen. In gewisser Hinsicht ist LISA

Pathfinder der Wright Flyer der weltraumbasierten Gravitationswellenastronomie.

Bei einem erdgebundenen Detektor fungieren die Spiegel an den Enden der Interferometer-Arme als Testmassen. Sie bewegen sich ein wenig aufeinander zu und dann wieder voneinander fort, wenn eine Gravitationswelle vorbeizieht. Wie wir gesehen haben, sind diese Veränderungen ihres Abstands extrem winzig – wesentlich kleiner als der Durchmesser eines Protons. Das ist der Grund, warum die Spiegel von allen nur denkbaren, möglicherweise in der Umgebung erzeugten hochfrequenten Vibrationen abgeschirmt werden müssen. Tatsächlich ist dies die größte Herausforderung beim Betreiben von Laserinterferometern wie LIGO und Virgo.

Im Weltraum gibt es keine vorbeifahrenden Lkws und knallenden Türen, er ist eine wesentlich ruhigere Umgebung. Aber dennoch sind selbst dort noch zahlreiche unerwünschte Einflüsse im Spiel. Jeder Satellit wird von solarer Strahlung beschossen – das Licht der Sonne übt einen sehr geringen, aber messbaren Druck auf jede Oberfläche aus, auf die es trifft. In unregelmäßigen Abständen fliegen Mikro-Meteoriten heran, aus sämtlichen Richtungen. Das gilt auch für vereinzelte Gasteilchen, die aus der Atmosphäre der Erde und anderer Planeten in den Weltraum verdampfen. Geladene Teilchen, die von der Sonne in den Raum geschleudert werden, kleine Veränderungen der Temperatur, Magnetfelder, energiereiche Teilchen aus kosmischer Strahlung – es gibt ein weites Spektrum an Störfaktoren, die Gravitationswellenmessungen ruinieren können.

Die beste Methode, um die Testmassen von all diesen Einflüssen abzuschirmen, besteht darin, sie in eine hohle Raumsonde einzukapseln. Zwar kann der Druck der Sonnenstrahlung oder der Aufprall eines Staubteilchens die Sonde von ihrem Kurs abbringen, aber wenn das passiert, kann sie mithilfe von außen angebrachten Steuerdüsen ihre Position in Bezug auf die Testmasse in ihrem Inneren korrigieren. Dann würde die Testmasse selbst nur noch von der Schwerkraft der

Sonne und der Planeten beeinflusst werden – und genau das ist es, was mit dem Ausdruck »freier Fall« eigentlich gemeint ist.

Allerdings ist das nicht ganz so einfach – nichts ist jemals einfach. Selbst in der hohlen Raumkapsel wirken winzige Kräfte auf die Testmasse ein. Es werden immer ein paar Gasatome herumfliegen, selbst im bestmöglichen Vakuum. Temperaturveränderungen spielen immer noch eine Rolle, ebenso wie residuale Magnetfelder. Wenn sich die Testmasse ganz allmählich elektrisch auflädt, kann das einen winzigen Drift verursachen. Die kleinen Gravitationskräfte der Raumkapsel selbst sind nie ganz symmetrisch. Außerdem verändern sich diese Gravitationskräfte nach und nach, da die Steuerdüsen Treibstoff verbrauchen. Wenn Sie wissen wollen, wie gut es Ihnen gelungen ist, eine wirklich frei fallende Testmasse zu schaffen, müssen Sie all diese winzigen Kräfte und Beschleunigungen messen. Aber das ist natürlich unmöglich, solange die Raumkapsel stets der Testmasse »folgt«. Dann gibt es einfach keine Messreferenz.

An dieser Stelle kommt die *zweite* Testmasse ins Spiel. Die residualen Effekte, hinter denen wir her sind, werden für die zwei Testmassen nie genau gleich sein. Wenn sie beide in einem perfekten und ungestörten freien Fall sind, würden ihr Abstand und ihre Orientierung zueinander sich nicht verändern. Da jedoch in der hohlen Raumkapsel winzige Kräfte am Werk sind, werden die beiden Testmassen im Verhältnis zueinander ganz langsam ins Driften geraten. Wenn es gelingt, dieses minimale Driften zu messen, hat man einen guten Anhaltspunkt dafür, welches Maß an »Ruhe« man erreicht hat.

Das wichtigste Ziel der LISA-Pathfinder-Mission besteht darin, zu zeigen, dass es möglich ist, eine sehr ruhige und ungestörte Umgebung zu schaffen. Die würfelförmigen Testmassen an Bord der Raumsonde haben eine Kantenlänge von 46 Millimetern und sind aus einer Legierung gefertigt, die zu 73 Prozent aus Gold und zu 27 Prozent aus Platin besteht. Dieses Material wurde wegen seiner geringen magnetischen

Suszeptibilität (Maß für die Magnetisierbarkeit eines Stoffs) und seiner hohen Dichte gewählt: Jeder Würfel wiegt auf der Erde beinahe zwei Kilogramm. Ähnliche Testmassen sollen auch in dem geplanten großen LISA-Detektor eingesetzt werden. Bei einem Materialwert von etwa 70 000 Dollar pro Stück (wobei die sehr viel teurere, hochpräzise Fertigung der Würfel noch gar nicht mitgerechnet ist) kann es gut sein, dass die LISA-Pathfinder-Testmassen die teuersten massiven Metallstücke sind, die jemals in den Weltraum gebracht wurden. Auf jeden Fall sind sie die coolsten Briefbeschwerer, die man sich vorstellen kann.

Die beiden Würfel aus Gold und Platin werden jeder für sich in einem kleinen Gehäuse tief im Innern der Raumkapsel schweben. Zwischen diesen Gehäusen aus Molybdän ist ein Abstand von 38 Zentimetern. Auch die Gehäuse sind würfelförmig, sie haben eine Kantenlänge von 54 Millimetern. Wenn eine Testmasse in ihrem Gehäuse zentriert ist, bleiben auf jeder der sechs Seiten nur noch vier Millimeter Platz. Das sind sehr enge Gefängniszellen. Und natürlich sollen die Würfel nie eine der Innenseiten des Gehäuses berühren.

Die Ingenieure der LISA-Pathfinder-Mission haben dieses erstaunliche Kunststück folgendermaßen bewerkstelligt: An jeder der sechs Wände des ersten Gehäuses befindet sich ein kapazitiver Sensor, der den Abstand zwischen der Gehäusewand und dem frei schwebendem Würfel – nennen wir ihn »Testmasse 1« – sehr präzise misst. Sobald der Würfel nicht mehr exakt zentriert ist (wahrscheinlich aufgrund des Drucks der Sonnenstrahlung auf die Außenwand der Raumkapsel oder irgendeiner anderen externen Kraft), korrigieren kleine Steuerdüsen die Position der Kapsel, indem sie winzige Mengen gasförmigen Stickstoff ausstoßen. Auf diese Weise wird erreicht, dass die gesamte Raumkapsel der Testmasse 1 auf ihrer Umlaufbahn um die Sonne »folgt«. So weit, so gut.

Allerdings befindet sich die Testmasse 1 nicht in einem perfekten freien Fall. Wie schon erwähnt, sind wahrscheinlich allerlei winzige Effekte am Werk. Die Wissenschaftler wollen

Diese Schnittzeichnung der Innereien der LISA-Pathfinder-Raumkapsel der European Space Agency zeigt die zwei aus Gold und Platin bestehenden Testmassen in ihrem jeweiligen Gehäuse aus Molybdän. Zwischen den beiden Testmassen ist das kleine bordeigene Interferometer zu sehen.

diese Effekte genau quantifizieren, um herauszufinden, wie gut es ihnen gelingt, eine störungsfreie Umgebung zu schaffen. Wir haben bereits gesehen, dass die residualen Kräfte etwas unterschiedlich auf die beiden Würfel einwirken. Ganz allmählich werden Testmasse 1 und Testmasse 2 beginnen, im Verhältnis zueinander zu driften. Da die Raumkapsel der Testmasse 1 folgt, wird die Testmasse 2 über kurz oder lang gegen die Innenseite ihres eigenen Gehäuses stoßen.

Jetzt kommt der Trick: Die Elektroden an den Innenseiten des zweiten Gehäuses werden eingesetzt, um die Testmasse 2 aktiv wieder in ihre Position zu zwingen, sobald sie zu driften beginnt. Die winzigen elektrischen Ströme, die dafür benötigt werden, reflektieren die verbleibenden relativen Bewegungen und Beschleunigungen zwischen den beiden Würfeln. Je geringer die benötigten korrigierenden Kräfte sind, desto besser.

Darüber hinaus ist LISA Pathfinder mit einem kleinen bordeigenen Interferometer ausgestattet. Es besteht aus zwei Laserstrahlen, Strahlteilern und 22 Spiegeln. Das Interferometer befindet sich zwischen den beiden Testmasse-Gehäusen. Es erfasst mit großer Präzision die winzigsten Veränderungen im Abstand der beiden Gold-Platin-Würfel und ihrer Orientierung zueinander. Damit soll gezeigt werden, dass es möglich ist, räumliche Abstände mit einer Genauigkeit im Pikometerbereich zu messen – die Messungen des Interferometers sind etliche tausendmal genauer als das, was die kapazitiven Sensoren erreichen können.

Tatsächlich werden auf LISA Pathfinder sämtliche neuen Technologien getestet, die auf der geplanten Laser Interferometer Space Antenna eingesetzt werden sollen. Das Einzige, was die Pathfinder-Kapsel *nicht* tun wird, ist, tatsächlich Gravitationswellen zu messen – dafür ist sie zu klein.

Aber warum würde man überhaupt Gravitationswellen im Weltraum messen wollen? Nun, vielleicht erinnern Sie sich noch, dass erdgebundene Detektoren wie LIGO und Virgo nur Gravitationswellen im Frequenzbereich von etwa 10 bis 1000 Hertz erfassen können. Hier unten auf der Erde kommt man kaum niedriger: Unterhalb einer Frequenz von einigen Hertz ist das umweltbedingte »seismische Rauschen« einfach zu stark. In der ruhigen Umgebung des Weltraums ist es dagegen sehr viel besser möglich, solche niederfrequenten Wellen zu messen – vorausgesetzt, die Arme des Interferometers sind lang genug. LISAs Arme werden ein paar Millionen Kilometer lang sein, was bedeutet, dass dieses Interferometer Gravitationswellen in einem Frequenzbereich von 1/10 000-stel Hertz (100 Mikrohertz) und 1 Hertz wird erfassen können. De facto wird LISA also die Lücke zwischen den Hochfrequenzmessungen erdgebundener Interferometer und den Nanohertz-Observationen der in Kapitel 13 beschriebenen Pulsar-Timing-Arrays schließen.

Ist also zu erwarten, dass auch in diesem mittleren Frequenzband Gravitationswellen registriert werden? Ja, auf jeden Fall. Binärsysteme aus Weißen Zwergsternen, die sich auf einer engen Umlaufbahn umkreisen, erzeugen kontinuierlich Gravitationswellen in diesem Bereich. Das Gleiche gilt für binäre stellare Schwarze Löcher für einen Zeitraum von einigen Monaten bis zu einigen Jahren, bevor sie kollidieren. Darüber hinaus wird das Weltraumobservatorium auch in der Lage sein, das Verschmelzen von Binärsystemen aus supermassereichen Schwarzen Löchern in Galaxien im gesamten Universum zu beobachten. Ich werde am Ende dieses Kapitels auf solche potenziellen Quellen von Gravitationswellen zurückkommen, aber davon abgesehen kann ich Ihnen versichern, dass sämtliche Astronomen schon immer davon überzeugt waren, dass Weltraumobservatorien notwendig sind.

Diese Überzeugung allein reicht allerdings nicht aus, um eine ehrgeizige und teure Weltraummission an den Start zu bringen. Das Projekt LISA hat eine lange und verschlungene Geschichte, und es hatte zahlreiche Hindernisse und Rückschläge zu überwinden, wie der folgende historische Bericht zeigt.

Die allerersten Ideen zu einem weltraumbasierten Gravitationswellendetektor reichen bis in die Mitte der 1970er-Jahre zurück. Damals war LIGO noch ein weit entfernter Traum, aber Rainer Weiss hatte schon mit seinem 1972 im *Quarterly Progress Report* des MIT veröffentlichten Artikel ein detailliertes Konzept dafür vorgelegt. Ursprünglich hatte ihm ein kilometergroßes, erdgebundenes Laserinterferometer vorgeschwebt; aber wäre es nicht viel besser, das Ding im Weltraum zu bauen, wo man sich weniger Sorgen um externe Vibrationen und die Aufhängung der Spiegel machen musste?

Als Weiss sich 1974 mit Peter Bender von der University of Colorado in Boulder zum Dinner traf, sprach er mit ihm über sein Konzept. Seit diesem Treffen war auch Bender daran beteiligt, den Traum vom Weltraumobservatorium zu verwirklichen – er gilt allgemein als einer der Gründerväter von LISA. Übrigens wurde der ursprüngliche Plan noch nicht »LISA« genannt, sondern »SAGA«, was für »Space Antenna for Gravitational-Wave Astronomy« steht.[5] Es dauerte über ein Jahrzehnt, bevor die Idee für SAGA sich zu einem ernst zu nehmenden Konzept für eine Weltraummission entwickelt hatte, das LAGOS genannt wurde (»Laser Antenna for Gravitational-Wave Observations in Space«). Zu dieser Zeit befand LIGO sich in einem frühen Entwicklungsstadium.

Das Konzept von LAGOS beruhte auf drei separaten Raumsonden, die zusammen ein riesiges »V« mit Schenkeln von einer Million Kilometer Länge bilden und der Erde auf ihrer Bahn um die Sonne folgen sollten. Zwischen dem »Mutterschiff« am Scheitelpunkt des »V« und den frei schwebenden Testmassen in den zwei »Tochterschiffen« sollten Laserstrahlen hin- und hergeschickt werden. Durch interferometrisches Analysieren der Laufzeiten des reflektierten Laserlichts sollten winzige Veränderungen der Armlängen festgestellt werden können – ungefähr so, als hätte man ein gigantisches LIGO im Weltraum gebaut. (Dabei würde es keine große Rolle spielen, dass die Arme des Interferometers nicht im rechten Winkel zueinander angeordnet wären, sondern in einem Winkel von 60 Grad.) Dank der Umlaufbewegung um die Sonne hätte die Position einer jeden dauerhaften Gravitationswellenquelle über den Verlauf eines Jahres exakt trianguliert werden können. Alles in allem stellte LAGOS ein sehr mächtiges und ehrgeiziges Konzept dar, doch die staatlichen Stellen, die als Geldgeber infrage kamen, waren der Auffassung, der Plan sei verfrüht, zu riskant und zu teuer – womit sie wahrscheinlich recht hatten.

Wenn jedoch Wissenschaftler vom Wert einer Idee überzeugt sind, geben sie nicht so leicht auf. Im Jahr 1993 präsentierte der deutsche Physiker Karsten Danzmann der ESA ein neues Konzept – also in dem Jahr, in dem er vom Max-Planck-Institut für Quantenoptik in München nach Hannover gegan-

gen war, um dort eine neue Gravitationswellenforschungs-
gruppe aufzubauen. Damals nahm die ESA Vorschläge für die
dritte mittelgroße Mission (M3) im Rahmen ihres »Horizon
2000+«-Weltraum-Forschungsprogramms entgegen, und
Danzmann war der Meinung, sein Konzept könne gut in dieses Programm passen. Der Zeitpunkt war in der Tat genau
richtig. Ein Jahr früher, also 1992, hatte die National Science
Foundation eine Kooperationsvereinbarung mit MIT und
Caltech abgeschlossen, um das LIGO zu bauen; Hanford und
Livingston waren bereits als Standorte für das geplante erdgebundene Laserinterferometer ausgesucht worden. Und in
Italien war gerade das Projekt »Virgo« bewilligt worden.

Die »Laser Interferometer Space Antenna«, wie das neue
Konzept genannt wurde, war sogar noch ehrgeiziger als
LAGOS. Danzmanns Vorschlag beruhte auf *sechs* Raum-
sonden, zwei an jedem Scheitelpunkt. Außerdem sollte das
Dreieck fünf Millionen Kilometer lange Schenkel bekommen.
Die Sonden sollten mit Lasern, Strahlteilern, Teleskopen, Spiegeln und Fotodetektoren ausgerüstet werden. Von jedem
Scheitelpunkt des Dreiecks aus sollten kohärente Laserstrahlen an die beiden anderen Ecken geschickt werden, sodass
LISA eigentlich aus drei riesigen, sich überlappenden Interferometern bestehen würde. Wenn diese drei Interferometer
synchron arbeiteten, sollten sie in der Lage sein, die Polarisation von Gravitationswellen zu messen – also den Umstand,
dass die Amplitude einer Welle nicht in alle Richtungen gleich
groß ist. So würde man zusätzliche Informationen über die
umlaufenden Körper gewinnen können, zum Beispiel über
ihre Orientierung im Raum und ihre Rotationsgeschwindigkeit.

LISA wurde dann doch nicht als M3-Mission des »Horizon
2000+«-Programms ausgewählt – dafür war das Konzept viel
zu ehrgeizig. Aber Danzmann und seine Kollegen reichten
es erneut ein, und zwar als »cornerstone mission« (Grund-
stein-Mission) im Rahmen des europäischen Weltraum-For-
schungsprogramms. Bald wurde jedoch klar, dass das Pro-

gramm für die ESA allein zu teuer werden würde, woraufhin ein Gemeinschaftsprojekt mit der NASA ins Auge gefasst wurde. Jede der beiden Weltraumbehörden sollte etwa die Hälfte der Gesamtkosten übernehmen, die auf 1,5 bis zwei Milliarden Dollar geschätzt wurden. Im Jahr 1996 wurde in Großbritannien das erste internationale LISA-Symposium veranstaltet, das fortan alle zwei Jahre stattfinden sollte. Zwei Jahre später schlugen die Wissenschaftler eine Technologie-Machbarkeitsstudie vor, die sie ELITE (»European LISA Technology Experiment«) nannten. Die Entwicklung gewann an Schwung, wenn auch sehr viel langsamer, als viele sich das erhofft hatten.

Es dauerte bis 2010, bis die Detailplanung für die Mission endlich abgeschlossen war. Mittlerweile war aus dem ELITE-Konzept die Planung für LISA Pathfinder hervorgegangen. Allerdings hatte sich die Arbeit an der Machbarkeitsstudie bereits mehrfach erheblich verzögert; inzwischen wurde der Start für das Jahr 2013 angepeilt. Was LISA selbst angeht, wurden die sechs Raumsonden auf drei reduziert, um Geld zu sparen. Irgendwann im Jahr 2018 sollte eine US-amerikanische Atlas-Schwerlastträgerrakete alle drei Satelliten zugleich ins All befördern.

Am 3. Februar 2011 präsentierten die Mitglieder des LISA-Projektteams ihre Pläne auf einer Konferenz in der ESA-Zentrale in Paris. Sie hofften, dass die ESA das Gravitationswellenprojekt als erste Flagship-Mission in ihr neues Weltraum-Forschungsprogramm »Cosmic Vision 2015–2025« aufnehmen würde.[6] Auch die beiden anderen Kandidaten für diese L1-Mission (wobei das »L« ganz einfach für »large« steht) waren ESA/NASA-Gemeinschaftsprojekte: eine Mission mit mehreren Raumsonden zu den eisigen Jupitermonden sowie ein großes Röntgenobservatorium. Auf der Grundlage der Präsentationen in Paris und einer darauf beruhenden Empfehlung des ESA-eigenen Space Science Advisory Committee (SSAC, »Wissenschaftlicher Ausschuss für Weltraumforschung«) wollte die europäische Weltraumbehörde dann im Sommer 2011 die endgültige Entscheidung treffen.

Dann kam die Katastrophe. Am 15. März, also kaum sechs Wochen nach der Konferenz in Paris, verabschiedete sich die NASA aus allen drei Gemeinschaftsprojekten mit der ESA. Der wichtigste Grund: Die US-Haushaltskrise und die explodierenden Kosten des James Webb Space Telescope, des Nachfolgers des Hubble-Weltraumteleskops, das im Nahinfrarotbereich arbeitet. Auch LISA hatte es nicht geschafft, in dem vom National Research Council (Nationaler Forschungsrat der USA) im Jahr 2010 vorgelegten Bericht *New Worlds, New Horizons* Toppriorität zu erhalten; darin wurden für die zehn Jahre von 2012 bis 2021 angedachte US-Projekte in den Bereichen Astronomie und Astrophysik beurteilt.[7]

David Southwood, der wissenschaftliche Direktor der ESA, der kurz darauf an die Royal Astronomical Society in London wechselte, reagierte auf die bedauerliche Entscheidung der NASA, indem er den Auswahlprozess für die erste »Cosmic Vision«-Flagship-Mission bis ins Frühjahr 2012 aufschob. Das, so hoffte er, würde den drei Teams genug Zeit verschaffen, um eine ausschließlich europäische Alternative zu entwickeln, die wesentlich weniger kosten sollte. Innerhalb einiger Monate entwarfen die Wissenschaftler der Gravitationswellengemeinschaft ein neues Konzept, das sie New Gravitational-Wave Observatory (NGO) nannten.[8] Dessen Armlängen wurden auf eine Million Kilometer verkürzt, wodurch die Teleskope und Spiegel kleiner ausgelegt und die Laserleistung reduziert werden konnten. Die drei Raumsonden sollten kompakter sein; sie konnten mit zwei relativ billigen russischen Sojus-Trägerraketen ins All geschossen werden. Darüber hinaus sollte das NGO nur ein Interferometer haben statt drei. Wie bei der ursprünglichen LAGOS-Konstruktion konnte das »Mutterschiff« die Laser- und Detektorausrüstung enthalten (wie bei den Kontrollzentren von LIGO und Virgo); die beiden »Tochterschiffe« sollten nur die Endspiegel des Interferometers enthalten.

Als jedoch das Science Programme Committee der ESA am 3. Mai 2012 die endgültige Entscheidung über die L1-Mission traf, wurden sowohl das NGO-Konzept als auch der abgespeckte Vorschlag für das Röntgen-Weltraumobservatorium zugunsten des Jupiter Icy Moons Explorer zurückgestellt.[9] Die JUICE-Raumsonde soll 2022 ins All geschossen werden, um den Jupitermond Ganymed zu erforschen – eine eisige Welt, die sogar größer ist als der Planet Merkur. JUICE wird auch Vorüberflüge an den Jupitermonden Europa und Callisto durchführen. Es wird erwartet, dass die Sonde 2030 im Jupitersystem ankommen wird; drei Jahre später soll sie in eine Umlaufbahn um den Ganymed einschwenken – dann wird sie die erste Raumkapsel aller Zeiten sein, die den Mond eines anderen Planeten umkreist. Zweifellos eine sehr spannende Mission, aber natürlich nicht das, was die Gravitationswellenwissenschaftler sich erhofft hatten.

Paul McNamara, einer der Projektwissenschaftler im LISA-Pathfinder-Team, kann sich noch lebhaft an die gedrückte Stimmung auf dem neunten LISA-Symposium erinnern, das Ende Mai 2012 in Paris abgehalten wurde. Die NASA war nicht mehr an Bord; das LISA International Science Team war aufgelöst worden. Die Pathfinder-Mission wurde immer wieder aufgeschoben; selbst das wesentlich kleinere, billigere und weniger ehrgeizige NGO war nicht zur Implementierung ausgewählt worden. Alle waren deprimiert. »Die Stimmung war wie auf einem Begräbnis«, sagt McNamara.

Dennoch gaben Danzmann und seine Kollegen nicht auf. Immerhin sollte im Rahmen des Cosmic-Vision-Programms im Jahr 2028 eine zweite Flagship-Mission (L2) gestartet werden, und es wurde sogar schon eine dritte (L3) für das Jahr 2034 anvisiert. Ein neues, unabhängiges Konsortium wurde gebildet, um die wissenschaftliche Gemeinschaft zusammenzuhalten. Im Mai 2013 veröffentlichte das Team ein Weißbuch über die zu erwartenden wissenschaftlichen Erkenntnisgewinne einer NGO-artigen Mission mit einem neuen Namen: eLISA, wobei das *e* für *evolved* (entwickelt) steht.[10] In dessen Schlussausführungen heißt es: »Wenn wir ein Observatorium für niederfrequente Gravitationswellen in den Weltraum bringen, werden wir das Universum mit einem neuen Sinnesorgan wahrnehmen können. eLISA wird die erste Mission aller Zeiten sein, die das gesamte Universum auf Gravitationswellen observiert. Sie wird eine einzigartige Rolle in der wissenschaftlichen Landschaft des Jahres 2028 spielen.«[11]

Schließlich zahlte sich die Beharrlichkeit des Teams aus. Im November 2013 kündigte die ESA die wissenschaftlichen Themen für die Missionen L2 und L3 an: L2 sollte der Hochenergie-Astrophysik gewidmet sein (in Form des Röntgenobservatoriums); L3 sollte für eine Gravitationswellenmission reserviert werden. Zum ersten Mal stand es absolut fest, dass ein Weltraum-Laserinterferometer realisiert werden sollte, wenn auch erst ganze 60 Jahre nach dem ersten, von Rainer Weiss und Peter Bender vorgelegten Konzept. Selbst die Tatsache, dass der Start von LISA Pathfinder wieder einmal aufgeschoben wurde (auf Ende 2015), schien nicht mehr allzu problematisch zu sein – es war ja noch genug Zeit.

Auf der elften Edoardo Amaldi Conference on Gravitational Waves, die Ende Juni 2015 in Gwangju in Südkorea abgehalten wurde, war die Stimmung definitiv gut.[12] In Abwandlung eines bekannten Ausspruchs von Mark Twain sagte der britische Astrophysiker Jonathan Gair seinem Publikum: »Der Bericht über LISAs Tod war eine Übertreibung.« Dann beschrieb er das fantastische wissenschaftliche Potenzial der Mission. Simon Barke vom Albert-Einstein-Institut in Hannover, an dem auch Karsten Danzmann forscht, war ebenso optimistisch. Auf einer seiner Präsentationsfolien schrieb er die Abkürzung »eLISA« als »*evolving* Laser Interferometer Space Antenna« (sich entwickelndes …) aus statt »evolved« (entwickeltes …). Wer weiß, vielleicht wird die Mission sich eines Tages wieder ehrgeizigere Ziele stecken. Oder womöglich könnte sie fünf Jahre früher an den Start gehen, schon im Jahr 2029, zum 150. Geburtstag von Albert Einstein. Barke deutete sogar an, dass die NASA sich möglicherweise entschließen könnte, wieder an Bord zu kommen – vor allem wenn LISA Pathfinder erfolgreich sein würde oder wenn die erdgebundenen Interferometer zum ersten Mal Gravitationswellen würden nachgewiesen haben. Damals konnte Barke natürlich noch nicht wissen, dass es keine drei Monate mehr dauern sollte, bis GW150914 registriert wurde.

Übrigens hatte die NASA die Tür keineswegs ganz zugeschlagen. Die US-Weltraumbehörde hatte Interesse gezeigt, sich an der eLISA-Mission zu beteiligen, mit bis zu 150 Millionen Dollar. Und sie beteiligte sich auch an dem LISA-Pathfinder-Programm: US-Wissenschaftler hatten ihr eigenes Drag-free-Steuerungs- und Lageregelungssystem und ihre eigenen Steuerdüsen, die in derselben Raumsonde installiert waren und mit denselben Testmassen arbeiteten, aber eine andere Technologie einsetzten. Wenn man eine Machbarkeitsstudie für ein riesiges und teures zukünftiges Weltraumobservatorium durchführen will, ist es natürlich sinnvoll, unterschiedliche Verfahren zu testen.

Dann kam das magische Jahr 2016.

Am 22. Januar, also sieben Wochen nach ihrem erfolgreichen Start, erreichte die LISA-Pathfinder-Sonde ihre Betriebsposition, etwa anderthalb Millionen Kilometer in Richtung Sonne von der Erde entfernt. Dann fand am Donnerstag, dem 11. Februar, die triumphale Pressekonferenz statt, auf der die Wissenschaftler von LIGO und Virgo den Nachweis von GW150914 bekannt gaben. Damit wusste die ganze Welt, dass es Gravitationswellen gibt. Fünf Tage später wurden beide Gold-Platin-Würfel an Bord von LISA Pathfinder freigesetzt und begannen, in ihren engen Gehäusen frei zu schweben (vorher waren sie während der Start- und Reisephase von mechanischen Klammern und »Fingern« an Ort und Stelle fixiert worden). Der reguläre wissenschaftliche Betrieb wurde am 1. März 2016 aufgenommen.

Bald wurde klar, dass LISA Pathfinder sämtliche Erwartungen übertrifft. Der abgeschirmte Innenraum der Raumkapsel ist in der Tat der ruhigste Ort im Sonnensystem. Es hat sich herausgestellt, dass die Nettorestbeschleunigung zwischen den beiden Testmassen ein Hundertstel Billiardstel g beträgt, wobei das g der Gravitationsbeschleunigung hier auf der Erde entspricht. Falls Ihnen das nichts sagt: Das ist die Beschleunigung, die von einer Kraft erzeugt wird, die dem Gewicht einer Kolibakterie hier auf der Erde entspricht. Das liegt nahe genug an einem ungestörten freien Fall, um in Zukunft den Nachweis von niederfrequenten Gravitationswellen zu ermöglichen. Darüber hinaus war Pathfinders Laserinterferometer in der Lage, den Abstand zwischen den beiden Würfeln mit einer Genauigkeit von 35 Femtometern ($3,5 \times 10^{-14}$ Meter) zu messen – viel genauer als notwendig.

Über diese spektakulären anfänglichen Ergebnisse wurde am 7. Juni in den *Physical Review Letters* berichtet.[13] Kaum zwei Wochen später veröffentlichte das L3 Study Team der NASA seinen Zwischenbericht online.[14] Dieses Team war Ende 2015 gebildet worden, um eine Liste der denkbaren technischen Beiträge der Vereinigten Staaten zur dritten Flagship-Mission der ESA auszuarbeiten. Eine der Erkenntnisse des Teams besagt, dass »eine wesentliche Beteiligung der wissenschaftlichen Gemeinschaft der Vereinigten Staaten an Konstruktion, Entwicklung und Betrieb der L3 zu einer Mission führen würde, die technisch weniger anfällig und wissenschaftlich ergiebiger wäre«. In dem Zwischenbericht waren auch verschiedene Möglichkeiten aufgeführt, wie die NASA als Juniorpartner wieder in das Projekt würde einsteigen können. Diese Optionen passten gut zu den Ergebnissen eines früheren Berichts, den das Gravitational Observatory Advisory Team (GOAT) der ESA vorgelegt hatte.[15]

Am 15. August ergab sich eine weitere positive Entwicklung, dieses Mal ausgehend vom National Research Council. In dessen Zwischenbericht im Rahmen der *New Worlds, New Horizons*-Zehnjahresübersicht sprachen die Autoren sich entschieden dafür aus, dass die NASA ihre Unterstützung für eLISA noch im laufenden Jahrzehnt wieder aufnehmen und dazu beitragen sollte, die Mission wieder zu ihrem ursprünglich geplanten vollen Leistungsumfang zurückzuführen.[16]

Auf dem Titelblatt des Berichts waren eine künstlerische

Darstellung von Gravitationswellen und ein Diagramm des Wellenmusters von GW150914 abgebildet. »Wir haben dafür gesorgt, dass die wichtigste Botschaft schon auf dem Titelblatt zu sehen ist«, sagte Neil Cornish von der Montana State University, einer der Autoren des Berichts, einige Wochen später bei einem Meeting in Zürich.

Diese Konferenz war das elfte LISA-Symposium, das unweit der Eidgenössischen Technischen Hochschule Zürich (der früheren Eidgenössischen Polytechnischen Schule) stattfand, an der Einstein Ende des 19. Jahrhunderts Physik und Mathematik studiert hatte.[17] Auf dem neunten LISA-Symposium hatte eine Stimmung wie auf einem Begräbnis geherrscht, aber dieses Mal ging es eher zu wie auf einer Party anlässlich der Wiedergeburt von LISA. Die Atmosphäre war voller Energie – vor allem, als Alvaro Giménez, der wissenschaftliche Direktor der ESA, ankündigte, dass die Ausschreibung für die L3-Mission von 2018 auf Oktober 2016 vorverlegt werden sollte. Konzepte für die Mission sollten im Januar 2017 eingereicht, die endgültige Entscheidung möglicherweise schon 2020 getroffen werden. »Wir wollen unsere Träume verwirklichen«, sagte Giménez den Gravitationswellenwissenschaftlern, die an der Konferenz teilnahmen. »Wahrscheinlich ist 2029 zu optimistisch, aber vielleicht schaffen wir es, die Mission einige Jahre früher zu starten als ursprünglich geplant, irgendwann gegen Anfang der 2030er-Jahre.«

Paul Hertz, der Direktor der NASA-Fachabteilung für Astrophysik, sagte seine uneingeschränkte Unterstützung zu. Er sagte: »Nachdem 2011 unsere ursprüngliche LISA-Partnerschaft aufgelöst wurde, bin ich heute hier, um wieder daran anzuknüpfen.« Außerdem sagte er, dass er ziemlich sicher sei, der National Research Council werde 2020 in seinem nächsten Bericht zum bevorstehenden Jahrzehnt eine klare Empfehlung für die Mission aussprechen, wenn die Wissenschaftler ein überzeugendes Konzept dafür entwickeln könnten.

Am nächsten Tag, Mittwoch, dem 7. September, hielten das eLISA-Konsortium und das L3 Study Team der NASA ihre erste gemeinsame Sitzung ab. Sie sprachen über verschiedene Optionen, wie der ursprüngliche Plan für die Mission angepasst und verbessert werden könnte. Es wurde nicht erwartet, dass die NASA ihre finanzielle Beteiligung wieder auf 50 Prozent aufstocken würde, aber selbst ein paar Hundert Millionen Dollar würden einen großen Unterschied ausmachen. Es gab zahlreiche Alternativen: größere Teleskope, leistungsstärkere Laser, längere Interferometer-Arme (zwei Millionen oder vielleicht sogar fünf Millionen Kilometer). Mit Danzmanns Worten: »Wir müssen ein Konzept entwickeln, das die Leute umhaut.« Außerdem wäre es großartig, wenn sie wieder zu der Konstruktion mit drei Interferometern statt einem würden zurückkehren können, indem sie in jeder der drei Sonden einen Laser installierten. Die zweiarmige, V-förmige Konstruktion von eLISA würden sie, so hofften jedenfalls alle, wieder zu einem kompletten Dreieck ausbauen können. »Wir wollen den dritten Arm wiederhaben«, so Danzmann begeistert, »und wir *werden* den dritten Arm wiederbekommen.«[18]

Der Physiker David Shoemaker vom MIT, der seit 1975 auf diesem Gebiet geforscht hatte und heute das Advanced LIGO leitet, grinste über beide Ohren und sagte: »Dies ist ein sehr wichtiges Meeting. Ich habe das Gefühl, es ist der Wendepunkt für eLISA. Ich würde vorschlagen, dass wir das *e* aus dem Namen streichen – von jetzt an haben wir wieder nur noch eine LISA.«

Es wird noch eine Weile dauern, bevor über die Konstruktion der Laser Interferometer Space Antenna eine endgültige Entscheidung getroffen wird (das Missionskonzept wurde am 13. Januar 2017 eingereicht). Aber eines steht fest: Anfang der 2030er-Jahre werden zwischen drei Raumsonden, die in einer Formation die Sonne umkreisen und wahrscheinlich einige Millionen Kilometer voneinander entfernt sind, Laserstrahlen hin- und herrasen. Die Abstände zwischen diesen Sonden werden auf einen Pikometer genau gemessen werden. Endlich werden Astronomen in der Lage sein, Gravitationswellen im Millihertz-Frequenzbereich zu messen und auf diese Weise kompakte Binärsysteme und verschmelzende supermasse-reiche Schwarze Löcher bis an den Rand des observierbaren Universums zu erforschen.

Und vielleicht wird LISA nicht allein bleiben. Auf dem Treffen in Zürich berichtete Shuichi Sato von der Hosei University in Tokio, Japan, über den aktuellen Status von DECIGO, dem Deci-Hertz Interferometer Gravitational Wave Observatory.[19] Die Planung für dieses ehrgeizige Projekt begann schon 2001. DECIGO soll so etwas wie eine Mini-LISA werden, mit drei kleinen Satelliten, die in einem Abstand von vielleicht 1000 Kilometern untereinander die Sonne umkreisen. Irgendwann in den kommenden zehn Jahren soll unter Umständen eine kleinere Machbarkeitsstudie (die pre-DECIGO genannt wird) mit 100 Kilometer langen Armen in eine Erdumlaufbahn geschossen werden. Die eigentliche Mission würde dann in den 2030er-Jahren folgen.

Unterdessen haben chinesische Wissenschaftler sogar *zwei* Weltraum-Interferometer geplant. Das erste heißt TianQin und wurde von einem Team an der Sun-Yat-sen-Universität in Guangdong konzipiert. Es soll aus drei Raumkapseln in einer Erdumlaufbahn bestehen, die ein riesiges Dreieck bilden, mit der Erde in der Mitte. Seine Interferometer-Arme wären etwa 150 000 Kilometer lang. Eine größere Mission auf einer Umlaufbahn um die Sonne heißt Taiji und wird an der Chinesischen Akademie der Wissenschaften entwickelt. Mit ihren drei Millionen Kilometer langen Armen ist sie LISA ziemlich ähnlich. Laut Gang Jin vom Institut für Mechanik an der Akademie der Wissenschaften kann es gut sein, dass die beiden chinesischen Projekte zu einer Mission zusammengefasst werden, die Anfang der 2030er-Jahre an den Start gehen soll.

Was die Weltraum-Interferometer tatsächlich beobachten werden, kann niemand genau wissen. Na ja, eigentlich schon: Die Astronomen haben natürlich durchaus eine ganz gute Vorstellung davon, was da draußen vor sich geht. Aber die Details sind lückenhaft. Man nehme zum Beispiel verschmel-

Künstlerische Darstellung einer der drei Raumsonden der geplanten Laser Interferometer Space Antenna (LISA). Oben befinden sich Solarkollektoren; zwischen den einzelnen Sonden werden über eine Entfernung von mehreren Millionen Kilometern Laserstrahlen hin- und hergeschickt, um winzige Entfernungsveränderungen zu messen, die von vorbeiziehenden Gravitationswellen verursacht werden.

zende Schwarze Löcher. Wenn die meisten Galaxien riesige Schwarze Löcher in ihrem Zentrum haben und wenn eine Galaxie mit ihrem Nachbarn zusammenstößt, würde man erwarten, dass letzten Endes die zwei Schwarzen Löcher sich im Kern der neu entstandenen Galaxie umkreisen. Zunächst würden sie nur Nanohertz-Gravitationswellen erzeugen, die mithilfe von langfristigen und hochpräzisen Timing-Messungen von Radiopulsaren festgestellt werden können, wie in Kapitel 13 beschrieben. Wenn dann die beiden Schwarzen Löcher sich auf einer spiralförmigen Bahn immer näher kommen, wird ihre Umlaufperiode immer kürzer, und die Frequenz der erzeugten Gravitationswellen nimmt zu. Einige Jahre, bevor sie kollidieren und verschmelzen, sollte LISA in der Lage sein, sie zu registrieren, selbst wenn sie sehr weit entfernt sind.

Da jedoch Licht Zeit braucht, um das Universum zu durchqueren, sehen wir Galaxien in Entfernungen von mehreren

Milliarden Lichtjahren so, wie sie vor Milliarden von Jahren waren. Um also die zu erwartende Häufigkeit von Kollisionen zwischen supermassereichen Schwarzen Löchern vorhersagen zu können, müssen die Astronomen die Entwicklungsgeschichten beider Galaxien und ihrer zentralen Schwarzen Löcher kennen. Außerdem müssen sie wissen, wie wahrscheinlich es ist, dass jedes Binärsystem aus supermassereichen Schwarzen Löchern letztlich in einer Kollision enden wird. Diverse Theoretiker haben eine ganze Reihe unterschiedlicher Vorhersagen getroffen, die auf verschiedenen astrophysikalischen Annahmen beruhen, aber niemand kennt die richtige Antwort.

Das Großartige an LISA ist natürlich, dass ihre Gravitationswellenobservationen diese Antwort *liefern* werden. Jede stichhaltige Theorie über die Entwicklung von Galaxien und Schwarzen Löchern muss mit der beobachteten Verschmelzungshäufigkeit in Einklang stehen. Wenn LISA ein paar Jahre in Betrieb gewesen sein wird, werden wir wissen, welche Theorien definitiv falsch sind und welche nach wie vor richtig sein könnten.

In Bezug auf kompakte Objekte, die in ein einzelnes supermassereiches Schwarzes Loch stürzen, ist die Erkenntnislage noch ungewisser. Hin und wieder verschluckt ein supermassereiches Schwarzes Loch im Kern einer Galaxie einen Stern oder eine Gaswolke, die ihm zu nahe kommt. In einer durchschnittlichen Galaxie wie unserer Milchstraße ist zu erwarten, dass so etwas alle paar Millionen Jahre passiert. Ein normaler Stern wie zum Beispiel unsere eigene Sonne würde dabei mit ziemlicher Sicherheit durch die Gezeitenkräfte des Schwarzen Lochs zerrissen werden. Es sind einige Röntgenstrahlenausbrüche beobachtet worden, die wahrscheinlich von solchen Gezeitenstörungen herbeigeführt wurden. Aber ein wesentlich kompakteres Objekt, etwa ein Weißer Zwergstern, ein Neutronenstern oder ein relativ massearmes Schwarzes Loch, würde solchen Gezeitenkräften wahrscheinlich standhalten können. Wenn das dem Untergang geweihte Objekt dann am

Ende das supermassereiche Schwarze Loch immer schneller umkreist, könnten die von ihm erzeugten Gravitationswellen von LISA erfasst werden. Ein solches Ereignis wird als »extreme mass ratio inspiral« (EMRI, etwa: spiralförmiges Ineinanderstürzen bei extremem Masseverhältnis) bezeichnet, weil das gefräßige Schwarze Loch so viel mehr Masse hat als der von ihm verschlungene Happen.

Das Problem ist allerdings, dass niemand weiß, wie oft EMRIs vorkommen. Entsprechende Schätzungen reichen von null bis zu Tausenden von Ereignissen pro Jahr. Es gibt einfach zu viele Unbekannte: die Masseverteilung von supermassereichen Schwarzen Löchern (wie viele davon es innerhalb eines bestimmten Massebereichs gibt), die Anzahl kompakter Objekte in Galaxienkernen, die genauen Dynamiken und so weiter. Vielleicht werden solche kompakten Objekte gar nicht in einer Umlaufbahn um das zentrale Schwarze Loch enden, sondern stattdessen ins Nichts stürzen. Auch solche Fragen werden die Astronomen mithilfe von LISA-Observationen beantworten können. Ganz gleich, wie hoch die observierte EMRI-Häufigkeit auch sein mag, sie wird Aufschluss geben über das, was sich im Zentrum von Galaxien im ganzen Universum abspielt (und was nicht).

Das Gleiche gilt für Binärsysteme aus Weißen Zwergsternen in unserer eigenen Galaxie, der Milchstraße. Wie Sie in Kapitel 5 gelesen haben, beendet jeder sonnenartige Stern sein Leben als Weißer Zwerg – also als ein Objekt, das ungefähr die gleiche Masse hat wie unsere Sonne, aber nicht viel größer ist als die Erde. Da die meisten Sterne der Milchstraße zu binären oder multiplen Sternsystemen gehören, würde man auch erwarten, dass es sehr viele Binärsysteme aus Weißen Zwergen gibt. Wenn die Sterne eines solchen Systems sich nah und schnell genug umkreisen, werden sie kontinuierlich Gravitationswellen in LISAs Frequenzbereich erzeugen. (Falls sie sich in einer anderen Galaxie befinden, sind sie wahrscheinlich zu weit entfernt, um messbare Raumzeitkräuselungen zu erzeugen.)

Im Lauf der vergangenen Jahrzehnte haben verschiedene Astronomen eine ganze Reihe solcher Systeme entdeckt. Ein besonders interessantes Binärsystem aus Weißen Zwergen ist SDSS J065133.338+284423.37, kurz J0651. Es ist etwa 3500 Lichtjahre entfernt und befindet sich im Sternbild Gemini (Zwillinge). Der Abstand zwischen seinen beiden Zwergsternen beträgt nur etwa 100 000 Kilometer – ein Viertel der Entfernung zwischen Erde und Mond. Alle 12,75 Minuten umkreisen sie sich einmal, sodass zu erwarten ist, dass sie Gravitationswellen mit einer Frequenz von 2,6 Millihertz erzeugen, was genau in der Mitte von LISAs Messbereich liegt. Darüber hinaus *wissen* wir, dass dieses System Gravitationswellen erzeugt: Seine Umlaufperiode nimmt pro Jahr um 0,29 Millisekunden ab. Tatsächlich wird J0651 dazu dienen, LISAs Messergebnisse zu kontrollieren, ebenso wie einige wenige andere kompakte Binärsysteme.

Aber niemand weiß, wie viele solcher kompakten Binärsysteme aus Weißen Zwergen es insgesamt in der Milchstraße gibt. Es ist zu erwarten, dass LISA uns eine vollständige Zählung liefern kann, was unser Wissen über die Entwicklung von Zwillingssternen im Allgemeinen und die Eigenschaften von Weißen Sternen im Besonderen enorm erweitern wird.

Inzwischen werden Sie sich vielleicht fragen, ob LISA überhaupt in der Lage sein wird, all diese Quellen von Gravitationswellen voneinander zu unterscheiden und ihre individuellen Eigenschaften zu ermitteln. Für LIGO ist es schon schwierig genug, einzelne Ereignisse zu erkennen; wie kann dann irgendjemand erwarten, dass Dutzende oder gar Hunderte von kontinuierlichen Quellen von Gravitationswellen auseinandergehalten werden können, die allesamt die Raumzeit auf ihre ganz eigene Art und Weise durchschütteln? Wenn GW150914 ein einzelner und klar unterscheidbarer Peitschenknall war, dann ist eine Milchstraße voller Binärsysteme aus Weißen Zwergen wie ein Ballsaal voll brummender Kreisel. Wäre nicht zu erwarten, dass die Testmassen an Bord von

LISA sich chaotisch hin- und herbewegen würden, mit vielen verschiedenen Frequenzen zugleich?

Tatsächlich ist es nicht ganz so schlimm. Ja, es wird eine große Zahl von gleichzeitig auftretenden Gravitationswellensignalen geben, die einander überlagern, aber es ist relativ einfach, die daraus entstehende, scheinbar chaotische Wellenform in ihre einzelnen Sinuswellenkomponenten zu zerlegen. Tatsächlich macht Ihr Gehirn ständig das Gleiche. Ihre Trommelfelle reagieren auf zahlreiche gleichzeitig auftretende, unterschiedliche Schallwellen; trotzdem haben Sie kein Problem damit, eine menschliche Stimme, den Klingelton Ihres Smartphones und das Geräusch eines vorbeifahrenden Autos voneinander zu unterscheiden – selbst wenn sie alle gleichzeitig auftreten. Es kommt nur darauf an, die Daten richtig zu analysieren.

Manche Wellenformen werden natürlich schwieriger zu erkennen sein, und zwar aus dem einfachen Grund, dass niemand weiß, was tatsächlich zu erwarten ist. So erhoffen sich zum Beispiel die Kosmologen, Belege für die Existenz von »kosmischen Strings« zu finden – das sind seltsame, eindimensionale Strukturen mit sehr hoher Masse und Energiedichte, die möglicherweise unser Universum kreuz und quer durchziehen. Solche topologischen Defekte der Raumzeit werden von einigen Urknall-Theorien vorhergesagt, aber niemand weiß, ob es sie tatsächlich gibt oder welche Art von Gravitationswellen sie womöglich erzeugen. Auf jeden Fall wird das LISA-Datenarchiv eine Schatztruhe voller Informationen bilden, die für Astronomen, Astrophysiker und Kosmologen gleichermaßen interessant sind.

Für mich ist einer der spektakulärsten Aspekte von LISA, dass sie uns auf bevorstehende Kollisionen von Schwarzen Löchern hinweisen wird. Wenn LISA schon 2015 in Betrieb gewesen wäre, hätten die Astronomen schon im Voraus gewusst, wann GW150914 stattfinden würde, auf wenige Sekunden genau. Darüber hinaus hätten sie genau gewusst, wo sie nach elektromagnetischen Counterparts hätten suchen müssen.

Sämtliche Teleskope auf der Erde und im Weltraum hätten dann den Ort der Katastrophe genau beobachten können, um festzustellen, ob gleichzeitig ein Ausbruch von Röntgenstrahlen, optischen Emissionen oder Infrarotlicht stattfinden würde. Und natürlich hätten dann sämtliche Wissenschaftler im LIGO-Kontrollzentrum gebannt an ihren Bildschirmen geklebt.

Das ist keineswegs Zauberei, obwohl es auf den ersten Blick so erscheinen mag. Kurz bevor zwei stellare Schwarze Löcher zusammenstoßen, haben sie Umlaufperioden von nur wenigen Millisekunden – aus diesem Grund erzeugen sie hochfrequente Gravitationswellen, die von LIGO und Virgo registriert werden können. Aber einige Monate oder Jahre vor einem solchen kosmischen Verkehrsunfall ist ihre Umlaufperiode noch wesentlich länger, mehrere Sekunden oder gar Minuten. Erdgebundene Detektoren können die dadurch erzeugten niederfrequenten Gravitationswellen nicht messen – aber LISA wird das können, wahrscheinlich sogar bis in Entfernungen von mehreren Milliarden Lichtjahren hinaus.

Indem es eine kontinuierliche Quelle von Gravitationswellen über einen längeren Zeitraum beobachtet, wird das Weltraumobservatorium in der Lage sein, deren Lage am Himmel durch Triangulation zu bestimmen. Große erdgebundene optische Teleskope können dann versuchen, die Galaxie zu erkennen, in der das Binärsystem sich befindet, und ihre Entfernung ermitteln. Unterdessen können Astronomen durch eine detaillierte Analyse der Wellenform genaue Informationen über die Massen der beiden beteiligten Objekte und die Veränderung ihrer Umlaufbahn gewinnen. Schon lange, bevor sie kollidieren und verschmelzen, werden sie die meisten ihrer Geheimnisse preisgegeben haben. Wenn die Umlaufperiode des Systems sich auf nur noch wenige Sekunden verkürzt hat, kann LISA es nicht mehr beobachten; aber dann dauert es auch nicht mehr lange, bis ein empfindliches erdgebundenes Interferometer übernehmen und die letzten Phasen der Verschmelzung registrieren kann. Wir können wetten, dass dann alle beteiligten Forscher aufpassen werden wie die Schießhunde, damit ihnen auch ja nichts entgeht.

Das ist ein Vorgeschmack auf das, was kommen wird. An diversen Universitäten, Instituten und Laboren in aller Welt arbeiten die klügsten Köpfe mit großem Eifer und viel Leidenschaft daran, die Laser Interferometer Space Antenna in die Tat umzusetzen, sodass sie ungefähr 2031 an den Start gehen kann. In etwa 15 Jahren werden LISA – und ihre Pendants in Japan und China, falls sie erfolgreich sind – das Forschungsgebiet der Gravitationswellenastronomie revolutionieren.

Was keineswegs heißen soll, dass in den kommenden anderthalb Jahrzehnten nicht viel passieren wird. Für uns wird es Zeit, dass wir uns näher bevorstehenden Entwicklungen zuwenden – nicht oben im Weltraum, sondern hier unten auf der Erde. Oder vielmehr *unter* der Erde.

16 Bühne frei für die Gravitationswellen- astronomie

In einer riesigen Höhle unter dem Berg Ikeno im Westen Japans sind zahlreiche Bauarbeiter damit beschäftigt, das nächste große Laserinterferometer der Welt zu bauen. Eine erste Version des Kamioka Gravitational Wave Detector (KAGRA) wurde März und April 2016 fertiggestellt und getestet. Jetzt wird neue Ausrüstung installiert, um die Grundversion des Instruments fertig auszustatten: zusätzliche Spiegel, turmhohe Aufhängungssysteme, neue Laser, Tieftemperatur-Kühlaggregate – es ist ein riesiger Umbau, der, so hoffen jedenfalls alle, bis Ende 2018 fertiggestellt sein wird. Allerdings nur, wenn weitere Verzögerungen und Rückschläge vermieden werden können – es ist kein Kinderspiel, ein drei Kilometer langes Interferometer unter der Erde zu bauen.

Etwa 200 Kilometer weiter östlich sitzt der italienische Physiker Raffaele Flaminio in seinem Büro in einem Vorort von Tokio und strahlt Optimismus aus. Ja, es gebe Probleme, vor allem mit der Drainage des in die Höhlen und Tunnel einsickernden Wassers, aber sie lassen sich lösen. Sie *werden* gelöst werden. Flaminio ist zuversichtlich, dass KAGRA ab 2019 im Tandem mit LIGO und Virgo zusammenarbeiten wird, vielleicht sogar schon früher.

Flaminio ist der Direktor des Gravitational Wave Project Office des National Astronomical Observatory of Japan (NAOJ).[1] Ein Italiener als Direktor bringt einen Vorteil mit sich: Im Projektkonferenzraum wird hervorragender Kaffee serviert.

Flaminios Gruppe ist in einem hässlichen modernen Gebäude auf einem sehr schönen historischen Gelände untergebracht. Hinter dem mit Ziegeln eingefassten Tor an der Osawa Street, gegenüber einem kleinen buddhistischen Tempel, befinden sich einige Gebäude des alten Observatoriums, umgeben von einem kleinen, schön angelegten japanischen Garten, komplett mit Kirschblüten und Ähnlichem mehr. An den Wochenenden ist er ein beliebtes Ausflugsziel für Familien, die dort Picknick machen – ohne zu wissen, dass sich hier noch vor 20 Jahren der größte Gravitationswellendetektor der Welt befand.

Ich meine das TAMA300, ein Interferometer mit 300 Meter langen Armen, das 1997 gebaut wurde, also lange vor LIGO, Virgo und GEO600. TAMA300 war nicht nur der größte Detektorprototyp, der jemals gebaut wurde, sondern auch der erste Gravitationswellendetektor, der empfindlicher war als die Stabantennen-Detektoren, die Joseph Weber und andere in den 1960er- und 1970er-Jahren entwickelt hatten.

Flaminio hatte seit 1990 am Virgo-Projekt mitgearbeitet, also schon, bevor das französisch-italienische Projekt überhaupt bewilligt worden war. Er beaufsichtigte den Bau und die Inbetriebnahme des südöstlich von Pisa gelegenen Interferometers. Von 2004 bis 2007 war er stellvertretender Direktor des Konsortiums um das European Gravitational Observatory (EGO). Zu dieser Zeit hatte er TAMA300 schon einige Male besucht und sich in das Land der aufgehenden Sonne verliebt.[2] Im September 2013 zog Flaminio nach Japan.

Kurz nach der Jahrtausendwende wurde der japanischen Regierung das Large Cryogenic Gravitational-Wave Telescope (LCGT) vorgeschlagen. Im LIGO in Hanford und Livingston sollten bald darauf die ersten Observationen beginnen; Virgo war im Bau. Jedem Beobachter war klar, dass die Gravitationswellenastronomie eine glänzende Zukunft vor sich hatte. Auch die japanischen Wissenschaftler wollten sich eine Rolle in dem neuen Forschungsgebiet sichern; sie wollten ihren Detektor unter der Erde bauen, in der Kamioka-Mine, um so einen möglichst großen Anteil des niederfrequenten seismischen Rauschens zu eliminieren. Außerdem wollen sie die Spiegel auf sehr niedrige Temperaturen herunterkühlen (daher das »cryogenic« im Namen, also »Kälte erzeugend«), um das thermale Rauschen zu reduzieren. Wegen dieser niedrigen Temperaturen ist Quarzglas nicht mehr das optimal geeignete Material; stattdessen sollen die Spiegel aus ultrareinen, synthetisch gewachsenen Saphir-Kristallen hergestellt werden.

Nach mehreren erfolglosen Anläufen wurde das Projekt im Juni 2010 endlich bewilligt, kurz nachdem Naoto Kan (der Vorsitzende der Demokratischen Partei Japans) sein Amt als neuer Premierminister des Landes angetreten hatte. Aber bevor die Bauarbeiten richtig in Gang kommen konnten, warf die Katastrophe vom 11. März 2011 – das Tōhoku-Erdbeben, der davon ausgelöste Megatsunami und die Kernschmelzen in drei Reaktorblöcken des Atomkraftwerks Fukushima – die Finanzierung des Projekts aus der Bahn. Daher konnte die Kajima Corporation, einer der größten Baukonzerne Japans, erst 2012 damit beginnen, die beiden drei Kilometer langen Tunnel für das Observatorium zu bauen, das heute als KAGRA bekannt ist.[3] Diese Arbeiten wurden in nur zwei Jahren zu Ende gebracht – laut Flaminio war es das am schnellsten durchgeführte Tunnelbauprojekt, das jemals in Japan umgesetzt wurde.[4]

Unterdessen wurde in einer nicht weit von der KAGRA entfernten Höhle das Cryogenic Laser Interferometer Observatory (CLIO) gebaut – ein Prototyp mit 100 Metern Armlänge, der dazu dient, die Spiegel-Tiefkühlaggregate zu testen. Das KAGRA-Vakuumsystem wurde 2015 fertiggestellt, der Großteil der Interferometer-Ausrüstung wurde später im selben Jahr installiert. Der erste Observationslauf der Initial KAGRA (iKAGRA) begann nur wenige Wochen, nachdem das LIGO-Team den Nachweis von GW150914 bekannt gegeben hatte – wenn auch ohne Kühltechnik und ohne die zusätzlichen Spiegel für den Fabry-Pérot-Resonator, der den Weg der Laserstrahlen verlängert und so die Messgenauigkeit steigert.

Vom Bahnhof Ueno, einem Stadtteil Tokios, ist es eine entspannte, zweistündige Bahnfahrt mit dem luxuriösen Shinkansen-Hochgeschwindigkeitszug nach Toyama an der Westküste Japans. Dort nehme ich dann am frühen Morgen einen Bus in die Berge. Es ist eine 75 Minuten lange Fahrt durch eine beeindruckende Landschaft, entlang steiler, grün bewachsener und von Nebelzungen verschleierter Berghänge. Mir war gesagt worden, ich solle am Postamt von Mozumi aussteigen, einem sehr kleinen Bergbaudorf kurz nach der Grenze der Präfektur Gifu. Die Bergbauaktivitäten in dieser Gegend reichen bis ins achte Jahrhundert zurück. Die Zink- und Bleimine von Kamioka – die nach einer etwa zehn Kilometer entfernten Stadt benannt ist – hat 2001 den Betrieb eingestellt, aber nach wie vor leben hier einige Minenarbeiter mit ihren Familien.

Die KAGRA-Zentrale befindet sich in einem neu errichteten Gebäude mit Blick über das Dorf. Entsprechend der japanischen Tradition tausche ich meine Schuhe gegen Pantoffeln ein, die mir am Eingang des Gebäudes zur Verfügung gestellt werden; leider sind sie viel zu klein für meine großen holländischen Füße. Yoichi Aso vom Gravitational Wave Project Office der NAOJ zeigt mir die Kontrollzentrale, wo gerade ein zehnminütiges Morgen-Briefing mit etwa 20 Teilnehmern stattfindet. Dann gibt er mir einen Schutzhelm und eine reflektierende Sicherheitsweste, bevor wir etwa fünf Kilometer weit zum Eingang der Mine fahren, der etwa 1000 Meter unterhalb des Gipfels am Hang des Ikenoyama – des Bergs Ikeno – liegt.

Im Lauf der vergangenen Jahrzehnte ist aus der Kamioka-Mine eine vielseitige Physik-Forschungseinrichtung geworden. Schon 1991 wurde damit begonnen, eine riesige Höhle in den Berg zu sprengen, in der heute das Super-Kamiokande untergebracht ist, eines der größten Experimente der Welt, um

Neutrinos nachzuweisen (die letzten drei Buchstaben des Namens stehen für »neutrino detector experiment«). Im Wesentlichen handelt es sich dabei um einen riesigen Edelstahltank – er ist 41,40 Meter hoch, hat einen Durchmesser von 39,30 Metern und ist mit etwa 50 000 Kubikmetern ultrareinem Wasser gefüllt. Die zylindrische Innenwand des Tanks ist von 11 000 mundgeblasenen Fotomultiplier-Röhren bedeckt, die jeweils einen Durchmesser von etwa 50 Zentimetern haben. Sie registrieren die schwachen Lichtblitze, die von seltenen Interaktionen zwischen energiereichen Neutrinos und Wassermolekülen erzeugt werden. Am Observatorium Kamioka finden außerdem einige andere Physikexperimente statt, zum Beispiel der Kamioka Liquid Scintillator Antineutrino Detector (KamLAND) und der Xenon Detector for Weakly Interacting Massive Particles (XMASS), der nach Dunkler Materie sucht.

Aso führt mich durch noch einen horizontalen Tunnel in den zentralen Bereich des KAGRA-Interferometers, wo man eifrig damit beschäftigt ist, das Instrument auf den neuesten Stand der Technik zu bringen. Es ist ein beeindruckender Anblick: eine riesige Höhle voller glänzender Vakuumtanks, Brückenkräne, Gerüste, Gabelstapler, Strahlrohre mit großen verbolzten Flanschverbindungen und zahlloser Schaltschränke voller Elektronik. Angesichts des krassen Kontrasts zwischen den grob behauenen Felswänden und den Hightech-Gerätschaften wirkt das Ganze wie das unterirdische Geheimlabor eines verrückten Wissenschaftlers in einem Science-Fiction-Thriller – völlig surreal.

Auch die Nachteile der unterirdischen Bauweise für ein Gravitationswellenlabor sind offensichtlich. Die Felswände sind mit einer Antistaubbeschichtung behandelt worden, aber es ist klar, dass es in einer Höhle nie so sauber sein kann wie im Kontrollzentrum von LIGO oder Virgo. Die empfindlichsten Teile der Ausrüstung werden durch »clean booths« geschützt – große Überdruckzelte aus Kunststoff, in die gefilterte Luft geblasen wird.

Ein wesentlich größeres Problem ist Wasser. Wie jeder

Im Juli 2016 waren die Bauarbeiten in der zentralen Laser and Vacuum Equipment Area des japanischen Kamioka Gravitational-Wave Detector (KAGRA) unweit des Bergbaudorfs Mozumi noch in vollem Gang. Die Höhlenwände sind mit einer Antistaubbeschichtung behandelt und mit Kunststoffplanen bedeckt worden, um zu verhindern, dass Wasser auf die Ausrüstung tropft.

Höhlenforscher weiß, sind alle Höhlen notorisch feucht. Die relative Luftfeuchtigkeit in der KAGRA-Höhle liegt immer irgendwo zwischen 75 und 100 Prozent. Aso erklärt, dass der Berg sich ganz ähnlich wie ein Schwamm verhält – er absorbiert Regenwasser, das dann durch die Wände der Höhlen und der beiden drei Kilometer langen Tunnel sickert. Durch den Grundwasserdruck steigt es sogar von unten durch den Boden auf. Es sind unglaubliche Mengen: im Durchschnitt etwa 500 Kubikmeter Wasser pro Stunde – ein Prozent des Volumens des Kamiokande-Detektors.

Aso begleitet mich bis fast ans Ende eines der feuchten, nur schwach beleuchteten Tunnel. Den Edelstahlstrahlrohren wird es wahrscheinlich nicht allzu viel ausmachen, aber auf dem Boden des Tunnels haben sich kleine Pfützen gebildet, und ich kann deutlich das ständige Geräusch von tropfendem

Wasser ausmachen. Teile der Höhlendecke wurden mit riesigen Kunststoffplanen verhängt. Außerdem verlaufen die Tunnel nicht genau horizontal, sondern sind um ungefähr zwei Grad geneigt, um die Drainage zu erleichtern. Wegen dieser Neigung müssen auch die Oberflächen der KAGRA-Spiegel etwas geneigt sein – eine weitere technologische Herausforderung.

Auch die Wände der zentralen Höhle sind zu großen Teilen mit Kunststoffplanen verhängt. Auch hier ist Wasser der größte Feind. Im Frühjahr 2015 war das Problem besonders gravierend, da sich an manchen Stellen in der Höhle bis zu zehn Zentimeter tiefe Pfützen gebildet hatten und sämtliche Böden der Tunnel nass waren. Von der Höhlendecke tropfte Wasser auf die Überdruckzelte; die Installation des Vakuumsystems musste um zwei Monate aufgeschoben werden. Im vorangegangenen Winter war viel Schnee gefallen, sodass es reichlich Schmelzwasser gab; vielleicht hatten auch die Sprengungen mit Dynamit, mit denen die Tunnel vorangetrieben wurden, den Grundwasserdruck erhöht. In diesem Jahr (ich habe KAGRA Anfang Juli 2016 besucht) ist die Lage weniger dramatisch. Ob das darauf zurückzuführen ist, dass der Ikenoyama ein neues Gleichgewicht gefunden hat, oder ob es mit dem sehr starken El-Niño-Klimaereignis im Jahr 2015 zu tun hat – das zu wesentlich weniger Schnee geführt hatte –, kann man nicht wissen. »Wir müssen abwarten und sehen, was passiert«, sagt Aso.

Bei meiner Rückkehr nach Mitaka ist Raffaele Flaminio sich durchaus bewusst, dass das Problem noch nicht unter Kontrolle ist. Aber, so erzählt er, das Gleiche sei auch in dem unterirdischen Teilchenphysiklabor in Gran Sasso in den italienischen Alpen passiert. »Unmittelbar nach Ende der Bauarbeiten stand überall Wasser, aber inzwischen ist das Problem gelöst. Wir werden auch hier eine Lösung finden.«

Wenn Baseline KAGRA (oder bKAGRA) in Betrieb geht, wahrscheinlich Ende 2018 oder Anfang 2019, werden dort vier große Laserinterferometer zusammenarbeiten. KAGRA ist kein offizieller Partner der LIGO-Virgo-Kooperation, aber in Zukunft werden die Forscherteams in den Vereinigten Staaten, in Europa und in Japan ihre Daten untereinander austauschen, um sie gemeinsam auszuwerten. Wenn vier Detektoren parallel betrieben werden, kann auf jeden Fall die Quote falscher Treffer noch weiter gesenkt werden. Und wenn Gravitationswellen, die durch eine Verschmelzung von Neutronensternen oder Schwarzen Löchern erzeugt wurden, von vier unabhängigen Instrumenten gleichzeitig gemessen werden, kann dieses Ereignis mit relativ hoher Genauigkeit am Himmel eingekreist werden. Das heißt, dass Follow-up-Observationen über automatisierte Counterpart-Suchen (wie in Kapitel 14 beschrieben) wesentlich effizienter sein werden.

Schon in wenigen Jahren wird es ein *fünftes* großes Interferometer geben, und zwar in Indien. Es ist als LIGO-India bekannt und könnte als der asiatische Außenposten des LIGO-Projekts bezeichnet werden. Auch hier ist das wichtigste Ziel, das Vertrauen in zukünftige Messungen durch unabhängige Bestätigungen zu untermauern und wesentlich genauere Lokalisierungen zu erreichen. Das Gravitational Wave International Committee, ein Gremium, das 1997 ins Leben gerufen wurde, um die internationale Zusammenarbeit auf diesem Gebiet zu fördern, arbeitet seit Langem vorrangig darauf hin, ein globales Detektornetzwerk aufzubauen. Anfang Oktober 2016 wurde als zukünftiger Standort für das indische Interferometer ein Gelände unweit der Stadt Hingoli bestimmt, etwa 500 Kilometer östlich von Mumbai.

Die Pläne für einen Gravitationswellendetektor in Indien reichen bis ins Jahr 2009 zurück, als Physiker das IndIGO-Konsortium ins Leben riefen – die Indian Initiative in Gravitational-Wave Observations.[5] Seit 2011 wird mit den LIGO-Verantwortlichen darüber verhandelt, bereits vorhandene Ausrüstung aus den USA nach Indien zu bringen. Sie erinnern sich vielleicht, dass es am LIGO-Standort Hanford anfänglich zwei separate Interferometer gab – eines mit vier Kilometer langen Armen und das andere mit Zwei-Kilometer-Armen.

Die gleiche Anordnung war ursprünglich für das Advanced LIGO geplant gewesen. Es ist klar, dass es noch besser wäre, den zweiten Detektor an einem ganz anderen Standort aufzubauen, als drittes Observatorium – aber das wäre natürlich wesentlich teurer. Andererseits überstieg ein groß angelegtes, eigenständiges Projekt das Forschungsbudget, das dem indischen Atomenergieministerium und dem Ministerium für Wissenschaft und Technologie – den wichtigsten Geldgebern für einen eventuellen Detektor in Indien – zur Verfügung stand. Warum also nicht gemeinsam darauf hinarbeiten, LIGO India in die Tat umzusetzen, wobei generell der indische Staat die Infrastruktur finanzieren würde und die National Science Foundation die technische Ausrüstung?

Eine ähnliche Kooperation war ursprünglich zwischen dem LIGO und einer Gruppe von Physikern von verschiedenen Universitäten in Australien geplant worden. Allerdings hatte dann die australische Regierung entschieden, dem internationalen Radioobservatorium Square Kilometre Array (siehe Kapitel 13) eine höhere Priorität einzuräumen; die Pläne für das erstere Projekt, das man vielleicht »LIGO Down Under« nennen könnte, wurden nie in die Tat umgesetzt. Daher genehmigte das National Science Board der USA im Sommer 2012 den Plan, stattdessen mit den Indern zusammenzuarbeiten. Tatsächlich habe ich bei meinem Besuch im LIGO Hanford im Januar 2015 nicht nur die kurz zuvor fertiggestellte Ausrüstung für das Advanced LIGO gesehen, sondern auch eine Menge große Transportkisten mit der Aufschrift »Ersatzteile«, die nach Indien verschifft werden sollten, sobald die National Science Foundation (NSF) grünes Licht gegeben hatte.

Die prinzipielle Bewilligung für LIGO India wurde von Premierminister Narendra Modi am 17. Februar 2016 bekannt gegeben, nur sechs Tage nach der GW150914-Pressekonferenz. Sechs Wochen später, am 31. März, unterzeichnete France Córdova, die Direktorin der NSF, mit ihren indischen Kollegen eine Absichtserklärung, sodass LIGO India in Angriff genommen werden konnte. Letzten Endes wird das indische

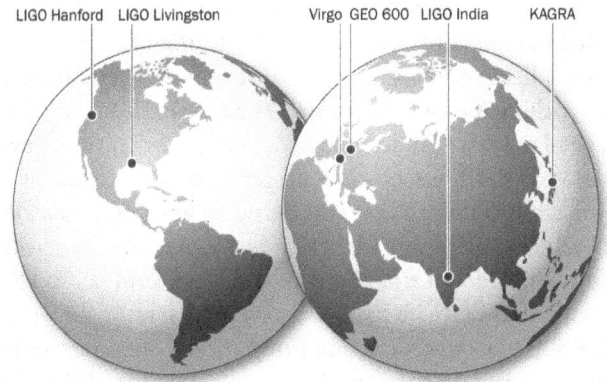

Standorte der sechs erdgebundenen Laserinterferometer, die zurzeit in Betrieb (LIGO Hanford, LIGO Livingston, Virgo und GEO600), im Bau (KAGRA) oder geplant sind (LIGO India).

Observatorium eine beinahe baugleiche Kopie der jetzigen Advanced-LIGO-Detektoren sein, mit vier Kilometer langen Armen. Man hofft, dass LIGO India im Jahr 2024 in Betrieb gehen kann.[6]

»Prognosen sind schwierig, besonders wenn sie die Zukunft betreffen«, lautet ein Bonmot, das dem dänischen Physiker Niels Bohr zugeschrieben wird, einem Zeitgenossen Albert Einsteins. In den 1920er-Jahren erörterten die beiden brillanten Physiker das Wesen der Realität sowohl in persönlichen Gesprächen als auch in einem langen Briefwechsel. Bohr war ein Pionier der Quantenphysik; Einstein hatte gravierende Zweifel an den Konsequenzen dieser Theorie. Keiner der beiden hätte auch nur im Entferntesten vorhersehen können, dass schon ein Jahrhundert später zahlreiche Astronomen ein weltweites Netzwerk von Gravitationswellendetektoren betreiben würden, um das Wissen der Menschheit über extreme Ereignisse im Universum zu erweitern. Und durch das Erforschen von Gravitationswellen, die entstehen, wenn Schwarze Löcher kollidieren, wird sich vielleicht endlich zeigen, warum

Einsteins Allgemeine Relativitätstheorie nach wie vor fundamental inkompatibel mit der Quantenfeldtheorie ist.

Auch heute noch ist kaum abzusehen, welchen Stand der Entwicklung die Gravitationswellenastronomie bis Mitte der 2020er-Jahre erreicht haben wird. Dann werden fünf riesige Detektoren nach verschwindend geringen Kräuselungen der Raumzeit Ausschau halten, die bis zu einem Trilliardstel Prozent (einem Teil in 10^{23}) klein sein und einen winzigen Sekundenbruchteil bis zu einer Minute andauern können. Es kann gut sein, dass dann im langfristigen Durchschnitt allwöchentlich Kollisionen und Verschmelzungen von Neutronensternen und Schwarzen Löchern im Umkreis von einigen Milliarden Lichtjahren registriert werden. Winzige Unterschiede zwischen den Ankunftszeiten eines solchen Signals an den fünf separaten Detektoren werden es möglich machen, dessen Ursprungsrichtung präzise zu triangulieren. Augenblickliche Follow-up-Observationen durch Counterpart-Suchprogramme werden zusätzliche Informationen über die Kollision und die Galaxie, in der sie stattfand, liefern. Derweil werden Pulsar-Timing-Observationen durch das Square Kilometre Array und andere Radioobservatorien einen Hintergrund von sehr niederfrequenten Gravitationswellen aufdecken, die von einander umkreisenden Schwarzen Löchern im gesamten Universum erzeugt werden. Viele dieser Nanohertz-Wellen können bis in monströse Binärsysteme in relativ nahen Galaxien zurückverfolgt werden. Und vielleicht können Polarisationsmessungen des kosmischen Mikrowellenhintergrunds endlich die »Fingerabdrücke« von primordialen Gravitationswellen ermitteln, die in den allerersten Sekundenbruchteilen nach dem Urknall entstanden sind.

Dies sind die zu erwartenden Erkenntnisgewinne, welche die Gravitationswellensstronomie liefern kann. Aber fast jeder Wissenschaftler, den ich für dieses Buch interviewt habe, hat betont, dass die *unerwarteten* Ergebnisse wahrscheinlich am umwälzendsten und spektakulärsten sein werden. Das ist das Großartige an wissenschaftlicher Forschung: Man weiß vorher nie, was man entdecken wird. Die Erfahrungen aus der Vergangenheit haben gezeigt, dass es stets zu großen Überraschungen führt, wenn ein neues Forschungsgebiet in Angriff genommen wird. Es ist nicht zu erwarten, dass die Gravitationswellenastronomie die erste Ausnahme von dieser Regel bilden wird.

Die Astronomie wird manchmal als die älteste aller Wissenschaften bezeichnet, denn immerhin haben schon unsere urzeitlichen Vorfahren die Sterne beobachtet und die Bewegungen von Sonne, Mond und Planeten verfolgt. Aber manchmal habe ich das Gefühl, die Astronomie stünde noch ganz am Beginn ihrer Entwicklung. Seit Jahrtausenden beruhte unser Wissen über das Universum ausschließlich auf dem, was wir mit bloßem Auge erkennen konnten; erst in den vergangenen 400 Jahren – seit Hans Lipperhey das Teleskop erfand – konnte die Astronomie wirklich aufblühen. Und in diesen vier Jahrhunderten bestand die Erforschung der Sterne aus einer immer schnelleren Folge von revolutionären Erkenntnissen, die erst durch neue Entdeckungen und technologische Durchbrüche ermöglicht wurden, bis sie im Zeitalter der Raumfahrt und der digitalen Revolution kulminierten.

Ein wichtiges wiederkehrendes Thema war das Erschließen neuer, unerforschter Bereiche des elektromagnetischen Spektrums, von der Entdeckung des Infrarotlichts durch Wilhelm Herschel im Jahr 1800 bis hin zu den heutigen Weltraumteleskopen, die auch die energiereichste Gammastrahlung erfassen können. Heute sind wir längst nicht mehr eingeschränkt durch die begrenzte Empfindlichkeit des menschlichen Auges oder die absorbierenden Effekte der Erdatmosphäre. Zum ersten Mal seit Menschengedenken können wir den Ausblick auf den Kosmos in seiner ganzen Herrlichkeit und Vielfalt genießen.

Hin und wieder vergleiche ich die traditionelle, prä-teleskopische Astronomie damit, in einem fensterlosen Gebäude eingemauert zu sein, das sich in einer der spektakulärsten Landschaften befindet, die unser Planet zu bieten hat. Der Bau hat nur eine kleine, schmale Schießscharte in seiner Ostwand, die uns einen sehr eingeschränkten Blick auf die Außenwelt eröffnet. Das Einzige, was wir durch diesen Schlitz sehen können, ist etwas, das aussieht wie eine grasbewachsene Ebene im Vordergrund, ein Hügel mit ein paar Bäumen in weiter Ferne und eine weiße Wolke am blauen Himmel. Genug, um sich eine ungefähre Vorstellung davon zu machen, wie es dort draußen aussieht, aber natürlich sehr spärlich. Dieser dürftige Ausblick entspricht der Astronomie mit bloßem Auge im sichtbaren Wellenlängenbereich.

Wenn man sich andere Bereiche des elektromagnetischen Spektrums erschließt, ist das ungefähr so, als würde man neue Lücken in die Mauern brechen – nicht nur schmale Schlitze, sondern große Fenster. Plötzlich können wir den beeindruckenden Wasserfall im Süden sehen, die Bergkette aus aktiven Vulkanen im Westen; wir sehen Flüsse, schneebedeckte Gipfel und grollende Gewitterwolken. Unser eingeschränkter Blick durch den engen Schlitz ist natürlich immer noch ein integraler Bestandteil dieser beeindruckenden Szenerie, aber zum ersten Mal können wir erkennen, wie er sich in seine Umgebung einfügt, und beginnen, die zugrunde liegenden geologischen Muster zu entdecken. Endlich fügen sich die Teile des Puzzles zu einem immer klarer erkennbaren Gesamtbild zusammen.

Die Infrarot-Astronomie eröffnet uns einen Blick tief hinein in Wolken aus Gas und Staub, der uns zeigt, wie Sterne und Planeten geboren werden. Die Ultraviolett-Astronomie zeigt uns die extrem spärlichen Gasschwaden in dem »leeren« Raum zwischen Galaxienhaufen, und sie erweitert unser Wissen über die heißesten Sterne der Milchstraße. Mithilfe der Millimeter-Wellenlängen-Astronomie sind wir uns des matten Nachglühens des Urknalls bewusst geworden, und durch sie haben wir Erkenntnisse darüber gewonnen, wie Galaxien entstehen und Planeten sich bilden. Mit den Mitteln der Radioastronomie sind wir in der Lage, die Verteilung von neutralen Wasserstoffatomen – dem häufigsten Element im Kosmos –

über das gesamte Universum zu kartografieren. Außerdem verhilft uns die Radioastronomie dazu, exotische Objekte wie Pulsare und Quasare entdecken zu können. Und schließlich haben uns die Röntgen- und Gammastrahlenastronomie einen Blick auf das heiße und gewalttätige Universum von explodierenden Sternen, kollidierenden Galaxien, Schockwellen und Schwarzen Löchern eröffnet.

Ein ums andere Mal hat es zu unerwarteten Entdeckungen und revolutionären Erkenntnissen geführt, ein neues Forschungsgebiet zu erschließen. Und im Fall der Gravitationswellenastronomie gibt es sogar noch *mehr* Gründe, Überraschungen zu erwarten – weil wir damit nicht nur unseren kosmischen Horizont erweitern, sondern uns auch ein völlig neues Sinnesorgan zulegen, um das Universum zu erforschen.

Der Gravitationswellenphysiker Bernard Schutz (der von 1995 bis 2014 das Albert-Einstein-Institut in Potsdam leitete und heute an der Cardiff University in Wales arbeitet) vergleicht in seinen inspirierenden Vorträgen für Kollegen aus der Wissenschaft, Schulkinder und gemischtes Publikum die heutige Astronomie mit einem Gehörlosen auf einem Streifzug durch den Dschungel.[7] Wenn er sich umsieht, entdeckt der Mann Bäume, Farnkraut, Lianen, Insekten, Vögel, Schlangen und Affen. Nach einer Weile hat er – wenn er denn ein aufmerksamer Beobachter ist – eine Menge über seine Umgebung gelernt. Ja, vielleicht mag er sich sogar dem Irrglauben hingeben, er wisse so gut wie alles, was es über den Dschungel zu wissen gibt.

Aber dann gibt ihm eine gütige Fee wie von Zauberhand seinen Gehörsinn wieder. Plötzlich wird er von neuen Eindrücken überwältigt, und zwar nicht etwa von Einzelheiten, die er vorher übersehen hatte; nein, er hat ein völlig neues Sinnesorgan. Die Geräusche des Dschungels – Vogelgezwitscher, das Rauschen des Blätterdachs im Wind, das Knacken von Zweigen und Ähnliches mehr – liefern ihm eine Fülle an neuem Wissen über Dinge, die er schon vorher hatte sehen können. Aber der Gehörsinn liefert ihm auch Informationen über Dinge, die nicht im Blickfeld sind, etwa das donnernde Krachen eines kilometerweit entfernten fallenden Baums oder das Brüllen von Raubtieren in der Ferne.

Schutz drückt es so aus: »Unser Universum ist ein Dschungel voller wilder Tiere, und dank der Gravitationswellen können wir sie zum ersten Mal hören.« Die Gravitationswellenastronomie wird häufig beschrieben als eine Methode, um in das Universum »hineinzuhorchen«. Natürlich haben Gravitationswellen nichts mit Geräuschen zu tun, aber es ist trotzdem eine prägnante und nützliche Metapher. Die eigentliche Versprechung der neuen Forschungsdisziplin ist jedoch in der Tat die Möglichkeit, neue Objekte und Ereignisse zu entdecken, die über das Medium elektromagnetischer Wellen unmöglich zu beobachten sind. Gravitationswellen sind neue kosmische Botschafter, die neue Geschichten zu erzählen haben.

Es besteht die Hoffnung, dass die Erforschung der winzigen Vibrationen der Raumzeit uns der Lösung einiger unheimlicher Rätsel des Universums, in dem wir leben, näher bringen wird. So wurden zum Beispiel indirekte Indizien für die Existenz riesiger Mengen Dunkler Materie gefunden. Das ist Materie, die wir nicht sehen können – sie besteht vermutlich nicht einmal aus normalen Atomen und Molekülen –, aber deren Schwerkraft wir feststellen können. Die äußeren Bereiche von Galaxien rotieren wesentlich schneller als die inneren, als es aufgrund der sichtbaren Materie, die sie enthalten, zu erwarten wäre. Das Gleiche gilt für die Geschwindigkeit von Galaxien in Galaxienhaufen. Und die Stärke des Gravitationslinseneffekts durch Galaxienhaufen (das Beugen von Lichtstrahlen aus Hintergrundquellen durch die Schwerkraft des Haufens) kann nur durch das Vorhandensein großer Mengen Dunkler Materie erklärt werden. Das Problem ist allerdings, dass niemand eine Ahnung hat, wie Dunkle Materie eigentlich beschaffen ist, und trotz heldenhafter Anstrengungen von Teilchenphysikern und Kosmologen konnte bisher noch keine direkte Spur davon gefunden werden.

Ein zweites Rätsel ist Dunkle Energie.[8] Studien über die

Geschichte der Expansion des Universums haben gezeigt, dass der Weltraum seit etwa fünf Milliarden Jahren immer schneller expandiert. Der gesunde Menschenverstand sagt uns allerdings, dass sich diese Expansion aufgrund der gegenseitigen Gravitationsanziehung zwischen Galaxien verlangsamen sollte; stattdessen beschleunigt sie sich jedoch. Die einzige mögliche Erklärung für dieses Phänomen, die von den Physikern bisher angeboten wird, ist die Existenz einer mysteriösen »abstoßenden« Energie im leeren Raum. Das Konzept ist nicht ganz neu: Es passt mehr oder weniger zur Quantentheorie, und Albert Einstein selbst hatte schon eine Dunkle-Energie-artige »kosmologische Konstante« in seine Gleichungen eingeführt, bevor Edwin Hubble die Expansion des Universum überhaupt entdeckt hatte. Aber das wahre Wesen der Dunklen Energie kennt bislang niemand.

Wie gravierend dieses Problem ist, wird deutlich, wenn man sich bewusst macht, dass Dunkle Materie und Dunkle Energie zusammengenommen 96 Prozent der gesamten Masse-Energie-Dichte im Universum ausmachen. Mit anderen Worten: Wir wissen nur etwas über vier Prozent dessen, was sich dort draußen befindet; der Rest ist ein komplettes Rätsel. Und es scheint auch keinen einfachen Ausweg aus diesem Dilemma zu geben. Detaillierte Studien über die kosmische Mikrowellen-Hintergrundstrahlung und die jetzige Grobstruktur des Universums deuten alle in dieselbe Richtung: Unser Universum ergibt nur Sinn, wenn seine Entwicklung durch die mysteriösen Kräften von Dunkler Materie und Dunkler Energie bestimmt wurde.

Zukünftige Fortschritte in der Gravitationswellenastronomie könnten uns womöglich neue, spannende Hinweise bringen, vor allem über Dunkle Energie. Die Amplitude von Gravitationswellen, die von kollidierenden kompakten Objekten erzeugt werden, kann von der Allgemeinen Relativitätstheorie präzise vorhergesagt werden. Anhand der beobachteten Wellenform (dem sogenannten Zirpen) ist es ganz einfach, die Massen der beiden verschmelzenden Objekte zu berechnen. Die Allgemeine Relativitätstheorie sagt uns dann die ursprüngliche Amplitude der erzeugten Gravitationswellen. Wenn man diesen Wert mit der wesentlich kleineren, von Detektoren hier auf der Erde gemessenen Amplitude vergleicht, kann problemlos die Entfernung ermittelt werden, in der die Verschmelzung stattgefunden hat.

Wenn die Galaxie, in der es eine Verschmelzung gab, mithilfe von Counterpart-Suchen lokalisiert wird, können optische Teleskope deren Rotverschiebung bestimmen. Wie wir in Kapitel 9 gesehen haben, sagt uns die Rotverschiebung einer Galaxie, wie lange ihr Licht unterwegs war, um die Erde zu erreichen. Dann wird es möglich, gemessene Rotverschiebungen und davon unabhängige Entfernungsschätzungen für eine große Anzahl von Galaxien in verschiedenen Entfernungen miteinander zu verknüpfen. So lässt sich die Expansionsgeschichte unseres Universums aufdecken: Jede Verlangsamung oder Beschleunigung wird eine Abweichung von einer schön linearen Beziehung zwischen Entfernung und Rotverschiebung produzieren. Und eine wichtige Art, mehr über Dunkle Energie zu erfahren, besteht darin, detailliertes Wissen über die Expansionsgeschichte des Kosmos zu gewinnen.

Tatsächlich wurden schon 1998 auf eine mehr oder weniger ähnliche Art erste Anzeichen für die Existenz von Dunkler Energie gefunden. Damals erforschten einige Astronomen eine bestimmte Art von Supernova (nämlich die sogenannten Typ-Ia-Supernovae), deren tatsächlicher Energieausstoß bekannt ist. Solche Objekte werden als »Standardkerzen« bezeichnet. Durch Messen der scheinbaren Helligkeit der Supernova lässt sich bestimmen, wie weit sie entfernt ist, und diese Entfernung kann dann mit der Rotverschiebung der Galaxie, in der sich die Supernova befindet, verglichen werden. Ein potenzieller Schwachpunkt dieser Methode ist, dass die scheinbare Helligkeit einer weit entfernten Explosion eines Sterns auch von anderen Effekten beeinflusst werden kann, zum Beispiel von Absorption durch Staub. Aber im Fall von Gravitationswellen entfallen solche Störfaktoren – für Raumzeitkräuselungen ist das Universum völlig transparent, sodass aus der gemessenen Amplitude direkt die tatsächliche Entfernung berechnet werden kann. Wenn Supernovae vom Typ Ia Standardkerzen sind, könnte man Gravitationswellen als »Standardsirenen« bezeichnen.

Beim Lösen des Rätsels der Dunklen Materie ist die Rolle von Gravitationswellen weniger offenkundig. Aber zukünftige Messungen von Gravitationswellen, die bei der Verschmelzung von supermassereichen Schwarzen Löchern entstehen, oder von kompakten Objekten, die in ein Schwarzes Loch stürzen (die sogenannten »extreme mass ratio inspirals« oder EMRIs), könnten uns dabei helfen, die Haufenbildung von Galaxien in verschiedenen Epochen der Geschichte des Universums zu kartografieren. In Verbindung mit besseren Kenntnissen der Expansionsgeschichte könnten auf diese Weise detailliertere Informationen über die räumliche Verteilung von Dunkler Materie gewonnen werden – und möglicherweise auch über die wahre Beschaffenheit dieses mysteriösen Materials.

Und schließlich freuen sich die Physiker auf neue Methoden, Einsteins Allgemeine Relativitätstheorie prüfen zu können. Durch das Erforschen von Gravitationswellen erfahren sie mehr über das Verhalten von Materie und Raumzeit unter extremen Bedingungen, nämlich unter der Wirkung des unglaublich starken Gravitationsfelds in der unmittelbaren Umgebung eines Schwarzen Lochs. Vor allem von EMRI-Observationen wird erwartet, dass sie eine Menge nützlicher Informationen über sogenannte Starkfeld-Umgebungen mit sich bringen werden. Wie erwähnt, verträgt sich die Allgemeine Relativitätstheorie nicht mit der Quantenfeldtheorie, und deswegen erwarten alle Wissenschaftler, dass mindestens eine der beiden Theorien über kurz oder lang versagen wird – sie können nicht beide völlig richtig sein. Die große Frage ist nur: Wann und wo werden die ersten Schwachstellen in einer der beiden Theorien auftauchen, und wie werden die Physiker sie reparieren können? Zukünftige Gravitationswellenobservationen könnten den Weg dorthin zeigen, indem sie die Allgemeine Relativitätstheorie auf Herz und Nieren prüfen.

Manche Theoretiker hegen sogar den Verdacht, dass sämtliche oben beschriebenen Probleme irgendwie miteinander zusammenhängen. Die Anhänger der Theorie der modifizierten Newton'schen Dynamik (MOND) glauben, dass Dunkle Materie in großen Teilen eine Illusion sein könnte, hervorgerufen durch unsere falschen Vorstellungen über Gravitation. Andere erwarten, dass eine echte Theorie der Quantengravitation automatisch die Rätsel der Dunklen Energie und der sich beschleunigenden Expansion des Universums lösen wird. Und fast alle sind sie zuversichtlich, dass die seit Langem angestrebte Verbindung aus Allgemeiner Relativitätstheorie und Quantenfeldtheorie uns helfen wird, so rätselhafte Konzepte wie Schwarze Löcher, Urknall und Multiversum zu verstehen. Ein wichtiger nächster Schritt in unserem Streben, die fundamentalen Eigenschaften des Universums zu verstehen, besteht darin, Gravitationswellen in sämtlichen möglichen Frequenzbändern und aus allen Winkeln des Kosmos zu erforschen – also sozusagen den Geräuschen des Dschungels zu lauschen. Der erste direkte Nachweis von Gravitationswellen am 15. September 2015 markierte den Beginn eines ganz neuen Kapitels in der Geschichte der Astronomie.

Ein riesiges Laserinterferometer im Weltraum zu bauen, wie in Kapitel 15 beschrieben, wird eine sehr wichtige neue Entwicklung für die Gravitationswellenastronomie sein. Aber nicht der gesamte Fortschritt wird sich außerhalb der Erdatmosphäre vollziehen. Die Laser Interferometer Space Antenna wird nur Raumzeitkräusel in einem relativ niedrigen Frequenzband erfassen können, das im Prinzip von ihren enormen Abmessungen bestimmt wird, mit Armlängen von einigen Millionen Kilometer. Um auch hochfrequente Gravitationswellen beobachten zu können, die in den letzten Phasen der Verschmelzung von Neutronensternen und Schwarzen Löchern entstehen, werden kleinere Instrumente gebraucht.

Und in 15 oder 20 Jahren werden LIGO und Virgo – und vielleicht KAGRA – von einer neuen Generation erdgebundener Detektoren abgelöst worden sein.

Noch bevor das Upgrade auf Advanced Virgo begonnen wurde, hatten europäische Wissenschaftler schon die ersten Ideen für ein Interferometer der dritten Generation entwickelt. Sie nannten es Einstein Telescope oder kurz ET.[9] Wie KAGRA wird das Einstein Telescope tiefgekühlte Spiegel haben und das gleiche dreieckige Layout wie LISA, aber mit Armlängen von zehn Kilometern. Es wird aus insgesamt sechs Interferometern bestehen, mit Lasern, Strahlteilern, Spiegeln und Lichtdetektoren an jeder Spitze. Drei der sechs Interferometer (eines an jeder Spitze) werden einen Messbereich für Frequenzen zwischen zwei und 40 Hertz haben; die anderen drei Instrumente werden Gravitationswellen mit höheren Frequenzen erfassen.

Wegen der hohen Bevölkerungsdichte in Europa ist es schwierig, dort einen geeigneten Standort für einen so großen Detektor zu finden. Darum ist geplant, das Interferometer in Höhlen und Tunneln unter der Erde zu bauen. Das bringt den zusätzlichen Vorteil mit sich, dass ein unterirdischer Detektor weniger empfindlich für niederfrequentes seismisches Rauschen ist. Es wird erwartet, dass ET mit seinen längeren Armen, geringerer Rauschempfindlichkeit und tiefgekühlten Spiegeln um mehrere Größenordnungen empfindlicher sein wird als Advanced Virgo. Daher wird das Instrument in der Lage sein, Verschmelzungen von Neutronensternen und Schwarzen Löchern im gesamten observierbaren Universum zu erfassen, bis hinaus in Entfernungen von über 13 Milliarden Lichtjahren.

In den Jahren 2010 und 2011 wurde eine vorläufige Designstudie für das ehrgeizige Projekt durchgeführt, die im Rahmen des Programms Seventh Framework der Europäischen Kommission finanziert wurde. ET ist schon jetzt eines der »Magnificent Seven« europäischer Projekte, die vom ASPERA-Netzwerk für die künftige Weiterentwicklung der Astro-Teilchenphysik in Europa empfohlen wurden. ET könnte Anfang der 2030er-Jahre in Betrieb gehen, ungefähr zur gleichen Zeit wie der Start von LISA.

Natürlich wird nicht nur in Europa über ein Instrument der dritten Generation nachgedacht. Auf dem Gravitational Waves Advanced Detectors Workshop, der 2013 auf der italienischen Insel Elba stattfand, entwickelte eine kleine Gruppe US-amerikanischer Wissenschaftler einen Plan für ein noch größeres erdgebundenes Instrument, das Long Ultra-Low-Noise Gravitational-Wave Observatory (LUNGO). Matt Evans vom Massachusetts Institute of Technology hat mir erzählt, das alles habe halb im Scherz angefangen, bei einem Gespräch am späten Abend.[10] Hastig stellten sie eine PowerPoint-Präsentation für eine der Arbeitssitzungen am nächsten Tag zusammen.[11]

Seither hat dieses Konzept eine Menge Unterstützung gefunden; inzwischen läuft es unter dem Namen »Cosmic Explorer«. Ein anderer passender Name wäre Super-LIGO, da es das gleiche L-förmige Design wie sein Vorgänger haben soll, allerdings mit Armlängen von 40 Kilometern statt vier. Mit tiefgekühlten Spiegeln ausgestattet, wäre Cosmic Explorer noch empfindlicher als das Einstein Telescope. Und da es in den Vereinigten Staaten immer noch so viele große, ungenutzte Flächen gibt, wird es so bald nicht notwendig sein, unter die Erde zu gehen. Laut Evans wären die Salzebenen im Osten von Carson City im US-Bundesstaat Nevada (bekannt für die Auto- und Motorradrennen, die dort veranstaltet werden) ein hervorragender Standort für das geplante Interferometer. Aber es gibt noch eine Menge anderer Möglichkeiten – in den Bundesstaaten im Westen der USA gibt es viel Land im Staatsbesitz. »Bei einem anderen spätabendlichen Gespräch während des Advanced Detectors Workshop 2016 überlegten wir sogar, den Cosmic Explorer auf See zu bauen«, so Evans. »Vielleicht ist das gar nicht mal so verrückt.«

Wenn man Virgo und LIGO um das Drei- oder gar Zehnfache hochskaliert, wird das Projekt natürlich auch entsprechend teurer. Eine grobe Kostenschätzung für sowohl das Einstein Telescope als auch den Cosmic Explorer kommt auf Gesamtkosten in Höhe von etwa einer Milliarde Dollar, was vergleichbar ist mit den Investitionskosten für andere große Forschungseinrichtungen, zum Beispiel das bereits realisierte Atacama Large Millimeter/Submillimeter Array (ALMA), das entstehende Square Kilometre Array Radioobservatorium (SKA) und das geplante European Extremely Large Telescope (E-ELT). Um so ehrgeizige Ziele umzusetzen, wird wahrscheinlich eine internationale Zusammenarbeit im großen Maßstab notwendig sein. Idealerweise würde ein weltweites Netzwerk von Instrumenten der dritten Generation entstehen, vielleicht mit einem großen Dreiecks-Detektor in Europa, einem riesigen L-förmigen Interferometer in den Vereinigten Staaten und noch einem großen L in der südlichen Hemisphäre. Vielleicht könnte das Letztere am Ende doch in Westaustralien gebaut werden – das Australian International Gravitational Research Centre (AIGRC) in Perth ist nach wie vor ein sehr aktives Mitglied der LIGO Scientific Collaboration, obwohl die Pläne für ein kleineres australisches LIGO vor einigen Jahren zurückgestellt wurden.

Wo soll das europäische Einstein Telescope gebaut werden? Wir wissen es noch nicht, da über den Standort wahrscheinlich erst in ein paar Jahren entschieden wird. Aber dessen ungeachtet haben einige der an dem Projekt beteiligten Wissenschaftler durchaus ihre Präferenzen. Der Physiker Jo van den Brand vom Dutch National Institute for Subatomic Physics (Nikhef) in Amsterdam wurde in der südöstlichsten Ecke des Landes geboren, im Dreiländereck zwischen den Niederlanden, Belgien und Deutschland. Diese Gegend ist bekannt für den Kohlebergbau, der dort im 20. Jahrhundert stattgefunden hat. Van den Brand ist der Meinung, dort sei der optimale Standort für das ET. Seismische Testmessungen haben bereits ergeben, dass der Untergrundfels sehr stabil ist. Und der darüberliegende Löss, eine vom Wind zusammengetragene Schicht aus kalkhaltigen, porösen Ablagerungen, bietet eine sehr gute Isolierung gegen Vibrationen an der Oberfläche.

Andere Standorte in Ungarn, Spanien und auf der italienischen Insel Sardinien werden ebenfalls in Betracht gezogen, aber das Albert-Einstein-Institut in Hannover befürwortet die Option in der deutsch-holländischen Grenzregion. Als Holländer fällt es mir schwer, nicht völlig aus dem Häuschen zu geraten über die Aussicht – so unwahrscheinlich sie auch sein mag –, dass das Einstein Telescope in meiner Heimat gebaut werden könnte. Schon bald werden wir es wissen.

Das Streben der Menschheit, die Geheimnisse des Universums aufzudecken, ist ein niemals endendes Unterfangen. Das ist das Großartige an der Wissenschaft: Jede Antwort wirft neue Fragen auf, und die Suche nach immer breiterem und tieferem Wissen wird nie zu Ende gehen. Die Jagd nach Gravitationswellen ist ein Beispiel wie aus dem Lehrbuch für wissenschaftliche Forscher – sie erstreckt sich über ein ganzes Jahrhundert, von der ersten theoretischen Vorhersage bis hin zum ersten direkten Nachweis. Es war ein wechselvolles Abenteuer für selbstbewusste Pioniere und beharrliche Forscher, voller Träume und Albträume, Rückschläge und Erfolge, technologischer Herausforderungen sowie unerschütterlicher Leidenschaft und Motivation.

Albert Einstein hat einmal gesagt: »Schau tief in die Natur, dann wirst du alles besser verstehen.« Das gilt auch für das, was die Gravitationswellenastronomie uns lehren kann. Wir haben gelernt, die Wellen der Raumzeit zu reiten. Aber diese Reise ist noch lange nicht zu Ende – wir stehen noch ganz an ihrem Anfang.

Danksagung

Ich bin den folgenden Wissenschaftlern dankbar, mir die Gelegenheit gegeben zu haben, sie im Rahmen dieser Recherchen zu interviewen (sei es persönlich oder am Telefon): Bruce Allen, Barry Barish, Eric Bellm, Joan Centrella, Whitney Clavin, Harry Collins, France Córdova, Karsten Danzmann, Marco Drago, Anamaria Effler, Matt Evans, Francis Everitt, Raffaele Flaminio, Peter Fritschel, Neil Gehrels, Joe Giaime, Gabriela González, Paul Groot, Vincent Icke, Gemma Janssen, Mansi Kasliwal, John Kovac, Lawrence Krauss, Avi Loeb, Jess McIver, Maura McLaughlin, Paul McNamara, Gijs Nelemans, Stirl Phinney, Tsvi Piran, Christine Pulliam, Frederick Raab, Christian Reichardt, David Reitze, Jean-Paul Richard, David Shoemaker, Ira Thorpe, Virginia Trimble, Tony Tyson, Jo van den Brand, Chris Van den Broeck, Jeroen van Dongen, Alan Weinstein, Joel Weisberg, Rainer Weiss und Stan Whitcomb. Außerdem bin ich dankbar für die hilfreichen Kommentare zu mehreren Kapiteln von Dirk van Delft und Jeroen van Dongen (Kapitel 2), Joel Weisberg (Kapitel 6), Joris van Heijningen (Kapitel 7), David Shoemaker (Kapitel 7 und 8), Gabriela González (Kapitel 11), Gijs Nelemans (Kapitel 12), Gemma Janssen (Kapitel 13) und Paul McNamara (Kapitel 15). Die umsichtigen Kommentare einer kleinen Zahl von anonymen Reviewern haben mir geholfen, das Manuskript noch weiter zu verbessern. Und schließlich danke ich Martin Rees dafür, dass er das Vorwort zu diesem Buch geschrieben hat.

Bildnachweis

Anmerkungen und weiterführende Literatur

Kapitel 1

1   Der Science-Fiction-Thriller *Interstellar* unter der Regie von Christopher Nolan und mit Matthew McConaughey, Anne Hathaway, Jessica Chastain und Michael Caine in den Hauptrollen wurde in Nordamerika von Paramount Pictures veröffentlicht und kam in den Vereinigten Staaten am 5. November 2014 in die Kinos.

2   Ein großartiger Überblick über die Geschichte der Astronomie findet sich in Timothy Ferris' Buch *Coming of Age in the Milky Way*, New York: William Morrow & Co., 1988. [Deutsche Ausgabe: *Kinder der Milchstrasse: die Entwicklung des modernen Weltbildes*, Basel: Birkhäuser, 1989.]

3   Eine gute allgemeine und aktuelle Einführung in das Universum ist ein Buch von Neil deGrasse Tyson, Michael A. Strauss und J. Richard Gott, *Welcome to the Universe: An Astrophysical Tour*, Princeton, NJ: Princeton University Press, 2016.

4   Albert Einstein, *Relativity: The Special and the General Theory*, London: Methuan & Co., 1920 (ursprünglich im Jahr 1916 in deutscher Sprache erschienen).

5   George Gamow, *Mr. Tompkins in Wonderland*, Cambridge: Cambridge University Press 1940. [Deutsche Ausgabe: *Mr. Tompkins im Wunderland oder Träumereien von c, g und h*, Wien: Zsolnay, 1954.]

6   Eva Fenyo, *A Guided Tour through Space and Time*, Upper Saddle River, NJ: Prentice-Hall, 1959.

7   Kip S. Thorne, *Black Holes and Time Warps: Einstein's Outrageous Legacy*, New York: W. W. Norton & Co., 1994. [Deutsche Ausgabe: *Gekrümmter Raum und verbogene Zeit: Einsteins Vermächtnis*, München: Droemer Knaur, 1994.]

8 Eine klassische und humorvolle Einführung in höhere Dimensionen ist Edwin Abbott Abbott, *Flatland: A Romance of Many Dimensions*, London: Seeley & Co., 1884.

9 Kip Thorne, *The Science of Interstellar*, New York: W. W. Norton & Co., 2014.

10 Oliver James, Eugenie von Tunzelmann, Paul Franklin und Kip S. Thorne, »Visualizing *Interstellar's* Wormhole«, *American Journal of Physics* 83, Nr. 486 (2016) (doi: 10.1119/1.4916949).

11 Oliver James, Eugenie von Tunzelmann, Paul Franklin und Kip S. Thorne, »Gravitational Lensing by Spinning Black Holes in Astrophysics, and in the Movie *Interstellar*«, *Classical and Quantum Gravity* 32, Nr. 6 (2015) (doi: 10.1088/0264–9381/32/6/065001).

Kapitel 2

1 Weitere Informationen über die Wandgedichte von Leiden können Sie hier finden: http://www.muurgedichten.nl/wallpoems.html.

2 Museum Boerhaave, Leiden, Niederland: http://www.museum boerhaave.nl/english.

3 Ich habe am 7.4.2016 das Lager des Museums Boerhaave in Leiden besucht.

4 Die Filmsequenz, die zeigt, wie Apollo-15-Astronaut David Scott auf dem Mond eine Feder und einen Hammer fallen lässt, ist hier zu finden: https://www.youtube.com/watch?v=KDp1tiUsZw8.

5 Die Entdeckung des Neptun hat Tom Standage beschrieben in seinem Buch *The Neptune File*, London: Penguin Books, 2000. [Deutsche Ausgabe: *Die Akte Neptun: die abenteuerliche Geschichte der Entdeckung des 8. Planeten*, Frankfurt a. M.: Campus Verlag, 2001.]

6 Urbain Le Verriers Jagd nach einem Planeten innerhalb der Bahn Merkurs hat Thomas Levenson beschrieben in seinem Buch *The Hunt for Vulcan … And How Albert Einstein Destroyed a Planet, Discovered Relativity, and Deciphered the Universe*, New York: Random House, 2015.

7 Die gesammelten Papiere von Einstein stehen hier zur Verfügung: http://einsteinpapers.press.princeton.edu.
Es gibt zahlreiche Biografien über Albert Einstein. Eine der umfassendsten ist von Abraham Pais, *Subtle Is the Lord: The Science and Life of Albert Einstein*, Oxford: Oxford University Press, 1982.

[Deutsche Ausgabe: *Raffiniert ist der Herrgott ... Albert Einstein. Eine wissenschaftliche Biographie*, Wiesbaden: Vieweg, 1986.] Eine andere großartige Einstein-Biografie ist Dennis Overbye, *Einstein in Love: A Scientific Romance*, New York: Viking Penguin, 2000. Siehe auch Brian Greene, *The Fabric of the Cosmos: Space, Time, and the Texture of Reality*, New York: Alfred A. Knopf, 2004. [Deutsche Ausgabe: *Der Stoff, aus dem der Kosmos ist: Raum, Zeit und die Beschaffenheit der Wirklichkeit*, München: Siedler, 2004.]

Kapitel 3

1 Ich habe Francis Everitt am 20.6.2016 an der Stanford University in Kalifornien interviewt.
2 Gravity Probe B: http://einstein.stanford.edu.
3 Ein ausführlicher Bericht über Arthur Eddingtons Sonnenfinsternis-Expedition im Jahr 1919 findet sich in Peter Coles, »Einstein, Eddington and the 1919 Eclipse«, *Proceedings of International School on »The Historical Development of Modern Cosmology«, Valencia 2000*, ASP Conference Series, https://arxiv.org/abs/astro-ph/0102462.
4 Gaia-Mission: http://sci.esa.int/gaia.
Näheres zu Validierungen der Allgemeinen Relativitätstheorie findet sich in Amanda Gefter, »Putting Einstein to the Test«, *Sky & Telescope* 110, Nr. 1 (Juli 2005), S. 33. Siehe auch Clifford M. Will, *Was Einstein Right? Putting Relativity to the Test*, New York: Basic Books, 1986, 2. Aufl. 1993; sowie Clifford M. Will, »Was Einstein Right? Testing Relativity at the Centenary«, *Annals of Physics* 15, Nr. 1–2 (Januar 2006), S. 19–33 (doi: 10.1002 / andp.200510170).

Kapitel 4

1 Ich habe Tony Tyson am 20.6.2016 an der University of California in Davis interviewt.
2 Richard Garwin ist in einem Buch von Joel Shurkin porträtiert: *True Genius: The Life and Work of Richard Garwin*, New York: Penguin Random House, 2017.
Die frühe Forschungsarbeit von Joseph Weber hat Marcia Bartu-

siak beschrieben: *Einstein's Unfinished Symphony: The Story of a Gamble, Two Black Holes, and a New Age of Astronomy*, New Haven, CT, Yale University Press, 2000 [deutsche Ausgabe: *Einsteins Vermächtnis: der Wettlauf um das letzte Rätsel der Relativitätstheorie*, Hamburg: Europäische Verlagsanstalt, 2005], sowie Janna Levin in *Black Hole Blues and Other Songs from Outer Space*, New York: Alfred A. Knopf, 2016.

Eine ausführliche Einführung in die Geschichte der Gravitationswellenphysik findet sich in Daniel Kennefick, *Traveling at the Speed of Thought: Einstein and the Quest for Gravitational Waves*, Princeton, NJ: Princeton University Press, 2007.

Ein sehr ausführlicher Bericht über die Anfänge der Gravitationswellenforschung – einschließlich der Experimente von Joseph Weber – findet sich in Harry Collins, *Gravity's Shadow: The Search for Gravitational Waves*, Chicago: University of Chicago Press, 2004.

Kapitel 5

1 *Cosmos: A Personal Voyage* ist eine 13-teilige TV-Doku-Serie, die in Deutschland unter dem Titel *Unser Kosmos* gesendet wurde. Das Drehbuch wurde von Carl Sagan, Ann Druyan und Steven Soter geschrieben, Regie führte Adrian Malone. In den USA wurde die Serie zum ersten Mal in der Zeit vom 28. September bis 21. Dezember 1981 ausgestrahlt, in Deutschland zwischen 14. Juni und 31. August 1983.

2 Die Überschrift dieses Kapitels, »Das Leben eines Sterns«, ist auch der Titel der neunten Folge von Carl Sagans Fernsehserie *Unser Kosmos*.

3 Carl Sagan, *Cosmos*, New York: Random House, 1980.
Eine gute Einführung in die Entwicklung von Sternen ist James B. Kaler, *Cosmic Clouds: Birth, Death, and Recycling in the Galaxy*, New York: W. H. Freeman & Co., 1996 [deutsche Ausgabe: *Kosmische Wolken: Materie-Kreisläufe in der Milchstraße*, Heidelberg: Spektrum Akademischer Verlag, 1998]; siehe auch James B. Kaler, *Stars and Their Spectra: An Introduction to the Spectral Sequence*, Cambridge: Cambridge University Press, 1989; 2. Aufl., 2011 [deutsche Ausgabe: *Sterne und ihre Spektren: astronomische Signale aus*

Licht, Heidelberg: Spektrum Akademischer Verlag, 1994], sowie James B. Kaler, *Heaven's Touch: From Killer Stars to the Seeds of Life, How We Are Connected to the Universe*, Princeton, NJ: Princeton University Press, 2009.

Eine ausführliche, aber zugängliche Einführung zu Neutronensternen ist Werner Becker, Hg., *Neutron Stars and Pulsars*, New York: Springer, 2009.

Kapitel 6

1 Jocelyn Bells eigene Version der Geschichte über die Entdeckung von Pulsaren können Sie hier nachlesen: http://www.bigear.org/vol1no1/burnell.htm.

2 Arecibo Observatory: http://www.naic.edu.

3 Physik-Nobelpreis 1993: https://www.nobelprize.org/nobel_prizes/physics/laureates/1993.

4 Physik-Nobelpreis 1974: https://www.nobelprize.org/nobel_prizes/physics/laureates/1974.

5 Ich habe Joel Weisberg am 2.8.2016 telefonisch interviewt.

6 Joel M. Weisberg, Joseph H. Taylor und Lee A. Fowler, »Gravitational Waves from an Orbiting Pulsar«, *Scientific American* 245, Nr. 4 (Oktober 1981), S. 74–82 (doi: 10.1038/scientificamerican 1081–74).

7 Marta Burgay et al., »An Increased Estimate of the Merger Rate of Double Neutron Stars from Observations of a Highly Relativistic System«, *Nature* 426 (4.12.2003), S. 531–533 (doi: 10.1038/nature02124).

8 Freeman Dysons Vorhersage, dass verschmelzende Neutronensterne Gravitationswellen erzeugen würden, wurde veröffentlicht in A. G. W. Cameron, Hg., *Interstellar Communication. A Collection of Reprints and Original Contributions*, New York: W. A. Benjamin, 1963.

Eine gute Einführung zum Thema »Pulsare« ist Geoff McNamara, *Clocks in the Sky: The Story of Pulsars*, New York: Springer, 2008.

Siehe auch Duncan R. Lorimer, »Binary and Millisecond Pulsars«, *Living Reviews in Relativity* 8 (2005), S. 7 (doi: 10.12942 / lrr-2005-7).

Kapitel 7

1 Mein Besuch am LIGO Livingston Observatory in Louisiana im Frühjahr 1998 wurde von der holländischen Wochenzeitschrift *Intermediair* bezahlt.

2 Ich habe am 14.1.2015 das LIGO Hanford Observatory (im US-Bundesstaat Washington) besucht und Frederick Raab interviewt.

3 Mehr über Laserinterferometrie ist hier zu finden: https://www.ligo.caltech.edu/page/ligo-gw-interferometer.

4 Ein toller Film über Laserinterferometrie von Marco Kraan vom Dutch National Institute for Subatomic Physics (Nikhef) ist hier zu finden: https://www.youtube.com/watch?v=h_FbHipV3No.

Kapitel 8

1 Ich habe Rainer Weiss am 6.1.2015 persönlich in Seattle interviewt und am 29.6.2016 per Telefon.

2 Dieses Interview mit Rainer Weiss wurde von Shirley Cohen vom Caltech Oral History Project geführt und ist hier zu finden: http://oralhistories.library.caltech.edu/183/1/Weiss_OHO.pdf.

3 Rainer Weiss, »Electronically Coupled Broadband Gravitational Antenna«, *Quarterly Progress Report*, Research Laboratory of Electronics (MIT), Nr. 105 (1972), S. 54, http://www.hep.vanderbilt.edu/BTeV/test-DocDB/0009/000949/001/Weiss_1972.pdf.

4 Cosmic Background Explorer (COBE): http://science1.nasa.gov/missions/cobe.

5 Charles W. Misner, Kip S. Thorne und John Archibald Wheeler, *Gravitation*, New York: W. H. Freeman & Co., 1973.

6 Paul Linsay, Peter Saulson, Rainer Weiss und Stan Whitcomb, *A Study of a Long Baseline Gravitational Wave Antenna System* (LIGO Blue Book), National Science Foundation, 1983, https://dcc.ligo.org/public/0028/T830001/000/NSF_bluebook_1983.pdf.

7 Rochus E. Vogt, Ronald W. P. Drever, Kip S. Thorne, Frederick J. Raab und Rainer Weiss, *A Laser Interferometer Gravitational-Wave Observatory: Proposal to the National Science Foundation*, California Institute of Technology, Dezember 1989, https://dcc.ligo.org/public/0065/M890001/003/M890001–03%20edited.pdf.

8   Ich habe Anthony Tyson am 20.6.2016 an der University of California interviewt.

9   Ich habe Barry Barish am 22.6.2016 am California Institute of Technology in Pasadena interviewt.

10 Das Interview mit Barry Barish wurde von Shirley Cohen vom Caltech Oral History Project geführt: http://oralhistories.library.caltech.edu/178/1/Barish_OHO.pdf.

11 European Gravitational Observatory (EGO): http://www.ego-gw.it.

12 LIGO: https://www.ligo.caltech.edu.

13 LIGO Scientific Collaboration: http://ligo.org.

14 Ich habe den Detektor Virgo am European Gravitational Observatory in Santo Stefano a Macerata, unweit von Pisa in Italien, am 22.9.2015 besucht und dort Federico Ferrini interviewt.

15 Virgo: http://public.virgo-gw.eu/language/en.

16 Ich habe das Albert-Einstein-Institut in Hannover am 4. und 5.8.2016 besucht und dort Karsten Danzmann und Bruce Allen interviewt.

17 Ich habe am 9.2.2015 den GEO600-Detektor in Ruthe in der Nähe von Hannover besucht.

18 GEO600: http://www.geo600.org.

Die Geschichte des LIGO ist beschrieben in Marcia Bartusiak, *Einstein's Unfinished Symphony: The Story of a Gamble, Two Black Holes, and a New Age of Astronomy*, New Haven, CT: Yale University Press, 2017. [Deutsche Ausgabe: *Einsteins Vermächtnis: der Wettlauf um das letzte Rätsel der Relativitätstheorie*, Hamburg: Europäische Verlags-Anstalt, 2005.] Siehe auch Harry Collins, *Gravity's Shadow: The Search for Gravitational Waves*, Chicago: University of Chicago Press, 2004; sowie Janna Levin, *Black Hole Blues and Other Songs from Outer Space*, New York: Alfred A. Knopf, 2016.

Kapitel 9

1   In den folgenden Büchern finden Sie weiterführende Informationen: Joseph Silk, *The Big Bang*, New York: W. H. Freeman & Co., 1980; 3. Aufl., 2001 [deutsche Ausgabe: *Der Urknall: die Geburt des Universums*, Basel: Birkhäuser, 1990]; Simon Singh, *Big Bang: The Most Important Scientific Discovery of All Time and Why You Need*

to Know about It, New York: Fourth Estate, 2004 [deutsche Ausgabe: *Big Bang: der Ursprung des Kosmos und die Erfindung der modernen Naturwissenschaft*, München: Hanser, 2005]; George Smoot und Keay Davidson, *Wrinkles in Time: The Imprint of Creation*, London: Little, Brown and Company, 1993 [deutsche Ausgabe: *Das Echo der Zeit: auf den Spuren der Entstehung des Universums*, München: Bertelsmann, 1995]; sowie Dennis Overbye, *Lonely Hearts of the Cosmos: The Story of the Scientific Quest for the Secret of the Universe*, New York: HarperCollins, 1991 [deutsche Ausgabe: *Das Echo des Urknalls: Kernfragen der modernen Kosmologie*, München: Droemer Knaur, 1991].

Kapitel 10

1 Meine Reise zur McMurdo-Station und der Amundsen-Scott South Pole Station in der Antarktis im Dezember 2012 wurde von der National Science Foundation organisiert und bezahlt, im Rahmen ihres Antarctic Journalist Program.

2 E and B Experiment (EBEX): http://groups.physics.umn.edu/cosmology/ebex.

3 IceCube Laboratory: https://icecube.wisc.edu.

4 South Pole Telescope: https://pole.uchicago.edu.

5 Background Imaging of Cosmic Extragalactic Polarization (BICEP): http://bicepkeck.org.

6 Cosmic Background Explorer (COBE): http://science1.nasa.gov/missions/cobe.

7 Physik-Nobelpreis 2006: https://www.nobelprize.org/nobel_prizes/physics/laureates/2006.

8 Wilkinson Microwave Anisotropy Probe (WMAP): http://science1.nasa.gov/missions/wmap.

9 Planck-Mission: http://sci.esa.int/planck.

10 Ich habe den Llano de Chajnantor und das Atacama Large Millimeter/Submillimeter Array (ALMA) im Norden von Chile mehrfach besucht, und zwar in den Jahren 1998 (mit Unterstützung des National Radio Astronomy Observatory, NRAO), 1999 (gesponsert vom European Southern Observatory, ESO), 2004 und 2007 (bezahlt vom ESO und der Dutch Research School for Astronomy, NOVA), 2010 und 2012 (gesponsert vom ESO), 2013 (gesponsert

vom ESO) sowie 2015 und 2017 (beide Male als Reiseführer für die holländische, monatlich erscheinende Zeitschrift *New Scientist*).

11 Atacama Large Millimeter/Submillimeter Array (ALMA): http://www.almaobservatory.org.

12 Atacama Cosmology Telescope (ACT): http://act.princeton.edu.

13 BICEP2-Pressekonferenz am Harvard-Smithsonian Center for Astrophysics am 17.3.2014: https://www.youtube.com/watch?v=Iasqtm1prlI.

14 BICEP2-Wissenschaftskonferenz am Harvard-Smithsonian Center for Astrophysics am 17.3.2014: https://www.youtube.com/watch?v=on9NPvEbJro.

15 Ich habe Christine Pulliam am 1.7.2016 telefonisch interviewt.

16 Ich habe John Kovac am 30.6.2016 telefonisch interviewt.

17 Das Video, das zeigt, wie Chao-Lin Kuo die gute Nachricht von den BICEP2-Ergebnissen Andrei Linde und seiner Frau Renata Kallosh überbringt, ist hier zu finden: https://www.youtube.com/watch?v=ZlfIVEy_YOA.

18 P. A. R. Ade et al. (BICEP2 / Keck and Planck Collaborations), »Joint Analysis of BICEP2 / Keck Array and Planck Data«, *Physical Review Letters* 114 (2015): 101301 (doi: 10.1103 / PhysRevLett.114.101301). Weitere Informationen finden Sie in Alan H. Guth, *The Inflationary Universe: The Quest for a New Theory of Cosmic Origins*, New York: Basic Books, 1998. [Deutsche Ausgabe: *Die Geburt des Kosmos aus dem Nichts: die Theorie des inflationären Universums*, München: Droemer, 1999.]

Kapitel 11

1 Ich habe Marco Drago am 11.7.2016 telefonisch interviewt.

2 Ich habe Stan Whitcomb am 23.6.2016 am California Institute of Technology in Pasadena interviewt.

3 Ich habe Gabriela González am 7.9.2016 in Zürich, Schweiz, interviewt.

4 Ich habe David Reitze am 2.3.2016 in Amsterdam, Niederlande, interviewt.

5 Ich habe Lawrence Krauss am 29.7.2016 telefonisch interviewt.

6 Die beiden wichtigsten verdeckten Injektionen am LIGO und am Virgo sind sehr viel detaillierter beschrieben in Harry Collins,

Gravity's Ghost and Big Dog: Scientific Discovery and Social Analysis in the Twenty-First Century, Chicago: University of Chicago Press, 2011.

7   Mehr über verdeckte Injektionen ist hier zu finden: http://www.ligo.org/news/blind-injection.php.

8   Ich habe Whitney Clavin am 22.6.2016 am California Institute of Technology in Pasadena interviewt.

9   Ich habe France Córdova am 28.6.2016 telefonisch interviewt.

10 B. P. Abbott et al. (LIGO Scientific Collaboration and Virgo Collaboration), »Observation of Gravitational Waves from a Binary Black Hole Merger«, *Physical Review Letters* 116 (2016): 061102 (doi: 10.1103 / PhysRevLett.116.061102).

11 Joshua Sokol, »Latest Rumour of Gravitational Waves Is Probably True This Time«, *New Scientist*, 8.2.2016, https://www.newscientist.com/article/2076754-latest-rumour-of-gravitational-waves-is-probably-true-this-time.

12 Mehr über die Entdeckung von GW150914: *LIGO Magazine* 8 (März 2016), http://www.ligo.org/magazine/LIGO-magazine-issue-8.pdf.

13 B. P. Abbott et al. (LIGO Scientific Collaboration and Virgo Collaboration), »GW151226: Observation of Gravitational Waves from a 22-Solar-Mass Binary Black Hole Coalescence«, *Physical Review Letters* 116 (2016): 241103 (doi: 10.1103 / PhysRevLett.116.241103).

14 GW150914-Pressekonferenz im National Press Club, Washington, D.C.: https://www.youtube.com/watch?v=aEPIwEJmZyE.

15 Gabriela González, Fulvio Ricci und David Reitze, »Latest News from the LIGO Scientific Collaboration«, Pressekonferenz auf dem 228. Treffen der American Astronomical Society (AAS) am 15.6.2016 in San Diego, Kalifornien: https://aas.org/media-press/archived-aas-press-conference-webcasts.

16 Special Breakthrough Prize in Fundamental Physics 2016: https://breakthroughprize.org/News/32.

17 Gruber Foundation Cosmology Prize 2016: http://gruber.yale.edu/cosmology/press/2016-gruber-cosmology-prize-press-release.

18 Shaw Prize in Astronomy 2016: http://www.shawprize.org/en/shaw.php?tmp=3&twoid=102&threeid=254&fourid=476.

19 Kavli Prize in Astrophysics 2016: http://www.kavliprize.org/prizes-and-laureates/prizes/2016-kavli-prize-astrophysics.

20 Amaldi Medal 2016: http://public.virgo-gw.eu/adalberto-giazotto-guido-pizzella-share-amaldi-medal.
   Vor Kurzem ist ein Buch erschienen, in dem auch von der Entdeckung der Gravitationswellen berichtet wird: Harry Collins, *Gravity's Kiss: The Detection of Gravitational Waves*, Cambridge, MA: MIT Press, 2017; ebenfalls lesenswert: Marcia Bartusiak, *Einstein's Unfinished Symphony: The Story of a Gamble, Two Black Holes, and a New Age of Astronomy*, New Haven, CT: Yale University Press, 2000 [deutsche Ausgabe: *Einsteins Vermächtnis: der Wettlauf um das letzte Rätsel der Relativitätstheorie*, Hamburg: Europäische Verlagsanstalt, 2005].

Kapitel 12

1 Der Film der verschmelzenden Schwarzen Löcher, die GW150914 erzeugten, ist hier zu finden: https://www.youtube.com/watch?v=Zt8Z_uzG7io.

2 B. P. Abbott et al. (LIGO Scientific Collaboration and Virgo Collaboration), »Astrophysical Implications of the Binary Black-Hole Merger GW150914«, *Astrophysical Journal Letters* 818 (2016), S. L22, http://iopscience.iop.org/article/10.3847/2041-8205/818/2/L22.

3 B. P. Abbott et al. (LIGO Scientific Collaboration and Virgo Collaboration), »Properties of the Binary Black Hole Merger GW150914«, *Physical Review Letters* 116 (2016): 241102 (doi: 10.1103 / PhysRevLett.116.241102).

4 Ich habe Gijs Nelemans am 14.7.2016 an der Radboud Universiteit in Nijmegen, Niederlande, interviewt.
   Über Schwarze Löcher siehe Kip S. Thorne, *Black Holes and Time Warps: Einstein's Outrageous Legacy*, New York: W. W. Norton & Co., 1994 [deutsche Ausgabe: *Gekrümmter Raum und verbogene Zeit: Einsteins Vermächtnis*, München: Droemer Knaur, 1994]; Igor Novikov, *Black Holes and the Universe*, Cambridge: Cambridge University Press, 1995; sowie Clifford A. Pickover, *Black Holes: A Traveler's Guide*, New York: John Wiley & Sons, 1996. Siehe auch diese interaktive Website über Schwarze Löcher: http://hubblesite.org/explore_astronomy/black_holes.

Kapitel 13

1 Parkes Observatory: https://www.parkes.atnf.csiro.au.

2 Don C. Backer, Shrinivas R. Kulkarni, Carl Heiles, M. M. Davis und W. Miller Goss, »A Millisecond Pulsar«, *Nature* 300, 16.12.1982, S. 615–618, http://www.nature.com/nature/journal/v300/n5893/abs/300615a0.html.

3 Aleksander Wolszczan und Dale A. Frail, »A Planetary System around the Millisecond Pulsar PSR1257+12«, *Nature* 355, 9.1.1992, S. 145–147, http://www.nature.com/nature/journal/v355/n6356/abs/355145a0.html.

4 Parkes Pulsar Timing Array (PPTA): http://www.atnf.csiro.au/research/pulsar/ppta.

5 European Pulsar Timing Array (EPTA): http://www.epta.eu.org.

6 Westerbork Synthesis Radio Telescope: http://www.astron.nl/radio-observatory/public/public-0.

7 North American Nanohertz Observatory for Gravitational Waves (NANOGrav): http://nanograv.org.

8 International Pulsar Timing Array (IPTA): http://www.ipta4gw.org.

9 Stephen R. Taylor et al., »Are We There Yet? Time to Detection of Nanohertz Gravitational Waves Based on Pulsar-Timing Array Limits«, *Astrophysical Journal Letters* 819, Nr. 1 (2016), S. L6 (doi: 10.3847/2041–8205/819/1/L6).

10 Large European Array for Pulsars (LEAP): http://www.epta.eu.org/leap.html.

11 Square Kilometre Array: https://www.skatelescope.org.

12 Ich habe das Murchison Radio Observatory in Western Australia am 28.11.2012 besucht, zusammen mit Marieke Baan von der Dutch Research School for Astronomy (NOVA), und dann noch einmal am 15.6.2016 auf einer Reise, die vom Australian Department of Foreign Affairs and Trade bezahlt wurde.

13 Australian SKA Pathfinder (ASKAP): http://www.atnf.csiro.au/projects/askap/index.html.

14 Murchison Widefield Array (MWA): http://www.mwatelescope.org.

15 Hydrogen Epoch of Reionisation Array Radio Telescope (HERA): https://www.ska.ac.za/science-engineering/hera.

16 MeerKAT array: https://www.ska.ac.za/science-engineering/meerkat.

17 Ich habe am 24. und 25.11.2016 das HERA-Teleskop und das Meer-KAT-Array in Südafrika besucht.

18 Sarah Wild, *Searching African Skies: The Square Kilometre Array and South Africa's Quest to Hear the Songs of the Stars*, Sunnyside, Südafrika: Jacana Media, 2012.

Kapitel 14

1   Ich habe das Observatorio del Roque de los Muchachos auf La Palma in Spanien bei verschiedenen Gelegenheiten zwischen 1996 und 2016 besucht.

2   Ich habe das Paranal-Observatorium des ESO in Nordchile mehrfach besucht, und zwar in den Jahren 1998, 1999 (gesponsert vom European Southern Observatory, ESO), 2004, 2007 (bezahlt vom ESO und der Dutch Research School for Astronomy, NOVA), 2010 (als Reiseleiter für SNP Natuurreizen), 2012 (gesponsert vom ESO) sowie 2015 und 2017 (beide Male als Reiseleiter für die holländische Monatszeitschrift *New Scientist*).

3   Ich habe Paul Groot am 14.7.2016 an der Radboud Universiteit in Nijmegen, Niederlande, interviewt.

4   Govert Schilling, *Flash! The Hunt for the Biggest Explosions in the Universe*, Cambridge: Cambridge University Press, 2002.

5   Jonathan I. Katz, *The Biggest Bangs: The Mystery of Gamma-Ray Bursts, the Most Violent Explosions in the Universe*, Oxford: Oxford University Press, 2002.

6   MeerLICHT-Teleskop: http://www.ast.uct.ac.za/meerlicht/Meer LICHT.html.

7   Nial R. Tanvir et al., »A ›Kilonova‹ Associated with the Short-Duration γ-Ray Burst GRB 130603B«, *Nature* 500 (3.8.2013), S. 547, https://arxiv.org/abs/1306.4971.

8   Swift-Gammablitz-Mission: http://swift.gsfc.nasa.gov.

9   Gammastrahlen-Weltraumteleskop Fermi: http://fermi.gsfc.nasa. gov.

10 Panoramic Survey Telescope & Rapid Response System (Pan-STARRS): http://pan-starrs.ifa.hawaii.edu/public.

11 Ich habe am 21.6.2016 das Palomar Observatory in Kalifornien besucht.

12 Ich habe Eric Bellm am 22.6.2016 im California Institute of Technology in Pasadena interviewt.

13 Zwicky Transient Facility: http://www.ptf.caltech.edu/ztf.

14 BlackGEM: https://astro.ru.nl/blackgem.

15 Ich habe das La Silla Observatory im Norden von Chile mehrfach besucht, und zwar in den Jahren 1987, 2004, 2010 (als Reiseleiter für SNP Natuurreizen), 2012 (gesponsert von der ESO) und 2013.

16 Large Synoptic Survey Telescope (LSST): https://www.lsst.org.

17 Evryscope: http://evryscope.astro.unc.edu.

Kapitel 15

1 LISA Pathfinder: http://sci.esa.int/lisa-pathfinder.

2 Meine Reise nach Kourou in Französisch-Guayana zum Start der LISA-Pathfinder-Weltraumsonde am 3.12.2015 wurde von der European Space Agency (ESA) organisiert und bezahlt.

3 Ich habe den LISA-Pathfinder-Reinraum in der Industrieanlagen-Betriebsgesellschaft in Ottobrunn bei München am 1.9.2015 besucht.

4 Ich habe Paul McNamara am 6.9.2016 in Zürich interviewt.

5 Space Antenna for Gravitational-Wave Astronomy (SAGA): http://adsabs.harvard.edu/full/1985ESASP.226..157F.

6 Cosmic Vision 2015–2025: http://sci.esa.int/cosmic-vision.

7 National Research Council, *New Worlds, New Horizons in Astronomy and Astrophysics*, Washington, D.C.: National Academies Press, 2010, https://www.nap.edu/catalog/12951/new-worlds-new-horizons-in-astronomy-and-astrophysics.

8 New Gravitational-Wave Observatory (NGO): http://sci.esa.int/ngo.

9 Jupiter Icy Moons Explorer (JUICE): http://sci.esa.int/juice.

10 Pau Amaro-Seoane et al., *Doing Science with eLISA: Astrophysics and Cosmology in the Millihertz Regime*, eLISA White Paper, https://www.elisascience.org/dl/1201.3621v1.pdf.

11 Evolved Laser Interferometer Space Antenna (eLISA): https://www.elisascience.org.

12 Ich habe vom 22. bis 26.6.2015 an der elften Edoardo Amaldi Conference on Gravitational Waves in Gwangju, Südkorea, teilgenommen.

13 M. Armano et al., »Sub-Femto-g Free Fall for Space-Based Gravitational Wave Observatories: LISA Pathfinder Results«, *Physical Review Letters* 116, 7.6.2016), S. 231101.

14 Zwischenbericht des L3 Study Team der NASA: https://pcos.gsfc. nasa.gov/studies/L3/L3ST_Interim_Report-Final.pdf.

15 Gravitational Observatory Advisory Team, *The ESA L3 Gravitational-Wave Mission*, Final Report, http://sci.esa.int/cosmic-vision/57910-goat-final-report-on-the-esa-l3-gravitational-wave-mission.

16 National Research Council, *New Worlds, New Horizons: A Midterm Assessment*, Washington, D.C.: National Academies Press, 2016, https://www.nap.edu/catalog/23560/new-worlds-new-horizons-a-midterm-assessment.

17 Ich habe am 6. und 7.9.2016 am elften LISA-Symposium in Zürich teilgenommen.

18 LISA Mission Proposal (Januar 2017): https://www.elisascience. org/files/publications/LISA_L3_20170120.pdf.

19 Decihertz Interferometer Gravitational-Wave Observatory (DECIGO): http://tamago.mtk.nao.ac.jp/decigo/index_E.html.

Kapitel 16

1 Ich habe am 6.7.2016 den Campus des National Astronomical Observatory of Japan (NAOJ) in Mitaka, Tokio, besucht und dort Raffaele Flaminio interviewt.

2 TAMA300: http://tamago.mtk.nao.ac.jp/spacetime/tama300_e. html.

3 Ich habe am 7.7.2016 den Kamioka Gravitational-Wave Detector (KAGRA) unweit von Mozumi in der japanischen Präfektur Gifu besucht.

4 Kamioka Gravitational-Wave Detector (KAGRA): http://gwcenter. icrr.u-tokyo.ac.jp/Energie.

5 Indian Initiative in Gravitational-Wave Observations (IndIGO): http://www.gw-indigo.org/tiki-index.php.

6 LIGO India: http://www.gw-indigo.org/ligo-india.

7 Ich habe mir am 25.6.2015 in Gwangju, Südkorea, einen öffentlichen Vortrag von Bernard Schutz angehört.

8 Dark Energy Camera: http://www.ctio.noao.edu/noao/node/1033.

9 Einstein Telescope: http://www.et-gw.eu.

10 Ich habe Matt Evans am 30.6.2016 telefonisch interviewt.

11 B. P. Abbott et al., *Exploring the Sensitivity of Next Generation*

Gravitational Wave Detectors, LIGO Document LIGO-P1600143, https://arxiv.org/pdf/1607.08697v3.pdf.

Für mehr Informationen über Dunkle Materie und Dunkle Energie siehe Robert P. Kirshner, *The Extravagant Universe: Exploding Stars, Dark Energy and the Accelerating Cosmos*, Princeton, NJ: Princeton University Press, 2002; Iain Nicolson, *Dark Side of the Universe: Dark Matter, Dark Energy, and the Fate of the Cosmos*, Bristol: Canopus Publishing Ltd., 2007; und Richard Panek, *The 4 Percent Universe: Dark Matter, Dark Energy, and the Race to Discover the Rest of Reality*, Boston: Houghton Mifflin Harcourt, 2011.

Register

422